高 等 学 校 教 材

普通高等教育一流本科专业建设成果教材

岩体力学

ROCK MASS MECHANICS

U0389676

刘 伟 主编

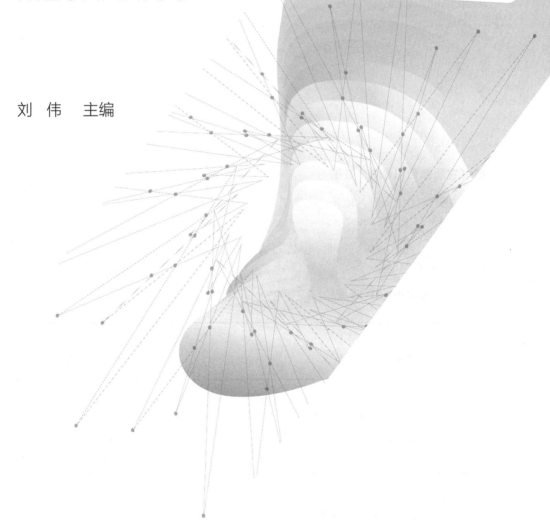

化学工业出版社

·北京·

内容简介

本教材是根据一流本科专业建设与应用型人才培养的要求，并结合编写组教师长期的教学经验编写而成的。全书共包括9章：第1章简要叙述了岩体力学的发展历史、主要研究内容与研究方法以及在工程领域中的作用等；第2～5章详细介绍了岩体力学基础理论、基础知识和基本技能，包括岩石物理力学性质、岩体力学性质、地应力及其测量、岩石本构关系与强度理论；第6～8章重点阐述了岩石地下工程、岩体边坡工程与岩石地基工程的特点、工程稳定性理论分析方法、设计原理与施工技术等；第9章介绍了岩体力学领域的最新研究进展与研究展望。

本书可作为采矿工程、土木工程、水利水电工程、地质工程、道路交通工程等专业本科生教材使用，也可用作研究生教材，还可作为相关专业的高等学校教师、科研院所及工程设计与施工单位技术人员的参考用书。

图书在版编目（CIP）数据

岩体力学/刘伟主编. —北京：化学工业出版社，2023.1
ISBN 978-7-122-42750-2

Ⅰ.①岩…　Ⅱ.①刘…　Ⅲ.①岩石力学-高等学校-
教材　Ⅳ.①TU45

中国国家版本馆 CIP 数据核字（2023）第 027604 号

责任编辑：丁文璇
责任校对：李雨函　　　　　　　　　　　　　装帧设计：张　辉

出版发行：化学工业出版社（北京市东城区青年湖南街 13 号　邮政编码 100011）
印　　刷：北京云浩印刷有限责任公司
装　　订：三河市振勇印装有限公司
787mm×1092mm　1/16　印张 20¾　字数 550 千字　2023 年 1 月北京第 1 版第 1 次印刷

购书咨询：010-64518888　　　　　　　　售后服务：010-64518899
网　　址：http://www.cip.com.cn
凡购买本书，如有缺损质量问题，本社销售中心负责调换。

定　　价：59.00 元

版权所有　违者必究

前言

  作为一门与工程实践紧密结合的工程学科，岩体力学是采矿工程、土木工程、水利水电工程、地质工程等多个专业的必修课，是一门理论性与实践性均很强的专业基础课。为了贯彻二十大精神，适应新时代国家对人才培养和新工科建设的要求，培养基础扎实、知识面宽、综合素质高、实践能力强的应用型复合人才，本教材以全面推进素质教育为理念，注重理论知识与工程实践相结合，在阐述岩体力学领域的新理论、新技术、新方法的同时，还介绍了大量最新工程实践成果，使学生从工程范例的解析中提高分析问题、解决问题的能力。

  本教材的编写遵循了以下三个原则。

  ① 基础性，即注重基础理论、基本知识和基本技能的教育。在编写过程中，对基本知识、经典理论、成熟经验的论述力求深入浅出，语言通俗易懂，推导过程严密。

  ② 实践性，即强调岩体力学理论与工程实践相结合。全书以较大篇幅介绍了三大岩石工程，即岩石地下工程、岩体边坡工程与岩石地基工程，并详细讲述了如何运用岩体力学理论指导岩石工程的设计、施工和维护等工程实践。

  ③ 先进性，即跟踪岩体力学研究新进展、新动向。随着科学技术的快速发展，岩体力学也在不断向前进步，大量新理论、新技术不断涌现，本教材介绍岩体力学的最新研究成果，有助于学生了解学科的发展前沿。

  本教材由辽宁石油化工大学刘伟担任主编，辽宁石油化工大学王鲁男、陶传奇、孙姣姣担任副主编，中煤科工集团武汉设计研究院有限公司王忠杰参与编写，全书由刘伟统稿。具体编写分工为：刘伟编写第 2～5 章，王鲁男、王忠杰编写第 7 章、第 9 章，陶传奇编写第 1 章、第 6 章，孙姣姣编写第 8 章。

  由于编者水平有限，书中尚存不足之处，恳请读者批评指正。

编者

2022 年 9 月

目 录

第4章　地应力及其测量 ·· 106

第 8 章　岩石地基工程　　　259

第9章 岩体力学研究新进展 ································· 287

绪论

 学习目标及要求

了解岩体力学的基本概念；了解岩体力学在其他学科中的地位。

1.1 岩体力学与工程实践

岩体力学是力学的一个分支，是研究岩体在各种力场作用下变形与破坏理论及其实际应用的科学，是一门应用型基础学科。它的应用范围涉及水利水电工程、采矿工程、道路交通工程、国防工程、海洋工程、核工程、发电工程、炼钢工程以及地震地质学、地球物理学和构造地质学等众多与岩体有关的领域和学科。但不同领域和学科对岩体力学的要求和研究重点是不同的。概括起来，可分为三个方面：

① 为各类建筑工程及采矿工程等服务的岩体力学，重点研究工程活动引起的岩体重分布应力以及在这种应力场作用下工程岩体（如边坡岩体、地基岩体和地下硐室围岩等）的变形和稳定性；

② 为掘进、钻井及爆破工程服务的岩体力学，主要研究岩石的切割和破碎理论以及岩体动力学特性；

③ 为构造地质学、找矿及地震预报等服务的岩体力学，重点探索地壳深部岩体的变形与断裂机理，研究高温高压下岩石的变形与破坏规律以及与时间效应有关的流变特征。

以上三方面的研究虽各有侧重点，但对岩石及岩体基本物理力学性质的研究却是共同的。本书主要以各类建筑工程和采矿工程为对象，因此，也可称为工程岩体力学。

在岩体表面或其内部进行任何工程活动，都必须符合安全、经济和正常运营的原则。以露天采矿边坡坡度确定为例，坡度过陡，会使边坡不稳定，无法正常采矿作业；坡度过缓，又会加大其剥采量，增加采矿成本。然而，要使岩体工程既安全稳定、又经济合理，必须通过准确地预测工程岩体的变形与稳定性、正确的工程设计和良好的施工质量等来保证。其中，准确地预测岩体在各种应力场作用下的变形与稳定性，进而从岩体力学观点出发，选择相对优良的工程场址，防止重大事故，为合理的工程设计提供岩体力学依据，是岩体力学研究的根本目的和任务。

岩体力学的发展和人类工程实践是分不开的。起初，由于岩体工程数量少，规模也小，人们多凭经验来解决工程中遇到的岩体力学问题。因此，岩体力学的形成和发展要比土力学晚得多。随着生产力水平及工程建筑的迅速发展，提出了大量的岩体力学问题。例如高坝坝基岩体及拱坝拱座岩体的变形和稳定性问题，大型露天采坑边坡、库岸边坡及船闸、溢洪道等边坡的稳定性问题，地下硐室围岩变形及地表塌陷，高层建筑、重型厂房和核电站等地基岩体的变形和稳定性问题，以及岩体性质的改善与加固技术等。对这些问题能否作出正确的分析和评价，将会对工程建设和运行的安全产生显著的影响，甚至带来严重的后果。

在人类工程活动的历史中，由于岩体变形和失稳酿成事故的例子是很多的。例如，1959年法国马尔巴塞薄拱坝溃决，是由于过高的水压力使坝基岩体沿软弱结构面滑动；1963年意大利瓦依昂水库左岸大滑坡，有约 $2.5 \times 10^8 \mathrm{m}^3$ 的岩体以 28m/s 的速度下滑，激起 250m 高的巨大涌浪，溢过坝顶冲向下游。这些重大事故的出现，多是由于对工程地区岩体的力学特性研究不够，对岩体的变形和稳定性估计不足。但若对工程岩体的变形和稳定问题估计得过分严重，在工程设计中采用过大的安全系数，将使工程投资大大增加，工期延长，造成浪费。

现今，由于矿产资源勘探开采、能源开发及地球动力学研究等的需要，工程规模越来越大，所涉及的岩体力学问题也越来越复杂，这对岩体力学提出了更高的要求。例如，地下厂房边墙高达 60～70m，跨度已超过 30m；露天采矿边坡高度可达 500～700m；地下采矿深度已超过 4000m；中国的三峡水电站，坝高已达 185m。这些巨型工程的建设使岩体力学面临前所未有的问题和挑战，岩体力学理论和方法的研究水平亟需发展，以适应工程实践的需要。

1.2　岩体力学的研究内容与研究方法

岩体力学的研究对象，不是一般的人工材料，而是在天然地质作用下形成的地质体。对于这样一种复杂的介质，不仅研究内容非常复杂，而且其研究方法和手段也应与连续介质力学有所不同。

1.2.1　岩体力学的研究内容

岩体力学服务对象的广泛性和研究对象的复杂性，决定了岩体力学研究的内容也必然是广泛而复杂的，从工程观点出发，大致可归纳为如下几方面的内容。

（1）岩石和岩体地质特征的研究

岩石与岩体的许多性质，都是在其形成的地质历史过程中形成的。因此，岩石与岩体地质特征的研究是岩体力学分析的前提，主要研究内容包括：

① 岩石的成因、矿物成分与（微）结构特征；

② 结构面的赋存状态与类型；

③ 岩体结构类型及其力学特征；

④ 岩体（石）地质分类等。

（2）岩石和岩体物理力学性质的研究

这是岩体力学基础性研究工作，通过室内和现场试验获取岩石与岩体的各项物理力学性质，并以此作为评价岩体工程稳定性最重要的依据，主要研究内容包括：

① 岩石的物理、水理与热学性质及其室内试验与测试技术；

② 岩块强度与变形特性及其室内试验与测试技术；

③ 结构面强度与变形特性及其室内试验与现场原位测试技术；

④ 岩体强度与变形特性及其现场原位测试技术；

⑤ 岩体中地下水的赋存、运移规律及对岩体的影响；

⑥ 岩石与岩体的动力特性等。

（3）岩石和岩体本构关系、强度与变形理论的研究

岩石和岩体种类多，物理力学性质差别大，各类岩石和岩体的力学响应不同，所以，岩石和岩体的本构关系、强度与变形理论的研究一直是本学科的重点，主要研究内容包括：

① 岩石（岩块）在各种应力状态下的变形规律，本构关系（应力-应变关系）与强度理论的建立；

② 结构面在法向压应力及剪应力作用下的变形规律，结构面抗剪强度与变形理论的建立；

③ 工程岩体本构关系、破坏机理与强度理论。

（4）岩体中原岩应力分布规律及其量测方法的研究

在岩体中存在天然应力，即原岩应力，亦称地应力，是工程岩体发生变形与破坏的力的根源。主要研究内容包括：

① 原岩应力计算理论与方法；

② 原岩应力实测技术等。

（5）工程岩体稳定性研究

地下工程围岩、边坡岩体、地基岩体等工程岩体的稳定性研究，是岩体力学实际应用方面的研究。主要研究内容包括：

① 各类工程岩体中重分布应力的大小及分布规律；

② 各类工程岩体在重分布应力作用下的变形计算方法；

③ 各类工程岩体的稳定性分析与评价方法等。

（6）工程岩体加固技术与设计方法的研究

工程岩体自身强度、抗变形能力、地基承载力等一般不能满足稳定性的要求，如地下工程的冒顶、边坡的失稳、地基的剪切破坏等。这就需要进行加固处理，如地下工程围岩加固与支护、岩石边坡加固与维护、岩石地基加固处理等，这是岩体力学成为应用性很强学科的重要体现，主要研究内容包括：

① 地下工程围岩压力计算理论、支护技术及设计方法、围岩加固技术、围岩变形控制理论与方法；

② 岩石边坡稳定性分析方法、加固技术及设计方法；

③ 软弱、破碎岩体地基加固处理技术及地基承载力的确定方法等。

（7）工程岩体的模型实验及原位检测技术的研究

模型模拟试验包括数值模型模拟、物理模型模拟和离心模型模拟试验等，这是解决岩体力学理论和实际问题的一种重要手段。原位监测既可以检验岩体变形与稳定性分析成果的正确性，同时也可及时发现问题，实现信息化设计与施工，主要研究内容包括：

① 岩体力学数值计算方法，如有限元法、边界元法、离散元法、有限差分法等；

② 物理模型模拟，主要有相似材料模拟、光弹模型等；

③ 离心模型模拟试验设计与成果应用；

④ 现场测试岩体应力、位移、松动圈等的技术与设备。

（8）各种新技术、新方法与新理论在岩体力学中的应用研究

岩体力学是通过不断引进和吸收相关学科的最新成果而不断发展起来的，近些年来，许多新技术、新方法与新理论在岩体力学中得到应用。主要包括：

① 岩体的超前地质预报技术与装备；

② 室内与现场真三轴强度试验与蠕变试验；

③ 现场无损检测技术与装备，以及岩体工程遥感测试技术；

④ 非线性科学理论，如耗散结构论、协同论、分形几何、分叉和混沌理论、突变理论等在岩体工程中的应用；

⑤ 岩体工程不确定性理论研究，如模糊数学、灰色理论、人工智能在岩体工程中的应用；

⑥ 岩体工程稳定性分析中的系统论研究等。

需要特别指出的是，随着岩体力学的快速发展和学科之间的交叉与渗透，岩体力学的研究内容已远不止上述八个方面，而是更加深入和广泛。

岩体（石）力学是一个大的学科门类，由于岩石力学学科的快速发展，目前其分支有岩体工程地质力学、岩体结构力学、实验岩石力学、计算岩体力学、岩石流变力学、岩石损伤力学、岩石断裂力学、卸荷岩体力学、岩石动力学、智能岩石力学、分形岩石力学等。

1.2.2 岩体力学的研究方法

岩体力学的研究内容决定了在岩体力学研究中必须采用如下几种研究方法。

（1）工程地质研究法

目的是研究岩石和岩体的地质与结构特征，为岩体力学的进一步研究提供地质模型和地质资料。如用岩矿鉴定方法，了解岩体的岩石类型、矿物组成及结构构造特征；用地层学方法、构造地质学方法及工程勘察方法等，了解岩体的成因、空间分布及岩体中各种结构面的发育情况；用水文地质学方法了解岩体中地下水的形成与运移规律等。

（2）试验与测试法

科学试验与测试是岩体力学研究中非常重要的方法，是岩体力学发展的基础，包括岩石力学性质的室内实验、岩体力学性质的原位试验、原岩应力量测、模型模拟试验及原位岩体监测等方面，为岩体变形和稳定性分析计算提供必要的物理力学参数。同时，还可以用某些试验成果（如模拟试验及原位监测成果等）直接评价岩体的变形和稳定性，以及探讨某些岩体力学理论问题。因此，应当高度重视并大力开展岩体力学试验研究。

（3）数学与力学分析法

数学与力学分析是岩体力学研究中的一个重要环节。它是通过建立岩体力学模型和利用适当的分析方法，预测岩体在各种力场作用下的变形与稳定性，为设计和施工提供定量依据。其中，建立符合实际的力学模型和选择适当的分析方法是数学、力学分析中的关键。目前，常用的力学模型有：刚体力学模型、弹性及弹塑性力学模型、流变力学模型、断裂力学模型和损伤力学模型等。常用的分析方法有：块体极限平衡法，有限元、边界元和离散元法，模糊数学和概率分析法等。近年来，随着科学技术的发展，还出现了用系统论、信息论、人工智能、专家系统、灰色系统、分形理论等新方法来解决岩体力学问题。

（4）综合分析法

岩体工程非常复杂，特别是对于大型岩体工程，影响因素多，地质情况复杂多变，采用单一方法很难解决实际工程问题。所谓综合分析法，就是结合上述三种研究方法，针对上述研究成果进行综合分析和综合评价，同时结合工程经验和工程类比的方法，得到符合实际情

况的正确结论。

1.3　岩体力学在其他学科中的地位

岩体力学涉及两大学科：地质学科和力学学科。

1.3.1　地质学科在岩体力学中的作用

岩体本身是一种地质材料，这种材料的属性是在不同的地质历史和地质环境下所形成的。所以在研究岩体的力学问题时，首先要进行地质调查，利用地质学所提供的基本理论和研究方法来了解所研究岩体基本属性。因此，岩体力学与工程地质学紧密相关。此外，岩体中含有节理裂隙等地质不连续面，这些结构面对于岩体力学的影响是显而易见的，地质赋存条件（地应力、水、温度）及其他地质因子都对岩体的力学性质和稳定性有很大影响。这就需要运用地质学、构造地质学和岩石学以及地球物理学等地质学科的理论技术和研究方法来综合处理岩体的力学问题。

1.3.2　力学学科在岩体力学中的作用

岩体力学是力学学科中的一个分支，属固体力学范畴，研究变形物体的固体力学有弹性力学、塑性力学和流变学等。岩体力学的变形研究是基于上述力学发展起来的。岩体是一个多相体，且含有结构面和结构体等结构构造，许多岩体的力学性质具有非连续性和非均质性，因而在利用一般变形物体的力学理论和方法时会受到限制。但是，对于岩石块，采用上述力学作为基础理论来解决问题，一般认为是可行的，与实际结果的数据颇为接近。

天然的地质固体材料有岩石与土。随着经济与建设的发展，土力学在 20 世纪初已成为一门学科。土力学的研究对象是土体，土是一种疏松的物质，具有孔隙和弱连接的骨架，受荷载后容易发生孔隙减小而变形。而岩石则是致密的固体，岩体则含有岩石块和结构面，因而它们与土的结构构造有很大的不同。岩石与岩体在受荷载后，其变形主要是岩石块本身及岩石所包含的结构面的变形。可见岩体力学与土力学各自的研究对象就变形特性而言有着较大的差异。但是，在一些特殊的情况下，土与岩石是难以区分的。例如，某些风化严重的岩石、某些岩性特别软弱或胶结很差的沉积岩，它们既可称作岩石，在外形上也可看成松散的土，它们之间没有一条明显的区分界线。因而，在此类岩石中，使用土力学的理论和方法往往会得到接近实际的结果。岩体力学成为一门较为系统的学科要比土力学晚些，这是因为在 20 世纪中后期，重大的岩体工程建设增多，仅凭土力学的理论和技术已不能解决岩体工程中的力学问题，因而岩体力学应运而生。其利用了土力学的一些基本原理和方法，结合岩石、岩体的特征形成了具有自身特点的岩体力学。

1.4　岩体力学发展的概况与动态

岩体力学是在岩石力学的基础上发展起来的一门新兴学科，因此，目前国际上仍沿用岩石力学（rock mechanics）这一名词。通常意义上的岩石力学就是岩体力学。

岩体力学的形成与发展是从岩石力学的兴起开始的，一般认为，岩体力学形成于 20 世纪 50 年代末，其主要标志是 1957 年法国的塔罗勃（J. Talobre）所著《岩石力学》的出版，以及 1962 年国际岩石力学学会（ISRM）的成立。

受国际岩体（石）力学发展影响，在我国工程建设需要的推动下，我国的岩体（石）力学研究也得到了长足的发展，陆续建立了中国科学院武汉岩土力学研究所等科研机构；在许多高等院校建立了岩石力学实验室，开设了岩体（石）力学课程；围绕一些重点工程建设开展了一系列岩体力学科研、生产工作，获得了一系列重大成果。

从岩体力学研究过程和发展上看，研究工作有如下特点：

① 对岩体及其力学属性的认识不断深入。在岩体力学形成的初期，人们把岩体视为一种地质材料。其研究方法是取小块试件，在室内进行物理力学性质测试，以评价其对工程建筑的适宜性。大量的工程实践表明：用岩块性质作为建筑地基的大范围岩体特征是不合适的。

② 研究领域愈益扩大，并强调在工程中的应用。在岩体力学形成初期，主要是针对矿山建设中的围岩压力问题进行工作。现在岩体力学已被广泛应用于能源开发、国防工程、水利水电工程、交通及海洋开发工程、环境保护及减灾防灾工程、古文物保护工程、地震、地球动力学等许多领域。而且随着工程建设的增多和规模的不断加大，特别是一些复杂的重大工程（如三峡工程）的实施，将给岩体力学带来许多新的复杂的课题，这对于岩体力学来说既是发展的机遇，也是一种挑战。

③ 重视岩体结构与结构面的研究。在大量的岩体工程实践中，人们认识到由于岩体中存在大量断层、节理和各种裂隙等结构面及由此形成的特殊的结构，使岩体性质异常复杂，不仅取决于结构面的组合特征，而且还与结构面的地质特征、几何特征及其自身的力学性质等密切相关。基于此，开展了大量的有关结构面及其对岩体性质控制作用的研究。

④ 重视岩体中天然应力的研究。过去人们提到天然应力主要是指自重应力，现在人们已经认识到在很多情况下只考虑自重应力是不行的，必须考虑除自重应力以外，如构造应力等的影响。

⑤ 岩体测试技术和监测技术大力发展。在开始的室内常规岩块力学参数测试的基础上，逐渐发展了岩石三轴实验、高温高压实验、刚性实验、伺服技术、结构面力学实验、原位岩体力学实验及原位监测技术和模型模拟实验等。另外，岩石微观结构研究等也逐渐应用于岩体力学研究中。

⑥ 注意岩体动力学、水力学性质及流变性质的研究。随着地下爆破实验、地震研究、国防工程和水利水电工程的发展，岩体在振动、冲击等动载荷作用下的变形和强度特性、破坏规律、应力波传播与衰减规律及结构防护等，以及岩体在长期载荷作用下的流变性能和长期强度；水岩耦合及水岩与应力耦合所表现出来的水力学性质等，都日益受到广泛重视，并取得了一些成果。

⑦ 新理论、新技术及新方法的应用。首先，计算机技术的应用与普及，为岩体力学解决许多复杂的工程问题提供了有力的手段，提高了岩体力学解决生产实际问题的能力和效率。另外，从 20 世纪 70 年代末开始，块体理论、概率论、模糊数学、断裂力学、损伤力学、分形几何等理论相继引入岩体力学的基础理论与工程稳定性研究中，取得了一系列重大成果。近年来，还有不少学者将系统论、信息论、控制论、人工智能专家系统、灰色系统、突变理论、耗散结构理论及协同论等软科学引入岩体力学研究中，取得了一系列研究成果。最近又提出了利用神经网络来预测岩体边坡稳定性等。这些新理论、新方法的引入，大大地促进了岩体力学的发展。

到目前为止，岩体力学工作者从各个方面对岩体力学与工程进行了全面的研究，并取得了一定的进展，但岩体力学还不成熟，还有许多重大问题仍在探索之中，不能满足工程实际的需要。因此，大力加强岩体力学理论和实际应用的研究，既是岩体力学发展的需要，更是工程实践的客观要求。在今后一段时期内，岩体力学的前沿研究课题主要包括：

①　岩体结构与结构面的仿真模拟、力学表述及其力学机理问题；

②　裂隙化岩体的强度、破坏机理及破坏判据问题；

③　岩体与工程结构的相互作用与稳定性评价问题；

④　软岩（包括松散岩体、软弱岩体、强烈应力破碎及风化蚀变岩体、膨胀性和流变性岩体等）的力学特性及其岩体力学问题；

⑤　水岩耦合及水岩与应力耦合作用及岩体工程稳定性问题；

⑥　高地应力岩体力学问题；

⑦　岩体结构整体综合仿真反馈系统与优化技术；

⑧　岩体动力学、水力学与热力学问题；

⑨　岩体流变与长期强度问题。

当前，随着科学技术的飞速发展，各门学科都将以更快的速度向前发展，岩体力学也不例外。而各门学科协同合作，相互渗透，不断引入相关学科的新思想、新理论和新方法是加速岩体力学发展的必要途径。

【思考与练习题】

1.叙述岩体力学的定义。

2.什么是岩石？什么是岩体？岩石与岩体有何不同之处？

3.岩体力学的研究内容包括哪些？

4.岩体力学的研究方法包括哪些？

5.请举例说明人工智能专家系统在岩体力学研究中的应用。

第 2 章

岩石物理力学性质

 学习目标及要求

掌握岩石的基本物理、力学性质指标；掌握岩石在各种应力状态作用下的强度与变形特性，并熟悉相应的试验方法；了解岩石的流变特性和岩石力学性质的影响因素。

2.1　概述

在岩体力学领域中，岩石是最常涉及且研究最多的对象之一，岩体力学工作者最为关心的就是岩石在荷载作用下的变形、屈服、破坏以及破坏后的力学效应等现象，而这些现象的发生与发展与岩石的物理力学性质息息相关，因此岩石的物理力学性质是岩石最基本、最重要的性质之一，也是整个岩体力学中研究最早、最完整的力学性质。作为描述完整岩石的物理力学性质的参数，从其大类上划分，大致可以分成物理指标和力学指标两大类。其中，物理指标包括岩石的质量指标、水理性质指标、抗风化能力指标等；力学指标包括岩石的抗压强度、抗拉强度、剪切强度以及与各种受力状态相对应的变形特性、流变特性等，同时还包括与这些指标相对应的各种岩石力学试验方法。

岩石是赋存于自然界中的一种十分复杂的介质，它是天然地质作用的产物，是自然界中各种矿物的集合体。不同岩石的形成过程具有不同的特点，同时各类岩石在形成之后的漫长地质年代中又经受了不同的地质作用，包括地应力变化、各种构造地质作用、各种风化作用等。在上述作用的影响下，各种岩石甚至是同种岩石的受荷历史、组成成分以及结构特征都各有差异，从而使岩石呈现出明显的非线性、不连续性、非均质性和各向异性等复杂特性。

2.2　岩石的组成与结构

岩石是由各种矿物在地质作用下按一定规律聚集形成的自然集合体，是天然地质作用的产物。一般而言，大部分新鲜岩石质地较为坚硬致密，孔隙小而少，抗水性强，透水性弱，力学强度高。

在岩体力学领域中，岩石又称岩块，是构成岩体的基本组成单元，相对于岩体而言，岩石可看作是连续的、均质的、各向同性的介质。但实际上，作为天然地质作用产物，由于受到各种地质作用与环境因素的影响，自然界中的岩石是一种受到不同程度损伤的材料，岩石中也存在一些如矿物解理、微裂隙、粒间空隙、晶格缺陷、晶格边界等内部缺陷。

2.2.1　岩石的矿物成分

自然界中的造岩矿物主要有含氧盐、氧化物、氢氧化物、卤化物、硫化物和自然元素六大类。其中以含氧盐中的硅酸盐、碳酸盐以及氧化物类矿物最常见，构成了几乎 99.9% 的地壳岩石。多数岩石是由两种以上矿物组成，各种矿物成分的含量在不同岩石中存在显著差异。

常见的硅酸盐类矿物有长石、辉石、角闪石、橄榄石、云母和黏土矿物等。这类矿物除云母和黏土矿物外，多数硬度较大，呈粒状与柱状晶形。因此，此类矿物含量多的岩石，如花岗岩、闪长岩及玄武岩等，往往强度高，抗变形性能好。但此类矿物多生成于高温环境，与地表自然环境相差较大，在各种风化营力的作用下，易风化成高岭石、伊利石等。其中橄榄石、基性斜长石等抗风化能力最差，长石、角闪石次之。

黏土矿物主要有高岭石、伊利石及蒙脱石三类，具有薄片状或鳞片状构造，其硬度小。因此，此类矿物含量多的岩石，如黏土岩、黏土质岩，其物理力学性质差，并具有不同程度的胀缩性。

灰岩、白云岩类岩石的主要造岩矿物是碳酸盐类矿物，其物理力学性质主要取决于岩石中 $CaCO_3$、$MgCO_3$ 及酸不溶物的含量。$CaCO_3$、$MgCO_3$ 含量越高，如纯灰岩、白云岩等，岩石的强度越高、抗变形和抗风化性能越好。泥质含量高的，如泥质灰岩、泥灰岩等，力学性质较差。但随岩石中硅质含量的增高，岩石性质将不断变好。

氧化物类矿物以石英最为常见，是地壳岩石的主要造岩矿物。石英呈等轴晶系、硬度大，化学性质稳定。因此，通常随着岩石中石英含量的增加，岩石的强度和抗变形性能显著增强。

由此可见，岩石矿物成分会影响岩石的物理性质和强度特性，进而影响岩石抗风化能力。但是，应当指出，岩石中矿物的硬度和岩石的强度是两个既有联系而又不同的概念。例如，即使组成岩石的矿物都是坚硬的，岩石强度也不见得一定是高的，因为矿物之间的联结可能是弱的。但是对于大部分岩石来说，两者之间还是有相应关系的。

2.2.2　岩石的结构

岩石的结构是指岩石中矿物（及岩屑）颗粒相互之间的关系，包括颗粒的大小、形状、排列、结构联结特点以及岩石中的微结构面（即内部缺陷）。其中，以结构联结和岩石中的微结构面对岩石工程性质影响最大。

矿物颗粒间具有牢固的结构联结是岩石区别于土壤，并使岩石具有一定强度的主要原因。矿物颗粒间结构联结分为结晶联结和胶结联结两类。

结晶联结是矿物颗粒通过结晶相互嵌合在一起，如岩浆岩、大部分变质岩和部分沉积岩，通过共用原子或离子使不同晶粒紧密接触，故一般强度较高，但随结构的不同而有一定的差异。如在岩浆岩和变质岩中，等粒结晶结构一般比非等粒结晶结构的强度大，抗风化能力强；在等粒结晶结构中，细粒结晶结构比粗粒的强度高；在斑状结晶结构中，细粒基质比玻璃基质的强度高。总之，晶粒愈细，愈均匀，玻璃质愈少，强度通常愈高。

胶结联结是指颗粒与颗粒之间通过胶结物联结在一起，如沉积碎屑岩、部分黏土岩。这种联结的岩石，其强度主要取决于胶结物质的成分和胶结类型。胶结物质主要有硅质、铁质、钙质、泥质等，一般来说，硅质胶结的岩石强度最高，铁质和钙质胶结的次之，泥质胶结的岩石强度最低，且抗水性差。从胶结类型来看，根据颗粒之间以及颗粒与胶结物间的关系，碎屑岩具有基质胶结、接触胶结与孔隙胶结三种基本类型。

① 基质胶结：颗粒彼此不直接接触，完全受胶结物包围，岩石强度基本取决于胶结物的性质，如图 2.1(a) 所示。

② 接触胶结：只有颗粒接触处才有胶结物胶结，胶结一般不牢固，故岩石强度低，透水性较强，如图 2.1(b) 所示。

③ 孔隙胶结：胶结物完全或部分地充填于颗粒间的孔隙中，胶结一般较牢固，岩石强度和透水性主要视胶结物性质及其充填程度而定，如图 2.1(c) 所示。

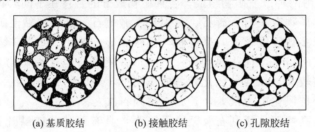

(a) 基质胶结   (b) 接触胶结   (c) 孔隙胶结

图 2.1　不同胶结类型示意图（黑色部分为胶结物）

岩石中的微结构面（或称缺陷），是指存在于矿物颗粒内部或矿物颗粒及矿物集合体之间的微小的弱面及空隙，它包括矿物的解理面、晶格缺陷、晶粒边界、粒间空隙、微裂隙等。

矿物的解理面：指矿物晶体或晶粒受力后沿一定结晶方向分裂成的光滑平面。它往往平行于晶体中最紧密质点排列的面网，即平行于面网间距较大的面网。

晶格缺陷：是物质的微观原子排列受到晶体形成条件、原子的热运动、杂质填充及其他条件的影响，导致结构偏离了理想晶体结构的区域。

晶粒边界：矿物晶体内部各粒子都是由各种离子键、原子键、分子键等相联结。由于矿物晶粒表面电价不平衡而使矿物表面具有一定的结合力，但这种结合力一般比起矿物内部的键联结力要小，因此晶粒边界就相对软弱。

粒间空隙：多在成岩过程中形成，如结晶岩中晶粒之间的小空隙，碎屑岩中由于胶结物未完全充填而留下的空隙。粒间空隙对岩石的透水性和压缩性有较大影响。

微裂隙：指发育于矿物颗粒内部及颗粒之间的、多呈闭合状态的破裂迹线，这些微裂隙十分细小，肉眼难以观察，一般要在显微镜下观察，故也称显微裂隙。它们的成因，主要与构造应力的作用有关，因此常具有一定方向，有时也由温度变化、风化等作用而引起。微裂隙的存在对岩石工程地质性质影响很大。

岩石中的微结构面一般是很小的，通常需要在显微镜下观察才能见到，但是它们对岩石工程性质的影响却是很大。首先，微结构面的存在将大大降低岩石（特别是脆性岩石）的强度。由于岩石中这些缺陷的存在，当其受力时，在微孔或微裂隙（缺陷）的末端，容易造成应力集中，使裂隙沿末端继续扩展，导致岩石在低应力作用下发生破坏。其次，由于微结构面在岩石中常具有方向性，因此它们的存在常导致岩石的各向异性。此外，缺陷能增大岩石的变形，在循环加荷时引起滞后现象，还能改变岩石的弹性波波速，改变岩石的电阻率和热传导率等。

2.2.3　岩石的地质成因分类

地球（特别是地壳和上地幔）中的成岩过程主要有以下三种：

火成过程：深部熔化的岩浆在地下或喷出地表结晶和固化的过程。

沉积过程：岩石经过风、流水和冰川等的破坏、搬运及在某些低洼地方沉积下来的过程。火山喷发物、有机物、宇宙物质和水溶解物的搬运或原地沉积也属于沉积过程。

变质过程：岩石在基本处于固体状态下，受到温度、压力及化学活动性流体的作用，其矿物成分、化学成分、结构与构造等产生变化的过程。

由以上三种成岩过程形成的相应岩石，分别称为岩浆岩、沉积岩和变质岩。

2.2.3.1　岩浆岩

岩浆岩亦称火成岩，包括花岗岩、正长岩、安山岩、玄武岩等。岩浆岩是组成地壳的主要岩石，占地壳总体积的 95%。

依据冷凝成岩浆岩的地质环境不同，可将岩浆岩分为三大类，即深成岩、浅成岩和喷出岩（火山岩），每一类中又可根据成分不同划分出不同的岩石类型（见表 2.1），其在结构上有较大的差异，这种差异往往通过岩石的力学性质反映出来。

（1）深成岩

深成岩是指岩浆在地下深处（>3000m）缓慢冷却、凝固而生成的全晶质粗粒岩石，花岗岩、闪长岩、花岗闪长岩、石英闪长岩等均属常见的深成岩体。

深成岩的岩性较为均一，变化较小，岩体结构呈典型的块状结构，结构体多为六面体和八面体，但在岩体的边缘部分也常有流线、流面和各种原生节理，结构相对比较复杂。深成岩的矿物颗粒均匀，多为粗-中粒状结构，致密坚硬，孔隙少，强度高，透水性较弱，抗水性较强，所以深成岩体的工程地质性质一般较好，常被选作大型建筑场地，如长江三峡大坝的坝基就是坐落在花岗闪长岩体之上。

深成岩体也有不足的方面。首先，深成岩体较易风化，风化壳的厚度一般比较厚；其次，当深成岩受同期或后期的构造运动影响时，断裂破碎剧烈，构造面发育，岩体完整性和均一性被破坏，强度降低，性质复杂化。此外，深成岩体常被同期或后期小侵入体、岩脉穿插，有的对岩体或先期断裂起胶结作用，有的起进一步的分割作用，必须分别对待。深成岩与周围岩体接触，常形成很厚的接触变质带，这些变质带往往成分复杂，有时易风化，形成软弱岩带或软弱结构面，应予以注意。

（2）浅成岩

浅成岩介于深成岩与喷出岩之间，是侵入岩的一种，其成分一般与相应的深成岩相似，但其产状和结构都不相同，多为岩床、岩墙、岩脉等小侵入体，岩体均一性差，如花岗斑岩、闪长玢岩、伟晶岩和辉绿岩等。

浅成岩的岩体结构常呈镶嵌式结构，而岩石多呈斑状结构和均粒-中细粒结构，细粒岩石强度比深成岩高，抗风化能力强，斑状结构岩石则差一些。透水性和强度根据不同的岩石结构变化较大，特别是脉岩类，岩体小，且穿插于不同的岩石中，易风化，导致工程岩体强度降低、透水性增大。

（3）喷出岩

喷出岩是岩浆喷出地表冷凝而形成的火成岩，以玄武岩为最常见，其次是安山岩和流纹岩。喷出岩型有喷发及溢流之别，喷发式火山岩可分为陆地喷发、海底喷发、裂隙性喷发和火山口式喷发，它们往往间歇性喷发及溢流，即轮回交替出现。每次喷发的压力、温度不同，所含物质成分也不同。无论是喷发式还是溢流式，都导致这类岩石的组织结构及成分有很大的差异，岩性岩相变化十分复杂。由于火山喷发的多期性，火山熔岩和火山碎屑往往相间，使喷出岩具有类似层状的构造。

喷出岩由于冷却快，所以岩石中含有较多的玻璃及气孔构造、杏仁构造，岩石颗粒很细，多呈致密结构，酸性熔岩在流动过程中形成流纹构造。此外，由于喷出岩是在急骤冷却条件下凝固形成的，所以原生节理比较发育。

喷出岩的结构比较复杂，岩性不均一，各向异性显著，岩体的连续性较差，透水性较强。软弱夹层的弱结构面比较发育，成为控制岩体稳定性的主要因素，厚层的熔岩岩体结构类型常呈块状结构，一般呈镶嵌结构，薄的呈层状结构。

表 2.1 岩浆岩分类简表

	岩石类型		超基性岩	基性岩	中性岩		酸性岩
物质成分	SiO_2 平均含量/%		<45	45～52	52～65		≥65
	石英含量/%		无或罕见	少见	0～20		≥20
	长石		无或罕见	斜长石为主		钾长石为主	
	暗色矿物含量/%		橄榄石 辉石 角闪石 }95	橄榄石 辉石 角闪石 }45～50	黑云母 辉石 角闪石 }30～45	黑云母 角闪石 }20	黑云母 角闪石 }10
	岩石颜色		深色 ←——————————→ 浅色				
	岩石密度		大 ←——————————→ 小				
产状	喷出岩	玻璃隐晶斑状	气孔杏仁流纹	黑曜岩、浮岩、珍珠岩、松脂岩			
				玄武岩	安山岩	粗面岩	流纹岩
				玄武玢岩	安山玢岩	钠长斑岩	石英斑岩
	浅成岩	伟晶细晶斑状	块状	金伯利岩	煌斑岩	细晶岩	伟晶岩
				辉绿岩 辉长玢岩	闪长玢岩	正长斑岩	花岗斑岩
	深成岩	粒状	块状	橄榄岩 辉岩	辉长岩 （斜长岩）	闪长岩	正长岩	花岗岩

2.2.3.2 沉积岩

沉积岩又称水成岩，是在地表或接近地表的常温常压条件下，风化剥蚀作用、生物作用与火山作用的产物在原地或经过外力的搬运，在适当条件下沉积下来所形成的沉积层，又经胶结和成岩作用而形成的一类岩石。

沉积岩是成层堆积的松散沉积物固结而成的岩石，其中沉积物包含陆地、海洋中的松散碎屑物，如砾石、砂、黏土、灰泥和生物残骸等，主要是母岩风化的产物，其次是火山喷发物、有机物和宇宙物质等，其矿物成分主要是黏土矿物、碳酸盐和残余的石英、长石等。沉积岩地层中蕴藏着绝大部分矿产。

沉积岩的沉积方式分为机械沉积（如砾岩、砂岩、黏土岩等）和化学沉积（如石灰岩、灰岩）两种。机械沉积的组分主要包括颗粒成分和胶结成分。细颗粒组成的沉积岩性质与颗粒的矿物成分关系密切，以高岭石、蒙脱石、伊利石最为典型，这类岩石孔隙率小、渗透性差、遇水极易泥化，且有严重的体积膨胀现象。化学沉积岩有不同的溶解性，因此其渗透裂隙发育，甚至有岩溶现象。

沉积岩的形成环境，有的是海浸式沉积环境，有的是海退式沉积环境，有的则是海浸及海退交替出现的沉积环境；有的是深水宁静环境，有的则为浅水动荡环境。因此，沉积轮回及沉积相的变化各有不同，特别是滨海及湖相沉积，往往受古地形的控制，无论在岩层走向或倾向上，岩性岩相都有变化，再加上水体的季节变化以及风浪的影响，岩性岩相变化就更大。此外，不但岩性岩相变化如此，厚度变化也是如此。因此，在岩体结构分析时，对滨海相沉积，特别是河湖相沉积，要作好岩石地层的详细对比。

沉积岩在地壳表层分布十分广泛，覆盖了大陆面积的75%（平均厚度为2km）和几乎全部的海洋地壳面积（平均厚度为1km）。最常见的沉积岩包括碎屑岩、黏土岩、化学岩及生物化学岩（见表2.2），这三类岩石的分配比例随沉积区的地质构造和古地理位置的不同而异。

（1）碎屑岩

碎屑岩包括火山碎屑岩与胶结碎屑岩两类。

火山碎屑岩具有岩浆和普通沉积岩的双重特性，包括火山集块岩、火山角砾岩、凝灰岩等。各类火山碎屑岩的性质差别很大，与火山碎屑物、沉积物、熔岩的相对含量、层理和胶结压实程度相关。

胶结碎屑岩是沉积物经胶结、成岩固结硬化形成的岩石，包括各种砾岩、砂岩、粉砂岩等。胶结碎屑岩的性质主要取决于胶结物的成分、胶结形式和碎屑物的成分和特点。如硅质胶结碎屑岩的岩石强度最高，抗水性强；而钙胶结、石膏质和泥质胶结的岩石，强度较低，抗水性弱，在水作用下可被溶解或软化，使岩石性质变坏。此外，基质胶结类型的岩石较坚硬，透水性较弱；而接触胶结类型的岩石强度较低，透水性较强。

（2）黏土岩

黏土岩包括页岩（具有明显的页状层理）和泥岩两种类型。黏土岩的抗压强度和抗剪强度较低，受力后变形量大，浸水后易软化、泥化。若蒙脱石含量较高，还具有明显的膨胀性。这种岩石对地下工程及边坡的稳定都极为不利，但其透水性小，可作为隔水层和防渗层。

（3）化学岩及生物化学岩

化学岩及生物化学岩中最常见的是碳酸盐类岩石，以石灰岩分布最广。化学岩和生物化学岩的抗水性较弱，常具有不同程度的可溶性。成分为硅质的化学岩的强度较高，但性脆易裂，整体性差。碳酸盐类岩石，如石灰岩、白云岩等，具有中等强度，一般能满足水工设计要求，但存在于其中的各种不同形态的岩溶溶洞，往往易成为集中渗漏的通道。易溶的石膏、盐岩等化学岩，往往以夹层或透镜体存在于其他沉积岩中，质软，浸水易溶解，常导致地下工程及边坡的失稳。

表 2.2　沉积岩的分类简表

岩类		结构	岩石分类名称	主要亚类及其组成物质
碎屑岩	火山碎屑岩	粒径>100mm	火山集块岩	主要由大于100mm的熔岩碎块、火山灰尘等经压固胶结而成
		粒径2~100mm	火山角砾岩	主要由2~100mm的熔岩碎屑、晶屑、玻屑以及其他碎屑混入物组成
		粒径<2mm	凝灰岩	由50%以上粒径<2mm的火山灰组成，其中有岩屑、晶屑、玻屑等细粒碎屑物质
	胶结碎屑岩	砾状结构 粒径>2mm	砾岩	角砾岩:由带棱角的角砾经胶结而成 砾岩:由浑圆的砾石经胶结而成
		砂质结构 粒径0.05~2mm	砂岩	石英砂岩:石英含量>90%,长石和岩屑<10% 长石砂岩:石英含量<75%,长石>25%,岩屑<10% 岩屑砂岩:石英含量<75%,长石<10%,岩屑>25%
		粉砂结构 粒径0.005~0.05mm	粉砂岩	主要由石英、长石的粉、黏粒及黏土矿物组成

续表

岩类	结构	岩石分类名称	主要亚类及其组成物质
黏土岩	泥质结构 粒径<0.005 mm	泥岩	主要由高岭石、微晶高岭石及水云母等黏土矿物组成
		页岩	黏土质页岩：由黏土矿物组成
			碳质页岩：由黏土矿物及有机质组成
化学岩 及生物 化学岩	结晶结构及生物结构	石灰岩	石灰岩：方解石含量>90%，黏土矿物<10%
			泥灰岩：方解石含量50%～75%，黏土矿物25%～50%
		白云岩	白云岩：白云石含量90%～100%，方解石<10%
			灰质白云岩：白云石含量50%～75%，方解石50%～25%

2.2.3.3 变质岩

岩浆岩或沉积岩（原岩）在温度、压力发生改变以及物质组分加入或带出的条件下，矿物成分、化学成分以及结构构造发生变化而形成的岩石称为变质岩。

变质岩在地壳分布广泛，约占大陆面积的18%，存在于前震旦纪至新生代的各个地质时期。变质岩构成的结晶基底广泛分布于世界各地，常呈区域性大面积出露，如我国辽宁、山东、河北、山西、内蒙古等地。古生代以后形成的变质岩，在我国不同省区的山系也有广泛分布，如天山、祁连山、大兴安岭以及青藏高原、横断山脉、东南沿海等地。

变质岩的岩性特征，既受原岩的控制，具有一定的继承性，又因经受了不同的变质作用，在矿物成分和结构构造上具有新生性（如含有变质矿物和定向构造等）。通常，由岩浆岩经变质作用形成的变质岩称为正变质岩，由沉积岩经变质作用形成的变质岩称为副变质岩。

依据引起岩石变质的地质条件和主导因素不同，变质作用分为接触变质作用、动力变质作用、区域变质作用与混合岩化作用四种类型。

（1）接触变质作用

在岩浆沿地壳裂缝上升的过程中，当岩浆停留在某个部位并侵入到围岩之中时，由于高温，发生热力变质作用，使围岩在化学成分基本不变的情况下，出现重结晶作用和化学交代作用。例如，中性岩浆入侵到石灰岩地层中，使原来石灰岩中的碳酸钙熔融，发生重结晶作用，晶体变粗，颜色变白（或因其他矿物成分出现斑条），从而形成大理岩。虽然化学成分没有变，但方解石的晶形发生变化，这就是接触变质作用最普通的例子。

接触变质作用包括接触热变质作用和接触交代变质作用。前者引起变质作用的主要因素是温度，后者的原理是从岩石中分泌的挥发性物质，导致围岩化学成分发生显著变化，产生大量的新矿物，形成新的岩石和结构构造。

（2）动力变质作用

动力变质作用是发育在构造断裂带中，由构造应力影响而产生的一种局部变质作用，也称断层变质作用。变质作用的主要因素是构造应力。断裂带中的岩石通过碎裂、变形和重结晶作用，使原岩的结构构造发生变化，其中各种变形组构十分发育，有时岩石中的矿物也有变化。典型的动力变质岩石是糜棱岩、碎裂岩和断层角砾岩。

（3）区域变质作用

区域变质作用泛指变质作用因素复杂且受影响的岩石范围较广的一种变质作用，是岩石在大范围内，在温度增高及定向和均向压力、流体等因素参与下，经过重结晶、变质结晶、变形，有时还伴随有变质分异或交代等作用的一类变质作用。一般表现为大面积内或呈狭长带状内所发生的变质作用，变质范围可达数万平方千米，所形成的岩石普遍具有结晶片理及其他方向性组构，在低变质区常保留了原岩某些矿物及组构，而高级变质岩区常伴随混合岩化作用和岩浆作用。

（4）混合岩化作用

混合岩化作用是介于变质作用和岩浆作用之间的一种深熔作用。其最大特征是岩石发生局部的重熔和有广泛的流体相出现。

根据地质产状，混合岩化作用可分为区域混合岩化作用和边缘混合岩化作用两种类型。区域混合岩化作用是在区域变质作用的基础上，进一步发展的结果，在区域变质作用的后期，地壳内部热流继续升高所产生的深部热液和重熔的熔浆对已变质的岩石进行渗透交代、贯入作用，使原岩改造成为混合岩。边缘混合岩化作用则主要与深部岩浆（包括再生岩浆或熔浆）及其伴生的碱质流体有关，和区域变质作用没有直接的联系。边缘混合岩化作用形成的混合岩出现于某些深成花岗岩体的边缘。

根据变质作用类型不同，可将变质岩分为区域变质岩、接触变质岩和动力变质岩三大类，具体分类见表 2.3。

表 2.3　变质岩分类简表

类型	岩石名称	主要矿物	构造		变质作用
接触变质岩	大理岩 石英岩	方解石、白云石 石英	块状	糖粒状 致密状	热力变质
	角页岩 矽卡岩	长石、石英、角闪石、红柱石 石榴子石、透辉石等		斑点或致密状 或斑杂状	接触交代
动力变质岩	构造角砾岩 糜棱岩	原岩碎块 原岩碎屑		角砾状 条状或眼球状	动力变质
区域变质岩	板岩 千枚岩 片岩 片麻岩	肉眼不能辨识 绢云母 石英、云母（绿泥石）等 石英、长石、云母、角闪石等	片理	板状 千枚状 片状 片麻岩	区域变质
	大理岩 石英岩	方解石、白云石 石英	块状	糖粒状 致密状	
	混合岩	石英、长石等	片理	条带或片麻状	混合岩化作用

变质岩的工程性质往往与原岩的性质相似或相近。一般情况下，由于原岩矿物成分在高温高压下重结晶，岩石的力学强度较变质前相对增高。但是，如果在变质过程中形成某些变质矿物，如滑石、绿泥石、绢云母等，则其力学强度（特别是抗剪强度）会相对降低，抗风化能力变差。动力变质岩的力学强度和抗水性均较差。总体上变质岩的工程稳定性优于沉积岩，尤其是深变质的岩体，但变质岩的片理构造使岩石呈现各向异性特征，岩石工程中应注意其在垂直及平行于片理构造方向上岩石力学性质的变化。

2.2.3.4　岩石循环

在漫长的地质年代中，岩石因承受各种大自然的作用（如风化、搬运、压实等）而发生结构或者形态上的变化，但是它们仍然是构成地球的基本物质。由岩浆岩、沉积岩和变质岩的形成过程以及形成条件，可以发现这三种岩石之间存在着密切联系，它们都是地质过程的产物。随着地球上主要地质过程的演变，这三种岩石之间可以互相转变，称为岩石循环，如图 2.2 所示。

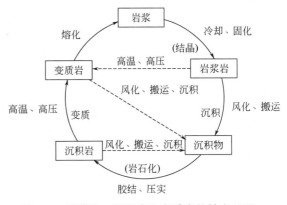

图 2.2　岩浆岩、沉积岩和变质岩的转变过程

对岩石循环的研究不但可以加深对岩石生成过程的认识，还可以了解岩石转变过程中包含的地质现象。岩石循环是地质学中的一个十分重要的概念。

2.3 岩石的物理性质

岩石与土一样，属于三相介质，由固相、液相和气相组成。固相是由各种矿物组成的集合体，构成岩石的主要组成部分。在岩石中存在着孔隙或裂隙，其中一部分被水占据着，构成了液相，而其余孔隙或裂隙则被气体占据，从而形成气相。岩石的物理性质是指因岩石三相物质相对比例不同所表现的不同物理状态，由岩石的矿物组分和结构决定。岩石的物理性质指标主要包括岩石的密度、容重、相对密度、孔隙性、水理性、热学特性等。

2.3.1 岩石的密度

2.3.1.1 岩石密度

岩石单位体积（包括岩石内孔隙体积）的质量称为岩石的密度，通常用岩石试件质量与体积之比表示。按岩石试件的含水状态，岩石密度可分为天然密度（ρ）、干密度（ρ_d）、和饱和密度（ρ_{sat}）。

（1）天然密度

天然密度是指岩石在天然含水状态下单位体积的质量，即

$$\rho = \frac{m}{V} \tag{2.1}$$

式中，m 为岩石的质量，g；V 为岩石的体积，cm^3，下同。

常见岩石的天然密度见表2.4。

表 2.4 常见岩石的天然密度

岩石名称	天然密度/(g/cm^3)	岩石名称	天然密度/(g/cm^3)	岩石名称	天然密度/(g/cm^3)
花岗岩	2.30~2.80	新鲜花岗片麻岩	2.90~3.30	砾岩	2.40~2.66
闪长岩	2.52~2.96	角闪片麻岩	2.76~3.05	石英砂岩	2.61~2.70
辉长岩	2.55~2.98	混合片麻岩	2.40~2.63	硅质砂岩	2.40~2.60
硅长斑岩	2.20~2.74	片麻岩	2.30~3.00	砂岩	2.20~2.60
玢岩	2.40~2.86	片岩	2.30~2.60	页岩	2.40~2.80
辉绿岩	2.53~2.97	石英岩	2.80~3.30	硅质灰岩	2.81~2.90
粗面岩	2.30~2.77	片状石英岩	2.80~2.90	白云质灰岩	2.70~2.90
安山岩	2.70~3.10	大理岩	2.60~2.70	泥质灰岩	2.30~2.50
玄武岩	2.60~3.10	白云岩	2.10~2.70	灰岩	2.30~2.77
凝灰岩	2.33~2.94	板岩	2.31~2.75		
凝灰角砾岩	2.20~2.90	蛇纹岩	2.50~2.70		

（2）干密度

干密度是指岩石孔（空）隙中的液相物质全部被蒸发，仅剩固体与气体物质的单位体积的质量，即

$$\rho_d = \frac{m_s}{V} \tag{2.2}$$

式中，m_s 为岩石的干质量，g，通常指岩石试件在 $105\sim110℃$ 温度下烘干时的质量。

（3）饱和密度

饱和密度是指岩石在饱水状态下单位体积内的质量，即

$$\rho_{sat} = \frac{m_{sat}}{V} \tag{2.3}$$

式中，m_{sat} 为岩石饱水状态下的质量，g。

测定天然密度时，应在岩样开封后，保持天然湿度条件下，立即加工试件并称重；测定饱和密度时，先将试件烘干至恒重，然后采用煮沸法或真空抽气法对试件进行强制饱和，取出试件并用湿毛巾擦拭表面水分后称重；测定干密度时，应将试件置于烘箱内，在温度 $105\sim110℃$ 下烘 24h，取出试件，放入干燥器内冷却至室温，再称试件质量。每组干密度试件数量不得少 3 个，每组天然密度和饱和密度试件数量不宜少于 5 个。

岩石密度可采用量积法、水中称重法或密封法（蜡封法）进行测定。

量积法适用于规则（圆柱体、方柱体或立方体）岩石试件密度的测定，用卡尺测量试件的尺寸，求出体积，并用天平称取试件的质量，然后计算岩石的密度。量积法最为简单，使用较多。凡能制备成规则试件的各类岩石，均可采用量积法。采用量积法时，岩石试件的尺寸应大于岩石最大矿物颗粒直径的 10 倍，最小尺寸不宜小于 50mm。

水中称重法适用于除遇水崩解、溶解和干缩湿胀外的其他岩石，可用于同一试件的多种物理性质指标测定，并且各测试指标之间具有相关性。首先用天平秤取不规则岩石试件的质量，然后将其放入盛有部分液体（通常为水）的量筒内，根据阿基米德原理测出不规则岩样的体积，按上述公式和类似方法便可确定岩石的各种密度。

密封法（蜡封法）适用于不能用量积法或水中称重法测定的岩石，如软弱岩石、风化岩石及遇水易崩解、溶解的岩石。将已知质量的岩石试件浸入融化的石蜡中，使试件沾有一层石蜡外壳，保持完整的外形。通过分别测得带有石蜡外壳的试件在空气中和水的质量，然后根据阿基米德原理，计算试件的体积和密度。

2.3.1.2　颗粒密度

岩石的颗粒密度（ρ_s）是指岩石的固体物质的质量与固体体积的比值，即

$$\rho_s = \frac{m_s}{V_s} \tag{2.4}$$

式中，m_s 为岩石固体物质的质量，g；V_s 为岩石固体部分的体积（不包括空隙和裂隙所占体积），cm^3。

岩石颗粒密度的大小主要取决于组成岩石的矿物密度及其含量。例如，基性、超基性岩浆岩，密度大的矿物含量较多，岩石的颗粒密度较大，一般为 $2.7\sim3.2g/cm^3$。酸性岩浆岩，密度小的矿物含量较多，岩石的颗粒密度较小，多为 $2.5\sim2.85g/cm^3$。中性岩浆岩则介于两者之间。常见岩石的颗粒密度见表 2.5。

表 2.5   常见岩石的颗粒密度

岩石名称	颗粒密度/(g/cm³)	岩石名称	颗粒密度/(g/cm³)	岩石名称	颗粒密度/(g/cm³)
花岗岩	2.50~2.84	玢岩	2.60~2.90	石英片岩	2.60~2.80
正长岩	2.60~2.90	安山岩	2.40~2.90	蛇纹岩	2.40~2.80
辉绿岩	2.60~3.10	玄武岩	2.50~3.30	砾岩	2.60~2.80
辉长岩	2.70~3.20	角闪岩	2.90~3.10	砂岩	2.60~2.75
凝灰岩	2.56~2.78	片麻岩	2.60~3.10	页岩	2.63~2.73
闪长岩	2.60~3.10	大理岩	2.70~2.87	石灰岩	2.48~2.76
流纹岩	2.60~2.80	板岩	2.70~2.84	泥质灰岩	2.70~2.80
橄榄岩	2.90~3.40	千枚岩	2.81~2.96	白云岩	2.60~2.90
粗面岩	2.40~2.70	石英岩	2.63~2.84		
斑岩	2.30~2.80	绿泥石片岩	2.80~2.90		

岩石的颗粒密度常用比重瓶法测定。先将岩石粉碎，并使岩粉通过直径为 ϕ0.25mm 的筛网筛选，将筛选后的岩粉放置在烘箱（温度控制在 105~110℃）内烘干至恒重，然后放入干燥器内冷却至室温，称出一定质量的岩粉，其质量记为 m_s。将岩粉倒入已注入一定量煤油（或蒸馏水）的比重瓶内，采用煮沸法或真空抽气法将岩粉中的空气排出。由于加入岩粉使液面升高，读出其刻度，即加入岩粉后体积的增量，记为 V_s，则可按式(2.4)计算出岩石的颗粒密度。

2.3.1.3   岩石的相对密度

岩石的相对密度是指岩石固相颗粒的重量与同体积纯蒸馏水在 4℃时的重量之比，即

$$G_s = \frac{W_s}{V_s \gamma_{w,4℃}} \tag{2.5}$$

式中，G_s 为岩石的相对密度，W_s 为体积为 V 的岩石固体部分的重量，kN；V_s 为岩石固体部分（不包括空隙）的体积，m³；$\gamma_{w,4℃}$ 为 4℃时纯蒸馏水的容重，kN/m³。

岩石的颗粒密度、相对密度在数值上相等，其大小取决于组成岩石矿物的密度及其相对含量。成岩矿物的密度越大，则岩石的相对密度越大。反之，则岩石的相对密度越小。

岩石的相对密度可采用比重瓶法进行测定，其测量方法与比重瓶法测定岩石颗粒密度的方法一致。岩石的相对密度一般在 2.50~3.30 范围内，常见岩石的相对密度见表 2.6。

表 2.6   常见岩石的相对密度

岩石名称	相对密度	岩石名称	相对密度	岩石名称	相对密度
花岗岩	2.50~2.84	砾岩	2.67~2.71	片麻岩	2.63~3.01
闪长岩	2.60~3.10	砂岩	2.60~2.75	花岗片麻岩	2.60~2.80
橄榄岩	2.90~3.40	细砂岩	2.70	角闪片麻岩	3.07
斑岩	2.60~2.80	黏土质砂岩	2.68	石英片岩	2.60~2.80
玢岩	2.60~2.90	砂质页岩	2.72	渌泥石片岩	2.80~2.90
辉绿岩	2.60~3.10	页岩	2.57~2.77	黏土质片岩	2.40~2.80
流纹岩	2.65	石灰岩	2.40~2.80	板岩	2.70~2.90

续表

岩石名称	相对密度	岩石名称	相对密度	岩石名称	相对密度
粗面岩	2.40~2.70	泥质灰岩	2.70~2.80	大理岩	2.70~2.90
安山岩	2.40~2.80	白云岩	2.70~2.90	石英岩	2.53~2.84
玄武岩	2.50~3.30	石膏	2.20~2.30	蛇纹岩	2.40~2.80
凝灰岩	2.50~2.70	煤	1.98		

2.3.2　岩石的容重

岩石单位体积（包括岩石内孔隙体积）的重量称为岩石的容重，也称重度、重力密度，常用 γ 表示，采用的单位为 kN/m^3，表达式为

$$\gamma = \frac{W}{V} \tag{2.6}$$

式中，W 为被测岩石试样的重量，kN；V 为被测岩石试样的体积，m^3。

根据岩石试样的含水情况，容重可分为天然容重（γ）、饱和容重（γ_{sat}）和干容重（γ_d），一般未说明含水状态时指的是天然容重。

由容重与密度的概念可知，两者之间存在如下的关系

$$\gamma = \rho g \tag{2.7}$$

式中，g 为重力加速度，可取 $9.8 m/s^2$。

岩石的容重取决于组成岩石的矿物成分、孔隙大小以及含水量。当其他条件相同时，岩石的容重在一定程度上与其埋藏深度有关。一般而言，靠近地表的岩石容重往往较小，而深层的岩石则具有较大的容重。岩石容重的大小，在一定程度上反映出岩石力学性质的优劣，通常岩石容重愈大，其力学性质愈好。

测定岩石的容重可采用量积法、水中称重法或是蜡封法。具体采用何种方法，应根据岩石的性质和岩样形态来确定，具体情况可参照岩石密度测量方法。常见岩石的天然容重见表 2.7。

表 2.7　常见岩石的天然容重

岩石名称	天然容重/(kN/m³)	岩石名称	天然容重/(kN/m³)	岩石名称	天然容重/(kN/m³)
花岗岩	23.0~28.0	砾岩	24.0~26.6	新鲜花岗片麻岩	29.0~33.0
闪长岩	25.2~29.6	石英砂岩	26.1~27.0	角闪片麻岩	27.6~30.5
辉长岩	25.5~29.8	硅质胶结砂岩	25.0	混合片麻岩	24.0~26.3
斑岩	27.0~27.4	砂岩	22.0~27.1	片麻岩	23.0~30.0
玢岩	24.0~28.6	坚固的页岩	28.0	片岩	29.0~29.2
辉绿岩	25.3~29.7	砂质页岩	26.0	特别坚硬的石英岩	30.0~33.0
粗面岩	23.0~26.7	页岩	23.0~26.2	片状石英岩	28.0~29.0
安山岩	23.0~27.0	硅质灰岩	28.1~29.0	大理岩	26.0~27.0
玄武岩	25.0~31.0	白云质灰岩	28.0	白云岩	21.0~27.0
凝灰岩	22.9~25.0	泥质灰岩	23.0	板岩	23.1~27.5
凝灰角砾岩	22.0~29.0	灰岩	23.0~27.7	蛇纹岩	26.0

2.3.3 岩石的孔隙性

岩石的孔隙性是指天然岩石中包含孔隙与裂隙的程度及状态的特性。

天然岩石中包含着数量不等、成因各异的孔隙和裂隙，这是岩石的重要结构特征之一。它们对岩石力学性质的影响基本一致，在工程实践中很难将二者分开，因此通称为岩石的孔隙性。通常采用孔隙比 e 和孔隙率 n 反映岩石孔隙、裂隙的发育程度。

孔隙比是指岩石中孔隙体积 V_v 与固相颗粒体积 V_s 之比，即

$$e = \frac{V_v}{V_s} \tag{2.8}$$

孔隙率是指岩石中孔隙体积 V_v 与岩石总体积 V 之比，以百分数表示，即

$$n = \frac{V_v}{V} \times 100\% \tag{2.9}$$

根据岩石的三相比例关系，孔隙比 e 与孔隙率 n 有如下关系

$$e = \frac{n}{1-n} \tag{2.10}$$

岩石的孔隙裂隙有的与大气相通，有的不相通，与大气连通的孔隙称为开型孔隙，与大气不连通的孔隙称为闭型孔隙。开型孔隙按其开启程度又可分为大、小开型孔隙。在常温常压下，水能进入的开型孔隙称为大开型孔隙；在高压（一般为 15MPa）或真空条件下，水才能进入的开型孔隙称为小开型孔隙。因此，岩石的孔隙率可根据孔洞与裂隙的类型划分为总开孔隙率 n_0、大开孔隙率 n_b、小开孔隙率 n_s，和闭孔隙率 n_c，可分别按下列公式进行计算

$$n_0 = \frac{V_{v,0}}{V} \times 100\% \tag{2.11}$$

$$n_b = \frac{V_{v,b}}{V} \times 100\% \tag{2.12}$$

$$n_s = \frac{V_{v,s}}{V} \times 100\% = n_0 - n_b \tag{2.13}$$

$$n_c = \frac{V_{v,c}}{V} \times 100\% = n - n_0 \tag{2.14}$$

式中，V 为岩石体积，m^3；$V_{v,0}$ 为岩石开型孔洞与裂隙体积，m^3；$V_{v,b}$ 为岩石大开型孔洞与裂隙体积，m^3；$V_{v,s}$ 为岩石小开型孔洞与裂隙体积，m^3；$V_{v,c}$ 为岩石闭型孔洞与裂隙体积，m^3；

孔隙率对岩石的水理性、热学特性及力学性质有较大影响，是衡量岩石工程质量的重要物理性质指标之一。孔隙率越大，岩石中孔洞与裂隙数量越多，岩石的强度越低，变形和渗透性越大，抗风化能力越低。

岩石的孔隙性指标一般难以直接测定，需要通过岩石密度与吸水性等实测指标换算得到，也可以通过 CT 扫描进行测试分析。常见岩石的孔隙率见表 2.8。

表 2.8　常见岩石的孔隙率

岩石名称	孔隙率/%	岩石名称	孔隙率/%	岩石名称	孔隙率/%
花岗岩	0.5~4.0	砾岩	0.8~10.0	石英片岩	0.7~3.0
闪长岩	0.18~5.0	砂岩	1.6~28.0	角闪岩	0.7~3.0

续表

岩石名称	孔隙率/%	岩石名称	孔隙率/%	岩石名称	孔隙率/%
辉长岩	0.29~4.0	泥岩	3.0~7.0	云母片岩	0.8~2.1
辉绿岩	0.29~5.0	页岩	0.4~10.0	绿泥石片岩	0.8~2.1
玢岩	2.1~5.0	石灰岩	0.5~27.0	千枚岩	0.4~3.6
安山岩	1.1~4.5	泥灰岩	1.0~10.0	板岩	0.1~0.45
玄武岩	0.5~7.2	白云岩	0.3~25.0	大理岩	0.1~6.0
火山集块岩	2.2~7.0	片麻岩	0.7~2.2	石英岩	0.1~8.7
火山角砾岩	4.4~11.2	花岗片麻岩	0.3~2.4	蛇纹岩	0.1~2.5
凝灰岩	1.5~7.5				

2.3.4　岩石的水理性

岩石的水理性是指岩石与水相互作用时所表现出来的性质，包括岩石的含水率、吸水性、渗透性、软化性、崩解性、抗冻性及膨胀性等。

2.3.4.1　岩石的含水率

含水率是指岩石在温度 105~110℃ 下烘干至恒重时所失去水的质量与岩石固相颗粒的质量之比，以百分数表示，即

$$\omega = \frac{m_w}{m_s} \times 100\% \tag{2.15}$$

式中，ω 为岩石的含水率，%；m_w 为岩石烘干后所失去水的质量，g；m_s 为岩石烘干后固相颗粒的质量，g。

根据岩石试件的含水状态，岩石的含水率可分成天然含水率和饱和含水率，常采用烘干法进行测定。岩石的含水状态随空气的湿度和温度而改变，例如在相对湿度为 60%~65%、温度为 20~22℃ 的环境中，硬质岩饱和试件放置 10min 后，含水率的损失可达 25% 以上。因此，在试验过程中应注意试件的养护，缩短试验时间，减少水分的损失。

岩石含水率的大小主要取决于岩石中孔隙、细微裂隙的连通情况以及亲水性矿物的含量。在软岩工程中，由于组成软岩的矿物成分中往往含有较多的亲水性黏土矿物，遇水容易软化，对岩石的变形和强度有显著影响。

2.3.4.2　岩石的吸水性

岩石的吸水性是指岩石在一定条件下吸收水分的性能，它取决于岩石孔隙的数量、大小、开闭程度和分布情况。表征岩石吸水性的指标主要有吸水率、饱和吸水率和饱水系数。

吸水率 ω_a 是指岩石在大气压力和室温条件下吸入水的质量与岩石固相颗粒的质量之比，以百分数表示，即

$$\omega_a = \frac{m_0 - m_s}{m_s} \times 100\% \tag{2.16}$$

式中，m_0 为烘干岩样浸水 48h 后的总质量，g；m_s 为岩石烘干后固相颗粒的质量，g。

在常温常压条件下，试件采用自由浸水法进行吸水处理。测定时先将岩样烘干并称重，然后浸水饱和。由于试验是在常温常压下进行的，当岩石浸水时，通常认为水只能进入大开型孔隙内，而不能进入小开型、闭型孔隙内，因此可利用吸水率计算岩石的大开孔隙率，公式为

$$n_b = \frac{V_{v,b}}{V} \times 100\% = \frac{\rho_d \omega_a}{\rho_w} \times 100\% \qquad (2.17)$$

式中，ρ_d 为岩石的干密度，g/cm^3；ρ_w 为水的密度，g/cm^3。岩石的吸水率还受到岩石成因、地质年代以及岩性的影响。通常，岩石中的孔隙越大，数量越多，连通性越好，则岩石吸水率越大，力学性质越差。大部分岩浆岩和变质岩的吸水率在 $0.1\% \sim 2.0\%$ 之间，沉积岩的吸水性较强，其吸水率多在 $0.2\% \sim 7.0\%$ 之间。

饱和吸水率，也称饱水率，是岩石试样在高压（一般压力为 $15MPa$）或真空条件下吸入水的质量与岩石试样烘干质量的比值，以百分率表示，即

$$\omega_{sat} = \frac{m_{sat} - m_s}{m_s} \times 100\% \qquad (2.18)$$

式中，ω_{sat} 为岩石的饱和吸水率，$\%$；m_{sat} 为强制饱和后岩石的质量，g。

在强制饱和条件下，通常认为水能进入所有开型孔隙中，因此，可利用岩石饱和吸水率计算总开孔隙率

$$n_0 = \frac{V_{v,0}}{V} \times 100\% = \frac{\rho_d \omega_{sat}}{\rho_w} \times 100\% \qquad (2.19)$$

岩石的饱和吸水率是表示岩石物理性质的一个重要指标，它反映岩石总开孔隙的发育程度，可间接地用来判定岩石的抗风化能力和抗冻性。

饱水系数 k_ω 是指岩石吸水率与饱和吸水率之比，即

$$k_\omega = \frac{\omega_a}{\omega_{sat}} \qquad (2.20)$$

饱水系数反映了岩石中大、小开孔隙的相对比例关系。一般来说，饱水系数愈大，岩石中的大开孔隙相对愈多，而小开孔隙相对愈少。另外，饱水系数大，说明常压下吸水后余留的孔隙就愈少，岩石愈易被冻胀破坏，因而其抗冻性差。

吸水率、饱和吸水率与饱水系数均可用于评价岩石内孔隙与裂隙的发育情况、岩石的抗冻性以及抗风化能力。表 2.9 列出了几种常见岩石的吸水性指标。

表 2.9　常见岩石的吸水性指标

岩石名称	吸水率/%	饱水率/%	饱水系数
花岗岩	0.46	0.84	0.55
石英闪长岩	0.32	0.54	0.59
玄武岩	0.27	0.39	0.69
基性斑岩	0.35	0.42	0.83
云母片岩	0.13	1.31	0.10
砂岩	7.01	11.99	0.58
石灰岩	0.09	0.25	0.36
白云质灰岩	0.74	0.92	0.80

2.3.4.3　岩石的渗透性

岩石中存在的各种裂隙、孔隙为流体和气体的通过提供了通道。度量岩石允许流体和气体通过的特性称为岩石的渗透性。岩石的渗透性对很多岩石工程有非常重要的影响。例如，在水利、水电、采矿、隧道等工程中，岩石的高渗透性会导致溃坝、溃堤、涌水等重大渗透破坏；在油气田工程中，岩石的低渗透性将会导致油气采出率低下，甚至无法正常生产。

当通过的流体为水时，岩石的渗透性称为透水性，即在一定的水力梯度作用下，岩石的

孔隙与裂隙通过水的能力。岩石的透水性常用渗透系数表征。渗透系数是指单位水力梯度条件下水在岩石中的渗流速度，是表征岩石透水性的重要指标，其大小取决于岩石中孔隙的数量、规模及连通情况等，可根据达西定律测定。

一般认为，水流在大多数岩石的孔隙与裂隙中的流动状态近似为层流状态，服从于达西定律

$$Q = k\frac{\mathrm{d}H}{\mathrm{d}l}A \tag{2.21}$$

$$u = \frac{Q}{A} = kJ \tag{2.22}$$

式中，Q 为单位时间内沿渗流路径的流量，m^3/s；H 为水头高度，m；A 为垂直于渗流方向的截面面积，m^2；k 为岩石的渗流系数，m/s；J 为渗流路径 l 方向的水力梯度，$J = \Delta H/l$，ΔH 为水头差，单位 m；l 为渗流路径长度，m。

测定岩石渗透系数的室内试验仪器与土的渗透仪类似，但试验时压力差较大，岩石渗透仪的结构与原理如图 2.3 所示。渗透系数 k 按下式计算

$$k = \frac{QL\gamma_{\mathrm{w}}}{pA} \tag{2.23}$$

式中，L 为试件长度，m；p 为试件两端的压力差，kPa；γ_{w} 为水的容重，$\mathrm{kN/m}^3$。

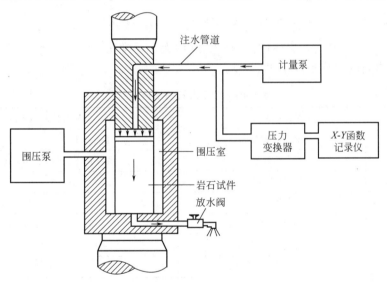

图 2.3　岩石渗透仪的结构与原理示意图

岩石的渗透系数也可采用径向渗透试验测定，如图 2.4 所示。将岩石试样制成直径为 ϕ60mm、长为 150mm 的圆柱体试件，并在中间钻一个直径为 ϕ12mm、长为 125mm 的轴向孔。试验时，将孔口处长度 25mm 堵塞，并用导管与外界相连通。径向渗透试验分为两类：一是将水从试件外压入试件内，使水向轴向孔内渗透，称为径向辐合渗透试验；二是将水从轴向孔压入试件内，使水向试件外渗透，称为径向辐散渗透试验。渗透系数 k 按下式计算

$$k = \frac{Q\gamma_{\mathrm{w}}}{2\pi lP}\ln\frac{r_2}{r_1} \tag{2.24}$$

式中，P 为岩石试样外壁上压力，kPa；l 为内孔长度，m；r_1、r_2 为岩石试样内、外半径，m。

岩石的渗透性一般都很小，远小于相应岩体的透水性，新鲜致密岩石的渗透系数一般小

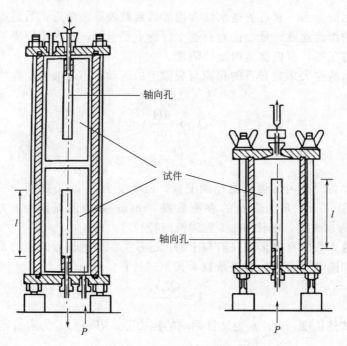

图 2.4　岩石径向渗透试验示意图

于 10^{-7} cm/s，裂隙发育时，岩体的渗透性急剧增大，通常比新鲜岩石大 4～6 个数量级，甚至更大。常见岩石的渗透系数见表 2.10。

表 2.10　常见岩石的渗透系数

岩石名称	裂隙发育情况	渗透系数 k/(cm/s)
花岗岩	较致密、微裂隙	$1.10 \times 10^{-12} \sim 9.50 \times 10^{-11}$
	含微裂隙	$1.10 \times 10^{-12} \sim 2.50 \times 10^{-10}$
	微裂隙及部分粗裂隙	$2.80 \times 10^{-9} \sim 7.00 \times 10^{-8}$
石灰岩	致密	$3.00 \times 10^{-12} \sim 6.00 \times 10^{-10}$
	微裂隙、孔洞	$2.00 \times 10^{-9} \sim 3.00 \times 10^{-6}$
	孔隙较发育	$9.00 \times 10^{-5} \sim 3.00 \times 10^{-4}$
片麻岩	致密	$<10^{-13}$
	微裂隙	$9.00 \times 10^{-8} \sim 4.00 \times 10^{-7}$
	微裂隙发育	$2.00 \times 10^{-6} \sim 3.00 \times 10^{-5}$
辉绿岩	致密	$<10^{-13}$
玄武岩	较致密	$10^{-13} \sim 2.50 \times 10^{-12}$
砂岩	孔隙较发育	5.50×10^{-6}
页岩	微裂隙发育	$2.00 \times 10^{-10} \sim 8.00 \times 10^{-9}$
片岩	微裂隙发育	$1.00 \times 10^{-9} \sim 5.00 \times 10^{-5}$
石英岩	微裂隙	$1.20 \times 10^{-10} \sim 1.80 \times 10^{-10}$

2.3.4.4　岩石的软化性

岩石的软化性是指岩石浸水后强度降低的性质，取决于岩石的矿物成分、联结特性和微

裂隙发育程度等，常用软化系数表示。软化系数 η 定义为岩石饱和单轴抗压强度与其干燥单轴抗压强度之比，即

$$\eta = \frac{\sigma_c}{\sigma_d} \tag{2.25}$$

式中，σ_c 为岩石饱和单轴抗压强度，MPa；σ_d 为岩石干燥单轴抗压强度，MPa。

显然，软化系数愈小，则岩石软化性愈强。岩石的软化性取决于岩石的矿物组成与孔隙性。当岩石中含有较多的亲水性和可溶性矿物，且大开孔隙数量较多时，岩石的软化性较强，软化系数较小，如黏土岩、泥质胶结的砂岩、砾岩和泥灰岩等，软化系数一般为 0.4～0.6，甚至更低。常见岩石的软化系数见表 2.11。

理论上，软化系数 η 总是小于 1，$\eta>1$ 均为岩石不均一性所导致。当 $\eta \leqslant 0.75$ 时，属于软化岩石。在工程中，岩石的软化系数间接反映了岩石的抗水性、抗风化性与抗冻性，对评价坝基岩体及隧洞围岩稳定性具有重要意义。通常，用作天然建筑材料的岩石，软化系数应大于 0.75。

表 2.11　常见岩石的软化系数

岩石名称	软化系数	岩石名称	软化系数
花岗岩	0.80～0.98	砂岩	0.60～0.97
闪长岩	0.70～0.90	泥岩	0.10～0.50
辉长岩	0.65～0.92	页岩	0.55～0.70
辉绿岩	0.92	片麻岩	0.70～0.96
玄武岩	0.70～0.95	片岩	0.50～0.95
凝灰岩	0.52～0.88	石英岩	0.80～0.98
白云岩	0.83	千枚岩	0.76～0.95
石灰岩	0.68～0.94	闪长玢岩	0.78～0.81
流纹岩	0.75～0.95	火山集块岩	0.60～0.80
火山角砾岩	0.57～0.95	硅质板岩	0.75～0.79
泥灰岩	0.44～0.54	泥质板岩	0.39～0.52

2.3.4.5　岩石的抗冻性

岩石抵抗冻融破坏的性能称为岩石的抗冻性。岩石的抗冻性通常用冻融系数表示。岩石冻融系数是指岩样在 ±20℃ 的温度区间内，经反复降温、冻结、升温、融解后，其抗压强度与冻融前饱和抗压强度的比值，即

$$K_{fm} = \frac{\overline{\sigma}_{fm}}{\overline{\sigma}_c} \tag{2.26}$$

式中，K_{fm} 为岩石冻融系数；$\overline{\sigma}_c$ 为冻融前岩石饱和单轴抗压强度平均值，MPa；$\overline{\sigma}_{fm}$ 为冻融后岩石单轴抗压强度平均值，MPa。

岩石在反复冻融后其强度降低的主要原因：一是构成岩石的各种矿物的膨胀系数不同，当温度变化时，矿物的胀缩不均导致岩石结构破坏；二是当温度降到 0℃ 以下时，岩石孔隙中的水结成冰，体积增大约 9%，产生的膨胀压力导致岩石发生破坏。

2.3.4.6　岩石的膨胀性

岩石的膨胀性是指岩石浸水后体积增大的性质。一些含黏土矿物成分的岩石，经水化作用后，在黏土矿物的晶格内部或细分散颗粒的周围生成水化膜（结合水溶剂膜），并且在相邻近的颗粒间产生水楔效应，当水楔作用力大于结构联结力时，岩石呈现膨胀性。岩石的膨胀性常用自由膨胀率、侧向约束膨胀率、膨胀压力表示。

自由膨胀率是指岩石在无任何约束条件下，浸水后产生的轴向和径向变形分别与原试件轴向和径向尺寸之比。常用轴向自由膨胀率 V_H 和径向自由膨胀率 V_D 表示，即

$$V_H = \frac{\Delta H}{H} \times 100\% \tag{2.27}$$

$$V_D = \frac{\Delta D}{D} \times 100\% \tag{2.28}$$

式中，ΔH、ΔD 为浸水后岩石轴向、径向膨胀变形量，mm；H、D 为试验前岩石试件的高度和直径（或边长），mm。

侧向约束膨胀率 V_{HP} 是指岩石在侧向约束条件下且轴向受有限荷载作用时，浸水后产生轴向变形与原试件高度之比，即

$$V_{HP} = \frac{\Delta H_1}{H} \times 100\% \tag{2.29}$$

式中，ΔH_1 为有侧向约束条件下的轴向膨胀变形量，mm。

膨胀压力 p_V 是指岩石试件浸水后保持其体积不变所需的压力，即

$$p_V = \frac{P}{A} \tag{2.30}$$

式中，P 为轴向荷载，N；A 为试件截面面积，mm^2。

自由膨胀率、侧向约束膨胀率和膨胀压力从不同角度反映了岩石遇水膨胀的特性，可利用这些参数评价含有黏土矿物的岩体工程的稳定性。岩石膨胀性可通过室内膨胀性试验来确定。目前国内大多采用土工压缩仪和膨胀仪测定岩石的膨胀性，岩石膨胀性试验常用的有岩石自由膨胀率试验、岩石侧向约束膨胀率试验和岩石体积不变条件下的膨胀压力试验。

2.3.4.7　岩石的崩解性

岩石的崩解性是指岩石与水相互作用时失去黏结力，岩石崩散、解体后，完全丧失强度变成松散物质的性质。这种现象是由于水化过程中削弱了岩石内部的结构联结而引起的，常见于由可溶盐和黏土质胶结的沉积岩地层中。

岩石崩解性一般用岩石的耐崩解性指数表示。耐崩解性指数是指测定岩石在经过干燥和浸水循环后残留试件烘干质量与原试件烘干质量之比，以百分数表示，即

$$I_{d2} = \frac{m_r}{m_s} \times 100\% \tag{2.31}$$

式中，I_{d2} 为两次循环试验求得的耐崩解性指数，%；m_s 为试验前岩石的烘干质量，g；m_r 为残留试件的烘干质量，g。

岩石耐崩解性试验主要适用于在干、湿交替环境中易崩解的岩石，岩石胶结程度越高，耐崩解能力越强。耐崩解性指数常用于评价岩石在浸水和温度变化环境下抗风化作用的能力，该指数可以通过两次干湿循环试验法确定，也可根据工程重要性和岩石崩解性能最多进行 5 次循环。岩石耐崩解性试验示意图见图 2.5。

甘布尔（J. C. Gamble）认为，耐崩解性指数与岩石成岩的地质年代无明显关系，而与

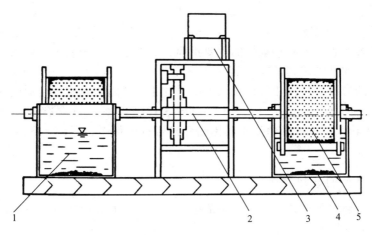

图 2.5　岩石耐崩解性试验示意图
1—水槽；2—主轴；3—电动机；4—沉淀物；5—筛筒（内装试件）

岩石的密度成正比，与岩石的含水量成反比，并提出了甘布尔崩解耐久性分类标准，见表 2.12。

表 2.12　甘布尔崩解耐久性分类标准

级别	一次 10min 旋转后留下的百分数 （按干重计）/%	两次 10min 旋转后留下的百分数 （按干重计）/%
极高耐久性	≥99	≥98
高耐久性	98～99	95～98
中高耐久性	95～98	85～95
中等耐久性	85～95	60～85
低耐久性	60～85	30～60
极低耐久性	<60	<30

2.3.5　岩石的热学特性

岩石内或岩石与外界的热交换方式主要有传导传热、对流传热及辐射传热等几种。其交换过程中的能量转换与守恒等服从热力学原理。在以上热交换方式中，传导传热最为普遍，控制着几乎整个地壳岩石的传热状态；对流传热主要在地下水渗流带内进行；辐射传热仅发生在地表面。热交换的发生导致了岩石力学性质的变化，产生独特的岩石力学问题。

在岩体力学中，常用的热学性质指标有比热容、导热系数、热扩散率和热膨胀系数等。

2.3.5.1　岩石的比热容

岩石的比热容（C）是指单位质量岩石的温度升高（降低）1℃时所需要的热量，单位为 J/(kg·K)。

在岩石内部及其与外界进行热交换时，岩石吸收热能的能力称为岩石的热容性。根据热力学第一定律，外界传导给岩石的热量 ΔQ，消耗在内部热能改变（温度上升）ΔE 和引起岩石膨胀所做的功 A 上，在传导过程中热量的传入与消耗总是平衡的，即 $\Delta Q = \Delta E + A$。对岩石来说，消耗在岩石膨胀上的热能与消耗在内能改变上的热能相比是微小的，这时传导给岩石的热量主要用于岩石升温上。因此，如果设岩石由温度 T_1 升高至 T_2 所需要的热量为 ΔQ，则有

$$\Delta Q = Cm(T_2 - T_1) \tag{2.32}$$

式中，m 为岩石的质量，g。

岩石的比热容是表征岩石热容性的重要指标，其大小取决于岩石的矿物组成、有机质含量以及含水状态。如常见矿物的比热容多为 $(0.7 \sim 1.2) \times 10^3 \text{J}/(\text{kg} \cdot \text{K})$，与此相应，干燥且不含有机质的岩石，其比热容也在该范围内变化，并随岩石密度增加而减小。又如有机质的比热容较大，约为 $(0.8 \sim 2.1) \times 10^3 \text{J}/(\text{kg} \cdot \text{K})$，因此，富含有机质的岩石（如泥炭等），其比热容也较大。此外，由于水的比热容较岩石大得多，因此多孔且含水的岩石也常具有较大的比热容。

2.3.5.2 岩石的导热系数

导热系数是指稳定传热条件下某方向单位温度、单位时间内通过单位面积岩石传递的热量，单位为 W/(m·℃)；

根据热力学第二定律，物体内的热量通过热传导作用不断地从高温点向低温点流动，使物体内温度逐步均一化。设面积为 A 的平面上，温度仅沿 x 方向变化，这时通过 A 的热流量（Q）与温度梯度 dT/dx 及时间 dt 成正比，即

$$Q = -kA \frac{dT}{dx} dt \tag{2.33}$$

导热系数是岩石重要的热学性质指标，其大小取决于岩石的矿物组成、结构及含水状态。常温下岩石的导热系数 $k = 1.61 \sim 6.07 \text{W}/(\text{m} \cdot \text{℃})$。另外，多数沉积岩和变质岩的热传导性具有各向异性，即沿层理方向的导热系数比垂直层理方向的导热系数平均高约 $10\% \sim 30\%$。

据研究表明，岩石的比热容 C 与导热系数 k 间存在如下关系

$$k = \lambda \rho C \tag{2.34}$$

式中，ρ 为岩石的密度，g/cm^3；λ 为岩石的热扩散率，cm^2/s。

热扩散率 λ 是指吸热或放热时岩石温度的变化速度，其反映岩石对温度变化的敏感程度，热扩散率愈大，岩石对温度变化的反应愈快，且受温度的影响也愈大。

2.3.5.3 岩石的热膨胀系数

岩石在温度升高时体积膨胀，温度降低时体积收缩的性质，称为岩石的热膨胀性，用线膨胀（收缩）系数或体膨胀（收缩）系数表示。

设岩石试件的温度从 T_1 升高至 T_2 时，由于膨胀使岩石试件伸长 Δl，则岩石的线膨胀系数可由下式计算

$$\alpha = \frac{\Delta l}{l(T_2 - T_1)} \tag{2.35}$$

岩石的体膨胀系数大致为线膨胀系数的 3 倍。另外，层状岩石具有热膨胀各向异性，同时岩石的线膨胀系数和体膨胀系数均随压力的增大而降低。

2.4 岩石的力学性质

岩石的力学性质是指岩石在荷载作用下表现出来的变形与破坏特征，是岩体力学研究的主要内容之一。

　　岩石力学性质的含义包括两个方面：一是岩石的强度特征，即岩石试件在荷载作用下破坏时所承受的最大应力（强度极限），以及应力与破坏之间的关系（强度理论），它反映了岩石抵抗破坏的能力和破坏规律；二是岩石的变形特征，即岩石试件在各种荷载作用下的变形规律，其中包括岩石的弹性变形、塑性变形、流变变形等，它反映了岩石的力学属性。

2.4.1　岩石的强度特性

　　岩石强度（又称峰值强度）是指岩石在外荷载作用下，达到破坏时所承受的最大应力，反映岩石抵抗外力作用的能力，包括单轴抗压强度、点载荷强度、抗拉强度、抗剪强度、三轴抗压强度等。

2.4.1.1　单轴抗压强度

　　岩石在单轴压缩荷载作用下达到破坏前所能承受的最大压应力称为岩石单轴抗压强度，或称为非限制性抗压强度。国际上常把单轴抗压强度表示为 UCS，我国习惯于将单轴抗压强度表示为 σ_c 或 R_c，其值等于岩石达到破坏时的最大轴向压力（P）除以试件的横截面积（A），即

$$\sigma_c = \frac{P}{A} \tag{2.36}$$

　　根据岩石含水状态不同，单轴抗压强度可分为天然单轴抗压强度、饱和单轴抗压强度和干燥单轴抗压强度。岩石试件在单轴压缩荷载作用下破坏时，最常见的破坏形式有以下三种。

　　① X 状共轭斜面剪切破坏，如图 2.6(a) 所示。产生破坏的原因是破坏面上的剪应力超过极限应力，破坏面法线与荷载轴线（即试件轴线）的夹角 β 与岩石内摩擦角 φ 存在以下关系：$\beta = \pi/4 + \varphi/2$，这是一种最常见的破坏形式。

　　② 单斜面剪切破坏，如图 2.6(b) 所示。单斜面剪切破坏与 X 状共轭斜面剪切破坏都是由破坏面上的剪应力超过极限引起的，因此被视为剪切破坏。但破坏前破坏面所需承受的最大剪应力也与破坏面上的正应力有关，因而也可称该类破坏为压剪破坏。破坏面法线与荷载轴线的夹角 β 与岩石的内摩擦角 φ 同样存在以下关系：$\beta = \pi/4 + \varphi/2$。

　　③ 拉伸破坏，如图 2.6(c) 所示。在轴向压应力作用下，由于泊松效应，在试件横向方向产生拉应力，当横向拉应力超过岩石抗拉极限时岩石产生拉伸破坏。

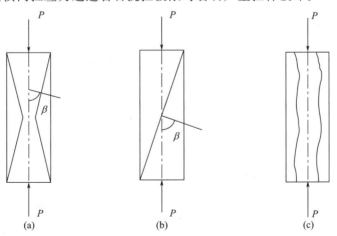

图 2.6　单轴压缩岩石试件受力和破坏状态示意图

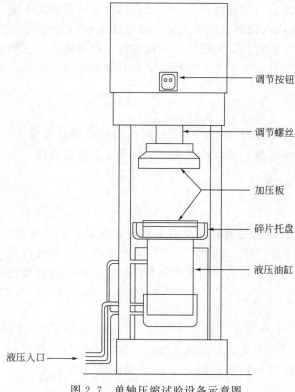

图 2.7　单轴压缩试验设备示意图

调节按钮
调节螺丝
加压板
碎片托盘
液压油缸
液压入口 →

单轴压缩试验是采用标准试件在压力机上加轴向荷载，直至试件破坏，如图 2.7 所示。试件可以是立方柱体或圆柱体，建议使用国际岩石力学学会推荐的圆柱体，试件尺寸通常为 50mm×50mm×100mm 或 ϕ50mm×100mm，以及 70mm×70mm×140mm 或 ϕ70mm×140mm。

GB/T 50266—2013《工程岩体试验方法标准》对岩石试件尺寸与精度有严格要求。圆柱体直径宜为 48~54mm；试件高度与直径之比（高径比 H/D）宜为 2.0~2.5；试件两端面不平整度误差不得大于 0.05mm；沿试件高度上直径误差不得大于 0.3mm；端面垂直试件轴线的最大偏差不得大于 0.25°；含水颗粒的岩石，试件的直径应大于岩石最大颗粒尺寸的 10 倍。

在进行岩石单轴抗压强度试验的过程中，有一些因素将影响其最终的试验值。影响岩石单轴抗压强度的主要因素如下。

（1）端部效应

通过承压钢板对试件加压，由于加压试件的泊松效应，承压钢板与试件端面之间存在摩擦力，阻止了试件端部的侧向变形，从而使试件两端形成锥形压缩区，端部应力分布不均匀，只有离开端面一定距离的部位，才会出现均匀应力状态。这种由于端部条件影响试验结果的现象，称为端部效应，如图 2.8 所示。为了尽量减少端部效应的影响，必须在试件的两端涂加润滑剂，以充分减小摩擦。而且必须使试件长度达到规定要求，否则两端压缩区会重叠或相连，使得试验结果大于实际的岩石强度。若承压钢板与试件端面之间不存在摩擦力，且承压钢板刚度足够大，可视为整个试件出现均匀应力状态。

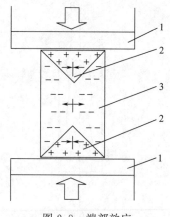

图 2.8　端部效应
1—承压板；2—压应力区；3—拉应力区

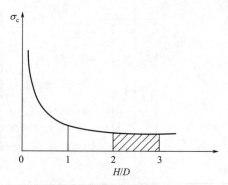

图 2.9　岩石单轴抗压强度与试件
高径比（H/D）之间的关系

（2）岩石试件尺寸及形状

方形试件的四个边角会产生应力集中现象，使得试件在受力后应力分布不均匀，因此目前绝大多数的国家都采用圆形的岩石试件。试件的强度通常随其尺寸的增大而减小，这在岩石力学中被称作尺寸效应。研究结果表明，若岩石试件的直径为 $\phi40\sim60mm$，且满足试件直径大于组成岩石矿物的最大颗粒直径的 10 倍以上，其强度值相对比较稳定。

试件的高径比（H/D）不同，将对岩石强度将产生不同的影响，如图 2.9 所示。由曲线的形态特征可明显地看出，高径比在 2~3 时，岩石单轴抗压强度值趋于稳定。

（3）加载速率

通常，岩石试件的强度随加载速率提高而增大。随着加载速率的增大，当其超过岩石的变形速率时，即岩石变形未达稳定就继续增加载荷，则在岩石内部将出现变形滞后于应力的现象，使塑性变形来不及发生和发展，从而增大了岩石的强度。

ISRM 建议的加载速率为 $0.5\sim1MPa/s$，一般从开始试验直至试件破坏的时间为 5~10min。

（4）湿度和温度

水对岩石强度有显著的影响。当水侵入岩石时，将顺着裂隙进入并润湿全部自由面上的每个矿物颗粒。由于水分子的加入，改变了岩石的物理状态，削弱了颗粒间的联结力，降低了岩石的强度。其降低程度取决于岩石的孔隙性、矿物的亲水性、吸水性和水的物理化学特征等因素。

温度对岩石强度也有明显的影响，特别是高温条件下，随温度升高，岩石的脆性降低，塑性增强，岩石强度也随之降低。

2.4.1.2　点荷载强度

点荷载强度试验是布鲁克（E. Broch）和弗兰克林（J. A. Franklin）于 1972 年提出的。这是一种通过岩石劈裂间接确定岩石强度的试验方法，适用于除砂砾岩等非均质性较大的岩石和单轴抗压强度不大于 5MPa 的极软岩外的各类岩石。该方法可以测定岩石点荷载强度指数和岩石点荷载强度各向异性指数。点荷载强度试验的设备比较简单，如图 2.10 所示。

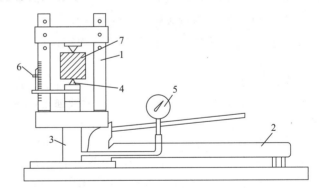

图 2.10　便携式点荷载仪示意图
1—框架；2—手摇卧式油泵；3—千斤顶；4—球面压头（简称加荷锥）；
5—油压表；6—游标卡尺；7—岩石试样

这种小型点荷载试验装置是便携式的，可带到岩土工程现场，这是点荷载试验能够广泛采用的重要原因。大型点荷载试验装置的原理和小型点荷载试验装置的原理是相同的，只是能提供更大的压力，适合于大尺寸的试件。

点荷载试验的另一个重要优点是对试件的要求不严格，无须像做抗压强度试验那样精心准备试件。点荷载试验的试件通常为直径为 $\phi25\sim100mm$ 的岩芯，若没有岩芯，石块也可以。不同形状试件的加载方式和等价岩芯直径如图 2.11 所示。此外，当岩芯中包含节理、裂隙时，加载时要合理布置加载的部位和方向，使强度指标值能均匀地考虑到节理、裂隙的影响。

点荷载强度试验所获得的点荷载强度指数 I_s 按下式计算

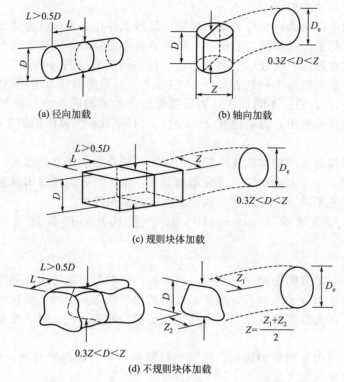

图 2.11　不同形状试件的加载方式和等价岩芯直径示意图

$$I_s = \frac{P}{D_e^2} \qquad (2.37)$$

式中，P 为岩石破坏时的荷载，N；D_e 为等价岩芯直径，mm。

如图 2.11 所示，当岩芯径向加载时，$D_e^2 = D^2$；当岩芯轴向加载、规则块体或不规则块体加载时，$D_e^2 = 4ZD/\pi$。D 为加载点间距，mm；Z 为通过两加载点最小截面的宽度或平均宽度，mm。

根据试验可知，I_s 值不仅与岩石强度有关，还与加载点间距有关。ISRM 将直径为 $\phi 50$mm 的圆柱体试件测定的径向加载点荷载强度值确定为标准试验值，其他尺寸试件的试验结果应根据下述情况进行修正。

① 当试验数据较多，且同一组试件中的等价岩芯直径具有多种尺寸而不等于 $\phi 50$mm 时，应根据试验结果绘制 D_e^2 与破坏荷载 P 的关系曲线，并在曲线上查找 D_e^2 为 2500mm² 时所对应的 P_{50} 值，岩石点荷载强度指数按下式修正

$$I_{s(50)} = \frac{P_{50}}{2500} \qquad (2.38)$$

② 当试验数据较少且等价岩芯直径不为 $\phi 50$mm 时，岩石点荷载强度指数按下式修正

$$I_{s(50)} = F I_s \qquad (2.39)$$

$$F = \left(\frac{D_e}{50}\right)^m \qquad (2.40)$$

式中，F 为修正系数；m 为修正指数，可取 $0.40 \sim 0.45$，或根据同类岩石的经验值确定。

岩石点荷载强度各向异性指数 $I_{a(50)}$ 是指岩石点荷载试验中，垂直于软弱面的岩石点

荷载强度指数 $I'_{(50)}$ 与平行于软弱面的岩石点荷载强度指数 $I''_{(50)}$ 之比，即

$$I_{a(50)} = \frac{I'_{s(50)}}{I''_{s(50)}} \tag{2.41}$$

当试件中存在层面时，加载方向应分别垂直层面和平行层面，以获取各向异性岩石的最大和最小点荷载强度指数，如图 2.12 所示。

岩石点荷载强度试验主要用于岩体分级、岩体风化带划分、评价岩石强度的各向异性程度和估算岩石饱和单轴抗压强度。中铁二院工程集团有限责任公司对 743 组高、中、低三类不同强度岩石的试验成果进行回归分析，建立了岩石点荷载强度指标与岩

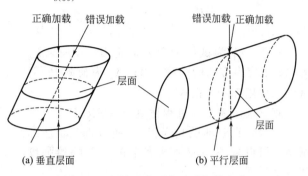

图 2.12 含层面岩石的试验加载方向

石饱和单轴抗压强度换算关系，并被 GB/T 50218—2014《工程岩体分级标准》采用

$$\sigma_c = 22.82 I_{s(50)}^{0.75} \tag{2.42}$$

2.4.1.3 岩石三轴抗压强度

岩石在三向压缩荷载作用下，达到破坏时所能承受的最大压应力称为岩石的三轴抗压强度。与单轴压缩试验相比，试件除了受轴向压力外，还受侧向压力作用，侧向压力限制试件的横向变形，因而三轴试验是限制性抗压强度试验。常用下式表示最大主应力 σ_1 与中间主应力 σ_2、最小主应力 σ_3 之间的关系，即

$$\sigma_1 = f(\sigma_2, \sigma_3) \tag{2.43}$$

岩石三轴压缩试验根据不同的三向应力状态分为常规三轴压缩试验和真三轴压缩试验，试件所受应力状态如图 2.13 所示。

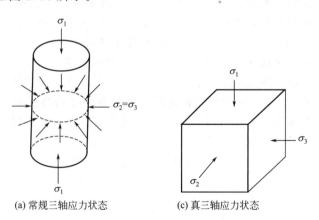

(a) 常规三轴应力状态 　　　　　　 (c) 真三轴应力状态

图 2.13 岩石三轴压缩试验应力加载示意图

常规三轴压缩试验是指等侧压条件下（$\sigma_1 > \sigma_2 = \sigma_3$）测定岩石力学性质的试验，试验装置示意图如图 2.14 所示，试件最大主应力按下式计算

$$\sigma_1 = \frac{P}{A} \tag{2.44}$$

式中，P 为试件破坏时的最大轴向力，N；A 为试件的初始横截面面积，mm^2。

真三轴压缩试验是指在相互独立且互不相等的三向荷载作用下（$\sigma_1 > \sigma_2 > \sigma_3$）测定岩石

力学性质的试验，试件常制备成长方体或正方体。作用在试件表面的三个方向主应力按下式计算

$$\sigma_i = \frac{P_i}{A_i} \quad (i=1,2,3) \qquad (2.45)$$

式中，σ_i 为试件的第 i 主应力，MPa，P_i 为第 i 主应力方向的荷载，N；A_i 为荷载 P_i 对试件的作用面积，mm^2。

真三轴压缩试验过程详见 T/CSRME 007—2021《岩石真三轴试验规程》。通过真三轴压缩试验，可得到不同应力状态下的岩石峰值强度和残余强度。

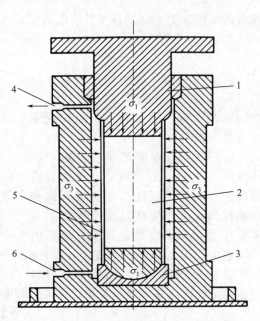

图 2.14　常规三轴压缩试验装置示意图
1—密封压头；2—岩石试件；3—球状底座；
4—出油口；5—隔离膜；6-进油口

2.4.1.4　岩石抗拉强度

岩石抗拉强度是指岩石试件在拉伸荷载作用下达到破坏时所能承受的最大拉应力。理想化的试验受力状态如图 2.15（a）所示。通常用 σ_t 或 R_t 表示抗拉强度，其值等于达到破坏时的最大轴向拉伸荷载 P_t 除以试件的横截面积 A，即

$$\sigma_t = \frac{P_t}{A} \qquad (2.46)$$

岩石抗拉强度试验分为直接拉伸试验和间接拉伸试验两类。

（1）直接拉伸试验

进行直接拉伸试验时，要直接进行如图 2.15（a）所示的拉伸试验是很困难的，因为不可能像压缩试验那样将拉伸荷载直接施加到试件的两个端面上，而只能将岩石试件两端固定在专用的拉伸夹具中，如图 2.15（b）所示。由于夹具内所产生的应力过于集中，往往容易引起试件两端破裂，造成试验失败；但是如果夹具施加的夹持力不够大，试件就会从夹具中拉出，也会造成试验失败。因此，直接拉伸试验所用岩石试件的两端通常被胶结在水泥或环氧树脂中，如图 2.15（c）、（d）所示。拉伸荷载是施加在强度较高的水泥、环氧树脂或金属连接端上，这样就能保证在试件拉伸断裂前，它的其他部位不会先行破坏而导致试验失败。

另一种直接拉伸试验的装置与应力状态如图 2.16 所示，该试验使用"狗骨头"形状的岩石试件。在液压 P 的作用下，由于试件两端和中间部位截面积的差距，在试件中引起拉伸应力 σ_3，其值等于

$$\sigma_3 = \frac{P(d_2^2 - d_1^2)}{d_1^2} \qquad (2.47)$$

试件断裂时的 σ_3 值就是岩石的抗拉强度，是一种限制性的抗拉强度，因为在此试验条件下，试件除了受到轴向拉伸应力外，还受到 $\sigma_1 = \sigma_2 = P$ 的侧向压应力。

进行直接拉伸试验时，施加的拉力作用方向必须与岩石试件轴向重合，夹具应保证安全、可靠，且具有防止偏心荷载造成试验失败的能力。

（2）间接拉伸试验

直接拉伸试验由于试件制备精度要求较高、黏接接触控制严格、易产生扭曲破坏和应力

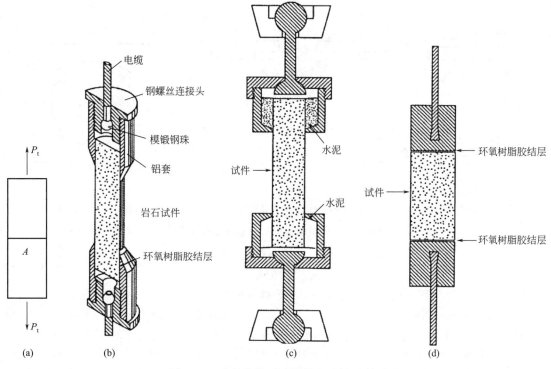

图 2.15　直接拉伸试验加载和试件示意图

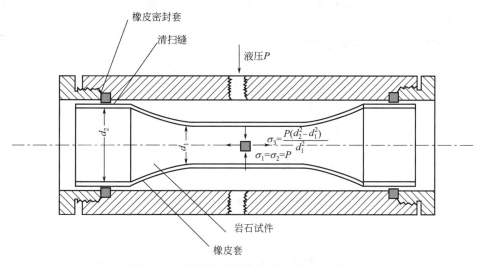

图 2.16　限制性直接拉伸试验装置示意图

集中等原因而很少被采用，常采用间接拉伸试验测定岩石抗拉强度。

在间接试验方法中，最著名的是巴西圆盘劈裂试验法，俗称劈裂试验。典型的劈裂试验根据加载装置的不同，主要有四种形式，如图 2.17 所示。

GB/T 50266 中建议巴西圆盘劈裂试验方法采用线荷载加载方式，如图 2.17(b) 所示。通过垫条对圆柱体试件施加径向线荷载直至破坏（垫条可采用直径为 $\phi 4\mathrm{mm}$ 左右的钢丝或胶木棍，其长度大于试件厚度，硬度与岩石试件硬度相匹配），从而间接求取岩石抗拉强度 σ_t。

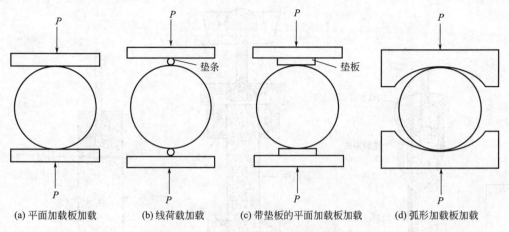

(a) 平面加载板加载   (b) 线荷载加载   (c) 带垫板的平面加载板加载   (d) 弧形加载板加载

图 2.17　巴西圆盘劈裂试验的加载方式

$$\sigma_t = \frac{2P}{\pi D t} \tag{2.48}$$

式中，P 为试件破坏时最大荷载，N；t 为试件的厚度，mm；D 为试件的直径，mm。

在压缩线荷载 P 作用下，沿着和垂直于圆盘直径加载方向的应力分布情况如图 2.18 所示。在圆盘上下加载边缘处，沿加载方向的应力 σ_y 和垂直于加载方向的应力 σ_x 均为压应力。离开边缘后，σ_y 仍为压应力，但应力值比边缘处显著减小，并趋于均匀化；σ_x 变成拉应力，并趋于均一分布。当拉应力 σ_x 达到岩石抗拉强度，试件沿加载方向产生劈裂破坏。理论上破坏是从试件中心开始，如图 2.18(b) 所示，然后沿加载直径方向扩展至试件两端。

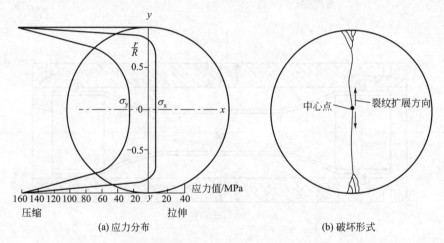

(a) 应力分布   (b) 破坏形式

图 2.18　巴西圆盘劈裂试验试件应力分布及破坏形式示意图

另一种常用的间接实验是弯曲梁试验。采用的试件可以是圆柱梁，也可以是长方形截面的棱柱梁，常采用三点加载弯曲梁试验，如图 2.19 所示。在压力 P 作用下，梁的下部（中性轴以下）出现拉伸应力，当拉伸应力达到极限后，梁的中部下边缘处开始出现拉伸断裂。出现弯曲拉伸断裂时所能承受的最大应力称为岩石的抗折强度（或称弯曲强度），记为 R_0，其值一般为直接拉伸试验所测得抗拉强度的 2～3 倍，计算公式如下：

圆柱梁试件　　　　　　　　　$$R_0 = \frac{8PL}{\pi D^3} \tag{2.49}$$

长方形截面的棱柱梁

$$R_0 = \frac{3PL}{2ba^2} \tag{2.50}$$

式中，D 为梁的横截面直径，mm；a、b 为梁的横截面高度和宽度，mm；L 为梁下方两支点间的跨距，mm。

岩石的抗拉强度主要受岩石性质和试验条件的影响，其中起决定性作用的是岩石性质，如矿物成分、晶粒间黏结作用、孔隙与裂隙发育情况等。一般情况下，岩石的抗拉强度是其单轴抗压强度的 $1/25 \sim 1/4$，在无抗拉强度实测值时，工程应用中可取抗压强度的 $1/10$。由于岩石的抗拉强度很低，所以在重大工程设计中应尽可能避免拉应力的出现。

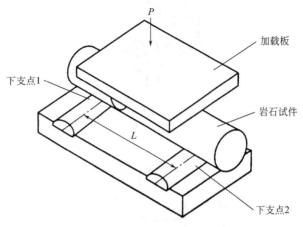

图 2.19　三点加载弯曲梁试验示意图

2.4.1.5　岩石的抗剪强度

岩石抗剪强度 τ 是指岩石在剪切荷载作用下破坏时所能承受的最大剪应力，常以黏聚力 c 和内摩擦角 φ 两个抗剪参数表示。按剪切试验方法不同，所测定的抗剪强度的含义也不同，通常可分为抗剪断强度、摩擦强度和抗切强度。

抗剪断强度是岩石试件在一定的法向应力作用下，沿预定剪切面剪断时的最大剪应力，它反映了岩石的黏聚力和内摩擦力，常采用直剪试验、角模剪断试验和三轴试验等测定。摩擦强度是岩石试件在一定的法向应力作用下，沿已有破坏面（层面、节理等）剪切破坏时的最大剪应力，其目的是通过试验求取岩体中各种结构面、人工破坏面、岩石与其他物体（混凝土等）接触面的摩擦阻力。抗切强度是当岩石试件上的法向应力为零时，沿预定剪切面剪断时的最大剪应力，抗切强度取决于黏聚力，常采用单（双）面剪切及冲切试验等测定。

剪切试验分为非限制性剪切强度试验和限制性剪切强度试验两类。非限制性剪切试验在剪切面上只有剪应力，没有正应力，典型的非限制性剪切强度试验有单面剪切试验、双面剪切试验、冲击剪切试验和扭转剪切试验四种，如图 2.20 所示。而限制性剪切强度试验在剪切面上除了存在剪应力外，还存在正应力，几种典型的限制性剪切强度试验如图 2.21 所示。

目前，室内试验常采用岩石直剪试验、楔形剪切试验和三轴压缩试验来测定岩石的抗剪强度。

（1）直剪试验

直剪试验常采用平推法，试件的直径（或边长）不得小于 50mm，高度应与径（或边长）相等。首先将制备的试件放入剪切盒内，如图 2.22 所示，然后对试件施加法向荷载 P，最后在水平方向上逐级施加水平剪切力 T，直至试件破坏。获取不同法向应力 σ 下的抗剪强度 τ，将其绘制在 τ-σ 坐标系中，采用最小二乘法拟合，求取岩石抗剪强度参数 c、φ 值，如图 2.23 所示。岩石抗剪强度可通过下式表示

$$\tau = \sigma \tan\varphi + c \tag{2.51}$$

（2）楔形剪切试验

楔形剪切试验用楔形剪切仪进行，这种仪器的主要装置和试件受力情况如图 2.24 所示。试验时把装有试件的这种装置放在压力机上加压，直至试件沿着 AB 面发生剪切破坏。这种

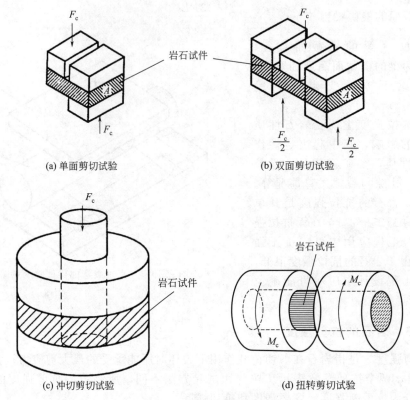

(a) 单面剪切试验   (b) 双面剪切试验

(c) 冲切剪切试验   (d) 扭转剪切试验

图 2.20   非限制性剪切强度试验

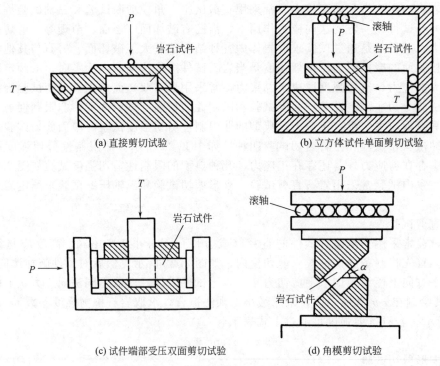

(a) 直接剪切试验   (b) 立方体试件单面剪切试验

(c) 试件端部受压双面剪切试验   (d) 角模剪切试验

图 2.21   限制性剪切强度试验

试验实际上是另一种形式的直接剪切试验。

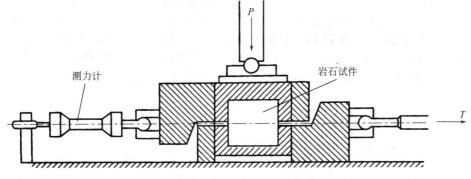

图 2.22 直剪试验装置

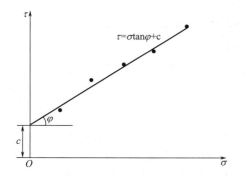

图 2.23 c、φ 的确定示意图

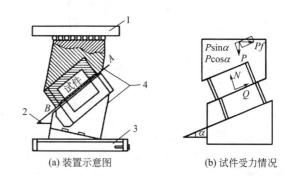

(a) 装置示意图 (b) 试件受力情况

图 2.24 楔形剪切仪装置与试件受力情况示意图
1—上压板；2—倾角；3—下压板；4—夹具

根据受力平衡条件，可以列出下列方程

$$N - P\cos\alpha - Pf\sin\alpha = 0$$
$$Q + Pf\cos\alpha - P\sin\alpha = 0 \tag{2.52}$$

式中，P 为压力机上施加的总垂直力，kN；N 为作用在试件剪切面上的法向总压力，kN；Q 为作用在试件剪切面上的切向总剪力，kN；f 为压力机垫板下面的滚珠的摩擦系数，可由摩擦校正试验决定；α 为剪切面与水平面所成的角度。

将上式分别除以剪切面面积 A 可得

$$\sigma = \frac{P}{A}(\cos\alpha + f\sin\alpha)$$
$$\tau = \frac{P}{A}(\sin\alpha - f\cos\alpha) \tag{2.53}$$

试验中采用多个试件，分别以不同的 α 角进行试验。当破坏时，对应于每一个 α 值可以得出一组 σ 和 τ 值，由此可得到如图 2.25 所示的曲线。当 σ 变化范围较大时，σ-τ 为曲线关系，但当 σ 不大时可视为直线，从而求出黏聚力 c 和内摩擦角 φ。

（3）三轴压缩试验

由于三轴压缩试验中试件表现为剪切破坏，因此也是一种常用的抗剪强度试验方法。利用三

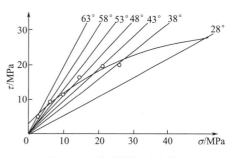

图 2.25 楔形剪切试验结果

轴压缩试验获得试件破坏时的最大主应力 σ_1 及相应的侧向应力 σ_3，在 $\sigma\tau$ 坐标系中以 $(\sigma_1+\sigma_3)/2$ 为圆心，$(\sigma_1-\sigma_3)/2$ 为半径绘制莫尔应力圆。采用相同的岩样，改变侧压力，施加垂直压力直至破坏，从而得到一系列莫尔应力圆。绘出这些莫尔应力圆的包络线，即可求得岩石的抗剪强度曲线，如图 2.26 所示。如果将包络线看作一条近似直线，则可根据该线在纵轴上的截距和该线与水平线的夹角求得黏聚力 c 和内摩擦角 φ。

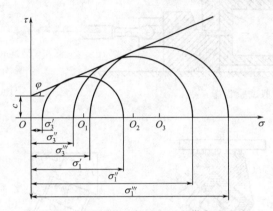

图 2.26　三轴试验试件破坏时的莫尔应力圆　　图 2.27　正应力与岩石残余抗剪强度的关系

当剪切面上的剪应力超过了峰值剪切强度后，剪切破坏发生，此时在较小的剪切力作用下就可使岩石沿剪切面滑动。能使岩石沿破坏面保持滑动并趋于稳定时的剪应力称为岩石残余抗剪强度，如图 2.27 所示。岩石残余抗剪强度与作用在剪切面上的正应力成正比，正应力越大，残余抗剪强度越高。

2.4.2　岩石的变形特性

岩石的变形是指岩石在物理因素（荷载、温度等）作用下形状和大小的变化。工程上常研究由于外力作用引起的岩石变形或在岩石中开挖引起的变形。岩石的变形对工程建（构）筑物的安全和使用影响很大，因为当岩石产生较大位移时，建（构）筑物内部应力可能大大增加，因此研究岩石的变形在岩石工程中有着重要意义。

随着荷载的增加，或在恒定荷载作用下，随时间的增长，岩石的变形将逐渐增大，最终导致岩石破坏。根据岩石的应力-应变-时间关系，岩石的变形特性分为弹性、塑性和黏性三种。

弹性是指物体在受外力作用的瞬间即产生全部变形，而去除外力（卸载）后又能立即恢复其原有形状和尺寸的性质。产生的变形称为弹性变形，具有弹性性质的物体称为弹性体。弹性体按其应力-应变关系又可分为两种类型：线弹性体（或称理想弹性体），其应力-应变呈直线关系，如图 2.28(a) 所示；非线性弹性体，其应力-应变呈非直线的关系。

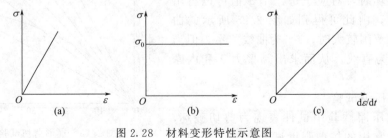

图 2.28　材料变形特性示意图

塑性是指物体受力后产生变形，外力去除（卸载）后变形不能完全恢复的性质。不能恢复的那部分变形称为塑性变形，或称永久变形、残余变形。在外力作用下只发生塑性变形的物体，称为理想塑性体。理想塑性体的应力-应变关系如图 2.28(b) 所示，当应力低于屈服极限 σ_0 时，材料没有变形，应力达到 σ_0 后，变形不断增大而应力不变，应力-应变曲线呈水平直线。

黏性是指物体受力后变形不能在瞬时完成，且应变速率随应力增加而增加的性质。应力（σ）-应变速率（$d\varepsilon/dt$）关系为过坐标原点的直线的物质称为理想黏性体（如牛顿流体），如图 2.28(c) 所示。

岩石是矿物的集合体，具有复杂的组成成分和结构，因此其力学性质十分复杂。同时，岩石的力学性质还与受力条件、温度等因素有关。在常温常压下，岩石既不是理想的弹性体，也不是简单的塑性体和黏性体，往往表现出弹-塑性、塑-弹性、弹-黏-塑性或黏-弹性等复合性质。

根据岩石的变形与破坏关系，还可将岩石与变形特性相关的性质分为脆性和延性。脆性是指物体受力后变形很小就发生破裂的性质。延性是指物体发生较大塑性变形而不丧失其承载力的性质。岩石的脆性与延性是相对的，在一定条件下可以相互转化，如在高温高压条件下，常温常压下表现为脆性的岩石可表现出一定的延性。

2.4.2.1　单轴压缩条件下岩石的变形特征

（1）岩石的全应力-应变曲线

岩石试件在单轴压缩荷载作用下产生变形的全过程可由全应力-应变曲线表示。岩石的全应力-应变曲线可有效揭示岩石的强度与变形特征，工程技术人员常结合该曲线分析岩石内部微裂纹的发展、体积变形及扩容等变形特征。岩石典型的全应力-应变曲线如图 2.29 所示（ε_d、ε_v、ε_1 分别为岩石的径向应变、体积应变和轴向应变）。

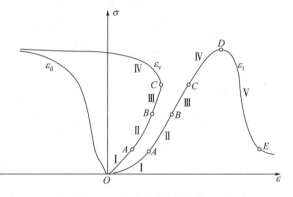

图 2.29　全应力-应变曲线

根据岩石全应力-应变曲线，可将岩石的变形划分为五个阶段。

① 孔隙裂隙压密阶段（*OA* 段）：受载初期，岩石内部原有张开性结构面或微裂隙逐渐闭合，岩石被压密，形成早期的非线性变形，σ-ε 曲线呈上凹形。本阶段试样径向膨胀较小，试样体积随荷载增大而减小；在裂隙化岩石中较明显，而在坚硬少裂隙的岩石中表现不明显，甚至不显现。

② 弹性变形阶段（*AB* 段）：应力-应变曲线呈近似直线。弹性变形阶段常被用于计算岩石的弹性参数，如弹性模量、泊松比等。

③ 裂纹稳定发展阶段（*BC* 段）：应力-应变曲线斜率随着应力的增加呈减小趋势，试样内部开始产生新的微裂纹，但微裂纹受施加荷载的控制，呈稳定状态发展。*B* 点为裂纹稳定发展阶段的起点，从 *B* 点开始体积应变曲线偏离直线，岩石非弹性部分体积增加，即岩石从 *B* 点开始出现扩容现象。*C* 点是岩石从弹性转化为弹塑性或塑性的转折点，称为屈服点，其值一般等于最大应力值的 2/3。

④ 裂纹非稳定发展阶段（*CD* 段）：应力-应变曲线呈上凸型，试样内微裂纹的发展出现质的变化，裂纹不断发展，直至试样完全破坏。试样由体积减小转为增大，径向应变和体积

应变速率迅速增大。该阶段应力达到最大值，D 点对应的应力称为峰值强度。

⑤ 破裂后阶段（DE 段）：试样达到峰值强度后，其内部结构遭到破坏，岩石内裂隙快速发展，交叉且相互联合形成宏观断裂面，但试样基本保持整体状。此后，岩石变形主要表现为沿宏观断裂面的块体滑移，试样承载力随应变增大迅速下降，但并不降为零，说明破裂后的岩石仍有一定的承载能力。E 点对应的应力称为残余强度。

严格来讲，在岩石发生破坏以后，特别是峰后阶段，由于破坏趋于局部化，使用应力-应变曲线进行描述并不准确，而采用荷载-位移曲线更为合理，但通常在不做特殊说明的情况下，均为应力-应变曲线。

（2）岩石峰前阶段变形特征

自然界中岩石的矿物组成、结构构造及孔隙发育各不相同，故岩石的应力-应变关系复杂多样。但总体而言，岩石的变形可分为两个阶段：一是峰值前阶段（或称峰前区、前区等），反映岩块破坏前的变形特征，其又可分为若干个小的阶段；二是峰值后阶段（或称峰后区、后区等）。目前，对峰值前阶段曲线的分类及其变形特征研究较多，资料也比较多。

米勒（L. Müller）采用 28 种岩石进行大量的单轴试验后，根据峰值前的应力-应变曲线将岩石分成六种类型，如图 2.30 所示。

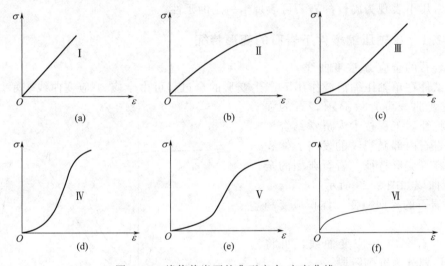

图 2.30   峰值前岩石的典型应力-应变曲线

① 类型Ⅰ。如图 2.30(a) 所示，应力-应变曲线是一条直线或近似直线，直到试样发生突然破坏为止。由于塑性阶段不明显，这类材料称为弹性体。具有这种变形性质的岩石有玄武岩、石英岩、白云岩及极坚硬的石灰岩等。

② 类型Ⅱ。如图 2.30(b) 所示，应力较低时，应力-应变曲线近似于直线，当应力增加到一定数值后，应力-应变曲线向下弯曲，呈现非线性屈服段，随着应力逐渐增加而曲线斜率越来越小直至破坏，这类材料称为弹-塑性体。具有这种变形性质的岩石有较软弱的石灰岩、泥岩及凝灰岩等。

③ 类型Ⅲ。如图 2.30(c) 所示，应力较低时，应力-应变曲线略向上弯曲，当应力增加到一定数值后，应力-应变曲线逐渐变为直线，直至岩石破坏，这类材料称为塑-弹性体。具有这种变形性质的岩石有砂岩、花岗岩、片理平行于压力方向的片岩及某些辉绿岩等。

④ 类型Ⅳ。如图 2.30(d) 所示，应力较低时，应力-应变曲线向上弯曲，当应力增加到一定数值后，曲线变为直线，最后曲线向下弯曲，整体呈近似"S"形，这类材料称为塑-弹-塑性体。具有这种变形特性的岩石大多数为变质岩，如大理岩、片麻岩等。

⑤ 类型Ⅴ。如图 2.30(e) 所示，形状基本上与类型Ⅳ相同，也呈"S"形，但曲线斜率较平缓，一般发生在压缩性较高的岩石中，如应力垂直于片理的片岩等。

⑥ 类型Ⅵ。如图 2.30(f) 所示，应力-应变曲线开始先有较小一段直线段，然后出现非弹性的曲线部分，并继续不断地蠕变，这类材料称为弹-黏性体。这是盐岩的应力-应变特征曲线，某些软弱岩石也具有类似特性。

岩石的变形不仅依赖于岩石的内在属性，同时还与岩石变形过程中内部微裂纹的发展密切相关，岩石的变形破坏过程伴随着裂纹的闭合、萌生、扩展和贯通。与其对应，在岩石的峰前变形阶段包含四个重要的特征应力阈值，即裂纹闭合应力（σ_{cc}）、裂纹起裂应力（σ_{ci}）、裂纹损伤应力（σ_{cd}）及峰值应力（σ_p），如图 2.31 所示。

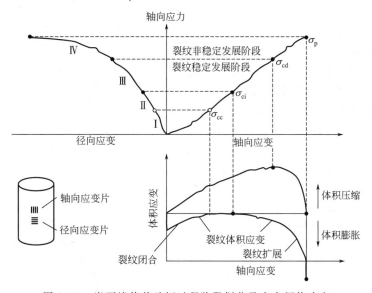

图 2.31　岩石峰值前破坏过程阶段划分及应力阈值确定

裂纹闭合应力（σ_{cc}）为岩石内部微裂纹闭合压密阶段的上限应力，同时为线弹性阶段的起始应力，该阶段存在与否取决于岩石中原有裂纹密度和裂纹几何特征，一旦大多数先前存在的裂纹闭合，岩石就会发生线弹性变形。

裂纹起裂应力（σ_{ci}）表示微裂纹开始的应力水平，为裂纹稳定发展阶段的起始应力，即应力-应变曲线偏离线性处的应力，对应于岩石中新裂纹的萌生。

裂纹损伤应力（σ_{cd}）为裂纹非稳定发展阶段的起始应力，对应于岩石体积应变曲线的拐点（反转点），损伤应力也被称为岩石的长期强度。

峰值应力（σ_p，峰值强度）是评估岩石强度最常见和直接的重要指标。

岩石的峰值强度，不是岩石的固有特性，而是取决于加载条件（如加载速率等），而裂纹起裂应力（σ_{ci}）和裂纹损伤应力（σ_{cd}）与峰值强度的比值范围大致固定，基本与荷载条件无关。作为岩石脆性破坏的重要先兆，裂纹起裂阈值和裂纹损伤阈值已广泛应用于岩体开挖损伤分析和稳定性评估中。

（3）全应力-应变曲线在岩石工程中的应用

全应力-应变曲线除了能全面显示岩石在受压破坏过程中的应力、变形特征外，在岩土工程中的还有以下三种应用。

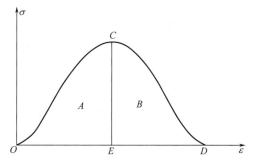

图 2.32　全应力-应变曲线预测岩爆

① 预测岩爆。如图 2.32 所示，全应力-应变曲线所围面积以峰值强度点 C 为界，可以分为左右两个部分。左半部分 OCE 的面积（A）代表达到峰值强度时，积累在岩石试件内部的应变能；右半部 CED 的面积（B）代表岩石试件从破裂到破坏整个过程所消耗的能量。若 $B<A$，说明在岩石的变形破坏过程中，积累在岩石内部的应变能没有全部消耗，还剩余一部分，如果这部分能量突然释放就会产生岩爆。若 $B>A$，说明积累的应变能在岩石的变形破坏过程中已全部消耗掉，因此不会产生岩爆。

② 预测蠕变破坏。在岩石试件加载一定的应力时，保持应力恒定，试件将发生蠕变，当蠕变发展到一定程度，即应变达到某一值时，蠕变停止，此时试件处于稳定状态。蠕变终止轨迹线就是在不同应力水平下蠕变终止点的连线（如图 2.33 所示），这是通过大量试验获得的。当应力水平在 H 点以下时，保持应力恒定，岩石试件不会发生蠕变。当应力水平超过 H 点，如增大至 E 点时，保持应力恒定，试件产生蠕变，蠕变应变发展至 F 点与蠕变终止轨迹线相交，蠕变停止。G 点为应力水平临界点，即应力水平在 G 点以下保持恒定，蠕变应变发展到最后将会与蠕变终止轨迹线相交，蠕变停止，岩石试件不会破坏。若应力水平在 G 点保持恒定，则蠕变应变发展到最后将会与全应力-应变曲线的破坏后的曲线相交（I 点），此时试件将发生破坏，这是该岩石所能产生的最大蠕变应变值。应力水平在 G 点之上保持恒定而发生蠕变，都将导致岩石破坏，因为最终都要与全应力-应变曲线破坏后段相交。应力水平越高，从蠕变发生到岩石破坏的时间越短，如从 C 点开始蠕变，到 D 点破坏；从 A 点开始蠕变，到 B 点就破坏了。

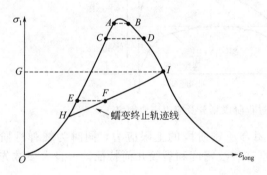

图 2.33　全应力-应变曲线预测岩石的蠕变破坏

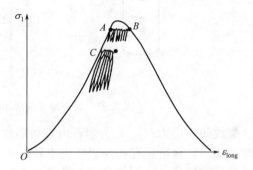

图 2.34　全应力-应变曲线预测循环加载条件下岩石的破坏

③ 预测循环加载条件下岩石的破坏。在岩石工程中经常遇到循环加载的情况，即反复加-卸载，如反复的爆破作业就是对围岩施加循环荷载，而且是动荷载。由于岩石具有非线性变形性质，其加载和卸载路径不重合，因此每一次加-卸载都会形成一个塑性滞回环，产生永久变形，如图 2.34 所示。在较高应力水平下循环加载，岩石将在短时间内破坏，如从 A 点施加循环荷载，永久变形发展到 B 点，与破坏后的曲线段相交，岩石破坏。可见，当岩石工程本身处于较高受力状态，若出现循环荷载作用，岩石工程将非常容易发生破坏。若在 C 点的应力水平下遭受循环荷载作用，则可以经历相对较长一段时间，岩石工程才会发生破坏。所以若已知岩石本身已有的受力水平，循环荷载的大小、周期，可根据全应力-应变曲线来预测循环加载条件下岩石发生破坏的时间。

2.4.2.2　循环荷载作用下岩石的变形特征

在岩石工程中，常常会遇到循环荷载的作用，岩石在循环荷载条件下破坏时的应力往往低于其静力强度。岩石在循环荷载作用下的应力-应变关系，随加、卸载方法及卸载应力大小的不同而异。

当在同一荷载作用下对岩石加载、卸载时，如果卸载点 P 的应力低于岩石的弹性极限 A，则卸载曲线将基本上沿加载曲线回到原点，表现为弹性恢复，如图 2.35 所示。但应当注意，多数岩石的大部分弹性变形在卸载后能很快恢复，而小部分（$10\%\sim20\%$）需要经一段时间才能恢复，这种现象称为弹性后效。如果卸载点 P 的应力高于弹性极限 A，则卸载曲线将偏离原加载曲线，并且不再回到原点，岩石的变形除弹性变形 ε_e 外，还出现了塑性变形 ε_p，如图 2.36 所示。

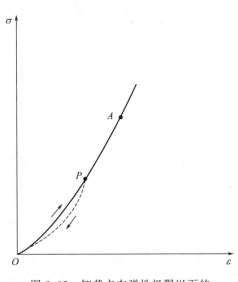

图 2.35　卸载点在弹性极限以下的
全应力-应变曲线

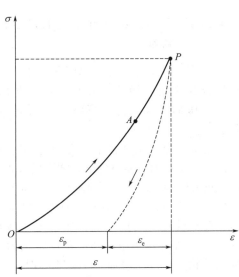

图 2.36　卸载点在弹性极限以上的
全应力-应变曲线

在反复加载、卸载条件下，如果每次施加的最大荷载等于第一次施加的最大荷载，即等荷载循环加-卸载，则每次加载、卸载曲线都不重合，且围成一环形面积，称为塑性滞回环，如图 2.37 所示。塑性滞回环的面积随着加-卸载次数的增加而逐渐减小，并且彼此越来越近，岩石的变形越来越接近弹性变形，直到某次循环没有塑性变形为止，如图 2.37 中的 HH' 环。岩石的总变形等于各次循环产生的残余变形之和，即累积变形。当循环应力峰值小于某一数值时，即使循环次数很多，也不会导致岩石破坏，而超过这一数值岩石将在某次循环中发生破坏（疲劳破坏），这一数值称为临界应力。当循环应力峰值超过临界应力时，反复加-卸载的应力-应变曲线将最终和岩石全应力-应变曲线的峰后段相交，并导致岩石破坏，此时的循环加-卸载试验所给定的应力称为疲劳强度，它是一个比岩石的单轴抗压强度低，且与循环持续时间等因素有关的值。

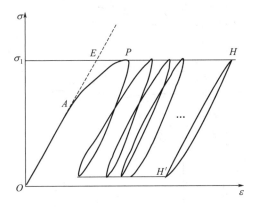

图 2.37　等荷载循环加-卸载时的应力-应变曲线

在多次反复加载、卸载循环中，如果每次施加的最大荷载均比前一次循环的最大荷载大，如图 2.38 所示，则随着循环次数的增多，塑性滞回环的面积也有所增大，卸载曲线的斜率（代表岩石的弹性模量）也逐次略有增加，表明卸载应力下的岩石材料弹性有所增强，这个现象称为强化。此外，每次卸载后再加载，在荷载超过上一次循环的最大荷载以后，其应力-应变曲线的外包线仍沿着连续加载条件下的曲线上升（图 2.38 中的 OC 曲线），好像不曾受到反复加载的影响似的，说明加载、卸载过程并未改变岩石变形的基本特性，这种现象称为岩石记忆。

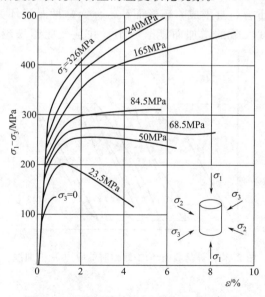

图 2.38   不断增大荷载循环加-卸载时的应力-应变曲线

2.4.2.3   三轴压缩条件下岩石的变形特征

在工程实践中，岩石往往处于三向应力状态，导致岩石的变形特性极其复杂，因此研究岩石在三轴压缩条件下的变形特征具有更重要的实际意义。

（1）常规三轴压缩条件下岩石的变形特征

在常规三轴压缩试验条件下，岩石的变形特性与单轴压缩时不尽相同，围压对岩石的变形特性具有较大影响。图 2.39 与图 2.40 为大理岩、花岗岩在不同围压条件下获得的 $(\sigma_1 - \sigma_3)$-ε 曲线。由图 2.39 可知，随着围压逐渐增大，岩石破坏前的应变逐渐增加，塑性也不断增大，且由脆性逐渐转化为延性。在围压为零或较低的情况下，岩石呈脆性状态；当围压增大至 50MPa 时，岩石显示出由脆性向延性转化的过渡状态；围压增加至 68.5MPa 时，岩石呈现出塑性流动状态；围压增加至 165MPa 时，岩石承载力 $(\sigma_1 - \sigma_3)$ 随围压增大而稳定增长，出现所谓应变硬化现象。这说明围压是影响岩石力学性质的主要因素之一，通常把岩石由脆性转化为延性的临界围压称为转化压力。图 2.40 所示的花岗岩呈现类似特征，所不同的是花岗岩的转化压力比大理岩大得多，且破坏前的应变随围压增加得更为明显，同时花岗岩峰后变形表现出明显的应变软化现象。

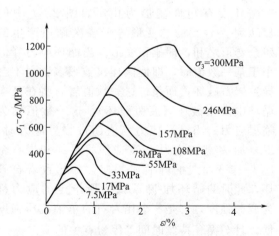

图 2.39   不同围压下大理岩应力-应变曲线   图 2.40   不同围压下花岗岩应力-应变曲线

通过上述分析可知，岩石的变形过程、破坏形式以及脆、延性状态等均与围压具有密切关系。总体而言，围压对岩石变形具有以下影响：

① 随着围压的增大，岩石的抗压强度显著增加；

② 随着围压的增大，岩石的变形显著增大；

③ 随着围压的增大，岩石的弹性极限显著增大；

④ 随着围压的增大，岩石的应力-应变曲线形态发生明显改变，岩石的性质发生变化，即弹脆性→弹塑性→应变硬化。

（2）真三轴压缩条件下岩石的变形特征

进行真三轴压缩试验（$\sigma_1 > \sigma_2 > \sigma_3$），可充分反映中间主应力 σ_2 对于岩石变形和强度的影响，这也正是与常规三轴试验的主要差别。日本学者茂木清夫（Mogi）利用自行研制的真三轴试验装置对山口县大理岩进行了一系列的真三轴试验，分别以固定 σ_3、变动 σ_2 和固定 σ_2、变动 σ_3 的方法测得 σ_2、σ_3 对于轴向应变 ε_1 的影响，如图 2.41 所示。

从图中可以看出，当 σ_3 为常数（55MPa）时，随着 σ_2 的增大（53～231MPa），岩石的强度和屈服极限有所增大，但其塑性却降低了；当 σ_2 为常数（108MPa）时，随着 σ_3 的增大（25～70MPa），岩石的强度和塑性有所增大，但其屈服极限并无变化。

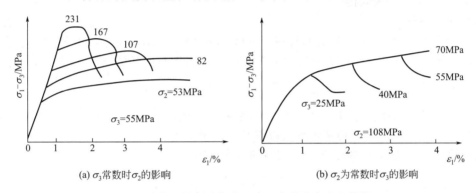

图 2.41　真三轴压缩条件下大理岩的应力应变曲线

此外，茂木清夫还发现最小主应力（σ_3）方向的侧向应变（ε_3）总是大于中间主应力（σ_2）方向的侧向应变（ε_2），在 σ_2 从 σ_3 增大至 σ_1 过程中，侧向应变 ε_2 的膨胀程度逐渐被抑制直到试样的扩容行为完全由 ε_3 承担。这一现象称为各向异性扩容，其本质为应力诱导产生的垂直于 σ_3 方向的张拉微裂纹。真三轴压缩下岩石的变形特征极其复杂，在中间主应力增大的过程中，往往伴随着剪切诱导的体积扩容和平均应力诱导的压缩变形，这两个相互矛盾的过程共同决定了试样体积变形的特征。

（3）三轴压缩条件下岩石的破坏特征

岩石在三轴压缩条件下的破坏机制如表 2.13 所示。但具体岩块的破坏方式，除了受岩石本身性质影响外，很大程度上还受围压的控制。随着围压的增大，岩石从脆性劈裂破坏逐渐向塑性流动过渡，破坏前的应变也逐渐增大。

表 2.13　岩石在三轴压缩条件下的破坏机制

达到破坏时的应变/%	<1	1～5	2～8	5～10	>10
破坏形式	脆性破坏	脆性破坏	过渡型破坏	延性破坏	延性破坏
试件破坏的情况					

续表

达到破坏时的应变/%	<1	1~5	2~8	5~10	>10
应力-应变曲线的基本类型					
破坏机制	张破裂	以张为主的破裂	剪破裂	剪切流动破裂	塑性流动

注：表中阴影区域代表岩石三轴压缩条件下屈服后曲线可能的变化范围

2.4.2.4 岩石变形指标及其确定

岩石的变形特性通常用弹性模量、变形模量和泊松比等表示，这些参量主要基于单轴压缩试验的应力-应变曲线获得。

（1）弹性模量

如果岩石的应力-应变曲线近似直线，如图 2.42(a) 所示，这类岩石称为线弹性岩石。则直线的斜率，即应力（σ）与应变（ε）之比，定义为岩石的弹性模量，记为 E

$$E = \frac{\sigma}{\varepsilon} \tag{2.54}$$

如果岩石的应力-应变关系不是直线，而是曲线，如图 2.42(b) 所示，这类岩石称为完全弹性岩石。则岩石的变形特征可采用以下几种模量描述。

初始模量：应力-应变曲线在原点切线的斜率，即

$$E_0 = \frac{\mathrm{d}\sigma}{\mathrm{d}\varepsilon}\bigg|_{\varepsilon=0} \tag{2.55}$$

切线模量：对应于曲线上某一点 M 的切线的斜率，即

$$E_t = \frac{\mathrm{d}\sigma}{\mathrm{d}\varepsilon}\bigg|_{\varepsilon=\varepsilon_m} \tag{2.56}$$

割线模量：曲线上某一点 M 与坐标原点连线的斜率，即

$$E_s = \frac{\sigma_m}{\varepsilon_m} \tag{2.57}$$

初始模量反映岩石中微裂隙的数量多少，切线模量反映岩石的弹性变形特征，割线模量反映岩石的总体变形特征。工程上，常用 σ-ε 曲线中极限强度的 50% 所对应点的割线斜率作为割线模量。

如果岩石的应变恢复有滞后现象，即加、卸载曲线不重合，如图 2.42(c) 所示，这类岩石称为滞弹性岩石。则卸载曲线 P 点的切线 PQ 的斜率就是该应力的卸载切线模量，它与加载切线模量不同，而加、卸载的割线模量相同。

如果加、卸载曲线不重合，且应变不恢复到零，产生永久变形 ε_p，如图 2.42(d) 所示，则这类岩石称为弹塑性岩石。弹性模量 E 是加载曲线直线段的斜率，而加载曲线直线段大致与卸载曲线的割线平行。一般可将卸载曲线的割线的斜率作为弹塑性类岩石的弹性模量，即

$$E = \frac{PM}{NM} = \frac{\sigma}{\varepsilon_e} \tag{2.58}$$

（2）变形模量

岩石的变形模量 E_d 为应力 σ 与总应变（$\varepsilon_e + \varepsilon_p$）之比，即

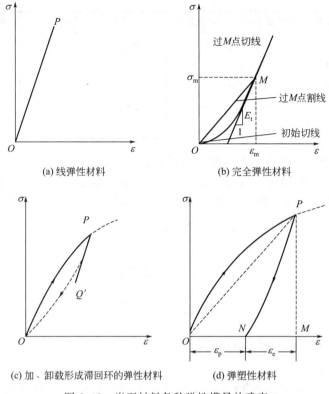

(a) 线弹性材料　　　　　　　　(b) 完全弹性材料

(c) 加、卸载形成滞回环的弹性材料　　　(d) 弹塑性材料

图 2.42　岩石材料各种弹性模量的确定

$$E_d = \frac{\sigma}{\varepsilon} = \frac{\sigma}{\varepsilon_e + \varepsilon_p} \tag{2.59}$$

在线性弹性材料中，变形模量等于弹性模量。在弹塑性材料中，当材料屈服后，其变形模量不是常数，它与荷载的大小和范围有关。应力-应变曲线上的任何点与坐标原点相连的割线的斜率，表示该点应力的变形模量。

（3）泊松比

单轴压缩试验中，岩石的径向应变 ε_x 与轴向应变 ε_y 之比的绝对值称为泊松比，即

$$\mu = \left| \frac{\varepsilon_x}{\varepsilon_y} \right| \tag{2.60}$$

在岩石的弹性工作范围内，泊松比一般为常数，但超越弹性范围以后，泊松比将随应力增大而增大，直到 $\mu = 0.5$ 为止。

岩石的变形模量和泊松比受岩石矿物组成、结构构造、风化程度、孔隙性、含水率、微结构面及与荷载方向的关系等多种因素的影响，变化较大。表 2.14 列出了常见岩石的模量和泊松比的经验值。

表 2.14　常见岩石的模量和泊松比

岩石名称	初始模量/GPa	弹性模量/GPa	泊松比	岩石名称	初始模量/GPa	弹性模量/GPa	泊松比
花岗岩	20~60	50~100	0.2~0.3	千枚岩、片岩	2~50	10~80	0.2~0.4
流纹岩	20~80	50~100	0.1~0.25	板岩	20~50	20~80	0.2~0.3
闪长岩	70~100	70~150	0.1~0.3	页岩	10~35	20~80	0.2~0.4
安山岩	50~100	50~120	0.2~0.3	砂岩	5~80	10~100	0.2~0.3

续表

岩石名称	初始模量/GPa	弹性模量/GPa	泊松比	岩石名称	初始模量/GPa	弹性模量/GPa	泊松比
辉长岩	70～110	70～150	0.12～0.2	砾岩	5～80	20～80	0.2～0.35
辉绿岩	80～110	80～150	0.1～0.3	石灰岩	10～80	50～190	0.2～0.35
玄武岩	60～100	60～120	0.1～0.35	白云岩	40～80	40～80	0.2～0.35
石英岩	60～200	60～200	0.1～0.25	大理岩	10～90	10～90	0.2～0.35
片麻岩	10～80	10～100	0.22～0.35				

除弹性模量和泊松比两个最基本的参数外，还有一些从不同角度反映岩石变形性质的参数，如剪切模量（G，剪切应力与剪切应变之比）、拉梅常数（λ）及体积模量（K_v，体积应力与体积应变之比）。根据弹性力学，这些参数与弹性模量、泊松比存在如下关系：

$$G = \frac{E}{2(1+\mu)} \tag{2.61}$$

$$\lambda = \frac{E\mu}{(1+\mu)(1-2\mu)} \tag{2.62}$$

$$K_v = \frac{E}{3(1-2\mu)} \tag{2.63}$$

2.4.2.5 岩石的扩容与各向异性

（1）岩石的扩容

岩石扩容是指岩石在荷载作用下，在其破坏之前产生的一种明显的非弹性体积增加现象，是岩具有的一种普遍性质。多数岩石在破坏前都会产生扩容，扩容的快慢、大小与岩石的性质、种类等因素有关。研究岩石的扩容不仅可以深入地了解岩石的性质，同时还可以预测岩石的破坏。

图 2.43 所示是典型结晶岩石的偏应力-体积应变（σ_d-ε_v）曲线。从图中可以看出，随着偏应力的增加，岩石的体积是减小的。但是，当应力超过某一值（σ_B）后，σ_d-ε_v 曲线偏离了直线，使岩石的体积压缩量相对于理想线弹性体的体积压缩量有所减小，偏离弹性的部分（CC'）代表岩石体积的非弹性增加，B 点为岩石扩容的起点。一般情况下，岩石开始出现扩容时的应力为其抗压强度的 $1/3～1/2$。

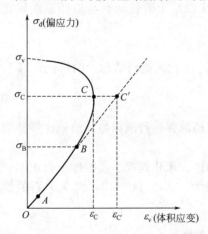

图 2.43 岩石的偏应力-体积应变曲线

岩石从裂纹萌生到最终破坏期间，往往存在一个由体积减小转变为体积增大的拐点 C，岩石体积在该点达到最小，之后岩石又呈现出体积增大的现象。在拐点附近，随着应力的增加，岩石体积虽有变化，但体积应变增量近于零。C 点之后，随着应力的增加，岩石体积应变速率逐渐增大，裂纹加速扩展，最终导致岩石试样破坏。

（2）岩石的各向异性

在上述的介绍中都将岩石视为连续、均匀和各向同性的介质材料。但事实上，岩石往往具有不连续性、不均质性和各向异性。岩石的全部或部分物理、力学性质随方向不同而表现出差异的特性称为岩石的各向异性。由于岩石的各向异性，在不同方向加载时，岩石可表现出不同的变形特性，如不同的弹性模量、泊松比以及不同的强度等。

① 极端各向异性体。在物体内的任一点沿任何两个不同方向的物理力学性质都互不相同，这样的物体称为极端各向异性体。实际工程材料中很少遇到。极端各向异性体的特点是：任何一个应力分量都会引起六个应变分量，也就是说正应力不仅能引起线应变，也能引起剪应变；剪应力不仅能引起剪应变，也能引起线应变。

② 正交各向异性体。假设在弹性体构造中存在着这样一个平面，在任意两个与此面对称的方向上，材料的弹性相同，或者说弹性常数相同，那么，这个平面就是弹性对称面。如果在弹性体中存在着三个互相正交的弹性对称面，在各个面两边的对称方向上，弹性相同，但在这个弹性主向上弹性并不相同，这种物体称为正交各向异性体，如图 2.44 所示。

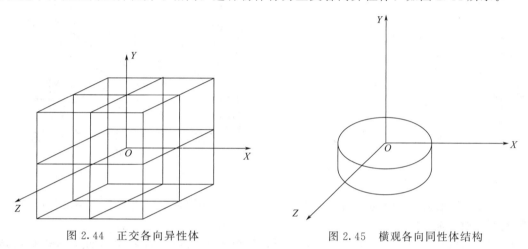

图 2.44　正交各向异性体　　　　　图 2.45　横观各向同性体结构

③ 横观各向同性体。横观各向同性体是各向异性体的特殊情况。在岩石某一平面内的各方向弹性性质相同，这个面称为各向同性面，而垂直此面方向的力学性质是不同的，具有这种性质的物体称为横观各向同性体，如图 2.45 所示。横观各向同性体的特点是在平行于各向同性面（即横向）都具有相同的弹性。成层的岩石就属于这一类。

④ 各向同性体。若物体内的任一点沿任何方向的弹性都相同，则这样的物体称为各向同性体，如钢材、水泥等。各向同性体的弹性参数中只有两个是独立的，即弹性模量和泊松比。

2.5　岩石的流变性质

2.5.1　岩石流变的概念

上节讨论的岩石变形特性都是岩石在加载后瞬时的变形特性，与时间无关。但是，在工程实践中，研究岩石的变形特性有时也需要考虑时间因素，因为部分岩石的变形特性存在时间效应，其变形不仅呈现弹性和塑性，也具有流变性质。

所谓岩石的流变性质是指岩石的应力-应变关系与时间因素有关的性质。在外部条件不变的情况下，岩石的应变或应力随时间而变化的现象称为岩石流变，包括蠕变、松弛、弹性后效。蠕变是当应力不变时，变形随时间增加而增长的现象。松弛是当应变不变时，应力随时间增加而减小的现象。弹性后效是加载或卸载时，变形滞后于应力延迟恢复的现象。

由于岩石的蠕变特性对岩石工程稳定性评估有重要意义，特别是在高应力软岩工程中蠕变特性表现得特别显著，因此重点分析岩石的蠕变。

岩石在恒定荷载作用下，以应变 ε 为纵坐标、以时间 t 为横坐标绘制的岩石典型蠕变过程曲线，如图 2.46 所示。岩石的典型蠕变过程曲线可划分为三个阶段：

ⅰ.初始蠕变阶段（AB）：A 点应变速率最大，随时间延长应变速率逐渐减小，到达 B 点时应变速率最小，因此又称为减速蠕变阶段；

ⅱ.等速蠕变阶段（BC）：应变速率保持不变，直到 C 点；

ⅲ.加速蠕变阶段（CD）：应变速率迅速增加，直到岩石破坏。

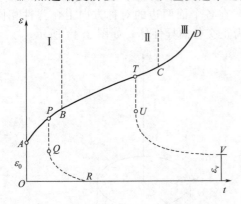

图 2.46 岩石典型蠕变过程曲线   图 2.47 不同应力水平作用下岩石的蠕变曲线

岩石蠕变过程曲线的形状及某个阶段的持续时间，受岩性、应力水平及温度与湿度等因素影响而有所不同。

① 岩性的影响。与岩石的瞬时变形一样，岩性不同的岩石将表现出明显的蠕变差异。例如，新鲜坚硬的花岗岩几乎不产生蠕变或者说蠕变变形可以忽略不计，而泥岩、泥质岩的蠕变很显著，经常产生大变形。

② 应力水平的影响。在不同应力水平作用下岩石的蠕变曲线并不相同。图 2.47 所示为不同应力水平作用下岩石的蠕变曲线。在较低应力水平作用下，蠕变曲线（图中 $\sigma \leqslant$ 12.5MPa 的两条曲线）只包含初始蠕变阶段和等速蠕变阶段，没有出现加速蠕变，其变形虽然随时间增长有所增加，但蠕变变形速率则随时间增长而减小，最后变形趋于一个稳定的极限值，这种蠕变称为稳定蠕变。稳定蠕变一般不会导致岩石破坏。在中等应力水平（大约为岩石峰值应力的 60%～90%）作用下，蠕变曲线包含三个完整阶段，即典型蠕变曲线（图中 $\sigma = 15\mathrm{MPa}$ 与 $\sigma = 18.1\mathrm{MPa}$ 的两条曲线）。当应力水平接近岩石的极限应力时，岩石则经过短暂的稳定蠕变阶段甚至不出现稳定蠕变阶段，立即进入加速蠕变阶段，快速地破坏（图中 $\sigma \geqslant 20.5\mathrm{MPa}$ 的三条曲线）。如果蠕变不能稳定于某一极限值，而是无限增长直到岩石破坏，这种蠕变称为不稳定蠕变。

③ 温度和湿度的影响。研究表明，在相同荷载作用下，高温条件的蠕变应变量低于低温条件的蠕变应变量，并且高温条件蠕变曲线第二阶段的斜率，即蠕变速率要比低温条件时小得多。

不同的湿度条件同样对蠕变特性产生较大的影响。通过试验可知，饱和岩石的第二阶段蠕变速率和总应变量均大于干燥状态下岩石的试验结果。

2.5.2 流变方程

在流变学中，流变性主要是研究材料流变过程中的应力、应变和时间的关系，用应力、应变和时间组成的流变方程来表达。流变方程主要包括本构方程、蠕变方程和松弛方程。在一系列的岩石流变试验基础上建立反映岩石流变性质的流变方程，通常有两种方法。

（1）经验方程法

该方法是根据岩石典型蠕变试验结果（图 2.46），由数理统计学的回归拟合方法建立经验方程。岩石蠕变经验方程的通常形式为

$$\varepsilon(t) = \varepsilon_0 + \varepsilon_1(t) + \varepsilon_2(t) + \varepsilon_3(t) \tag{2.64}$$

式中，ε_0 为瞬时应变；$\varepsilon_1(t)$ 为初始阶段应变；$\varepsilon_2(t)$ 为等速阶段应变；$\varepsilon_3(t)$ 为加速阶段应变。

典型的岩石蠕变方程有：

① 幂函数方程。对大理石进行轴向和侧向蠕变试验得出如图 2.48 所示的大理岩应变-时间曲线，可用幂函数方程表达：

第一、二阶段轴向蠕变方程为 $\qquad \varepsilon = 0.4205 t^{0.5044} \times 10^{-4} \tag{2.65}$

第一、二阶段的侧向蠕变方程为 $\qquad \varepsilon = 1.1610 t^{0.5690} \times 10^{-4} \tag{2.66}$

② 指数方程。对闪长玢岩试件进行弹簧式单轴压缩蠕变试验，加载到 50kN 后产生加速蠕变，其蠕变曲线为指数方程

$$\varepsilon = 0.01968481 \times e^{0.2617857 t} \tag{2.67}$$

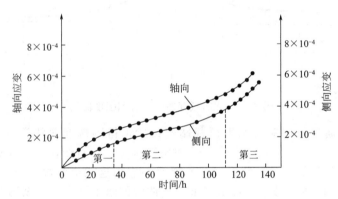

图 2.48　在 87.8MPa 恒压下大理石的轴向、侧向蠕变

③ 幂函数、指数函数、对数函数混合方程。在室温（20±4）℃和大气压（0.102±0.05）MPa 的条件下，在实验室对几种岩石进行单轴蠕变试验，并用计算机进行拟合分析，得到了各种岩石蠕变方程：

干燥的钙质石灰岩 $\qquad \varepsilon = (2822 + 51 \lg t + 48 t^{0.651}) \times 10^{-6} \tag{2.68}$

干燥的白云质石灰岩 $\qquad \varepsilon = (648 + 56 t^{0.489} + 0.7 e^{0.49 t}) \times 10^{-6} \tag{2.69}$

干燥的砂岩 $\qquad \varepsilon = (1815 + 410 t^{0.687} - 58 e^{0.01 t}) \times 10^{-6} \tag{2.70}$

（2）微分方程法（流变模型理论法）

该方法在研究岩石的流变性质时，将介质理想化，归纳成各种模型，模型可用理想化的具有基本性能（包括弹性、塑性和黏性）的元件组合而成。通过这些元件以不同形式组合，得到一些典型的流变模型体，相应地推导出它们的微分方程，即建立模型的本构方程和有关的特性曲线，因此也称流变模型理论法。微分模型既是数学模型，又是物理模型，形象易懂，是大学本科生必须努力掌握的岩石力学基本理论之一。流变模型理论将在第 5 章进行详细讲解，此处不再赘述。

2.5.3　岩石长期强度

一般情况下，当荷载达到岩石瞬时强度时，岩石将发生破坏。在岩石承受的荷载低于瞬

时强度的情况下，如果荷载持续作用的时间足够长，由于岩石的流变特性，岩石也可能发生破坏。因此，岩石的强度可能随荷载作用时间的延长而降低，通常把作用时间 $t \to \infty$ 的强度（最低值） s_∞ 称为岩石的长期强度。当岩石所受应力超过此临界值时，岩石蠕变向不稳定蠕变发展，小于此临界值时，蠕变向稳定蠕变发展。确定岩石长期强度的方法有两种。

第一种方法：长期强度曲线，即强度随时间降低的曲线，可通过不同应力水平长期恒载试验获取。设在荷载 $\sigma_1 > \sigma_2 > \sigma_2 > \cdots > \sigma_n$ 试验的基础上，绘制出非衰减蠕变的曲线簇，并确定每条曲线加速蠕变达到破坏前的应力 σ 及荷载作用所经历的时间 t，如图 2.49（a）所示。然后以纵坐标表示破坏应力，横坐标表示破坏前经历的时间，作破坏应力和破坏前经历时间的关系曲线，如图 2.49（b）所示，称为长期强度曲线。所得曲线的水平渐近线在纵轴上的截距就是所求的长期强度。

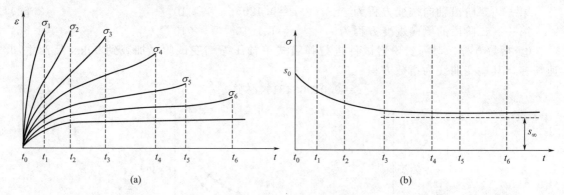

图 2.49 岩石蠕变曲线和长期强度曲线

第二种方法：通过不同应力水平恒载蠕变试验，得到蠕变曲线簇（σ 为恒量下 ε-t 曲线），在图上作 t_0（$t=0$），t_1，t_2，$\cdots$，t_∞ 时与纵轴平行的直线，且与各蠕变曲线相交，各交点包含 σ，ε，t 三个参数，如图 2.50（a）所示。应用这三个参数，作等时的 σ-ε 曲线簇，得到相应的等时 σ-ε 曲线，对应于 t_∞ 的等时 σ-ε 曲线的水平渐近线在纵轴上的截距就是所求的长期强度，如图 2.50（b）所示。

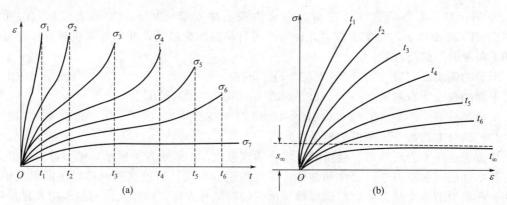

图 2.50 应用蠕变试验曲线确定长期强度

岩石长期强度曲线如图 2.51 所示，可用指数型经验公式表示为

$$\sigma_t = A + B e^{-\alpha t} \tag{2.71}$$

式中，α 为由试验确定的另一个经验常数。

由 $t=0$ 时，$\sigma_t = s_0$，得 $s_0 = A + B$；由 $t \to \infty$ 时，$\sigma_t \to s_\infty$，得 $s_\infty = A$，因此有 $B = s_0 - A = s_0 - s_\infty$。因此式（2.71）可写成

$$\sigma_t = s_\infty + (s_0 - s_\infty)\mathrm{e}^{-\alpha t} \quad (2.72)$$

由式（2.72）可以确定任意时刻的岩石强度 σ_t。

岩石长期强度是一个很有价值的时间效应指标。当评价永久性或使用期长的岩石工程的稳定性时，应以长期强度作为岩石强度的计算指标。

根据目前试验资料，对于大多数岩石，长期强度与瞬时强度之比（s_∞/s_0）为 0.4～0.8，软岩和中等坚固岩石为 0.4～0.6，硬质岩石为 0.7～0.8，表 2.15 中列出了几种岩石瞬时强度与长期强度的比值。

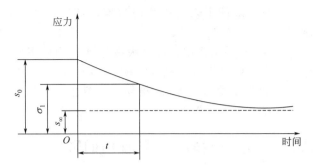

图 2.51　长期恒载破坏试验确定长期强度

表 2.15　几种岩石瞬时强度与长期强度的比值

岩石名称	黏土	石灰岩	盐岩	砂岩	白垩	黏质页岩
s_∞/s_0	0.74	0.73	0.70	0.65	0.62	0.50

2.6　影响岩石力学性质的主要因素

影响岩石力学性质的因素很多，大体上可分为两类：自然因素和试验因素。自然因素包括水、温度、风化程度等，试验因素包括围压、加载速率等。

2.6.1　水对岩石力学性质的影响

岩石中的水主要以两种方式赋存，即结合水与自由水。

结合水是指由于矿物对水分子的吸附力超过了重力而被束缚在矿物表面的水，水分子的运动主要受矿物表面势能的控制。结合水对岩石力学性质的影响主要体现在联结作用、润滑作用和水楔作用三个方面。自由水不受矿物表面吸附力的控制，其运动主要受重力作用控制，对岩石力学性质的影响主要表现在孔隙水压力作用和溶蚀-潜蚀作用。

① 联结作用。束缚在矿物表面的水分子通过其吸引力将矿物颗粒紧密连接，这种作用在松散土中表现明显，但是对于岩石，由于矿物颗粒间的联结强度远远高于这种联结作用，因此对岩石力学性质的影响微弱，但对于被土充填的结构面的力学性质的影响则明显。

② 润滑作用。由可溶盐、胶体矿物联结的岩石，当有水浸入时，可溶盐溶解，胶体水解，使原有的联结变成水胶联结，导致矿物颗粒间联结力减弱，摩擦力降低，水起到润滑剂的作用。

③ 水楔作用。当有水分子补充到矿物颗粒表面时，矿物颗粒利用其表面吸附力将水分子拉到自己周围，在两个颗粒接触处由于吸附力作用使水分子向两个矿物颗粒之间的缝隙挤入，这种现象称为水楔作用。当岩石受压时，如果压应力大于吸附力，水分子就被压力从接触点中挤出。反之，如果压应力减小至低于吸附力，水分子就又挤入两颗粒之间，使两颗粒间距增大。这样便产生两种结果：一是岩石体积膨胀，产生膨胀压力；二是水胶联结代替胶体及可溶盐联结，产生润滑作用。因此，岩石强度降低。

④ 孔隙水压力作用。当岩石孔隙和微裂隙中含有自由水，当其突然受载而水来不及排出时，岩石孔隙或裂隙中将产生很高的孔隙水压力。这种孔隙水压力，减小了颗粒之间的正

应力,从而降低了岩石的抗剪强度,甚至使岩石的微裂隙端部处于受拉状态而导致岩石破裂。

⑤ 溶蚀-潜蚀作用。自由水在流动过程中可将岩石中可溶物质溶解搬运,称为溶蚀作用。如果自由水将岩石中的小颗粒冲走,使岩石强度降低、变形加大,称为潜蚀作用。在岩体中有酸性或碱性水流时,极易出现溶蚀作用;当水力梯度较大时,孔隙率大、联结差的岩石则容易产生潜蚀作用。

2.6.2　温度对岩石力学性质的影响

在地壳中,深度每增加 100m,温度升高 3℃,因此不同深度的岩石内部其温度不同。岩石温度不同将产生温度应力,升温产生的温度应力会降低岩石强度,可能导致岩石的破坏形式从脆性转化为延性。当温度在 90℃ 以内时,对岩石不会产生显著影响。但在核废料贮存、深部矿产资源开采、地热资源开发、地温异常区工程建设等领域,则不可忽视温度对岩石力学特性的影响。

一般情况下,随着温度的升高,岩石的延性增强,屈服点降低,强度降度。图 2.52 所示为三种不同岩石在围压 500MPa、不同温度条件下的应力-应变曲线。

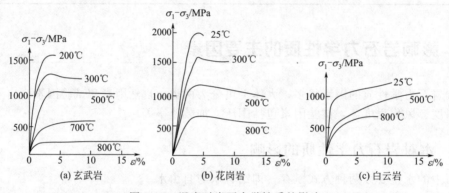

图 2.52　温度对岩石力学性质的影响

2.6.3　风化程度对岩石力学性质的影响

岩石风化程度是指风化作用对岩石的影响与破坏程度,包括岩石的解体、变化程度及风化深度。风化作用是一种表生的自然营力和人类作用的共同产物,是一种很复杂的地质作用,涉及到气温、大气、水分、生物、原岩的成因、原岩的矿物成分、原岩的结构和构造等诸多因素的综合作用。

大量的研究表明,新鲜岩石的力学性质和风化岩石的力学性质有较大的区别,特别是当岩石风化程度很深时,岩石的力学性质会明显降低,主要体现在以下三个方面:

① 降低岩体结构面的粗糙程度并产生新的风化裂隙,使岩体被再次分裂成更小的碎块,进一步降低岩体的完整性。随着岩石原有结构联结被削弱以至丧失,坚硬岩石可转变为半坚硬岩石、松散介质。

② 岩石在化学风化过程中,矿物成分发生变化,原生矿物经水解、水化、氧化等作用后,逐渐被次生矿物所代替,特别是产生黏土矿物(如蒙脱石、高岭石等),并且随着风化程度的加深,次生矿物逐渐增多。

③ 由于成分结构和构造的变化,岩石的物理力学性质也随之改变。一般表现为:岩石强度降低,压缩性增大;抗水性降低,亲水性(如膨胀性、崩解性、软化性)增强;孔隙性

增加，透水性增强（当风化剧烈、黏土矿物较多时，渗透性又趋于降低）。总之，在风化作用下，岩石的力学性质劣化。

2.6.4　围压与加载速率对岩石力学性质的影响

围压与加载速率对岩石力学性质的影响在岩石力学性质一节中已有较详尽的论述，因此在这里只作一些结论性的总结。

岩石的脆性与延性并非岩石固有的性质，而是随着受力状态的改变两者可以相互转化，岩石的峰值强度和破坏时的变形量均随围压增大而显著增加。在三轴压缩条件下，岩石的变形、强度和弹性极限都显著增大。

在加载试验中，加载速率对岩石的变形和强度均有显著影响。一般情况下，加载速率越大，测得的岩石强度指标和弹性模量越大，但不同岩石对加载速率的敏感程度存在差异。对于多数岩石，在弹性变形阶段，加载速率对岩石力学性质影响并不明显，但是在裂纹发展阶段影响显著。

【思考与练习题】

1. 岩石基本物理性质主要包括哪些，其表征指标是什么？

2. 已知岩石的容重 $\gamma = 22.5\text{kN/m}^3$，相对密度 $d = 2.80$，含水率 $\omega = 8\%$，试计算该岩石的孔隙率 n，干容重 γ_d 以及饱和容重 γ_{sat}。

3. 表征岩石强度特性的参数有哪些，各采用什么方法测定？

4. 端部效应对岩石单轴抗压强度有什么影响？

5. 简述岩石试件在单轴压缩荷载作用下的破坏形式。

6. 当岩石点荷载试验采用非标准试件时，所测得的试验数据如何修正？

7. 简述巴西圆盘劈裂试验沿直径加载方向的应力分布特征。

8. 简述岩石在反复加载和卸载条件下的变形特征。

9. 简述岩石蠕变、松弛、弹性后效的概念。

10. 岩石的典型蠕变过程曲线包括哪几个阶段？

11. 长期强度的确定方法有哪些？

12. 影响岩石力学性质的因素有哪些？

13. 岩石的全应力-应变曲线包括哪几个阶段？

14. 论述岩石在单轴和三轴压缩条件下变形、破坏特征及破坏机理。

15. 对岩块进行单轴压缩试验时，若试件发生剪切破坏，最大剪应力作用面是否为破坏面，为什么？若试件发生拉伸破坏，测得的抗压强度是否为抗拉强度，为什么？

第 3 章

岩体力学性质

 学习目标及要求

掌握结构面的自然特征及结构面、岩体的切向和法向变形规律，重点学习结构面抗剪强度和岩体强度的确定方法；深刻理解结构面自然特征、结构面力学性质及岩体力学性质三者之间的关联性；熟悉结构面参数采集方法及岩体强度、变形参数和渗透系数的测试技术；掌握不同工程岩体分级方法所适用的工程类型、岩体质量评价过程及指标取值方法。

3.1 概述

岩体是地质体，它经历过多次反复地质作用，经受过变形，遭受过破坏，形成一定的岩石成分和结构，赋存于一定的地质环境中。天然岩体，从宏观上来说，是由节理或裂隙切割成一块一块的、互相排列与咬合的大小不同的岩块所组成的。岩体中往往具有明显的地质遗迹，如不整合面、褶皱、断层、节理、劈理、解理、片理等。它们在岩体力学中一般都统称为节理。由于节理的存在，造成了岩体介质的不连续，因此这些界面又称为不连续面或结构面。结构面在横向延展上具有面的几何特性，常充填有一定物质，具有一定厚度，如节理和裂隙是由两个面及面间的水或气组成，断层及层间错动面是由上下盘两个面及面间充填的断层泥和水构成的实体组成的。结构面的变形机理是两盘闭合或滑移，在破坏上，或沿着它滑动，或沿着它追踪开裂等。

岩体抵抗外力作用的能力称为岩体力学性质，包括岩体的稳定性特征、强度特征和变形特征，由组成岩体的岩石、结构面和赋存条件决定。岩体的力学性质不仅取决于组成岩体的结构面与岩块的力学性质，还在很大程度上受控于结构面的发育及其组合特征，同时还与岩体所处的地质环境条件密切相关。在一般情况下，岩体比岩块更易于变形，其强度也显著低于岩块的强度。不仅如此，岩体在外力作用下的力学属性往往表现出非均质、非连续、各向异性和非弹性。所以，无论在什么情况下，都不能把岩体和岩块两个概念等同起来。另外，人类的工程活动都是在岩体表面或内部进行的。因此，研究岩体的力学性质比研究岩块力学性质更重要、更具有实际意义。

3.2 岩体结构类型

岩体结构类型的分类方法很多，本节主要从不同类型的岩体结构单元在岩体内的组合、排列形式的定义出发，介绍岩体结构的基本类型及其特点。

3.2.1 岩体结构类型

岩体结构单元有结构面和结构体两种基本要素。结构面分软弱结构面和坚硬结构面两类；结构体按力学作用可归并为块状结构体和板状结构体两大类。不同类型的结构面与结构体在岩体内以不同的组合、排列方式构成不同类型的岩体结构。同时，自然界的岩体结构是互相包容的，它们之间存在着级序性关系。

具体地说，岩体结构划分的第一个依据是结构面类型，第二个依据是结构面切割程度及结构体类型。这个分类方法可以具体说明如下。

① 第一依据：结构面类型。它规定岩体结构的级序。

$$\begin{cases} 软弱结构面 \rightarrow Ⅰ级岩体结构 \\ 坚硬结构面 \rightarrow Ⅱ级岩体结构 \end{cases}$$

② 第二依据：结构面切割程度及结构体类型。它规定岩体结构的基本类型。

$$\begin{cases} Ⅰ级岩体结构 \begin{cases} 块状结构体 \rightarrow 块裂结构 \\ 板状结构体 \rightarrow 板裂结构 \\ 结构面贯通切割 \rightarrow 碎裂结构 \end{cases} \\ Ⅱ级岩体结构 \begin{cases} 结构面断续切割 \rightarrow 断续结构 \\ 无显结构面切割 \rightarrow 完整结构 \end{cases} \\ 过渡型岩体结构 \rightarrow 软硬结构面混杂、结构面无序状排列 \rightarrow 散体结构 \end{cases}$$

③ 亚类划分依据：亚类的划分主要是依据岩体的原生结构。例如碎裂结构可划分为：

$$\begin{cases} 块状的 \rightarrow 块状碎裂结构 \\ 层状的 \rightarrow 层状碎裂结构 \end{cases}$$

以一个与工程建筑有关联的地区为对象，就结构面对岩体力学性质的影响程度来说，根据分类依据，可以将岩体结构划分为如表 3.1 所示的一些级序和类型。

表 3.1 岩体结构类型

级	序	结构类型	划分依据	亚类	划分依据
Ⅰ	1	块裂结构	多组软弱结构面切割，块状结构体	块状块裂结构	原生岩体结构呈块状
				层状块裂结构	原生岩体结构呈层状
	2	板裂结构	一组软弱结构面切割，板状结构体	块状板裂结构	原生岩体结构呈块状
				层状板裂结构	原生岩体结构呈层状

续表

级	序	结构类型	划分依据	亚类	划分依据
Ⅱ	1	完整结构	无显结构面切割	块状完整结构	原生岩体结构呈块状
				板状完整结构	原生岩体结构呈层状
	2	断续结构	显结构面断续切割	块状断续结构	原生岩体结构呈块状
				层状断续结构	原生岩体结构呈层状
	3	碎裂结构	坚硬结构面贯通切割,结构体为块状	块状碎裂结构	原生岩体结构呈块状
				层状碎裂结构	原生岩体结构呈层状
过渡型		散体结构	软、硬结构面混杂,结构面无序分布	碎屑状散体结构	结构体为角砾,原生岩体结构特征已消失
				糜棱化散体结构	结构体为糜棱质,原生岩体结构特征已消失

表 3.1 中所列的岩体结构类型是比较典型的,而实际岩体的结构是比较复杂的,不是绝对属于哪一种结构,多数是介于几种类型之间。对实际岩体结构进行划分时,需要有一种模糊的观点,只能择其趋向性而定,这也是岩体力学性质具有不确定性表现的一个方面。

3.2.2 岩体结构的地质特征

（1）完整结构岩体

完整结构岩体多半是碎裂结构岩体中的结构面被后生作用愈合而成。后生愈合有两种:压力愈合与胶结愈合。具有黏性成分的物质,如黏土岩、长石质、石灰质矿物成分组成的岩体,在高围压作用下,其结构面可以重新黏结到一起,形成完整结构。黏土岩、页岩、石灰岩及富含长石的岩浆岩中可以见到这种结构岩体。胶结愈合的岩体也极其常见,胶结物主要为硅质、铁质、钙质及后期侵入的岩浆等。在胶结愈合作用下碎裂结构岩体可以转化为完整结构,但后期愈合面的强度仍低于原岩强度,因此在后期振动、热力胀缩作用下仍会开裂,开裂程度高者恢复为碎裂结构岩体,低者可转化为断续结构岩体,如图 3.1(a) 所示。

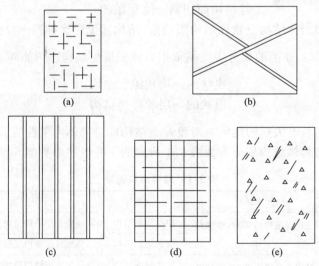

图 3.1　岩体结构示意图

（2）块裂结构岩体

块裂结构岩体是多组或至少一组软弱结构面切割及坚硬结构面参与切割成块状结构体

的高级序岩体结构。其结构体有的是由岩浆岩、变质岩及厚层大理岩、灰岩、砂岩等块状原生结构岩体构成，有的是由薄至中厚层沉积岩、层状浅变质岩及岩浆喷出岩等层状原生结构岩体组成，其软弱结构面主要为断层，层间错动也是重要的软弱结构面之一。参与切割的坚硬结构面一般延展较长，也多数为错动过的坚硬结构面。其示意图如图 3.1(b) 所示。

（3）板裂结构岩体

板裂结构岩体主要发育于经过褶皱作用的层状岩体内，受一组软弱结构面切割，结构体呈板状。软弱结构面主要为层间错动面或块状原生结构岩体内的似层间错动面。结构体多数为组合板状结构体，有的也为完整板状结构体。其示意图如图 3.1(c) 所示。

（4）碎裂结构岩体

碎裂结构岩体尽管可以划分为块状碎裂结构岩体及层状碎裂结构岩体两种亚类，但它们的共同点是切割岩体的结构面是有规律的，即主要为原生结构面及构造结构面。块状碎裂结构主要形成于岩浆岩侵入体，深变质的片麻岩、混合岩、大理岩、石英岩及层理不明显的巨厚层灰岩、砂岩等岩体内。其特点是结构体块度大，大多为 1～2m，但块度较均匀。层状碎裂结构的特点是块度小，其块度与岩层厚度有关，浅海相及海陆交互相沉积岩多数为这种结构。有时还可分为一种镶嵌状碎裂结构，大多发育于强烈构造作用区内的硬脆性岩体内，结构面组数多，当结构面组数多于 5 组时可形成这种结构。其示意图如图 3.1(d) 所示。

（5）断续结构岩体

断续结构岩体的特点是显结构面不连续，对岩体切而不断，个别部分亦有连续贯通结构。但这种部位很少，多数为不连续切割，形不成结构体。从力学上来说，宏观上具有连续介质特点，微观上多数不连续，应力集中现象明显。这种应力集中对岩体破坏具有特殊意义，断裂力学判据对这种岩体也具有特殊意义。

（6）散体结构岩体

散体结构有两种亚类：碎屑状散体结构岩体与糜棱化散体结构岩体。

碎屑状散体结构岩体特点是结构面无序分布，结构面中有软弱的，也有坚硬的。结构体主要为角砾，角砾中常充填夹杂有泥质成分。一般来说，以角砾成分为主，即所谓"块夹泥"。也有的泥质成分局部集中，但角砾仍起主导作用。其成因有两种类型，即构造型与风化型。结构体块度不等，形状不一。"杂乱无序"可以用来描述这类岩体的结构特征。其结构示意图如图 3.1(e) 所示。

糜棱化散体结构岩体主要指断层泥，断层泥主要是由糜棱岩风化形成。由于糜棱岩主要为压力愈合联结，当压力卸去后，便转化为糜棱岩粉，而糜棱岩粉继续风化便转化为断层泥，这种现象在岩浆岩体剖面内极为常见。还有一种断层泥是泥质沉积岩在构造错动下直接形成的，如黏土岩中的断层泥便属于此类。这种岩体中次生错动面常极其发育，容易被误视为均质体。其实不然，在次生错动作用下形成的擦痕面对其力学性质仍具有一定的控制作用，但这种控制作用由于结构面强度与断层泥强度相差不大，并不显著。

3.3 结构面类型与自然特征

结构面是具有一定方向、延展较大而厚度较小的二维面状地质界面，其在岩体中的变化非常复杂。结构面的存在，使岩体显示构造上的不连续性和不均质性。岩体力学性质与结构面的特性密切相关，因此要研究岩体的力学性质，首先必须研究结构面。

3.3.1　结构面的类型

根据不同的分类方式，如地质成因分类、力学成因分类、软弱夹层的成因分类等，结构面可分成不同的类型。本节主要介绍结构面的地质成因类型与力学成因类型。

3.3.1.1　结构面地质成因类型

按照地质成因的不同，结构面可划分为原生结构面、构造结构面与次生结构面三类。

（1）原生结构面

原生结构面是指在成岩过程中所形成的结构面，其特征和岩石成因密切相关。根据岩石成因不同，可分为岩浆结构面、沉积结构面及变质结构面三类。

① 岩浆结构面。又称火成结构面，是指岩浆侵入及冷凝过程中所形成的原生结构面，包括岩浆岩体与围岩接触面、多次侵入的岩浆岩之间的接触面、软弱蚀变带、挤压破碎带、岩浆岩体中冷凝的原生节理，以及岩浆侵入流动的冷凝过程中形成的流纹和流层的层面等。岩浆岩侵入时的温度条件及围岩的热容量性质，决定了接触面的融合及胶结情况。融合胶结致密、无后期破碎状况的接触面为坚硬结构面，而岩浆岩与围岩之间呈现裂隙状态的接触，或侵入岩附近沿接触带的围岩受到挤压而破碎，呈现破碎接触，则构成软弱结构面。

② 沉积结构面。沉积结构面是沉积岩在成岩作用过程中形成的各种地质界面，包括层面、层理、沉积间断面（不整合面、假整合面）及原生软弱夹层等，它们都是层间结构面。这些结构面的特征能反映沉积环境，标志着沉积岩的成层条件和岩性、岩相的变化，如海相沉积，其结构面延展性强，分布稳定；陆相及滨海相沉积岩层中呈交错状，易尖灭，形成透镜体、扁豆体。

③ 变质结构面。变质结构面为岩体在变质作用过程中形成的结构面，如片理、片麻理、板理及软弱夹层等，变质结构面的产状与岩层基本一致，延展性较差，但一般分布比较密集。片理结构面是变质结构面中最常见的，其面常常是光滑的，但形态呈波浪状。片麻理面常呈凹凸不平状，结构面也比较粗糙。变质岩中的软弱夹层主要是片状矿物，如黑云母、绿泥石、滑石等的富集带，其抗剪强度低，遇水后性质就更差。

（2）构造结构面

构造结构面是指岩体受地壳运动（构造应力）作用所形成的结构面，如断层、节理、劈理以及由于层间错动而引起的破碎层等。其中，断层的规模最大，节理的分布最广。

① 断层。一般是指位移显著的构造结构面。就其规模来说，在岩体中具有很大差异，有的深切岩石圈甚至上地幔，有的仅限于地壳表层，或地表以下数十米。断层破碎带往往有一系列滑动面，而且还存在一套复杂的构造岩。断层因应力条件不同而具有不同的特征，根据应力场的特性，可分为张性、压性及剪性（扭性）断层，基本上对应经常说的正断层、逆断层及平移断层。

② 节理。节理可分为张节理、剪节理及层面节理。张节理是岩体在张应力作用下形成的一系列裂隙的组合，其特点是裂隙宽度大，裂隙面延伸短，尖灭较快，曲折，表面粗糙，分布不均，在砾岩中裂隙面多绕砾石而过；剪节理是岩体在剪应力作用下形成的一系列裂隙的组合，它通常以相互交叉的两组裂隙同时出现，因而又称 X 节理或共轭节理，有时只有一组比较发育；层面节理是指层状岩体在构造应力作用下，沿岩层层面（原生沉积软弱面）破裂而形成的一系列裂隙的组合。岩层在褶曲发育的过程中，两翼岩层的上覆层与下覆层发生层间滑动，形成剪性层面节理，而在层间发生层间脱节时，则形成张性层面节理。

③ 劈理。在地应力作用下，岩石沿着一定方向产生密集的、大致平行的破裂面，有的

是明显可见的，有的则是隐蔽的，岩石的这种平行密集的破开现象称为劈理。一般把组成劈理的破裂面称为劈面，相邻劈面所夹的岩石薄片称为微劈石，相邻劈面的垂直距离称为劈面距离，一般在几毫米至几厘米之间。

（3）次生结构面

次生结构面是指岩体在外营力（如风化、卸荷、应力变化、地下水、人工爆破等）作用下形成的结构面，如风化裂隙、卸荷裂隙、爆破裂隙、风化夹层及泥化夹层等。它们的发育多呈无序、不平整、不连续的状态。

风化裂隙是由风化作用在地壳的表部形成的裂隙。风化作用沿着岩石脆弱的地方，如层理、劈理、片麻构造及岩石中晶体之间的结合面，产生新的裂隙。另外，风化作用还使岩体中原有的软弱面扩大、变宽，这些扩大和变宽的软弱面，因原生作用或构造作用形成，但有风化作用参与的痕迹明显。

卸荷裂隙是岩体的表面某一部分被剥蚀掉，引起重力和构造应力的释放或调整，使岩体向自由空间膨胀而产生了平行于地表面的张裂隙。

爆破裂隙是矿山工程中常见的一种次生结构面，爆破裂隙的延展与分布视所在地区岩体特性及爆破的大小而异。

泥化夹层是由于水的作用使夹层内的松软物质泥化而成，其产状与岩层基本一致，泥化程度视地下水作用条件而异。泥化夹层一般强度较低，是导致岩体失稳破坏的常见因素。

3.3.1.2　结构面力学成因类型

拉应力、剪应力、压应力都可能在岩石中形成结构面，岩石的拉伸、剪切、拉剪复合效应产生的三类破裂模式如图 3.2 所示。

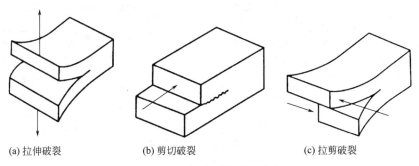

(a) 拉伸破裂　　　　　(b) 剪切破裂　　　　　(c) 拉剪破裂

图 3.2　岩石三类破裂模式

结构面按力学成因可分为压性结构面、张性结构面、扭性结构面、压扭性结构面和张扭性结构面五种类型。

（1）压性结构面

简称挤压面，主要由压应力形成，是走向垂直于主压应力方向，具有明显挤压特征的结构面，如单式或复式褶皱轴面、逆断层或逆掩断层面、片理面、挤压带和一部分劈理等。总体上，压性结构面一般沿走向和倾向均呈舒缓波状，断层面上经常有与走向大致垂直的逆冲擦痕。

（2）张性结构面

简称张裂面，由拉应力形成，单纯张裂面的表面粗糙，不甚整齐，有时呈锯齿状，很少出现擦痕，每一个张裂面延伸范围不大。平行的张裂面往往形成张裂带，一般宽度较大，张裂带中偶尔有破碎角砾，角砾多具棱角状且大小不一。张性断裂面附近往往出现次生断裂。

（3）扭性结构面

简称扭裂面，是走向与主压应力和主张应力斜交，大致平行于最大剪应力方向，具有明显扭动特征的破裂面，如平移断层、剪节理等属于此类。扭裂面一般较光滑，且有大量擦痕出现。扭裂面一侧或两侧常有扭性或张性羽状节理出现，且与扭裂面呈一定方位，但不穿过扭裂面。平行的扭裂面常成群出现形成扭裂带，扭裂面也常成对出现，两者相互交切。

（4）压扭性结构面

包括以压为主兼有扭性、以扭为主兼有压性两种。结构面多呈倾斜状舒缓波状，具有斜冲擦痕，次生结构面与主面交线和擦痕方向垂直，轴线斜向的牵引褶皱，往往成群出现，组成压扭性结构带，带内存在的破碎角砾形成角砾带。

（5）张扭性结构面

兼有扭性与张性结构面的双重特性，张扭性结构面往往是不对称的，形成一边长、一边短的锯齿状，两侧岩石有的被拉开，有的被错断，从断面上看，部分结构面存在斜向擦痕。成群出现的张扭性结构面形成张扭断裂带。

3.3.2 结构面的分级

结构面的发育程度、规模大小、组合形式等是决定结构体的形状、方位和大小，控制岩体稳定性的重要因素，尤以结构面的规模最为重要。结构面的发育程度和规模可划分为五个等级。

各级结构面的规模、类型及对岩体稳定性所起的作用归纳于表 3.2。

表 3.2 结构面的分级及其特征

级别	分级依据	地质类型	力学属性	对岩体稳定性的影响
Ⅰ级	延伸数十千米，深度可切穿一个构造层，破碎带宽度在数米至数十米以上	主要指区域性深大断裂或大断裂	软弱结构面，构成独立的力学介质单元 属于实测结构面	影响区域稳定性，山体稳定性，如直接通过工程区，是岩体变形或破坏的控制条件，形成岩体力学作用边界
Ⅱ级	延伸数百米至数千米，破碎带宽度比较窄，几厘米至数米	主要包括不整合面、假整合面、原生软弱夹层、层间错动带、断层侵入接触带、风化夹层等	软弱结构面，形成块裂边界 属于实测结构面	控制山体稳定性，与Ⅰ级结构面可形成大规模的块体破坏，即控制岩体变形和破坏方式
Ⅲ级	延展数米或数十米，无破碎带，面内不含泥或含泥膜，仅在一个地质时代的地层中分布，或仅在某一种岩性中分布	各种类型的断层、原生软弱夹层、层间错动带等	多数属于软弱结构面，少数属于坚硬结构面 属于实测结构面	控制岩体的稳定性，与Ⅰ、Ⅱ级结构面组合可形成不同规模的块体破坏。划分Ⅱ类岩体结构的重要依据
Ⅳ级	延展数米，无错动，不夹泥，有的呈弱结合状态	节理、劈理、片理、层理、卸荷裂隙、风化裂隙等	坚硬结构面 属于统计结构面	划分Ⅱ类岩体结构的基本依据，是岩体力学性质、结构效应的基础，破坏岩体完整性，与其他结构面结合形成不同类型的边坡破坏方式
Ⅴ级	连续性极差，刚性接触的细小或隐微裂面	微小节理，隐微裂隙和线理等	坚硬结构面 属于统计结构面	分布随机，降低岩块强度，是岩块力学性质效应基础。若分布十分密集，又因风化，可形成松散介质

上述所划分的五个等级的结构面，从工程地质测绘观点来看，可分为实测结构面和统计结构面两大类。实测结构面是经过野外地质测绘工作，按其结构面的产状及其具体位置，直接表示在不同比例尺的工程地质图上。而统计结构面，只能在野外有明显的岩层露头地点进行统计。经过室内作结构面密度统计图，认识其统计规律，它们不能直接反映在工程地质图上，但可转化为结构面的组合模型反映在岩体结构图上。

3.3.3　结构面的自然特征

结构面成因复杂，而后又经历了不同性质、不同时期构造运动的改造，造成了结构面自然特性，如开闭状态、充填物的性质及结构面的形态特征等（详见表 3.3）各不相同。结构面的自然特征，是决定岩体强度和变形的重要因素。因此，准确识别结构面的自然特征并对其参数进行采集分析，是岩体力学特性分析的重要基础工作。

表 3.3　结构面的自然特征

自然特征		表征参数或描述
空间分布特征	产状	走向、倾向、倾角
	密度	线密度、体密度、间距
	连续性	贯通程度、线连续性系数、面连续性系数、迹长
形态		起伏度、粗糙度、起伏差、起伏角
张开度		闭合、裂开、张开
充填与胶结		未充填或硅质、铁质、钙质、泥质充填等

3.3.3.1　产状

结构面产状是指结构面的空间方位，通常假设结构面为平面，用走向、倾向和倾角表示其产状，如图 3.3 所示。走向为结构面与水平面交线的方向；结构面上与走向垂直并指向结构面下方的直线称为倾向线，倾向线在水平面上投影的方向为倾向；倾角为结构面与水平面的夹角。由于走向和倾向是相互垂直的，因此结构面的产状通常用倾向和倾角两个参数表示。

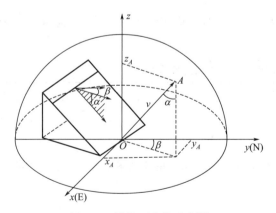

图 3.3　结构面产状示意图

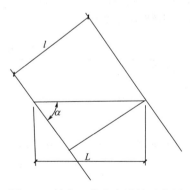

图 3.4　结构面线密度计算示意图

在结构面统计分析中，一般采用赤平极射投影直接对结构面产状进行二维定量图解分析。假设结构面的倾向为 $\beta(0° \leqslant \beta < 360°)$、倾角为 $\alpha(0° \leqslant \alpha \leqslant 90°)$，在空间坐标系中，规定 z 轴为竖直向上，x 轴为正东方向，y 轴为正北方向，结构面的单位法向量 v 可表示为

$$v = (\sin\alpha\sin\beta, \sin\alpha\cos\beta, \cos\alpha) \tag{3.1}$$

3.3.3.2 密度

结构面密度是反映结构面发育密集程度的指标，常用线密度、体密度、间距等指标表征。

（1）线密度

结构面线密度 K（单位：条/m）是指同一组结构面沿着法线方向，单位长度上结构面的数目。如果以 l 表示测线长度，n 为测线长度内的结构面数目，则线密度为

$$K = \frac{n}{l} \tag{3.2}$$

如果在岩体中存在数组结构面（a，b，c，$\cdots$），则测线上的线密度为各组线密度之和，即

$$K = K_a + K_b + K_c + \cdots \tag{3.3}$$

实际测定结构面的线密度时，测线长度可在 20～50m 之间。如果测线不能沿结构面法线方向布置，应使测线水平，并与结构面走向垂直。若实际测线长度为 L，结构面的倾角为 α（如图 3.4 所示），则线密度为

$$K = \frac{n}{L \sin\alpha} \tag{3.4}$$

结构面密集程度按线密度分类如表 3.4 所示。

表 3.4 结构面密集程度按线密度分类

结构面密集程度	疏	密	非常密	压碎（或糜棱化）
线密度 K/（条/m）	<1	1～10	10～100	100～1000

（2）体密度

结构面体密度 J_v（单位：条/m^3）是指岩体单位体积内结构面的数量。体密度可按式（3.5）计算，其与岩体完整性的关系见表 3.5。

$$J_v = \sum_{i=1}^{n} K_i + K_0 \ (i = 1, 2, 3, \cdots, n) \tag{3.5}$$

式中，n 为统计区域内结构面组数；K_i 为第 i 组结构面的线密度；K_0 为每立方米岩体内的非成组结构面数量。

表 3.5 结构面体密度与岩体完整性的关系

岩体完整性	完整	较完整	较破碎	破碎	极破碎
J_v/（条/m^3）	<3	3～10	10～20	20～35	≥35

（3）间距

结构面间距 d（单位：m）是指同组结构面法线方向上的平均距离，即结构面间距 d 为线密度 K 的倒数，可按式（3.6）计算

$$d = \frac{l}{n} = \frac{1}{K} \tag{3.6}$$

根据 ISRM 的推荐，结构面间距可按表 3.6 进行分级描述。

表 3.6 ISRM 推荐的结构面间距分级

分级	极窄	很窄	窄	中等	宽	很宽	极宽
间距/m	<0.02	0.02～0.06	0.06～0.2	0.2～0.6	0.6～2	2～6	≥6

3.3.3.3　连续性

结构面的连续性是指结构面在某一方向上的连续性或结构面连续段长短的程度，也称为延展性或延续性。由于结构面的长短是相对于岩体尺寸而言的，因而它与岩体尺寸有密切关系。按结构面的延展特性，可分为三种形式：非贯通性、半贯通性及贯通性的结构面。

① 非贯通性：结构面较短，不能贯通岩体。结构面的存在使岩体强度降低，变形增大，如图 3.5(a) 所示。

② 半贯通性：结构面有一定长度，尚不能贯通整个岩体，如图 3.5(b) 所示。

③ 贯通性：结构面连续，长度贯通整个岩体，是构成岩体、岩块的边界，对岩体具有较大影响，岩体破坏通常受该类结构面控制，如图 3.5(c) 所示。

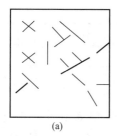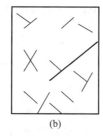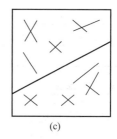

(a)　　　　　　　　　　(b)　　　　　　　　　　(c)

图 3.5　岩体内结构面贯通类型示意图

除上述定性描述外，结构面连续性还可采用切割度 X_e 进行定量描述，它反映结构面在岩体中分离的程度。假设有一平直断面，它与考虑的结构面重叠而且完全地横贯所考虑的岩体，其面积为 A，则结构面的面积 a 与平直断面面积的比值，即为切割度（也称连续性系数）

$$X_e = \frac{a}{A} \tag{3.7}$$

切割度一般以百分数表示。另外，它也可以说明岩体连续性的好坏，X_e 愈小，则岩体连续性愈好；反之，则愈差。

岩体中经常出现成组的平行结构面，即同一切割面上出现多个结构面，其面积分别为 a_1，a_2，a_3，$\cdots$，a_n 如图 3.6 所示，则切割度按下式计算

$$X_e = \frac{a_1 + a_2 + a_3 + \cdots a_n}{A} = \frac{\sum_{i=1}^{n} a_i}{A} \tag{3.8}$$

式中，a_i 为第 i 个结构面的面积。

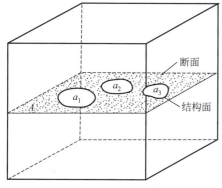

图 3.6　结构面切割度计算示意图

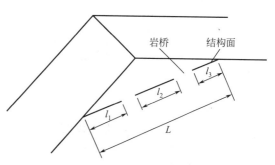

图 3.7　线连续性系数计算示意图

在岩石工程中，由于结构面的面积往往难以准确获取，因此往往利用线连续性系数进行粗略估算，如图 3.7 所示。

假设有一条线段，长度为 L，其与考虑的结构面迹线重合且完全贯通岩体，则结构面的连续性可用线连续性系数 K_L 表示

$$K_L = \frac{l_1 + l_2 + l_3 + \cdots l_n}{L} = \frac{\sum_{i=1}^{n} l_i}{L} \qquad (3.9)$$

式中，l_i 为第 i 个结构面的迹长。

结构面的迹长在工程中易于测量，ISRM 建议采用结构面的迹长来评价结构面的连续性，并推荐了相应的分级标准，如表 3.7 所示。

表 3.7 ISRM 推荐的结构面连续性分级

分级	连续性很差	连续性差	连续性中等	连续性好	连续性很好
迹长/m	<1	$1\sim3$	$3\sim10$	$10\sim20$	$\geqslant20$

3.3.3.4 形态

结构面形态指结构面相对于其平均平面凹凸不平的程度（ISRM 称其为"粗糙程度"）。结构面形态可用多种方式表征或描述，可用起伏度（或起伏形态）表征结构面表面的宏观特征，粗糙度定量表征结构面的粗糙分级。

（1）起伏度

结构面起伏度可用起伏差与起伏角表征。如图 3.8 所示，起伏差指结构面波峰（或波谷）与平均平面的高差，以 h 表示。起伏角 i 指结构面与平均平面的夹角，由起伏差 h 与半波长 l 来计算

$$i = \arctan\left(\frac{2h}{l}\right) \qquad (3.10)$$

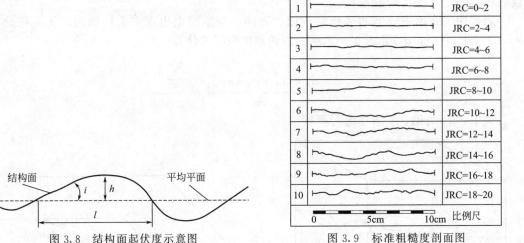

图 3.8 结构面起伏度示意图

图 3.9 标准粗糙度剖面图

（2）粗糙度

巴顿（N. R. Barton）提出了以结构面粗糙度系数（JRC）定量描述结构面粗糙度的方法。在该法中，巴顿将结构面从最光滑至最粗糙分为 10 级，对应 JRC＝0～20。根据直接量测结果绘制结构面形态剖面图，并与巴顿给出的标准粗糙度剖面图（图 3.9）对比，即可确定结构面的 JRC 值。

对于长度大于 10cm 的结构面，巴顿与班迪斯（S. C. Bandis）于 1982 年提出了 JRC 值的修正公式，即

$$JRC_n = JRC_0 \left(\frac{L_n}{L_0}\right)^{-0.02JRC_0} \quad (3.11)$$

式中，JRC_n 为长度大于 10cm 结构面的 JRC；JRC_0 为标准长度（$L_0 = 10cm$）结构面的 JRC；L_n 为实测结构面长度，cm；L_0 为标准结构面长度，$L_0 = 10cm$。

根据 ISRM 推荐，结构面起伏度可分为 3 级：平直型、波浪型和台阶型；结构面粗糙度也可分为 3 级：光滑型、平坦型、粗糙型。因此，结构面可综合采用起伏度和粗糙度进行描述，如图 3.10 所示。

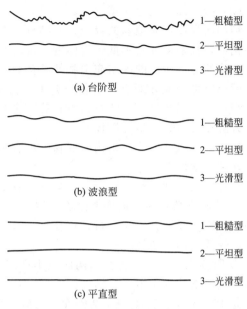

图 3.10　ISRM 推荐的典型结构面形态类型及命名方式

3.3.3.5　张开度

结构面张开度（又称隙宽，单位：mm），指结构面两壁之间的垂直距离。结构面两壁面一般不是紧密接触的，而是呈局部接触或点接触，接触点大部分位于起伏或锯齿状的凸起点。结构面的接触面积减少，岩体抗剪强度降低。

一般情况下，在相同边界条件受力的情况下，岩石越硬，结构面的间距越大，张开度也大。张开度还可反映岩体的"松散度"和岩体的水力学特征，张开度越大，岩体越"松散"，是地下水良好的通道。ISRM 推荐的结构面张开度分级见表 3.8。

表 3.8　ISRM 推荐的结构面张开度分级表

结构面状态		结构面张开度/mm
闭合结构面	很紧密	<0.1
	紧密	0.1~0.25
	部分张开	0.25~0.5
裂开结构面	张开	0.5~2.5
	中等宽的	2.5~10
	宽的	≥10
张开结构面	很宽的	10~100
	极宽的	100~1000
	似洞穴的	≥1000

3.3.3.6　充填与胶结

结构面的充填胶结状态可以分为无充填和有充填两类。

（1）结构面之间无充填

结构面处于闭合状态，岩块之间接合较为紧密。此时，结构面的强度与结构面两侧岩石的力学性质和结构面的形态及粗糙度有关。

（2）结构面之间有充填

结构面强度与充填物的成分、胶结程度有关。若硅质、铁质、钙质以及部分岩脉充填胶结结构面，其强度经常不低于岩体的强度，因此，这种结构面就不属于弱面的范围。所以重点要关注的是结构面的胶结充填物使结构面强度低于岩体强度的情况。

就充填物的成分来说，以黏土充填，特别是充填物中含润滑性矿物，如蒙脱石、高岭石、绿泥石、绢云母、蛇纹石、滑石等较多时，其力学性质最差；含非润滑性质矿物，如石英和方解石时，其力学性质较好。

充填物的粒度成分对结构面的强度也有影响，粗颗粒含量愈高，力学性能愈好，细颗粒愈多，则力学性能愈差。

充填物的厚度，对结构面的力学性质有明显的影响，可分为如下四类：

① 薄膜充填：结构面侧壁附着一层 2mm 以下的薄膜，由风化矿物和应力矿物等组成，如黏土矿物、绿泥石、绿帘石、蛇纹石、滑石等。但由于充填矿物性质不良，虽然很薄，也明显地降低结构面的强度。

② 断续充填：充填物在结构面里不连续，且厚度多小于结构面的起伏差。其力学强度取决于充填物的物质组成、结构面的形态及侧壁岩石的力学性质。

③ 连续充填：充填物在结构面里连续，厚度稍大于结构面的起伏差。其强度取决于充填物的物质组成及侧壁岩石的力学性质。

④ 厚层充填：特点是充填物厚度大，一般可达数十厘米至数米，形成了一个软弱带。它在岩体失稳的事例中，有时表现为岩体沿接触面的滑移，有时则表现为软弱带本身的塑性破坏。

3.3.4 结构面的参数采集

结构面的参数采集内容主要包括：结构面类型、产状、迹长、形态特征、充填胶结特征、张开度等。采集方法可分为人工采集法和信息化采集法，人工采集法主要采用测线法或测窗法进行露头与平硐测绘，信息化采集法主要包括钻孔电视法、数字摄影测量法等。人工采集法测量直观、简单，但现场工作量较大；信息化参数采集工作量较小、数据丰富。

（1）露头与平硐测绘

① 露头测绘。露头测绘利用地表露头岩层来获取岩石类型和岩体结构特征等信息。图 3.11 为水平沉积岩层中的地层露头。在该露头中，可较清晰地得出各分层的地质特征。可通过开挖探槽或探井，采集结构面的特征参数。

② 平硐测绘。平硐测绘能直接观察到地层结构，测量结果较为准确且便于素描，可以不受限制采取原状岩土试样，并可进行大型原位测试，但平硐测绘耗费资金大且勘探周期长，如图3.12 所示。平硐测绘的主要目的是了

图 3.11 水平沉积岩层中的地层露头

解覆盖层的厚度、性质及风化壳分带、软弱夹层分布、层破碎带及岩溶发育情况、滑坡体结构及潜在滑动面等。其内容主要包括：

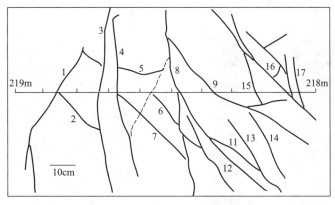

图 3.12　平硐测绘结构面迹线示意图

ⅰ.地层岩性划分；

ⅱ.岩石风化特征及其随深度变化；

ⅲ.岩层产状要素及其变化，如裂隙数、产状、穿切性、延展性、隙宽、间距等；

ⅳ.水文地质情况。

（2）测线法与测窗法

岩体表面的结构面测量常采用测线法与测窗法，如图 3.13 所示。

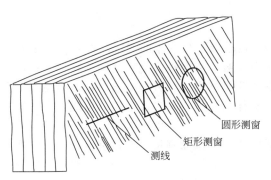

图 3.13　测线法与测窗法示意图

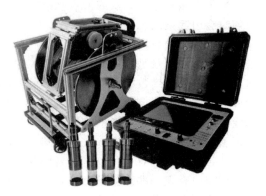

图 3.14　钻孔电视设备

测线法是在岩石露头表面布置一条测线，采用罗盘、量尺沿着测线逐一测量与测线相交的结构面自然特征参数，包括结构面在测线上的位置、产状、迹长、张开度等，通过对结构面测量数据进行统计和分析，计算结构面的密度、平均迹长、优势结构面的方位等。

测窗法是在岩石露头表面处布置一定区域的窗口，测量该窗口内所有结构面特征参数的一种测量方法。根据测窗的形状，测窗法可分为矩形测窗法和圆形测窗法。与测线法相比，测窗法减小了结构面方向和大小的采样偏差，在结构面迹长采集与迹长均值估算上更有优势。

（3）钻孔电视法

钻孔电视法是测量钻孔内壁地层岩性及构造分布发育的一种测量方法。测量时，将摄像头和带有自动调节光圈的广角镜头装入防水承压舱内，放入需测量的钻孔内，拍摄孔壁四周岩体的全景图像，测量人员可实时观看，同时由录像机记录整个测量过程。通过对结构面影像数据的分析，可得出结构面的特征参数。

钻孔电视设备主要由主机、探头与连接电缆等组成，如图 3.14 所示。自动生成的岩芯二维展开图和三维柱状图如图 3.15 所示。

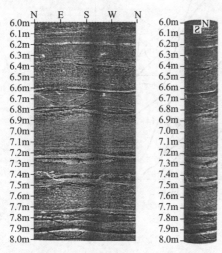

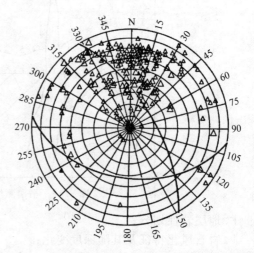

图 3.15　岩芯二维展开图和三维柱状图　　图 3.16　数字摄影测量结构面赤平极射投影示意图

　　钻孔电视测量可以直观、详细地反映岩体信息，具有观测精度高、定位准确、便于分析结构面特征信息、浏览方便、成果可数字化存储等优点，有广泛的适用性。但是钻孔电视测量一般要求钻孔处于无水或清水状态，有时难以满足。同时对光源系统的要求较高，光亮不均匀时会引起条纹现象。

　　（4）数字摄影测量

　　数字摄影测量是利用 CCD 或 CMOS 感光传感器获取三维物体的二维图像，通过不同方向拍摄的多幅二维数字图像，利用实际空间坐标系和数字影像平面坐标之间的转换关系，匹配计算得到被摄影像的大量同名点，以此得出数码相机的内、外方位元素参数，最终通过多光线前方交会并结合严密平差等算法，生成被摄物体的三维点云坐标数据，由此生成三维网格模型的一种非接触测量方法，如图 3.16 所示。

　　数字摄影测量对一些较高的岩体露头、陡峭的边坡结构面测量具有显著优势，可实现结构面快速、直观、准确测量，具有广泛的适用性。与激光扫描、无人机拍摄相比，摄影测量法成本更低且设备便于携带；相对于人工测量，数字摄影测量直接通过三维数字模型进行采样，可避免测量人员主观因素导致的误差。

3.4　结构面力学性质

　　结构面的力学性质主要包括法向变形、剪切变形与抗剪强度三个方面。

3.4.1　法向变形

　　在法向荷载作用下，粗糙结构面的接触面积和接触点数随荷载增大而增加，而结构面的间隙呈非线性减小，应力与法向变形之间呈指数关系，如图 3.17 所示。非啮合结构面法向变形曲线的初始斜率相对

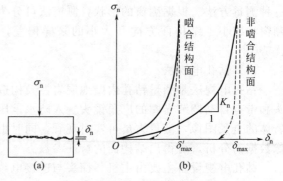

图 3.17　结构面法向变形曲线

较小，随着法向应力的增大，啮合结构面和非啮合结构面的法向位移均呈非线性减小，最终分别达到最大值（最大法向闭合量）δ'_{max} 和 δ_{max}，且 $\delta'_{max} < \delta_{max}$。这种非线性力学行为归结于接触微凸体的弹性变形、压碎和间接拉裂隙的产生，以及新的接触点、接触面积的增加。当荷载去除时，将引起明显的滞后与非弹性效应。

古德曼（R. E. Goodman）通过试验，得出法向应力 σ_n 和法向位移 δ_n 之间的关系式

$$\frac{\sigma_n - \sigma_i}{\sigma_i} = s\left(\frac{\delta_n}{\delta_{max} - \delta_n}\right)^t \tag{3.12}$$

式中，σ_i 为初始应力，MPa，由测量结构面法向变形的初始条件决定；δ_{max} 为最大法向的闭合量，mm；s、t 为与结构面几何特征、岩石力学性质有关的两个参数，由试验拟合确定。

图 3.17 中，K_n 称为法向变形刚度，为 σ_n-δ_n 曲线上任意一点的斜率，反映结构面产生单位法向变形的法向应力梯度。法向变形刚度不仅取决于岩石本身的力学性质，更取决于粗糙结构面接触点数、接触面积和结构面两侧微凸体相互啮合程度。通常情况下，法向变形刚度不是一个常数，其值与应力水平有关。根据古德曼的研究，法向变形刚度可由下式表达

$$K_n = K_{n0}\left(\frac{K_{n0}\delta_{max} + \sigma_n}{K_{n0}\delta_{max}}\right)^2 \tag{3.13}$$

式中，K_{n0} 为结构面的初始刚度，MPa/mm；σ_n 为曲线上所求刚度点的法向应力值，MPa；δ_{max} 为最大法向闭合量，mm。

班迪斯（S. C. Bandis）通过对大量的天然、不同风化程度和表面粗糙程度的非充填结构面的试验研究，提出了双曲线型的法向应力 σ_n 与法向变形 δ_n 之间的关系式

$$\sigma_n = \frac{\delta_n}{a - b\delta_n} \tag{3.14}$$

式中，a、b 为常数。

显然，当法向应力 $\sigma_n \to \infty$ 时，$a/b = \delta_{max}$。从式（3.14）可推导出法向变形刚度的表达式

$$K_n = \frac{\partial \sigma_n}{\partial \delta_n} = \frac{a}{(a - b\delta_n)^2} \tag{3.15}$$

班迪斯结合双曲线型加卸载曲线，将有效法向应力、结构面闭合量和表面粗糙性联系在一起，得出法向变形刚度的经验公式

$$K_n = K_{n0}\left(1 - \frac{\sigma_n}{K_{n0}\delta_{max} + \sigma_n}\right)^{-2} \tag{3.16}$$

式中的 K_{n0} 和 δ_{max} 分别是结构面的初始法向变形刚度和法向最大闭合量，可由下列公式估算

$$K_{n0} = -7.15 + 1.75\mathrm{JRC} + 0.02\left(\frac{\mathrm{JCS}}{e_i}\right) \tag{3.17}$$

$$\delta_{max} = A + B(\mathrm{JRC}) - C\left(\frac{\mathrm{JCS}}{e_i}\right)^D \tag{3.18}$$

$$e_i = \mathrm{JRC}\left(\frac{0.04\sigma_c}{\mathrm{JCS}} - 0.02\right) \tag{3.19}$$

式中，e_i 为每次加载或卸载开始时结构面的张开度，mm；A、B、C、D 为常数，取决于结构面受载历史；JRC 为结构面粗糙度系数，取值范围为 0~20，取值方法参考图 3.9；JCS 为结构面壁岩抗压强度，MPa，ISRM 建议采用回弹仪测定，确定方法是用试验测得的回弹值 R 与岩石重度 γ，查图 3.18 或利用下式计算求得

$$\lg(\mathrm{JCS}) = 0.00088\gamma R + 1.01 \tag{3.20}$$

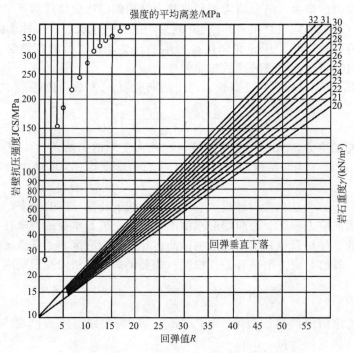

图 3.18 JCS 与回弹值及岩石重度的关系

3.4.2 剪切变形

在一定法向应力作用下，结构面在剪应力作用下产生切向变形，通常采用结构面剪应力 τ 与相应的切向位移 δ_t 的关系曲线来表征其剪切变形规律。剪切变形曲线通常有两种基本形式：

① 对于非充填粗糙结构面，如图 3.19(b) 中的曲线 A 所示，随剪切变形的发生，剪切应力相对上升较快，当达到剪应力峰值后，结构面抗剪能力出现较大的下降，并产生不规则的峰后变形或滞滑现象。

② 对于平坦（或有充填物）的结构面，如图 3.19(b) 中的曲线 B 所示，初始阶段的剪切变形曲线呈下凹形，随剪切变形的持续发展，剪切应力逐渐升高但没有明显的峰值出现，最终达到恒定值。

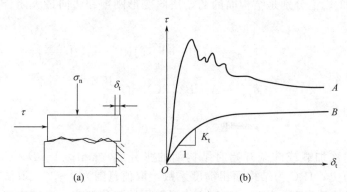

图 3.19 结构面剪切变形曲线

剪切变形曲线从形式上可划分为弹性区（峰前应力上升区）、剪应力峰值区和塑性区

（峰后应力降低区或恒应力区）。在结构面剪切过程中，伴随有微凸体的弹性变形、劈裂、磨粒的产生与迁移、结构面的相对错动等多种力学过程。因此，剪切变形一般是不可恢复的，即便在弹性区，剪切变形也不可能完全恢复。

通常将弹性区单位变形内的应力梯度称为剪切变形刚度 K_t，根据古德曼的研究，剪切变形刚度可以由下式表示

$$K_t = K_{t0}\left(1 - \frac{\tau}{\tau_s}\right) \tag{3.21}$$

式中：K_{t0} 为初始剪切刚度；τ_s 为产生较大剪切位移时的剪应力渐近值，MPa。

试验结果表明，对于较坚硬的结构面，剪切刚度一般是常数，而对于松软结构面，剪切刚度随法向应力的大小而改变。

对于凹凸不平的结构面，可简化成图 3.20(a) 所示的力学模型。受剪切结构面上有凸台，凸台角为 i，模型上半部作用有剪应力 S 和法向应力 N，模型下半部固定不动。在剪应力作用下，模型上半部沿凸台斜面滑动，除有切向运动外，还产生向上的移动。这种剪切过程中产生的法向移动分量称之为剪胀。剪胀量为法向位移量，剪胀角为切向位移的轨迹与水平线的夹角。在剪切变形过程中，剪应力与法向应力的复合作用，可能使凸台剪断或拉破坏，此时剪胀现象消失，如图 3.20(b) 所示。当法向应力较大，或结构面强度较小时，剪应力 S 持续增加，使凸台沿根部剪断或拉破坏，结构面剪切过程中没有明显的剪胀，如图 3.20(c) 所示。从这个模型可以看出，结构面的剪切变形与岩石强度、结构面粗糙度和法向应力大小有关。

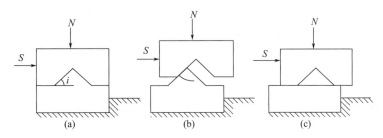

图 3.20　结构面剪切力学模型

3.4.3　抗剪强度

抗剪强度是结构面重要的力学性质之一。从结构面的变形分析可以看出，结构面在剪切过程中的力学机制比较复杂，影响结构面抗剪强度的因素是多方面的。大量试验结果表明，结构面强度一般可以通过库仑准则进行表述

$$\tau = c_j + \sigma_n \tan\varphi_j \tag{3.22}$$

式中，φ_j 为结构面内摩擦角；c_j 为结构面黏聚力，MPa；σ_n 为作用在结构面上的法向应力，MPa。

不同的结构面特征，对应的结构面内摩擦角 φ_j 和黏聚力 c_j 不同，其剪切强度的表达式也不同。

（1）平直结构面

对于平直结构面，其抗剪强度与结构面的粗糙度密切相关。粗糙度越大，抗剪强度越大，峰值越明显；反之，抗剪强度越小，且无明显峰值，残余强度与峰值强度基本趋同。平直结构面抗剪强度可由下式计算

$$\tau = c_{jp} + \sigma_n \tan\varphi_{jp} \tag{3.23}$$

$$\tau_r = \sigma_n \tan\varphi_{jpr} \tag{3.24}$$

式中，φ_{jp}、c_{jp} 分别为平直结构面的内摩擦角与黏聚力，对于光滑结构面，$c_{jp} = 0$；τ_r、φ_{jpr} 分别为平直结构面残余抗剪强度与残余内摩擦角。

（2）规则锯齿形结构面

规则锯齿形结构面模型如图 3.21 所示，结构面的起伏差为 h，起伏角为 i，受法向应力 N 和切向力 T 作用。当法向应力较小，岩体沿结构面滑动时，其背坡面被拉开，法向应力全部由爬坡面承担。

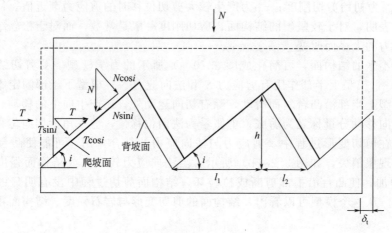

图 3.21   规则锯齿形结构面模型

滑移面上受到的法向应力 N_j 和切向力 T_j 分别为

$$\begin{cases} N_j = T\sin i + N\cos i \\ T_j = T\cos i - N\sin i \end{cases} \tag{3.25}$$

如滑移面内摩擦角为 φ_{jb}，黏聚力为 c_{jb}，则滑移面抗滑力为 $N_j \tan\varphi_{jb} + c_{jb}\dfrac{h}{\sin i}$，结合式（3.25）可得

$$T = N\tan(\varphi_{jb} + i) + \frac{hc_{jb}}{\sin i(\cos i - \sin i \tan\varphi_{jb})} \tag{3.26}$$

当 $c_{jb} = 0$ 时，抗剪强度应力表达式为

$$\tau = \sigma_n \tan(\varphi_{jb} + i) \tag{3.27}$$

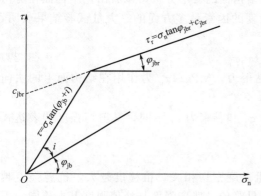

图 3.22   规则锯齿形结构面剪切破坏过程中
剪应力与法向应力的关系曲线

由式（3.27）可知，在法向应力较小时，由于结构面上凸台的存在，结构面的内摩擦角（$\varphi_{jb} + i$）比滑移面内摩擦角 φ_{jb} 增大了一个起伏角。随着法向应力增大，凸台爬坡困难，当法向应力达到某极限值，凸台被剪断，此时结构面残余强度 τ_r 为

$$\tau_r = \sigma_n \tan\varphi_{jbr} + c_{jbr} \tag{3.28}$$

式中，φ_{jbr}、c_{jbr} 为规则锯齿形结构面的残余抗剪强度参数。

规则锯齿形结构面剪切破坏过程中剪应力与法向应力的关系曲线，可用图 3.22 的双线性模型表示。应注意，如果将上半部分直线反向

延长至 $\sigma_n = 0$，利用 φ_{jbr} 与 c_{jbr} 描述结构面在较低法向荷载下的抗剪强度，结果将产生严重高估。

（3）不规则起伏结构面

不规则起伏结构面的抗剪强度与法向应力 σ_n、结构面粗糙度系数 JRC 以及结构面壁岩抗压强度 JCS 有关。综合上述三个因素的影响，巴顿提出了适用于不规则起伏结构面的抗剪强度计算公式

$$\tau = \sigma_n \tan \left[JRC \lg \left(\frac{JCS}{\sigma_n} \right) + \varphi_{jn} \right] \tag{3.29}$$

式中，φ_{jn} 为结构面基本摩擦角，可通过平坦未风化岩石表面的直剪试验获取。

（4）非贯通结构面

非贯通结构面由结构面和岩桥组成，一般认为剪切面通过的结构面和岩桥都提供抗剪能力。假设沿整个剪切面上的应力分布均匀，则结构面的抗剪强度为

$$\tau = K_L (\sigma_n \tan \varphi_j + c_j) + (1 - K_L)(\sigma_n \tan \varphi_i + c_i)$$

式中，K_L 为结构面线连续性系数；φ_j、c_j 分别为结构面的内摩擦角和黏聚力；φ_i、c_i 分别为完整岩石的内摩擦角和黏聚力。

非贯通结构面的摩擦系数 $\tan\varphi$ 和黏聚力 c 可表示为

$$\begin{cases} \tan\varphi = K_L \tan\varphi_j + (1 - K_L) \tan\varphi_i \\ c = K_L c_j + (1 - K_L) c_i \end{cases} \tag{3.30}$$

由式（3.30）可知，非贯通结构面的抗剪强度一般高于贯通结构面，岩体沿非贯通结构面剪切时，剪切面上的应力分布是不均匀的，岩桥将承受比结构面更大的法向应力和抗剪应力。同时，在剪切作用下，结构面尖端将产生应力集中，使结构面扩展，非贯通结构面的变形破坏往往要经历线性变形→结构面端部新裂隙产生→新旧裂纹扩展、贯通的过程，并出现剪胀、爬坡及剪断凸台等现象，直至结构面破坏。

3.4.4　影响结构面力学性质的因素

影响结构面力学性质的因素较多，除上节阐述的结构面形态和连续性外，还包括结构面尺寸（即尺寸效应）、变形历史及充填物等。

（1）尺寸效应

结构面的力学性质具有尺寸效应。巴顿与班迪斯用不同尺寸的结构面进行试验，研究结果表明：当结构面试块长度从 $5 \sim 6$cm 增加到 $36 \sim 40$cm 时，平均峰值内摩擦角降低约 $8° \sim 12°$。如图 3.23 所示，随着试块面积的增加，平均峰值剪应力呈减小趋势。结构面的尺寸效应还体现在以下几个方面：

① 随着结构面尺寸的增大，达到峰值强度的位移量增大；

② 随着尺寸的增加，剪切破坏形式由脆性破坏向延性破坏转化；

③ 尺寸加大，峰值剪胀角减小；

④ 随结构面粗糙度减小，尺寸效应也减小。

结构面的尺寸效应在一定程度上与表面凸台受剪切破坏有关。对试验过的结构面表面观察发现，大尺寸结构面真正接触点数很少，但接触面积大；小尺寸结构面的接触点数多，但每个点的接触面积都比较小。前者只是将最大的凸台剪断。此外，结构面壁岩抗压强度 JCS 与试件的尺寸成反比，结构面的强度与峰值剪胀角是引起尺寸效应的基本因素。对于不同尺寸的结构面，这两种因素在抗剪阻力中所占的比例不同：小尺寸结构面凸台破坏和峰值剪胀角所占比例均高于大尺寸结构面。当法向应力增大时，结构面尺寸效应将随之减小。

（2）变形历史

自然界中结构面在形成过程中和形成以后，大多经历过位移变形。结构面的抗剪强度与变形历史密切相关，即新鲜结构面的抗剪强度明显高于受过剪切作用的结构面的抗剪强度。耶格（J.C.Jaeger）的试验表明，当第一次进行新鲜结构面剪切试验时，试样具有很高的抗剪强度。沿同一方向重复进行到第 7 次剪切试验时，试样还保留峰值与残余值的区别，当进行到第 15 次时，已看不出峰值与残余值的区别。说明在重复剪切过程中结构面上凸台被剪断、磨损，岩粒、碎屑的产生与迁移，使结构面的抗剪力学行为逐渐由凸台粗糙度和起伏度控制转化为由结构面上碎屑的力学性质所控制。

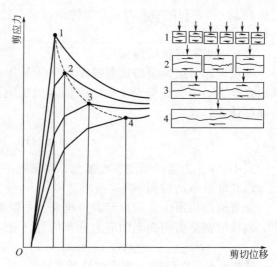

图 3.23　不同尺寸结构面的剪应力-剪切位移曲线

（3）充填物

结构面在长期地质环境中，由于风化或分解，被水带入的泥砂以及构造运动时产生的碎屑和岩溶产物充填。当结构面内充填物的厚度小于主力凸台高度时，结构面的抗剪性能与非充填时的力学特性相类似。当充填物厚度大于主力凸台高度时，结构面的抗剪强度取决于充填材料。充填物的厚度、颗粒大小与级配、矿物组分和含水程度都会对充填结构面的力学性质有不同程度的影响。

① 充填物厚度的影响。研究结果表明，结构面抗剪强度随充填物厚度增加迅速降低，并且与法向应力的大小有关。

② 矿物颗粒的影响。充填材料的颗粒直径为 2～30mm 时，抗剪强度随颗粒直径的增大而增加，但颗粒直径超过 30mm 后，抗剪强度变化不大。

③ 含水量的影响。由于水对泥夹层的软化作用，含水量的增加使泥质矿物内聚力和结构面摩擦系数急剧下降，使结构面的法向刚度和剪切刚度大幅度下降。暴雨引发岩体滑坡事故正是由于结构面含水量剧增。因此，水对岩体稳定性的影响不可忽视。

在岩土工程中经常遇到岩体软弱夹层和断层破碎带，它们的存在常导致岩体滑坡和隧道坍塌，也是岩土工程治理的重点。软弱夹层力学性质与其岩性矿物成分密切相关，其中泥化物对软弱结构面的弱化程度最为显著。同时矿物粒度的大小分布也是控制变形与强度的主要因素。

已有研究表明，泥化物中有大量的亲水性黏土矿物，一般水稳定性都比较差，对岩体的力学性质有显著影响。表 3.9 汇总了不同类型软弱夹层的力学性能，从表中可以看出，软弱结构面抗剪强度随碎屑（碎岩块）成分与颗粒尺寸的增大而提高，随黏粒含量的增加而降低。

表 3.9　夹层物质成分对结构面抗剪强度的影响

软弱夹层物质成分	摩擦系数	黏结力/MPa
泥化夹层和夹泥层	0.15～0.25	0.005～0.02
破碎夹泥层	0.3～0.4	0.02～0.04
破碎夹层	0.5～0.6	0～0.1
含铁锰质角砾破碎夹层	0.65～0.85	0.03～0.15

（4）时效性

泥化夹层具有时效性，在恒定荷载下会产生蠕变变形。一般认为充填结构面长期抗剪强度比瞬时抗剪强度低 $15\%\sim20\%$，泥化夹层的长期抗剪强度与瞬时抗剪强度之比约为 $0.67\sim0.81$，此比值随黏粒含量的降低和砾粒含量的增多而增大。在抗剪参数中，泥化夹层的时效性主要表现在黏聚力的降低，对摩擦角的影响较小。由于软弱夹层的存在表现出时效性，因此必须注意岩体长期极限强度的变化和预测，保证岩体的长期稳定性。

3.5　岩体强度特性

岩体强度是指岩体抵抗外力破坏的能力，与岩块一样，也有抗压强度、抗拉强度和抗剪强度之分。但对于节理裂隙岩体来说，其抗拉强度很小，工程设计上一般不允许岩体中有拉应力出现。同时，岩体抗拉强度测试技术难度大，目前对岩体抗拉强度的研究很少，因此本节主要讨论岩体的抗压强度和剪切强度。

岩体是由各种形状的岩块和结构面组成的地质体，因此其强度必然受到岩块和结构面强度及其组合方式（岩体结构）的控制。一般情况下，岩体的强度既不同于岩块的强度，也不同于结构面的强度。但是，如果岩体中结构面不发育，呈整体或完整结构时，岩体的强度则大致与岩块接近，可视为均质体。如果岩体将发生沿某一特定结构面的滑动破坏时，则岩体的强度取决于结构面的强度。这是两种极端情况，比较容易处理。困难的是由节理裂隙切割的裂隙化岩体强度的确定问题，其强度介于岩块与结构面强度之间，一方面受岩石材料性质的影响，另一方面受结构面特征（数量、方向、间距、性质等）和赋存条件（地应力、水、温度等）的控制。

3.5.1　岩体剪切强度

岩体的抗剪强度是工程岩体强度的主要参数指标之一，它是指岩体中可能剪切破坏面在正应力作用下发生剪切破坏时的最大切应力。根据岩体破坏特征的不同，岩体的抗剪强度具体又包括抗剪断强度、抗剪强度和抗切强度三种。

抗剪断强度是指在法向应力下横切结构面剪切破坏时岩体能抵抗的最大剪应力。抗剪断强度可通过原位岩体剪切试验或经验估算方法求得，不具备这些资料时，可依据岩石的抗剪断强度确定。抗剪强度是指在法向应力下岩体沿既有破裂面发生剪切破坏时的最大切应力，这实际上就是某一结构面的抗剪强度，又称弱面剪切强度。抗切强度是指剪切破坏面上的法向应力为零时的抗剪断强度。

与岩石类似，岩体的抗剪强度的表征参数是岩体内摩擦角（φ_m）与黏聚力（c_m）。各类岩体的剪切强度参数 φ_m 与 c_m 值列于表 3.10。岩体的内摩擦角与岩块的内摩擦角很接近，但岩体的黏聚力则大大低于岩块的黏聚力，说明结构面的存在主要是降低了岩体的联结能力，进而降低了其黏聚力。

表 3.10　各类岩体的剪切强度参数

岩石名称	内摩擦角 φ_m/(°)	黏聚力/MPa	岩石名称	内摩擦角 φ_m/(°)	黏聚力/MPa
辉长岩	38～41	0.76～1.38	花岗岩	30～70	0.01～4.16
泥灰岩	20～41	0.07～0.44	粉砂岩	29～59	0.07～1.70
玄武岩	36～61	0.06～1.40	闪长岩	30～59	0.20～0.75

续表

岩石名称	内摩擦角 $\varphi_m/(°)$	黏聚力/MPa	岩石名称	内摩擦角 $\varphi_m/(°)$	黏聚力/MPa
石英岩	22～40	0.01～0.53	安山岩	53～74	0.89～2.45
大理岩	24～60	1.5～4.90	片麻岩	29～68	0.35～1.40
页岩	33～70	0.03～1.36	灰岩	13～65	0.02～3.90
砂岩	28～70	0.04～2.88	褐煤	15～18	0.014～0.03
泥岩	23	0.01	黏土岩	10～45	0.002～0.18
砂质泥岩	42～63	0.07～0.18	正长岩	53～74	0.89～2.45

　　岩体的剪切强度主要受结构面、应力状态、岩块性质、风化程度以及含水状态等因素的影响。在高应力条件下，岩体的剪切强度较接近于岩块的强度，而在低应力条件下，岩体的剪切强度主要受结构面发育特征及其组合关系的控制。由于作用在岩体上的工程载荷一般多在 10MPa 以下，所以与工程活动有关的岩体破坏，基本上受结构面特征控制。

　　岩体中结构面的存在使岩体一般都具有高度的各向异性。即沿结构面产生剪切破坏时，岩体剪切强度最小，近似等于结构面的抗剪强度；而横切结构面剪切（剪断破坏）时，岩体剪切强度最高；沿复合剪切面剪切（复合破坏）时，其强度则介于两者之间。因此，通常岩体的剪切强度不是某一定值，而是具有一定上限和下限的值域，其强度包络线也不是一条简单的曲线，而是有一定上限和下限的曲线族。其上限是岩体的抗剪断强度，下限是结构面的抗剪强度，如图 3.24 所示。当应力较低时，岩体强度变化范围较大，随着应力增大，范围逐渐变小。当应力高到一定程度时，包络线变为一条曲线，这时，岩体强度将不受结构面影响而趋于各向同性。

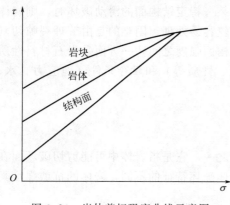

图 3.24　岩体剪切强度曲线示意图

　　在强风化岩体和软弱岩体中，剪断岩体时的内摩擦角多在 30°～40°之间变化，黏聚力多在 0.01～0.5MPa 之间，其强度包络线上、下限比较接近，变化范围小，且其岩体强度总体上比较低。

　　在坚硬岩体中，剪断岩体时的内摩擦角多在 45°以上，黏聚力在 0.1～4MPa 之间。其强度包络线的上、下限差值较大，变化范围也大。在这种情况下，准确确定工程岩体的剪切强度困难较大。一般需依据原位剪切试验和经验估算数据，并结合工程载荷及结构面的发育特征等综合确定。

3.5.2　裂隙岩体的压缩强度

　　由于岩体中包含各种结构面，给试件制备及加载带来很大的困难，加上原位岩体压缩试验工期长，费用昂贵，在一般情况下，难以普遍采用。因此，长期以来，人们企图用一些简单的方法来求取岩体的压缩强度。

　　为了研究裂隙岩体的压缩强度，耶格的单结构面理论为此提供了有益的起点。如图 3.25(a) 所示，岩体中发育有单个结构面 AB，假定最大主应力与结构面法线方向夹角为 β，由莫尔应力圆理论可知，作用于 AB 面的法向应力 σ 和剪切应力 τ 为

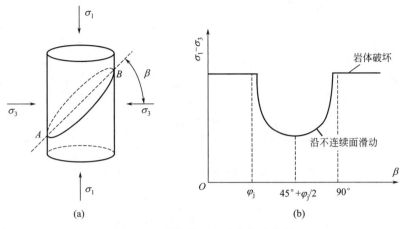

图 3.25 单结构面理论分析示意图

$$\begin{cases} \sigma = \dfrac{\sigma_1+\sigma_3}{2} + \dfrac{\sigma_1-\sigma_3}{2}\cos 2\beta \\ \tau = \dfrac{\sigma_1-\sigma_3}{2}\sin 2\beta \end{cases} \tag{3.31}$$

假定结构面的抗剪强度服从库仑准则

$$\tau = \sigma\tan\varphi_j + c_j \tag{3.32}$$

式中，φ_j、c_j 分别为结构面的内摩擦角与黏聚力。

将式(3.31) 代入式(3.32) 中可得沿结构面 AB 产生剪切破坏的条件为

$$\sigma_1 - \sigma_3 = \frac{2(c_j + \sigma_3\tan\varphi_j)}{(1 - \tan\varphi_j\cot\beta)\sin 2\beta} \tag{3.33}$$

由上式可知，岩体的强度 $(\sigma_1 - \sigma_3)$ 随结构面的倾角变化而变化。当 $\beta \to \varphi_j$ 或 $\beta \to 90°$ 时，$(\sigma_1 - \sigma_3)$ 均趋于无穷大，岩体不可能沿结构面破坏，而只能产生剪断岩体破坏，破坏面方向为 $\beta = 45° + \varphi_0/2$（$\varphi_0$ 为岩块的内摩擦角）。

为了进一步分析岩体是否破坏，沿什么方向破坏，可利用莫尔强度理论与莫尔应力圆的关系进行判别。如图 3.26 所示，图中斜线 1 为岩块强度包络线（$\tau = \sigma\tan\varphi_0 + c_0$），斜线 2 为结构面强度曲线（$\tau = \sigma\tan\varphi_j + c_j$），由受力状态（$\sigma_1$、$\sigma_3$）绘出的莫尔应力圆上某一点代表岩体某一方向截面上的受力状态。根据莫尔强度理论，若应力圆上的点落在强度包络线之下时，则岩体不会沿该截面破坏。由图 3.26 可知，只有当结构面倾角满足 $\beta_1 \leqslant \beta \leqslant \beta_2$ 时，岩体才能沿结构面破坏，但 $\beta = 45° + \varphi_0/2$ 的截面上与岩块强度包络线相切了，因此岩体将沿该截面产生岩块剪断破坏。图 3.25(b) 给出了这两种破坏的强度包络线。利用图 3.26 可方便地求得 β_1 和 β_2。

因为

$$\frac{\dfrac{\sigma_1-\sigma_3}{2}}{\sin\varphi_j} = \frac{c_j\cot\varphi_j + \dfrac{\sigma_1+\sigma_3}{2}}{\sin(2\beta_1 - \varphi_j)} \tag{3.34}$$

简化整理后可得

$$\beta_1 = \frac{\varphi_j}{2} + \frac{1}{2}\arcsin\left[\frac{(\sigma_1+\sigma_3+2c_j\cot\varphi_j)\sin\varphi_j}{\sigma_1-\sigma_3}\right] \tag{3.35}$$

同理可求得

$$\beta_2 = 90 + \frac{\varphi_j}{2} - \frac{1}{2}\arcsin\left[\frac{(\sigma_1+\sigma_3+2c_j\cot\varphi_j)\sin\varphi_j}{\sigma_1-\sigma_3}\right] \tag{3.36}$$

改写式(3.33) 可得到岩体三轴压缩强度 σ_{1m} 为

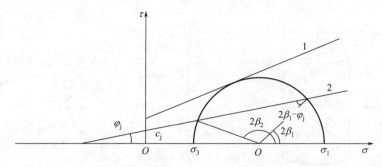

图 3.26　沿结构面破坏 β 的变化范围示意图

$$\sigma_{1m}=\sigma_3+\frac{2(c_j+\sigma_3\tan\varphi_j)}{(1-\tan\varphi_j\cot\beta)\sin2\beta} \qquad (3.37)$$

当 $\sigma_3=0$ 时，可得岩体单轴压缩强度 σ_{mc} 为

$$\sigma_{mc}=\frac{2c_j}{(1-\tan\varphi_j\cot\beta)\sin2\beta} \qquad (3.38)$$

当 $\beta=45°+\varphi_j/2$ 时，岩体强度取得最低值

$$(\sigma_1-\sigma_3)_{min}=\frac{2(c_j+\sigma_3\tan\varphi_j)}{\sqrt{1+\tan^2\varphi_j}-\tan\varphi_j} \qquad (3.39)$$

　　根据上述单结构面理论，岩体强度受结构面倾角 β 控制而呈现明显的各向异性特征，当最大主应力 σ_1 与结构面垂直（$\beta=0°$）时，岩体强度与结构面无关，此时，岩体强度与岩块强度接近；当 $\beta=45°+\varphi_j/2$ 时，岩体将沿结构面破坏，此时，岩体强度与结构面强度相等；当最大主应力 σ_1 与结构面平行（$\beta=90°$）时，岩体将因弱面横向扩张而破坏，此时岩体强度介于前述两种情况之间。

　　如果岩体中含有两个或两个以上结构面，且假定各结构面具有相同的性质时，岩体强度的确定方法是分步运用单结构面理论式，分别绘出每一个结构面单独存在时的强度包络线，这些包络线叠加形成的最小包络线即为含多个结构面岩体的强度包络线，并可以此来确定岩体的强度。图 3.27 所示分别为含 2 个、3 个结构面的岩体，在不同围压 σ_3 条件下的强度包络线。

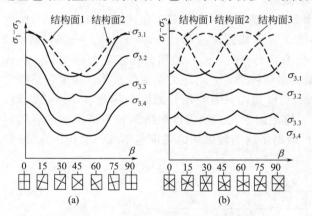

图 3.27　含不同数量结构面的岩体强度曲线

　　由图 3.27 可知，结构面个数较少时，岩体强度趋于各向异性，随岩体内结构面数量的增加，岩体强度越来越趋于各向同性，而岩体的整体强度大幅降低，且多沿复合结构面破坏。霍克（E. Hoek）和布朗（E. T. Brown）认为，含四组结构面的岩体，其强度按照各向同性处理是合理的。另外，岩体强度的各向异性程度还受围压 σ_3 的影响，随着 σ_3 增高，岩体强度增大，结构面对岩体强度的影响减小，岩体由各向异性体向各向同性体转化。一般认为，当 σ_3 接近于岩块单轴抗压强度 σ_c 时，岩体可视为各向同性体。

3.5.3　岩体强度的测定

（1）岩体单轴抗压强度试验

岩体单轴抗压强度试验的试件及试验设备
如图 3.28 所示。在拟加压的试件表面抹一层水
泥砂浆，将表面抹平，并在其上放置由方木和
工字钢组成的垫层，以便将千斤顶施加荷载经
垫层均匀传递给试件。根据试件破坏时千斤顶
施加的最大荷载与试件受载截面积，计算岩体
的单轴抗压强度。

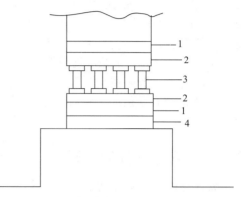

图 3.28　岩体单轴抗压强度试验示意图
1—方木；2—工字钢；3—千斤顶；4—水泥砂浆

（2）岩体抗剪强度试验

根据 GB/T 50266 的规定，岩体抗剪强度
一般采用原位直剪试验进行测定。原位直剪试
验可采用平推法或斜推法，试验地段开挖时，
应减少对岩体产生扰动和破坏。

平推法直剪试验的试验过程与室内直剪试
验类似，试验过程中应开挖千斤顶槽，当现场空间条件不允许时，可采用斜推法进行试验。
斜推法一般采用双千斤顶，即使用一个垂直千斤顶施加正压力 P，另一个千斤顶施加斜向推
力 T，图 3.29 所示为楔形试件斜推法原位直剪试验示意图。斜推力与水平方向的夹角（倾
角）α 取值宜为 $12°\sim20°$，一般采取倾角 $\alpha=15°$。

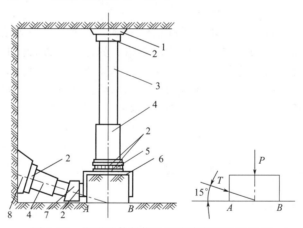

图 3.29　楔形试件斜推法原位直剪试验示意图
1—顶部混凝土；2—钢垫板；3—传力柱；4—千斤顶；5—滚轴排；6—混凝土护罩；7—斜垫板；8—混凝土后座

试验过程中，为使剪切面上不产生力矩效应，应使 P、T 合力通过剪切面中心，使试
件接近压剪破坏。根据 SL/T 264—2020 的规定，剪切面上的应力按下式计算

$$\begin{cases} \sigma=\dfrac{P+T\sin\alpha}{A} \\[2mm] \tau=\dfrac{T\cos\alpha}{A} \end{cases} \tag{3.40}$$

式中，σ、τ 分别为剪切面上的法向应力和剪应力，MPa，当试件沿剪切面破坏时，对
应的 τ 即为 σ 作用下的剪切面抗剪强度；P、T 分别为垂直及斜向千斤顶施加的荷载，N；
A 为剪切面面积，mm^2；α 为斜向推力与剪切面的夹角。

（3）岩体三轴压缩强度试验

建筑物地基和地下硐室围岩一般处于三向应力状态，因此岩体原位三轴强度试验更符合工程应用需求。根据 SL/T 264—2020 的规定，岩体三轴强度可采用等侧向压力（$\sigma_2=\sigma_3$）或不等侧向压力（$\sigma_2\neq\sigma_3$）试验法进行测试。

轴向压力一般采用千斤顶加载，侧向压力可通过千斤顶或液压枕加载，如图 3.30 所示。

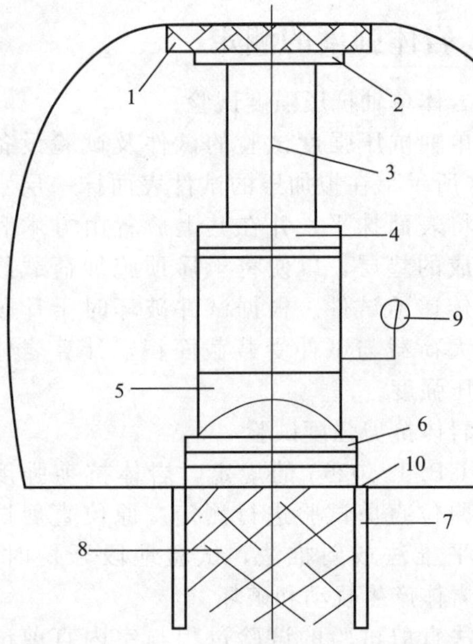

3.5.4　岩体强度的估算

岩体强度是岩体工程设计的重要参数，通过试验确定，但岩体的原位试验费时费力，难以大量进行。因此，如何利用地质资料及小试块室内试验资料，对岩体强度作出合理估算是岩体力学中重要的研究课题。下面介绍两种常用方法。

图 3.30　液压枕加载侧向压力的岩体三轴强度试验示意图
1—混凝土顶座；2—钢垫板；3—传力柱；4—钢垫板；
5—球面垫；6—钢垫板；7—压力枕；8—试件；
9—液压表（千斤顶）；10—液压枕

（1）准岩体强度

该方法的实质是用某种简单的试验指标来修正岩块强度，并以此作为岩体强度的估算值。节理、裂隙等结构面是影响岩体强度的主要因素，其分布情况可通过弹性波传播来查明。弹性波穿过岩体时，遇到裂隙便发生绕射或被吸收，传播速度将有所降低，裂隙越多，波速降低程度越大。小尺寸试件含裂隙少，传播速度大。因此根据弹性波在岩石试块和岩体中的传播速度比值，可判断岩体中裂隙发育程度，该比值的平方称为岩体完整性（龟裂）系数，以 K 表示

$$K=\left(\frac{v_{mp}}{v_{rp}}\right)^2 \tag{3.41}$$

式中，v_{mp} 为岩体中弹性波纵波传播速度，m/s；v_{rp} 为岩块中弹性波纵波传播速度，m/s。

各种岩体的完整性系数见表 3.11。岩体完整性系数确定后，便可计算准岩体强度。

准岩体抗压强度　　　　　　　　$\sigma_{mc}=K\sigma_c$ 　　　　　　(3.42)

准岩体抗拉强度　　　　　　　　$\sigma_{mt}=K\sigma_t$ 　　　　　　(3.43)

式中，σ_c 为岩石试件的抗压强度；σ_t 为岩石试件的抗拉强度。

表 3.11　不同岩体完整程度对应的完整性系数

岩体完整程度	完整	块状	碎裂状
岩体完整性系数 K	＞0.75	0.45～0.75	＜0.45

（2）Hoek-Brown 经验方程

霍克和布朗根据岩体性质的理论与实践经验，用试验法导出了岩块和岩体破坏时主应力之间的关系

$$\sigma_1=\sigma_3+\sqrt{m\sigma_c\sigma_3+s\sigma_c^2} \tag{3.44}$$

式中，σ_1 为破坏时的最大主应力；σ_3 为作用在岩石试样上的最小主应力；σ_c 为岩块的单轴抗压强度；m、s 为与岩性及结构面情况有关的经验常数，其中，m 反映岩石的软硬程度，其取值范围在 $0 \sim 25$ 之间，对严重扰动岩体取 0，对完整的坚硬岩体取 25，s 反映岩体破碎程度，其取值范围在 $0 \sim 1$ 之间，对破碎岩体取 0，完整岩体取 1。实际应用时，m、s 可通过查表 3.12 得出。

表 3.12　岩体质量和经验常数之间的关系表（据 Hoek-Brown，1980）

岩体状况	具有很好结晶解理的碳酸盐类岩石，如白云岩、灰岩、大理岩	成岩的黏土质岩石，如泥岩、粉砂岩、页岩、板岩（垂直于板理）	强烈结晶，结晶解理不发育的砂质岩石，如砂岩、石英岩	细粒、多矿物、结晶岩浆岩，如安山岩、辉绿岩、玄武岩、流纹岩	粗粒、多矿物结晶岩浆岩和变质岩，如角闪岩、辉长岩、片麻岩、花岗岩、石英闪长岩等
完整岩块试件，实验室试件尺寸，无节理，RMR=100，Q=500	$m=7.0$ $s=1.0$ $A=0.816$ $B=0.658$ $T=-0.140$	$m=10.0$ $s=1.0$ $A=0.918$ $B=0.667$ $T=-0.099$	$m=15.0$ $s=1.0$ $A=1.044$ $B=0.692$ $T=-0.067$	$m=17.0$ $s=1.0$ $A=1.086$ $B=0.696$ $T=-0.059$	$m=25.0$ $s=1.0$ $A=1.220$ $B=0.705$ $T=-0.040$
非常好质量岩体，紧密互锁，未扰动，未风化岩体，节理间距 3m 左右，RMR=85，Q=100	$m=3.5$ $s=0.1$ $A=0.651$ $B=0.679$ $T=-0.028$	$m=5.0$ $s=0.1$ $A=0.739$ $B=0.692$ $T=-0.020$	$m=7.5$ $s=0.1$ $A=0.848$ $B=0.702$ $T=-0.013$	$m=8.5$ $s=0.1$ $A=0.883$ $B=0.705$ $T=-0.012$	$m=12.5$ $s=0.1$ $A=0.998$ $B=0.712$ $T=-0.008$
好的质量岩体，新鲜至轻微风化，轻微构造变化岩体，节理间距 1～3m 左右，RMR=65，Q=10	$m=0.7$ $s=0.004$ $A=0.369$ $B=0.669$ $T=-0.006$	$m=1.0$ $s=0.004$ $A=0.427$ $B=0.683$ $T=-0.004$	$m=1.5$ $s=0.004$ $A=0.501$ $B=0.695$ $T=-0.003$	$m=1.7$ $s=0.004$ $A=0.501$ $B=0.695$ $T=-0.003$	$m=2.5$ $s=0.004$ $A=0.603$ $B=0.707$ $T=-0.002$
中等质量岩体，中等风化，岩体中发育有几组节理，间距为 0.3～1m 左右，RMR=44，Q=1.0	$m=0.14$ $s=0.0001$ $A=0.198$ $B=0.662$ $T=-0.0007$	$m=0.20$ $s=0.0001$ $A=0.234$ $B=0.675$ $T=-0.0005$	$m=0.30$ $s=0.0001$ $A=0.280$ $B=0.688$ $T=-0.0003$	$m=0.34$ $s=0.0001$ $A=0.295$ $B=0.691$ $T=-0.0003$	$m=0.50$ $s=0.0001$ $A=0.346$ $B=0.700$ $T=-0.0002$
坏质量岩体，大量风化节理，间距 30～500mm，并含有一些夹泥，RMR=23，Q=0.1	$m=0.04$ $s=0.00001$ $A=0.115$ $B=0.646$ $T=-0.0002$	$m=0.05$ $s=0.00001$ $A=0.129$ $B=0.655$ $T=-0.0002$	$m=0.08$ $s=0.00001$ $A=0.162$ $B=0.672$ $T=-0.0001$	$m=0.09$ $s=0.00001$ $A=0.172$ $B=0.676$ $T=-0.0001$	$m=0.13$ $s=0.00001$ $A=0.203$ $B=0.686$ $T=-0.0001$
非常坏质量岩体，大量严重风化节理，间距小于 50mm，充填夹泥，RMR=3，Q=0.01	$m=0.007$ $s=0$ $A=0.042$ $B=0.534$ $T=0$	$m=0.010$ $s=0$ $A=0.050$ $B=0.539$ $T=0$	$m=0.015$ $s=0$ $A=0.061$ $B=0.546$ $T=0$	$m=0.017$ $s=0$ $A=0.065$ $B=0.548$ $T=0$	$m=0.025$ $s=0$ $A=0.078$ $B=0.556$ $T=0$

由式(3.44)，令 $\sigma_3 = 0$，可得岩体的单轴抗压强度 σ_{mc}

$$\sigma_{mc} = \sqrt{s}\,\sigma_c \tag{3.45}$$

由上式可知，对于完整岩体，$s=1$，则 $\sigma_{mc} = \sigma_c$，岩体单轴抗压强度即为岩块单轴抗压强度。对于裂隙岩体，$s<1$，则岩体单轴抗压强度小于岩块单轴抗压强度。

将 $\sigma_1 = 0$ 代入式(3.44)中，并对 σ_3 求解所得的二次方程，可解得岩体的单轴抗拉强度为

$$\sigma_{mt} = \frac{1}{2}\sigma_c\left(m - \sqrt{m^2 + 4s}\right) \tag{3.46}$$

式(3.46)的剪应力表达式为

$$\tau = A\sigma_c \left(\frac{\sigma}{\sigma_c} - T \right)^B \tag{3.47}$$

式中，τ 为岩体的剪切强度；σ 为岩体法向应力；A、B 为常数，可查表 3.12 求得；$T = \frac{1}{2}\left(m - \sqrt{m^2 + 4s}\right)$，查表 3.12 求得。

利用式(3.44)~式(3.47)和表 3.12，即可对裂隙岩体的三轴压缩强度 σ_1、单轴抗压强度 σ_{mc} 及单轴抗拉强度 σ_{mt} 进行估算，还可求出岩体黏聚力 c_m 与内摩擦角 φ_m 的值。进行估算时，先进行工程地质调查，得出工程所在处的岩体质量指标（RMR 和 Q 值）、岩石类型及岩块单轴抗压强度 σ_c。

式(3.44)适合于完整岩体、破碎的节理岩体以及横切结构面产生破坏的岩体等，并把工程岩体在外载荷作用下表现出的复杂破坏，归结为拉张破坏和剪切破坏两种机制。将影响岩体强度特性的复杂因素，集中包含在 m、s 两个经验参数中，概念明确，便于工程应用。

Hoek-Brown 经验方程提出后，得到了普遍关注和广泛应用。但是，在应用中也发现了一些不足之处，主要表现在高应力条件下用式(3.44)确定的岩体强度比实际偏低，且 m、s 等参数的取值范围大，难以准确确定等。针对以上不足，Hoek 等于 1992 年对式(3.44)和相关参数进行了修改，提出了广义的 Hoek-Brown 方程，即

$$\sigma_1 = \sigma_3 + \sigma_c \left(\frac{m_b \sigma_3}{\sigma_c} + s \right)^\alpha \tag{3.48}$$

式中，m_b、s、α 分别为与结构面情况及岩体质量和岩体结构有关的经验常数，查表 3.13 可得；其余符号意义同前。

表 3.13　广义 Hoek-Brown 方程岩体经验常数取值

岩体状况	岩体质量好,结构面粗糙,未风化	岩体质量好,结构面粗糙,轻微风化,常呈铁锈色	岩体质量一般,结构面光滑,中等风化或发生蚀变	岩体质量较差,结构面强风化,上有擦痕,被致密的矿物薄膜覆盖或角砾状岩屑填充	岩体质量较差,结构面强风化,上有擦痕,被黏土矿物薄膜覆盖或填充
块状岩体,三组正交结构面切割成嵌固紧密、未受扰动的立方体状岩块	$\frac{m_b}{m_i} = 0.6$ $s = 0.19$ $\alpha = 0.5$	$\frac{m_b}{m_i} = 0.4$ $s = 0.62$ $\alpha = 0.5$	$\frac{m_b}{m_i} = 0.4$ $s = 0.062$ $\alpha = 0.5$	$\frac{m_b}{m_i} = 0.4$ $s = 0.062$ $\alpha = 0.5$	$\frac{m_b}{m_i} = 0.4$ $s = 0.062$ $\alpha = 0.5$
碎块状岩体,四组或四组以上结构面切割成嵌固紧密、部分扰动的角砾状岩块	$\frac{m_b}{m_i} = 0.4$ $s = 0.062$ $\alpha = 0.5$	$\frac{m_b}{m_i} = 0.29$ $s = 0.021$ $\alpha = 0.5$	$\frac{m_b}{m_i} = 0.16$ $s = 0.003$ $\alpha = 0.5$	$\frac{m_b}{m_i} = 0.11$ $s = 0.001$ $\alpha = 0.5$	$\frac{m_b}{m_i} = 0.07$ $s = 0$ $\alpha = 0.53$
块状、层岩体,褶皱或断裂的岩体,受多组结构面切割而形成角砾状岩块	$\frac{m_b}{m_i} = 0.24$ $s = 0.012$ $\alpha = 0.5$	$\frac{m_b}{m_i} = 0.17$ $s = 0.004$ $\alpha = 0.5$	$\frac{m_b}{m_i} = 0.12$ $s = 0.001$ $\alpha = 0.5$	$\frac{m_b}{m_i} = 0.08$ $s = 0$ $\alpha = 0.5$	$\frac{m_b}{m_i} = 0.4$ $s = 0$ $\alpha = 0.5$
破碎岩体,由角砾岩和磨圆度较好的岩块组成的极度破碎岩体,岩块间嵌固松散	$\frac{m_b}{m_i} = 0.17$ $s = 0.004$ $\alpha = 0.5$	$\frac{m_b}{m_i} = 0.12$ $s = 0.001$ $\alpha = 0.5$	$\frac{m_b}{m_i} = 0.08$ $s = 0$ $\alpha = 0.5$	$\frac{m_b}{m_i} = 0.06$ $s = 0$ $\alpha = 0.55$	$\frac{m_b}{m_i} = 0.04$ $s = 0$ $\alpha = 0.6$

注：m_i 为均质岩石的经验常数 m 的值。

3.6　岩体变形特性

　　岩体变形是评价工程岩体稳定性的重要指标，也是岩体工程设计的基本准则之一。由于岩体中存在大量结构面，结构面中还往往有各种充填物，因此在受力条件改变时，岩体的变形是岩块材料变形和结构变形的总和。结构变形通常包括结构面闭合、充填物压密及结构体转动和滑动等变形。一般情况下，岩体的结构变形对岩体变形起着控制作用。

3.6.1　岩体变形曲线及其特性

3.6.1.1　岩体压缩变形

　　现场岩体循环压缩试验的应力-应变全过程曲线如图 3.31 所示。岩体在加载过程中，由于岩体内部的结构调整、结构面压密与闭合，应力-应变曲线通常呈上凹型。同时，由于结构面在受压过程中产生闭合、滑移与错动，中途卸载回弹变形有滞后现象，并出现不可恢复的残余变形（永久变形）。不论每一级加载与卸载，循环曲线都是开环型，伴随外荷载增加，残余变形量的增长速度变小，累积残余变形增大。岩体内结构面数量越多，岩体越破碎，岩体的弹性越差，回弹变形能力越弱，因此卸载变形曲线有较大的滞后变形量。岩体弹性变形差的原因是结构面非弹性变形部分消耗一定的能量，这部分能量被完全用于岩体结构调整、结构面压密，或是结构体相对滑移与错动。

图 3.31　现场岩体循环压缩试验的应力-应变全过程曲线

　　当加载达到岩体峰值强度后，岩体开始出现破坏，压力随之下降。岩体的破坏过程一般呈柔性特征，应力下降比较缓慢。岩体破坏后的应力下降取决于岩体的完整性，岩体越破碎，应力降越小，岩体脆性越差。从岩体整个变形过程看，岩体受载后应力上升比较缓慢，由于岩体的结构效应，破坏后岩体仍存在一定的残余强度。

　　岩体在循环荷载作用下，且卸载时荷载又不降至零时，变形过程将出现闭环形式。随着外荷载加大或循环次数的增多，闭环曲线逐级向后移动（如图 3.32 所示），其原因是岩体裂隙结构面逐级被压密与啮合。重复加、卸载次数越多，结构体与结构面压密程度越高，闭环曲线上的滞后变形量越小，甚至闭环曲线逐渐演变成一条线，岩体变形由结构控制转变为结构效应的消失。当外荷载降至零并且持续一定时间后，岩体将产生较大的回弹变形，即岩体弹性变形能释放。图 3.33 中的 b 段为岩体的弹性变形量，a 段为岩体的残余变形量。岩体的变形模量可由下式计算

$$E=\frac{\sigma}{\varepsilon_a+\varepsilon_b}$$

（3.49）

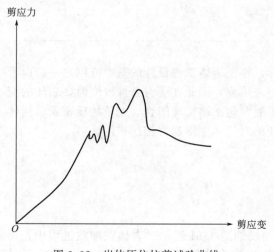

图 3.32　岩体原位抗剪试验曲线

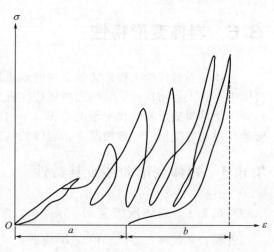

图 3.33　岩体变形模量测量工程曲线

3.6.1.2　岩体剪切变形

岩体的剪切变形是许多岩体工程，特别是边坡工程中最常见的一种变形模式，如坝基底部剪滑、巷道拱肩失稳、边坡滑坡等。实际岩体变形有可能是单因素的，如沿某一组结构面剪切滑移、追踪某一组结构面剪切滑移或追踪岩体内部薄弱部位剪断；也可能是几种变形兼而有之。图 3.32 展示了岩体剪切变形的特征。在屈服点以下，变形曲线与压缩变形相似。屈服点以后，岩体内某个结构体或结构面可能首先被剪坏，随之出现应力降，峰值前可能出现多次应力降，应力下降程度与被剪坏的结构体或结构面有关。岩体破碎程度高，应力降反而不明显。当剪应力增加到一定水平时，岩体的剪切变形已积累到一定程度，未被剪坏的部位瞬间破坏，并伴有大的应力降，然后可能产生稳定的滑移。

3.6.1.3　岩体变形曲线

（1）法向变形曲线

由于岩石力学性质、结构面几何特征与力学特征以及结构面组合方式等方面的不同，岩体的法向变形曲线各异。按 p-W 曲线的形状和变形特征，可分为如图 3.34 所示的四类。

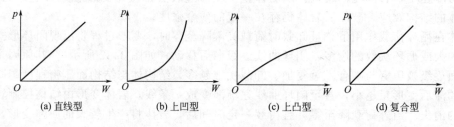

| (a) 直线型 | (b) 上凹型 | (c) 上凸型 | (d) 复合型 |

图 3.34　岩体法向变形曲线类型

① 直线型。为通过原点的直线，如图 3.34(a) 所示，曲线斜率为常数，W 随 p 成正比增加，岩性均匀且结构面不发育或结构面分布均匀岩体的法向变形多呈此类曲线。根据 p-

W 曲线的斜率大小及卸载曲线特征，又可分为陡直线型与缓直线型两类。

陡直线型的特点是 p-W 曲线的斜率较陡，如图 3.35(a) 所示，说明岩体刚度大，不易变形。卸载后变形几乎恢复到原点，以弹性变形为主，反映出岩体接近于均质弹性体。较坚硬、完整、致密均匀、少裂隙的岩体，多具这类曲线特征。

缓直线型的特点是 p-W 曲线斜率较小，直线较缓，图 3.35(b) 所示，反映出岩体刚度低、易变形。卸载后岩体变形只能部分恢复，有明显的塑性变形和滞回环。这类曲线虽是直线，但不是弹性。出现这类曲线的岩体多为由多组结构面切割，且分布较均匀的岩体以及岩性较软、弱面较均匀的岩体。另外，平行层面加载的层状岩体，其法向变形曲线也多为缓直线型。

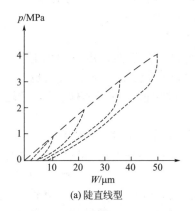

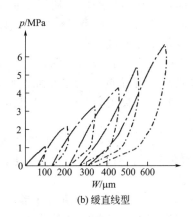

(a) 陡直线型　　　　　　　　　　　　　　(b) 缓直线型

图 3.35　直线型法向变形曲线

② 上凹型。为通过原点的上凹型曲线，如图 3.34(b) 所示，曲线斜率随压力 p 增大而增大，层状节理岩体法向变形多呈此类曲线。根据其加、卸载曲线又可分为两类。

一类是加载曲线的斜率随加、卸载循环次数的增加而增大，即岩体刚度随循环次数增加而增大，各次卸载曲线相对较缓，且相互近于平行，如图 3.36(a) 所示。弹性变形 W_e 与总变形 W 的比值随 p 的增大而增大，说明岩体弹性变形成分较大。这种曲线多出现于垂直层面加载的较坚硬层状岩体中。

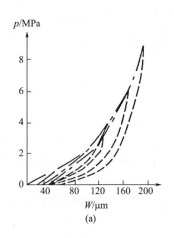

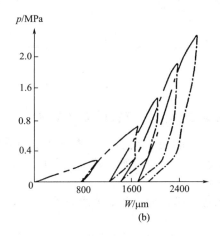

(a)　　　　　　　　　　　　　　　(b)

图 3.36　上凹型法向变形曲线

另一类是加载曲线的斜率随加、卸载循环次数的增加而增大，但卸载曲线较陡，说明卸载后变形大部分不能恢复，为塑性变形，如图 3.36(b) 所示。存在软弱夹层的层状岩体及裂隙岩体常呈这类曲线。另外，垂直层面加载的层状岩体也可出现这类曲线。

③ 上凸型。为通过原点的上凸型曲线，如图 3.34(c) 所示，曲线斜率随压力 p 增大而减小，结构面发育且具有泥质充填物的岩体、较深处埋藏有软弱夹层或岩性软弱的岩体（如黏土岩、泥岩）法向变形多呈此类曲线。

④ 复合型。为通过原点的阶梯或 "S" 形曲线，如图 3.34(d) 所示，结构面发育不均匀或岩性不均匀的岩体法向变形多呈此类曲线。

上述四类曲线，有人依次称为弹性、弹-塑性、塑-弹性及塑-弹-塑性岩体。但岩体在法向荷载下的力学行为是十分复杂的，它包括岩块压密、结构面闭合、岩块沿结构面滑移或转动等。同时，受压边界条件又随着法向荷载的增大而发生改变。因此，实际岩体的 p-W 曲线也是比较复杂的，应注意结合实际岩体地质条件加以分析。

（2）剪切变形曲线

原位岩体剪切试验研究表明，岩体的剪切变形曲线十分复杂，沿结构面剪切和剪断岩体的剪切曲线明显不同；沿平直光滑结构面和粗糙结构面剪切的剪切曲线也有差异。根据 τ-u 曲线的形状及残余强度（τ_r）与峰值强度（τ_p）的比值，可将岩体剪切变形曲线分为三类。

如图 3.37(a) 所示，峰值前变形曲线的平均斜率小，破坏位移大，一般可达 $2\sim10\text{mm}$；峰值后随位移增大强度损失很小或不变，$\tau_r/\tau_p=1.0\sim0.6$。沿软弱结构面剪切时，常呈这类曲线。

如图 3.37(b) 所示，峰值前变形曲线平均斜率较大，峰值强度较高。峰值后随剪位移增大强度损失较大，有较明显的应力降，$\tau_r/\tau_p=0.8\sim0.6$。沿粗糙结构面、软弱岩体及强风化岩体剪切时，多属这类曲线。

如图 3.37(c) 所示，峰值前变形曲线斜率大，曲线具有较明显的线性段和非线性段，比例极限和屈服极限较易确定。峰值强度高，破坏位移小，一般约 1mm。峰值后随位移增大强度迅速降低，残余强度较低，$\tau_r/\tau_p=0.8\sim0.3$。剪断坚硬岩体时的变形曲线多属此类。

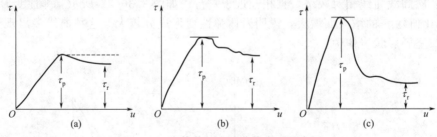

图 3.37　岩体剪切变形曲线类型示意图

3.6.1.4　影响岩体变形特性的主要因素

影响岩体变形性质的因素较多，主要包括组成岩体的岩性、结构面发育特征及荷载条件、试件尺寸、试验方法和温度等。这里主要讨论结构面对变形特性的影响，其他因素的影响将在下节进行讨论。

结构面的影响包括结构面方位、密度、充填特征及其组合关系等方面的影响，统称为结构效应。

① 结构面方位。主要表现在岩体变形随结构面及应力作用方向间夹角的不同而不同，即导致岩体变形的各向异性。这种影响在岩体中结构面组数较少时表现特别明显，而随结构面组数增多，反而越来越不明显。无论是总变形或弹性变形，其最大值均发生在垂直结构面

方向上，平行结构面方向的变形最小。另外，岩体的变形模量也具有明显的各向异性。一般来说，平行结构面方向的变形模量大于垂直方向的变形模量，其比值一般为 1.5～3.5。

② 结构面的密度。主要表现在随结构面密度增大，岩体完整性变差，变形增大，变形模量减小。

③ 结构面的张开度及充填特征对岩体的变形也有明显的影响。一般来说，张开度较大且无充填或充填较薄时，岩体变形较大，变形模量较小；反之，则岩体变形较小，变形模量较大。

3.6.2 岩体变形试验

按原理和方法不同，原位岩体变形试验可分为静力法和动力法两种。静力法是在选定的岩体表面、槽壁或钻孔壁面上施加法向荷载，并测定其岩体的变形值，然后绘制出压力-变形关系曲线，计算出岩体的变形参数。根据试验方法不同，静力法又可分为承压板法、钻孔变形法、狭缝法、水压硐室法及单（双）轴压缩试验法等。动力法是用人工方法对岩体发射弹性波（声波或地震波），并测定其在岩体中的传播速度，然后根据波动理论求岩体的变形参数。根据弹性波激发方式的不同，又分为声波法和地震波法两种。本节主要介绍几种常用的静力法，动力法将在岩体动力变形特性一节介绍。

（1）承压板法

按承压板的刚度不同，可分为刚性承压板法和柔性承压板法两种。刚性承压板法试验通常是在平巷中进行，其装置如图 3.38 所示。先在选择好的、具有代表性的岩面上清除浮石，平整岩面；然后依次装上承压板、千斤顶、传力柱和变形量表等。将洞顶作为反力装置，通过油压千斤顶对岩面施加荷载，并用百分表测计岩体变形值。

试验点的选择应具有代表性，并避开大的断层及破碎带。受荷面积可视岩体裂隙发育情况及加荷设备的供力大小而定，一般以 $0.25\sim1.0\text{m}^2$ 为宜。承压板尺寸与受荷面积相同并具有足够的刚度。试验时，先将预定的最大荷载分为若干级，采用逐级一次循环法加压。在加压过程中，同时测计各级压力（p）下的岩体变形值（W），绘制 p-W 曲线（图 3.39）。通过某级压力下的变形值，用布西涅斯克（J. Boussineq）公式计算岩体的变形模量 E_{m}（MPa）和弹性模量 E_{me}（MPa）

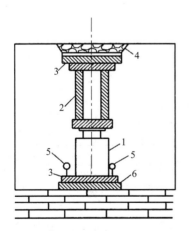

图 3.38 承压板变形试验装置示意图
1—千斤顶；2—传力柱；3—钢板；
4—混凝土顶板；5—百分表；6—承压板

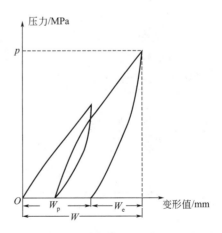

图 3.39 岩体荷载变形 p-W 曲线

$$E_{\mathrm{m}}=\frac{pD(1-\mu_{\mathrm{m}}^{2})\omega}{W} \tag{3.50}$$

$$E_{\mathrm{me}}=\frac{pD(1-\mu_{\mathrm{m}}^{2})\omega}{W_{\mathrm{e}}} \tag{3.51}$$

式中，D 为承压板的直径或边长，cm；W_{e} 为相应于 p 下的弹性变形，cm；ω 为与承压板形状与刚度有关的系数，圆形板 $\omega=0.785$，方形板 $\omega=0.886$；μ_{m} 为岩体的泊松比。

试验中如用柔性承压板，则岩体的变形模量应按柔性承压板法公式进行计算。

（2）钻孔变形法

钻孔变形法是利用钻孔膨胀计等设备，通过水泵对一定长度的钻孔壁施加均匀的径向荷载，如图 3.40 所示，同时测计各级压力下的径向变形（U）。利用厚壁筒理论可推导出岩体的变形模量 E_{m}（MPa）与 U 的关系为

$$E_{\mathrm{m}}=\frac{dp(1+\mu_{\mathrm{m}})}{U} \tag{3.52}$$

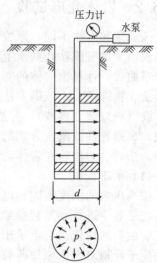

图 3.40　钻孔变形法试验装置示意图

式中，d 为钻孔孔径，cm；p 为计算压力，MPa；其余符号意义同前。

与承压板法相比较，钻孔变形试验有如下优点：

① 对岩体扰动小；

② 可以在地下水位以下和相当深的部位进行；

③ 试验方向基本上不受限制，而且试验压力可以很大；

④ 在一次试验中可以同时量测几个方向的变形，便于研究岩体的各向异性。

其主要缺点在于试验涉及的岩体体积小，代表性受到局限。

（3）狭缝法

狭缝法又称狭缝扁千斤顶法，是在选定的岩体表面割槽，然后在槽内安装扁千斤顶（压力枕）进行试验的方法，如图 3.41 所示。试验时，利用油泵和扁千斤顶对槽壁岩体分级施

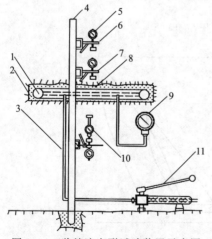

图 3.41　狭缝法变形试验装置示意图

1—扁千斤顶；2—槽壁；3—油管；4—测杆；
5—百分表（绝对测量）；6—磁性表架；7—测量标点；
8—砂浆；9—标准压力表；10—千分表（相对测量）；11—油泵

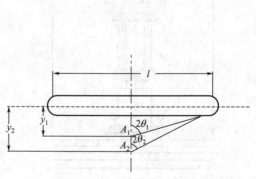

图 3.42　变形计算示意图

加法向压力，同时利用百分表测计相应压力下的变形值 W_R。岩体的变形模量 E_m（MPa）按下式计算

$$E_m = \frac{pl}{2W_R}\left[(1-\mu_m)(\tan\theta_1 - \tan\theta_2) + (1+\mu_m)(\sin2\theta_1 - \sin2\theta_2)\right] \quad (3.53)$$

式中，p 为作用于槽壁上的压力，MPa；W_R 为量测点 A_1、A_2 的相对位移值，cm，如图 3.42 所示，$W_R = y_2 - y_1$。

3.6.3　岩体变形参数的估算

由于岩体变形试验费用昂贵，周期长，一般只在重要的或大型工程中进行。因此，人们企图用一些简单易行的方法来估算岩体的变形参数，主要包括岩体的变形模量和岩体的泊松比等参数。目前已提出的岩体变形参数估算方法有两种：一是在现场地质调查的基础上，建立适当的岩体地质力学模型，利用室内小试件试验资料来估算；二是在岩体质量评价和大量试验资料的基础上，建立岩体分类指标与变形参数之间的经验关系，并用于变形参数估算。现简要介绍如下。

3.6.3.1　层状岩体变形参数估算

层状岩体可概化为如图 3.43（a）所示的地质力学模型。假设各岩层厚度相等为 S，且性质相同，层面的张开度可忽略不计。根据室内试验成果，设岩块的弹性模量为 E，泊松比为 μ，剪切模量为 G，层面的法向刚度为 K_n，切向刚度为 K_t。取 $n\text{-}t$ 坐标系，n 为垂直层面，t 为平行层面。在以上假定条件下取一个由岩块和层面组成的单元体，如图 3.43（b）所示，来考察岩体的变形，分以下几种情况进行讨论。

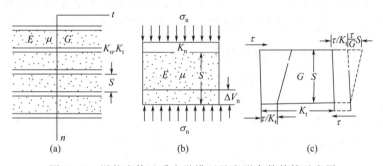

图 3.43　层状岩体地质力学模型及变形参数估算示意图

（1）法向应力 σ_n 作用下的岩体变形参数

根据荷载作用方向又可分为以下两种情况。

① 沿 n 方向加荷时，如图 3.43（b）所示，在 σ_n 作用下，岩块产生的法向变形 ΔV_r 和层面产生的法向变形 ΔV_j 分别为

$$\begin{cases} \Delta V_r = \dfrac{\sigma_n}{E}S \\[2mm] \Delta V_j = \dfrac{\sigma_n}{K_n} \end{cases} \quad (3.54)$$

则岩体的总变形 ΔV_n 为

$$\Delta V_n = \Delta V_r + \Delta V_j = \frac{\sigma_n}{E}S + \frac{\sigma_n}{K_n} = \frac{\sigma_n}{E_{mn}}S \quad (3.55)$$

简化后得层状岩体垂直层面方向的变形模量 E_{mn} 为

$$\frac{1}{E_{mn}} = \frac{1}{E} + \frac{1}{K_n S} \tag{3.56}$$

假设岩块本身是各向同性的，n 方向加荷时，由 t 方向的应变可求出岩体的泊松比为

$$\mu_{nt} = \frac{E_{mn}}{E}\mu \tag{3.57}$$

② 沿 t 方向加荷时，岩体的变形主要是岩块引起的，因此岩体的变形模量 E_{mt} 和泊松比 μ_{nt} 为

$$\begin{cases} E_{mt} = E \\ \mu_{nt} = \mu \end{cases} \tag{3.58}$$

（2）剪应力作用下的岩体变形参数

如图 3.43(c) 所示，对岩体施加剪应力 τ 时，则岩体剪切变形由沿层面滑动变形 Δu 和岩块的剪切变形 Δu_r 组成，分别为

$$\begin{cases} \Delta u_r = \frac{\tau}{G}S \\ \Delta u = \frac{\tau}{K_t} \end{cases} \tag{3.59}$$

岩体的剪切变形 Δu_j 为

$$\Delta u_j = \Delta u + \Delta u_r = \frac{\tau}{K_t} + \frac{\tau}{G}S = \frac{\tau}{G_{mt}}S \tag{3.60}$$

简化后得岩体的 G_{mt} 为

$$\frac{1}{G_{mt}} = \frac{1}{K_t S} + \frac{1}{G} \tag{3.61}$$

应当指出，以上估算方法是在岩块和结构面的变形参数及各岩层厚度都为常数的情况下得出的。当各层岩块和结构面变形参数 E、μ、G、K_t、K_n 及厚度都不相同时，岩体变形参数的估算比较复杂，具体可参考有关文献，在此不详细讨论。

3.6.3.2 裂隙岩体变形参数的估算

对于裂隙岩体，国内外学者都特别重视建立岩体分类指标与变形模量之间的经验关系，并用于推算岩体的变形模量。下面介绍常用的几种。

1978 年，比尼亚夫斯基（Bieniawski）在研究了大量岩体变形模量实测资料的基础上，建立了分类指标 RMR 值和变形模量 E_m（GPa）间的统计关系

$$E_m = 2RMR - 100 \tag{3.62}$$

上式只适用于 RMR>55 的岩体。为弥补这一不足，1983 年 Seratim 与 Perelra 根据收集到的资料以及 Bieniawski 的数据，提出了适于 RMR<55 的岩体的关系式

$$E_m = 10^{\frac{RMR-10}{40}} \tag{3.63}$$

1993 年，挪威的 Bhasin 和 Barton 等人研究了岩体分类指标 Q 值、纵波速度 v_{mp}（m/s）和岩体平均变形模量 E_{mean}（GPa）间的关系，提出了如下的经验公式

$$\begin{cases} v_{mp} = 10000\lg Q + 3500 \\ E_{mean} = \frac{v_{mp} - 3500}{40} \end{cases} \tag{3.64}$$

已知 Q 值或 v_{mp} 时，利用式(3.64)即可求出岩体的变形模量。式(3.64)只适用于 Q>1 的岩体。

表 3.14 列举了其他几种典型的岩体变形模量 E_m 与岩体分级指标间的经验关系，以供读者参考。

表 3.14　典型的岩体变形模量 E_m 与岩体分级指标间的经验关系

序号	经验关系式	提出者
1	$E_m = 0.1\left(\dfrac{RMR}{10}\right)^3$	Read 等（1999）
2	$E_m = 7(\pm 3)\sqrt{Q'},\ Q' = 10\left(\dfrac{RMR-44}{21}\right)$	Diederichs 和 Kaiser（1999）
3	$E_m = 10Q_c^{\frac{1}{3}},\ Q_c = \dfrac{Q\sigma_c}{100}$	Barton（2002）
4	$E_m = 100000\left(\dfrac{1-\dfrac{D}{2}}{1+e^{\frac{75+25D-GSI}{11}}}\right)$ $E_m = E_i\left(0.02 + \dfrac{1-\dfrac{D}{2}}{1+e^{\frac{60+15D-GSI}{11}}}\right)$	Hoke 和 Diederichs（2006） GSI——地质强度指标

3.6.4　岩体动力变形特性

岩体的动力学性质是岩体在动荷载作用下所表现出来的性质，包括岩体中弹性波的传播规律及岩体动力变形性质与强度性质。岩体的动力学性质在岩体工程动力稳定性评价中具有重要意义，同时也为岩体各种物理力学参数动测法提供理论依据。

（1）岩体中弹性波的传播规律

当岩体受到振动、冲击或爆破作用时，各种不同动力特性的应力波将在岩体中传播。当应力值较高（相对岩体强度而言）时，岩体中可能出现塑性波和冲击波；而当应力值较低时，则只产生弹性波。这些波在岩体内传播的过程中，弹性波的传播速度比塑性波大，且传播的距离远，而塑性波和冲击波传播慢，且只在振源附近才能观察到。弹性波的传播也称为声波的传播。在岩体内部传播的弹性波称为体波，而沿着岩体表面或内部不连续面传播的弹性波称为面波。体波又分为纵波（P 波）和横波（S 波）。纵波又称为压缩波，波的传播方向与质点振动方向一致；横波又称为剪切波，其传播方向与质点振动方向垂直。面波又有瑞利波（R 波）和勒夫波（Q 波）等等。

根据波动理论，传播于连续、均匀、各向同性弹性介质中的纵波速度 v_p 和横波速度 v_s 可表示为

$$\begin{cases} v_p = \sqrt{\dfrac{E_d(1-\mu_d)}{\rho(1+\mu_d)(1-2\mu_d)}} \\ v_s = \sqrt{\dfrac{E_d}{2\rho(1+\mu_d)}} \end{cases} \tag{3.65}$$

式中，E_d 为动弹性模量，GPa；μ_d 为动泊松比；ρ 为介质密度，g/cm^3。

由式(3.65)可知，弹性波在介质中的传播速度仅与介质密度及其动力变形参数 E_d、μ_d 有关。这样可以通过测定岩体中的弹性波速来确定岩体的动力变形参数。此外，通过对比可知，$v_p > v_s$，即纵波速度大于横波速度。

岩性、结构面发育特征以及岩体应力等情况的不同，会影响弹性波在岩体中的传播速度。不同岩性岩体中弹性波速度不同，一般来说，岩体愈致密坚硬，波速愈大；反之，则愈小。岩性相同的岩体，弹性波速度则与结构面特征密切相关。

弹性波穿过结构面时，一方面引起振动能量消耗，特别是穿过泥质等充填的软弱结构面

时，由于其塑性变形能量容易被吸收，波衰减较快；另一方面，产生能量弥散现象。所以，结构面对弹性波的传播起隔波或导波作用，使沿结构面传播速度大于垂直结构面传播的速度，造成波速及波动特性的各向异性。工程上将岩体纵波速度 v_{mp} 和岩块纵波速度 v_{rp} 之比的平方定义为岩体的完整性系数，以表征岩体的完整性。

此外，应力状态、地下水及地温等地质环境因素对弹性波的传播也有明显的影响。一般来说，在压应力作用下，波速随应力增加而增加，衰减减少；反之，在拉应力作用下，则波速降低，衰减增大。由于在水中的弹性波速是在空气中的 5 倍，因此，岩体中含水量的增加也将导致弹性波速增加。温度的影响则比较复杂，一般来说，岩体处于正温时，波速随温度增高而降低，处于负温时则相反。

（2）岩体中弹性波速度的测定

在现场通常用声波法和地震波法实测岩体的弹性波速度。声波法也可用于室内测定岩块试件的纵、横波速度。其方法原理与现场测试一致，都是把发射换能器和接收换能器紧贴在试件两端。由于试件距离短，为提高测量精度，应使用高频换能器，其频率范围可采用 $50\text{kHz} \sim 1.5\text{MHz}$。

测试时，通过声波发射仪的触发电路发生正弦脉冲，经发射换能器向岩体内发射声波。声波在岩体中传播并被接收换能器接收，经放大器放大后由计时系统所记录，测得纵、横波在岩体中传播的时间 Δt_p、Δt_s，然后，利用下式计算纵波速度 v_{mp}（km/s）和横波速度 v_{ms}（km/s）

$$\begin{cases} v_{mp} = \dfrac{D}{\Delta t_p} \\ v_{ms} = \dfrac{D}{\Delta t_s} \end{cases} \tag{3.66}$$

式中，D 为声波发射点与接收点之间的距离。

（3）岩体的动力变形参数

反映岩体动力变形性质的参数通常有动弹性模量（E_d）、动泊松比（μ_d）以及动剪切模量（G_d）。这些参数的计算公式为。

$$E_d = v_{mp}^2 \rho \frac{(1+\mu_d)(1-2\mu_d)}{1-\mu_d} \text{ 或 } E_d = 2v_{ms}^2 \rho (1+\mu_d) \tag{3.67}$$

$$\mu_d = \frac{v_{mp}^2 - 2v_{ms}^2}{2(v_{mp}^2 - v_{ms}^2)} \tag{3.68}$$

$$G_d = \frac{E_d}{2(1+\mu_d)} = v_{ms}^2 \rho \tag{3.69}$$

利用声波法测定岩体动力学参数的优点是不扰动被测岩体的天然结构和应力状态，测定方法简便，省时省力，且能在岩体中各个部位进行测试。

从大量的试验资料可知，不论是岩体还是岩块，其动弹性模量都普遍大于静弹性模量。两者的比值 E_d/E_{me}，坚硬完整岩体约为 1.2～2.0，而风化、裂隙发育的岩体和软弱岩体较大，一般约为 1.5～10.0，大者可超过 20。造成这种现象有以下几个原因：

ⅰ. 静力法采用的最大应力大部分在 1.0～10.0MPa，少数则更大，变形量常以毫米计，而动力法的作用应力则约为 10^{-4}MPa 量级，引起的变形量微小。因此静力法必然会测得较大的不可逆变形，而动力法则测不到这种变形。

ⅱ. 静力法持续的时间较长。

ⅲ. 静力法扰动了岩体的天然结构和应力状态。

然而，由于静力法试验时岩体的受力情况接近于工程岩体的实际受力状态，因此实际应用中，除某些特殊情况外，多数工程仍以静力变形参数为主要设计依据。由于原位变形试验费时、费钱，这时可通过动、静弹性模量间关系的研究，来确定岩体的静弹性模量。如有人提出用如下经验公式来求 E_{me}

$$E_{me} = jE_d \tag{3.70}$$

式中，j 为折减系数，可根据岩体完整性系数 K_v 查表 3.15 求得。

表 3.15 岩体完整性系数 K_v 与 j 的关系

K_v	1.0~0.9	0.9~0.8	0.8~0.7	0.7~0.65	<0.65
j	1.0~0.75	0.75~0.45	0.45~0.25	0.25~0.2	0.2~0.1

3.7 岩体的水力学性质

岩体的水力学性质是指岩体的渗透特性及其在渗流作用下所表现出的力学性质。水在岩体中的作用包括两个方面：一方面是水对岩石块体的物理化学作用，在工程上常用软化系数来表示；另一方面是水与岩体相互耦合作用下的力学效应，包括空隙水压力与渗流动水压力等的力学作用效应。

3.7.1 裂隙岩体的水力特性

（1）单个结构面的水力特性

岩体是由岩块与结构面组成的，相对结构面来说，岩块的透水性很弱，常可忽略。因此，岩体的水力学特性主要与岩体中结构面的组数、方向、形态、张开度及胶结充填特征等因素直接相关。同时，还受到岩体应力状态及水流特征的影响。在研究裂隙岩体水力学性质时，以上诸多因素不可能全部考虑到，往往先从最简单的单个结构面开始研究，而且只考虑平直光滑无充填时的情况，然后根据结构面的连通性、形态及充填等情况进行适当的修正。

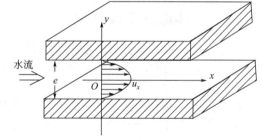

图 3.44 平直光滑结构面的水力学模型

如图 3.44 所示，设结构面为一平直光滑无限延伸的面，张开度各处相等，水流沿结构面延伸方向流动。当忽略岩块渗透性时，对于通过单一平直光滑无充填贯通裂隙面的水力渗透系数 K_f，可用下式进行计算

$$K_f = \frac{ge^2}{12\nu} \tag{3.71}$$

式中，g 为重力加速度，m/s^2；e 为裂隙张开度，m；ν 为水的运动黏滞系数，m^2/s。

但实际上岩体中的裂隙面往往是粗糙起伏且非贯通的，并常有物质充填阻塞。为此，路易斯（Louis）提出了如下的修正式

$$\begin{cases} K_f = \dfrac{K_2 ge^2}{12\nu c} \\ c = 1 + 8.8\left(\dfrac{h}{2e}\right)^{1.5} \end{cases} \tag{3.72}$$

式中，K_2 为裂隙面的连续性系数，为裂隙面连通面积与总面积之比；c 为裂隙面的相

对粗糙修正系数；h 为裂隙面起伏差。

（2）含一组结构面岩体的水力特性

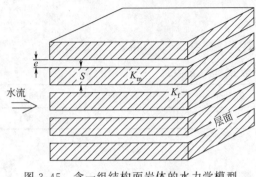

图 3.45　含一组结构面岩体的水力学模型

当岩体中含有一组结构面时，如图 3.45 所示，设结构面的张开度为 e，间距为 S，渗透系数为 K_f，岩块的渗透系数为 K_m。将结构面内的水流平摊到岩体中去，可得到顺结构面走向的等效渗透系数 K

$$K = \frac{e}{S}K_f + K_m \tag{3.73}$$

实际上岩块的渗透性要比结构面弱得多，因此常可将 K_m 忽略，这时岩体的渗透系数 K 为

$$K = \frac{e}{S}K_f = \frac{K_2 g e^3}{12 \nu S c} \tag{3.74}$$

（3）含多组结构面岩体的水力特性

对于含多组裂隙面的岩体，其水力学特征比较复杂。目前对于含多组结构面岩体水力特性的研究主要有两种模型：

一是等效连续介质模型，认为裂隙岩体是由空隙性差而导水性强的裂隙面系统和透水弱的岩块孔隙系统构成的双重连续介质，裂隙孔隙的大小和位置的差别均不予考虑。

二是忽略岩块的孔隙系统模型，把岩体看成单纯的、按几何规律分布的裂隙介质，用裂隙水力学参数或几何参数（结构面方位、密度和张开度等）来表征裂隙岩体的渗透空间结构，所有裂隙大小、形状和位置都在考虑之列。

目前，针对这两种模型都进行了一定程度的研究，提出了相应的渗流方程及水力学参数的计算方法。在研究中还引进了张量法、线索法、有限单元法及水电模拟等方法。

3.7.2　岩体渗透系数测试

岩体渗透系数是反映岩体水力学特性的核心参数，渗透系数一方面可利用理论公式进行估算，另一方面可通过现场水文地质试验测定。现场试验主要包括抽水试验和压水试验。

（1）抽水试验

抽水试验是从孔内抽水并根据孔内出水量与降深值的关系来计算裂隙岩体渗透系数的原位渗透试验。自孔内抽水时，地下水位随之下降，并在一定范围内形成降落漏斗。当孔中水位稳定不变后，降落漏斗渐趋稳定。此时从抽水孔中心到降落漏斗周边的水平距离称为影响半径。抽水孔抽水前的天然地下水位与抽水时的动水位的差值称为水位降深。抽水试验适用于求取地下水位以下含水层渗透系数的情况，不适用于地下水位以上和不含水岩土体的情况。

抽水试验按布孔方式、试验方法与要求可分为：单孔抽水、多孔抽水及简易抽水。按抽水孔进入含水层深浅及过滤器工作部分长度不同可分为：完整井抽水和非完整井抽水。按抽水孔水位、水量与抽水时间的关系可分为：稳定流抽水和非稳定流抽水等。在计算岩体渗透系数时，除根据水位与水量等数据外，还需参考抽水试验种类来选择相应的计算公式。

稳定流完整孔单孔抽水试验如图 3.46 所示。

当地下水为承压水时，岩体渗透系数的计算公式为

$$k = \frac{0.366Q}{Ms}\lg\frac{R}{r} \tag{3.75}$$

当地下水为潜水时，岩体渗透系数计算公式为：

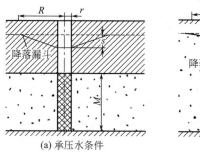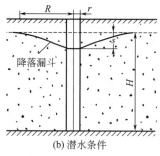

图 3.46 稳定流完整孔单孔抽水试验示意图

$$k = \frac{0.732Q}{(2H-s)s} \lg \frac{R}{r} \tag{3.76}$$

式中，k 为渗透系数，m/d；Q 为单位时间抽水孔出水量，m^3/d；M 为承压含水层厚度，m；s 为抽水孔水位降深值，m；R 为影响半径，m；r 为钻孔半径，m；H 为天然情况下潜水含水层的厚度，m。

（2）压水试验

根据 SL31—2003《水利水电工程钻孔压水试验规程》的规定，钻孔压水试验利用止水栓塞将钻孔隔离出一定长度的孔段，并向该孔段压水，根据压力 P 与流量 Q 的关系确定岩体渗透特性，如图 3.47 所示，止水栓塞与孔底之间为试验段，隔开试验段的方法有单塞法和双塞法两种，通常采用单塞法。试验应按三级压力、五个阶段进行，三级压力 P_1、P_2、P_3 宜分别为 0.3MPa、0.6MPa 和 1MPa。

岩体透水率 q 计算公式为

$$q = \frac{Q_3}{LP_3} \tag{3.77}$$

式中，q 为试验段透水率，单位为 Lu（吕荣），即试验压力为 1MPa 时每米试验段的压入水流量；Q_3 为第三阶段的压入水流量，L/min；P_3 为第三阶段的试验压力，MPa；L 为试验段长度，m。

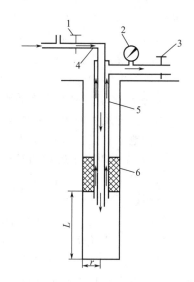

图 3.47 压水试验示意图
1—进水阀门；2—压力表；3—回水阀门；
4—进水管；5—回水管；6—止水栓塞

当试验段位于地下水位以下、透水性较小（$q < 10$Lu）且 P-Q 曲线为层流型（降压阶段曲线与升压阶段曲线基本重合）时，岩体渗流系数 k 可按下式计算

$$k = \frac{Q}{2\pi HL} \ln \frac{L}{r} \tag{3.78}$$

式中：k 为渗透系数，m/d；Q 为单位时间压入水流量，m^3/d；H 为试验水头，m；r 为钻孔半径，m。

3.7.3 渗流对岩体物理力学性质的影响

地下水渗流是一种重要的地质营力，它与岩体之间相互作用。地下水渗流主要对岩体产生三种作用：物理作用、化学作用及力学作用。

（1）物理作用

① 润滑作用。地下水的存在使岩体不连续面的摩擦阻力减小，从而使作用在不连续面上的剪应力效应增强，诱发岩体沿不连续面产生剪切运动。该过程在岩质边坡受降雨入渗使得地下水位上升至滑动面以上时尤为显著。

② 软化和泥化作用。地下水使岩体结构面充填物的物理性状发生改变，随着含水量的变化，结构面中的充填物将发生由固态向塑态再向液态的软化效应。软化和泥化作用使岩体的力学性能降低，黏聚力和内摩擦角均会减小。一般情况下，断层破碎带中的充填物在地下水渗流作用下易发生泥化现象。

③ 结合水强化作用。处于非饱和带岩体中的地下水处于负压状态，此时地下水不是重力水，而是结合水。根据有效应力原理，非饱和岩体中的有效应力大于岩体的总应力，结合水的存在强化了岩体的力学性能，使岩体强度增大。

（2）化学作用

① 地下水与岩体之间的离子交换。它是由物理力和化学力吸附到岩体颗粒上的离子和分子与地下水的一种交换过程。与地下水进行离子交换的，主要是岩体中的黏土矿物，如高岭土、蒙脱石、伊利石、绿泥石、瘦石、沸石、氧化铁以及有机物等。地下水与岩体的离子交换使岩体的结构发生改变，从而对岩体的性质产生影响。

② 溶蚀作用。地下水对可溶解性岩石的溶解与溶蚀作用，会使岩体中产生溶蚀裂隙、溶蚀孔隙及溶洞等。这些裂隙及孔洞的存在，会改变岩体的孔隙率及渗透性，进而对岩体的力学性质产生影响。

③ 水化作用。地下水渗透到岩体的矿物结晶格架中或水分子附着到可溶岩石的离子上，使岩体的结构发生微观、细观及宏观尺度上的改变，减小岩体的黏聚力。含有膨胀矿物的岩体，在与地下水发生水化作用时，岩体会产生较大的体应变。

④ 水解作用。水解作用是地下水与岩体中的某些离子之间的一种反应。若岩体中的阳离子与地下水发生水解作用，则地下水的酸度会增大；若岩体中的阴离子与地下水发生水解作用，则地下水的碱度会增大。水解作用一方面改变着地下水的 pH，另一方面也使岩体中所含的物质发生改变，从而影响岩体的力学性质。

⑤ 氧化还原作用。是一种电子从一个原子转移到另一个原子的化学反应。氧化和还原过程必须一起出现，且互相弥补。氧化作用一般发生在地下水潜水面以上的包气带，而还原反应一般发生在地下水潜水面以下的饱水带。地下水与岩体之间发生的氧化还原作用，既改变地下水的化学组分及侵蚀性，又改变岩体中的矿物组成，从而影响岩体的力学特性。

以上的各种化学作用大多是同时进行的，但化学作用进行的速度较慢。总体来说，地下水对岩体的化学作用主要改变岩体的矿物组成与结构性能，从而影响岩体的力学性质。

（3）力学作用

地下水对岩体的力学作用主要是通过水压力和渗流力对岩土体的力学性质施加影响。前者减小岩土体的有效应力，从而降低岩土体的强度，在裂隙岩体中的空隙静水压力可使裂隙产生扩容变形；后者对岩土体产生切向的推力从而降低岩土体的抗剪强度。地下水在松散土体、松散破碎岩体及软弱夹层中运动时对土颗粒施加一体积力，在渗流力的作用下可使岩土体中的细颗粒物质产生移动，甚至被携出岩土体之外，发生潜蚀而使岩土体破坏。在岩体裂隙或断层中的地下水对裂隙壁施加两种力，一是垂直于裂隙壁的水压力（面力），该力使裂隙产生垂向变形；二是平行于裂隙壁的切向面力，该力使裂隙产生切向变形。

3.8 工程岩体分类

工程岩体指岩石工程影响范围内的岩体。由于组成岩体的岩石性质、组成结构不同，以及岩体中结构面发育程度的差异，使得岩体力学性质十分复杂，对岩体作出合理的分级（分类）是稳定性分析和支护设计的基础。

目前国内外有关工程岩体的分类方法很多，大致有通用的、专用的两大类。通用的分类方法是对各类岩体都适用，不针对具体工程而采用的分类；专用的分类方法是针对各种不同类型工程而制定的分类方法，如针对硐室、边坡、岩基等岩体分类。本节主要介绍一些目前较具代表性的工程岩体分类方法。

3.8.1 岩石质量指标分类

岩石质量指标（rock quality designation，RQD）是指钻探时岩芯的复原率，或称岩芯采取率，是由迪尔（Deere）等人于 1964 年提出的，认为钻探获得的岩芯完整程度与岩体的原始裂隙、硬度、均质性等状态有关。RQD 是指单位长度的钻孔中 10cm 以上的岩芯占有的比例，即

$$RQD = \frac{L_P(>10cm\ 的岩芯断块累计长度)}{L_t(岩芯进尺总长度)} \times 100\% \tag{3.79}$$

根据 RQD 值的大小，将岩体质量划分为 5 类，如表 3.16 所示。目前该方法已积累了大量的经验，被较多的工程单位采用。

表 3.16 岩石质量指标

RQD	<25	25~50	50~75	75~90	>90
岩石质量描述	很差	差	一般	好	很好

3.8.2 岩体地质力学分类

岩体地质力学分类（CSIR 分类），用岩体的"综合特征值"对岩体划分质量等级，即 CSIR（南非科学和工业研究委员会）分类指标值 RMR（Rock Mass Rating），由岩块强度、RQD 值、节理间距、节理条件及地下水共 5 种指标进行综合评价获得。

分类时，根据各类指标的实际情况，先按表 3.17 所列的标准评分，得到总分 RMR 的初值。然后根据节理（裂隙）的产状变化按表 3.18 和表 3.19 对 RMR 的初值加以修正，进一步强调节理（裂隙）对岩体稳定产生的不利影响。最后用修正的总分对照表 3.20，即可求得岩体类别及相应的无支护地下工程的自稳时间和岩体强度指标值。

CSIR 分类是为解决坚硬节理岩体中浅埋隧道工程而发展起来的。从现场应用看，使用较简便，大多数场合岩体评分值（RMR）都有用，但在处理那些造成挤压、膨胀和涌水的极其软弱的岩体问题时，此分类法难于使用。

表 3.17 岩体地质力学分类参数及其 RMR 评分表

	分类参数		数值范围						
1	完整岩石强度/MPa	点荷载强度指标	>10	4~10	2~4	1~2	对强度较低的岩石宜用单轴抗压强度		
		单轴抗压强度	>250	100~250	50~100	25~50	5~25	1~5	<1
	评分值		15	12	7	4	2	1	0
2	岩芯质量指标 RQD/%		90~100	75~90	50~75	25~60	<25		
	评分值		20	17	13	8	3		
3	节理间距/cm		>200	60~200	20~60	6~20	<6		
	评分值		20	15	10	8	5		
4	节理条件		节理面很粗糙,节理不连续,节理宽度为0,节理面岩石坚硬	节理面稍粗糙,宽度小于1mm,节理面岩石坚硬	节理面稍粗糙,宽度小于1mm,节理面岩石较弱	节理面光滑或含厚度小于5mm的软弱夹层,张开度1~5mm,节理连续	含厚度大于5mm的软弱夹层,张开度大于5mm,节理连续		
	评分值		30	25	20	10	0		
5	地下水条件	每10m长的隧道涌水量/(L/min)	0	<10	10~25	25~125	>125		
		节理水压力与最大主应力的比值	0	<0.1	0.1~0.2	0.2~0.5	>0.5		
		总条件	完全干燥	潮湿	只有湿气(有裂隙水)	中等水压	水的问题严重		
	评分值		15	10	7	4	0		

表 3.18 按节理方向 RMR 修正值

节理走向或倾向		非常有利	有利	一般	不利	非常不利
评分值	隧道	0	−2	−5	−10	−12
	地基	0	−2	−7	−15	−25
	边坡	0	−5	−25	−50	−60

表 3.19 节理走向和倾角对隧道开挖的影响

走向与隧道轴垂直				走向与隧道轴平行		与走向无关
沿倾向掘进		反倾向掘进		倾角	倾角	倾角
倾角45°~90°	倾角20°~45°	倾角45°~90°	倾角20°~45°	20°~45°	45°~90°	0°~20°
非常有利	有利	一般	不利	一般	非常不利	不利

表 3.20　按总 RMR 评分确定的岩体级别及岩体质量评价

评分值	100～81	80～61	60～41	40～21	<20
分级	I	II	III	IV	V
质量描述	非常好的岩体	好岩体	一般岩体	较差岩体	非常差岩体
平均稳定时间	15m 跨度 20 年	10m 跨度 1 年	5m 跨度 1 周	2.5m 跨度 10 小时	1m 跨度 30 分钟
岩体黏聚力/kPa	>400	300～400	200～300	100～200	<100
岩体内摩擦角/(°)	>45	35～45	25～35	15～25	<15

3.8.3　巴顿岩体质量分类

挪威岩土工程研究所（Norwegian Geotcchnical Institute）的巴顿（Barton）等人于 1974 年提出了 NGI 隧道岩体质量分类法。与 RMR 类似，Q 系统分类指标值是由 6 个参数值得到的，即岩石质量指标（RQD）、节理组数 J_n、节理粗糙度系数 J_r、节理蚀变影响系数 J_a、节理水折减系数 J_w、应力折减系数 SRF。

根据确定的 6 个参数值，分类指标值 Q 可由下式计算

$$Q = \frac{RQD}{J_n} \frac{J_r}{J_a} \frac{J_w}{SRF} \tag{3.80}$$

上式中 6 个参数的组合，反映了岩体质量的三个方面，即 $\frac{RQD}{J_n}$ 表示岩体的完整性，$\frac{J_r}{J_a}$ 表示结构面的形态、充填物特征及其次生变化程度，$\frac{J_w}{SRF}$ 表示水与其他应力存在时对岩体质量影响。

按 Q 值大小将工程岩体分为 9 级，如表 3.21 所示。

表 3.21　岩体质量 Q 值分级表

Q 值	<0.01	0.01～0.1	0.1～1.0	1.0～4.0	4.0～10	10～40	40～100	100～400	>400
质量评价	极差	非常差	很差	差	一般	好	很好	非常好	极好

另外，根据 Bieniawski 的建议，Q 分类与 RMR 分类指标间关系为

$$RMR = 9.0\ln Q + 44 \tag{3.81}$$

3.8.4　边坡工程岩体分类

1985 年，西班牙学者 M. Romana 在 RMR 的基础上，考虑不连续面与边坡面的产状关系、边坡破坏模式、边坡爆破与开挖方法等因素，提出了适用于边坡岩体质量评价的 SMR 方法，计算公式为

$$SMR = RMR + F_1 F_2 F_3 + F_4 \tag{3.82}$$

式中，F_1 为不连续面与边坡面的倾向关系修正系数；F_2 为不连续面倾角修正系数；F_3 为不连续面与边坡面的倾角关系修正系数，F_1、F_2、F_3 参考表 3.22 取值；F_4 为边坡开挖与爆破方法修正系数，参考表 3.23 取值。

表 3.22   不连续面与边坡面产状修正系数

条件		很有利	有利	一般	不利	很不利
P T	$\|\alpha_j-\alpha_s\|$ $\|\alpha_j-\alpha_s-180°\|$	$\geqslant30°$	$20°\sim30°$	$10°\sim20°$	$5°\sim10°$	$<5°$
P/T	F_1	0.15	0.4	0.7	0.85	1.0
	$F_1=(1-\sin\|\alpha_j-\alpha_s\|)^2$					
P	$\|\beta_j\|$	$<20°$	$20°\sim30°$	$30°\sim35°$	$35°\sim45°$	$\geqslant45°$
P	F_2	0.15	0.40	0.7	0.85	1.0
T	F_2	1.0				
	$F_2=\tan^2\beta_j$					
P	$\beta_j-\beta_s$	$\geqslant10°$	$10°\sim0$	0	$0\sim-10°$	$\leqslant-10°$
T	$\beta_j+\beta_s$	$<110°$	$110°\sim120°$	$\geqslant120°$	—	—
P/T	F_3	0	-6	-25	-50	-60

注：P 表示平面失稳；T 表示倾倒失稳；α_s、β_s 分别为边坡面的倾向和倾角；α_j、β_j 分别为不连续面的倾向和倾角。

表 3.23   边坡开挖与爆破方法修正系数

开挖与爆破方法	自然边坡	预裂爆破	光面爆破	常规爆破或机械开挖	爆破扰动大
F_4	$+15$	$+10$	$+8$	0	-8

SMR 岩体质量分级及应用如表 3.24 所示。SMR 方法采用多因素综合评分，计算简便，广泛应用于公路、铁路、水电、矿山等岩质边坡的稳定性研究。

表 3.24   SMR 岩体质量分级及应用

级别	V_b、V_a	IV_b、IV_a	III_b、III_a	II_b、II_a	I_b、I_a
SMR	$0\sim20$	$21\sim40$	$41\sim60$	$61\sim80$	$81\sim100$
岩体质量	很差	差	一般	好	很好
边坡稳定性	非常不稳定	不稳定	部分稳定	稳定	非常稳定
潜在失稳模式	大型平面或 弧形滑动	平面滑动或 大型楔形失稳	较多的小型楔体失稳	部分块体失稳	无

1997 年，陈祖煜等在 SMR 方法基础上，考虑边坡高度和控制性结构面的状态对边坡岩体稳定性的影响，并基于大量工程分析，提出了引入高度修正和结构面状态修正的 CSMR 体系，计算公式为

$$\begin{cases} CSMR=\xi RMR+\lambda F_1F_2F_3+F_4 \\ \xi=0.57+0.43\dfrac{H_r}{H} \end{cases} \tag{3.83}$$

式中，λ 为结构面状态系数，参考表 3.25 取值；ξ 为高度修正系数；H_r 为边坡高度参考值，建议取 80m；H 为边坡实际高度。

表 3.25   结构面状态系数

结构面类型	断层、夹泥层	层面、贯通裂隙	节理
λ	1.0	$0.9\sim0.8$	0.7

目前 CSMR 法在我国水利边坡工程领域得到了一定的应用，为边坡破坏模式预测和治理方法设计提供指导。

【思考与练习题】

1. 根据地质成因不同，结构面包括哪些类型？
2. 结构面自然特征主要包括哪些？简述各自的表征参数或定义。
3. 简述数字摄影测量的基本原理。
4. 简述结构面法向和切向变形曲线的特点。
5. 结合规则锯齿形结构面和不规则起伏结构面的抗剪强度公式分析结构面的内摩擦角。
6. 试推导单结构面理论中岩体强度最低值表达式。
7. 影响岩体变形特性的因素有哪些？
8. 简述原位直剪试验测试岩体抗剪强度的基本原理和操作步骤。
9. 岩体法向变形曲线可分为哪几类，各类曲线有何特点？
10. 岩体剪切变形曲线可分为哪几类，各类曲线有何特点？
11. 简述刚性承压板法测试岩体变形模量的基本原理和操作步骤。
12. 简述压水试验测试岩体渗透性的基本原理和操作步骤。
13. 简述地下水渗流对岩体的影响。
14. 试论述结构面自然特征对结构面抗剪强度的影响。
15. 试论述结构面抗剪强度对岩体强度的影响。

第 4 章

地应力及其测量

 学习目标及要求

掌握浅部地壳地应力分布的基本规律；熟悉水压致裂法、应力解除法、声发射法以及应力恢复法等地应力测量方法的基本原理与测量步骤；了解地应力的估算方法与高地应力现象和判别准则。

4.1 概述

岩体介质有许多有别于其他介质的特性，岩体的自重和历史上地壳构造运动引起并残留至今的构造应力等因素导致岩体具有初始地应力（简称地应力），是其最具特色的性质之一。

如何测定和评估岩体的地应力，如何合理模拟工程区域的初始地应力场以及正确地计算工程问题中的开挖"荷载"，是岩石工程中不可回避的问题。因此，在岩石力学发展的过程中，有关地应力测量、地应力场模拟等问题的研究和地应力测试设备的研制一直占有重要地位。

4.1.1 地应力的概念与发展历史

地应力是存在于地层中的、未受工程扰动的天然应力，也称岩体初始应力、绝对应力或原岩应力。地应力场呈三维状态、有规律地分布于岩体之中，是引起采矿、水利水电、土木建筑、铁道、公路、军事和其他地下或露天岩石开挖工程变形和破坏的根本作用力。当工程开挖后，应力受开挖扰动的影响而重新分布，重分布后形成的应力则称为次生应力、二次应力或诱导应力。

人们对地应力的认识与了解还只是近百年的事。1912 年，地质学家海姆（A. Heim）在大型越岭隧道的施工过程中，通过观察和分析，首次提出了地应力的概念，并假定地应力是一种静水应力状态，即地壳中任意一点的应力在各个方向上均相等，且等于单位面积上覆岩层的重量，即

$$\sigma_h = \sigma_v = \gamma H \tag{4.1}$$

式中，σ_h 为水平应力；σ_v 为垂直应力；γ 为上覆岩层的容重；H 为深度。

1926 年，金尼克修正了海姆的静水压力假设，认为在自重应力作用下，地下岩体在水平方向上受到相邻岩体的约束作用，不可能发生横向变形。地壳中各点的垂直应力等于上覆岩层的重量，而侧向应力（水平应力）与岩体侧胀性能有关，它取决于泊松效应，其值应为 γH 乘以一个修正系数。金尼克根据弹性力学理论，认为这个系数 $\lambda = \mu/(1-\mu)$，即

$$\sigma_v = \gamma H \tag{4.2}$$

$$\sigma_h = \lambda \gamma H = \frac{\mu}{1-\mu} \gamma H \tag{4.3}$$

式中，λ 为侧压系数（水平应力与垂直应力的比值）；μ 为上覆岩层的泊松比。

根据式(4.3)可知，当垂直应力已知时，水平应力的大小取决于岩体的泊松比 μ。由于大多数岩体的泊松比 $\mu = 0.15 \sim 0.35$，所以 $\lambda = 0.18 \sim 0.54$，因此依据金尼克假说，在自重应力场中，水平应力通常小于垂直应力。

同期的其他学者主要关心的也是如何用数学公式来定量地计算地应力的大小，并且都认为地应力只与重力有关，即以垂直应力为主，他们的不同点只在于侧压系数的不同。然而，许多地质现象，如断裂、褶皱等均表明地壳中水平应力的存在。早在 20 世纪 20 年代，我国地质学家李四光就指出：在构造应力的作用仅影响地壳上层一定厚度的情况下，水平应力分量的重要性远远超过垂直应力分量。

1951 年，哈斯特（N. Hast）成功地用电感法测量岩体天然应力，并于 1958 年进行了系统的应力量测，首次证实了岩体中构造应力的存在，并提出岩体中天然应力以压应力为主，在埋深小于 200m 的地壳浅部岩体中，水平应力大于垂直应力，而且最大水平主应力一般为垂直应力的 1～2 倍，甚至更多；在某些地表处，测得的最大水平应力高达 7MPa，天然应力随岩体埋深增大而呈线性增加。这就从根本性上动摇了地应力是静水压力的理论和以垂直应力为主的观点。后续的研究结果都证明了哈斯特的观点。

1957 年，哈伯特（Hubbert）和威利斯（Willis）提出了用水压致裂法测量岩体天然应力的理论。1968 年，海姆森（Haimson）发表了水压致裂法的专题论文。与此同时，伴随石油工业的发展，水压致裂法在生产实践中得到了广泛的应用。水压致裂法的应用，使岩体中的应力测量从几十米、数百米延至数千米，并获得大量的深部岩体天然应力的实测数据。我国的岩体天然应力测量工作开始于 20 世纪 50 年代后期，至 60 年代才广泛应用于生产实践。到目前为止，我国岩体应力测量已得到数以万计的数据，为研究工程岩体稳定性和岩石圈动力学问题提供了重要依据。

1986 年，由美国科学院院士 M. L. Zoback 负责，来自 18 个不同地区和国家的 30 多位科学家开始编制世界应力图（WSM）。世界应力图整理了全球范围内有关现代构造应力的测量和研究成果，反映了全球岩石圈应力场的总体和分区特征，发现在一些板块内部，构造应力场存在大尺度的统一性特征，说明存在地球构造运动的大尺度力源，同时也证明了水平构造应力普遍存在于岩体中。世界应力图的另一个重要发现是认识到板块内部存在一级和二级应力场，一级应力场是与板块运动有联系的应力场，二级应力场是由局部原因（如岩石圈横向密度差异、局部热活动等）引起的地区性的应力场。

4.1.2　地应力的成因与影响因素

4.1.2.1　地应力的成因

产生地应力的原因十分复杂的，也是至今尚不十分清楚的问题。多年来的实测和理论分

析表明，地应力的形成主要与地球的各种动力作用过程有关，其中包括：地壳板块运动及其相互挤压、地幔热对流、地球自转速度改变、地球重力、岩浆侵入、放射性元素产生的化学能和地壳非均匀扩容等。另外，温度不均、水压梯度、地表剥蚀或其他物理化学作用等也可引起相应的应力场。其中，构造应力场和重力应力场是现今天然应力场的主要组成部分。

（1）地壳板块运动及其相互挤压引起的应力场

例如，中国大陆板块东西两侧受到印度洋板块和太平洋板块的推挤，推挤速度为每年数厘米，而南北同时受到西伯利亚板块和菲律宾板块的约束。在这样的边界条件下，板块岩体发生变形，并产生水平挤压应力场。印度洋板块和太平洋板块的移动促成了中国山脉的形成，控制了我国地震带的分布。

（2）地幔热对流引起的应力场

由硅镁质组成的地幔因温度很高，具有可塑性，并可以上下对流和蠕动。当地幔深处的上升流到达地幔顶部时，就分成为两股相反的平流，回到地球深处，形成一个封闭的循环体系。地幔热对流引起地壳下面的水平切向应力，在亚洲形成由孟加拉湾一直延伸到贝加尔湖的最大应力槽，它是一个有拉伸特点的带状区。我国从西昌、攀枝花到昆明的裂谷正位于这一地区，该裂谷区有一个西藏中部为中心的上升流的大对流环。在华北—山西地堑有个下降流，由于地幔物质的下降，引起很大的水平挤压应力。

（3）地心引力引起的应力场

由地心引力引起的应力场称为重力场，重力场是各种应力场中唯一能够准确计算的应力场。地壳中任一点的自重应力等于单位面积的上覆岩层的重量，即

$$\sigma_G = \gamma H \tag{4.4}$$

式中：γ 为上覆岩层的容重；H 为深度。

重力应力为垂直方向应力，是地壳岩体中所有各点垂直应力的主要组成部分，但是垂直应力一般并不完全等于自重应力，因为板块运动，岩浆对流和侵入，岩体非均匀扩容、温度不均和水压梯度等都会引起垂直方向应力变化。

（4）岩浆侵入引起的应力场

岩浆的侵入挤压、冷凝收缩和成岩等过程，均会在周围地层中产生相应的应力场，其过程也是相当复杂的。熔融状态的岩浆处于静水压力状态，对其周围施加的是各个方向相等的均匀压力。但是炽热的岩浆侵入后即逐渐冷凝收缩，并从接触界面处逐渐向内部发展，不同的热膨胀系数以及热力学过程会使侵入岩浆自身及其周围岩体应力产生复杂的变化过程。

与上述三种成因应力场不同，由岩浆侵入引起的应力场是一种局部应力场

（5）地温梯度引起的应力场

地壳岩体的温度随着深度增加而升高，一般温度梯度为 $\alpha = 3℃/100m$。由于温度梯度的作用，使得地层中不同深度产生不相同的膨胀，从而引起地层中的压应力，其值可达相同深度自重应力的几分之一。

另外，岩体局部寒热不均，产生收缩和膨胀，也会导致岩体内部产生局部应力场。

（6）地表剥蚀引起的应力场

地壳上升部分岩体因为风化、侵蚀和雨水冲刷搬运而产生剥蚀作用。剥蚀后，由于岩体内的颗粒结构的变化和应力松弛赶不上这种变化，导致岩体内仍然存在着比由地层厚度所引起的自重应力还要大得多的水平应力值。因此，在某些地区，大的水平应力除与构造应力有关外，还和地表剥蚀有关。

4.1.2.2　影响地应力场的因素

岩体中的地应力场是三维复杂应力场，地应力状态受岩体自重、构造运动、地形地貌、地质构造形态（地层的结构应力）、岩体力学性质、孔隙流体和温度等因素的影响。

（1）地形地貌

图 4.1(a) 所示为地表水平情况下地应力分布，两个主应力分别为水平分布与垂直分布。图 4.1(b) 所示为斜坡沟谷地形地应力分布，在斜坡坡面附近，最大主应力方向与斜坡坡面大致平行；在沟谷底部应力集中，最大主应力方向近于水平分布。因此有山峰处岩体地应力低，而沟谷处岩体地应力高的现象。

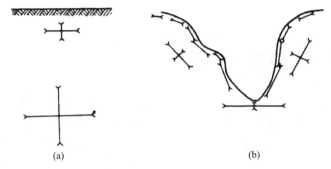

(a)　　　　　　　　　　　　　　(b)

图 4.1　地形对岩体地应力的影响

（2）地质构造形态

地质构造形态与地应力的分布密切相关。图 4.2(a) 所示为背斜褶曲。岩层呈拱状分布，上覆岩层重量向两翼传递，因此其两翼自重应力大；而中部自重应力低，显示承载拱的受力特点，因此背斜轴下方的岩层受到较小的应力。图 4.2(b) 所示为断层对自重应力的影响。在被断层切割的楔形岩体中，由于断层两侧的岩块形成了应力传递，使上宽下窄的楔形岩体 A 产生了卸载作用，使得自重应力降低；而下宽上窄的楔形岩体 B 产生了加载作用，致使自重应力升高。

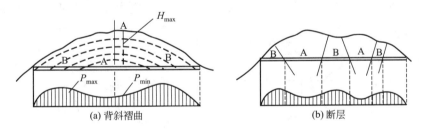

(a) 背斜褶曲　　　　　　　　　(b) 断层

图 4.2　地质构造形态对地应力的影响

（3）岩体力学性质

地应力的变化与能量的积聚和释放过程相关。坚硬而完整的岩体内可以积聚大量应变能而产生较高的地应力，岩爆易发生在这些部位；而软弱或破碎岩体易变形或破坏，不利于应力的积累，因此其内部积聚的应变能很小，地应力较低。研究表明，初始地应力大小与岩体抗压强度成正比。根据实测地应力资料，弹性模量为 50GPa 以上的岩体中，最大主应力 σ_1 一般为 10~30MPa，而弹性模量在 10GPa 以下的岩体中地应力很少超过 10MPa。

（4）孔隙流体

地下水是岩体的主要赋存环境之一，地下水对地应力场的影响机理非常复杂。存在于岩体裂隙或孔隙中的水，静止时呈现静水压力，流动时产生动水压力。静水压力起到减轻岩体重量的浮力作用，岩体中地下水位的升降，可引起岩体重量的减少或增加，从而减少或增加岩体的自重应力。动水压力是指地下水在水头差的作用下，沿岩体的裂隙或孔隙流动时，给予周围岩体表面动水摩擦力和流向应力。另外，水对岩体有软化作用，一定程度上降低岩体中结构面的抗剪强度，使得岩体中的地应力有所降低。

(5) 温度

温度对地应力的影响主要体现在地温梯度和岩体局部影响两个方面。随着岩体埋深的增加，地温逐渐上升，地温升高会使岩体内部地应力增加。如果岩体局部受热不均，如岩浆侵入使岩体受热膨胀，周围岩体限制其膨胀，从而在岩体中产生温度应力。岩体的温度应力是压缩应力，并随深度增加。温度应力为自重应力的 1/9 左右，且呈静水压力状态，可与自重应力场叠加。

4.2　地应力分布的基本规律

虽然地壳浅部地应力场分布规律十分复杂，但是通过理论研究、地质调查与大量地应力测量资料的分析研究，发现地壳浅部的应力场分布呈现一定的规律性。

① 地应力是具有相对稳定性的非稳定应力场，它是时间和空间的函数。

地壳浅层地应力在绝大部分地区是以水平应力为主的三向不等压应力场。三个主应力的大小和方向随空间和时间而变化，属于非稳定应力场。地应力在空间上的变化，小范围内变化明显，在空间上受岩体不均一性和各向异性影响显著，其量值和方向都会发生变化，即使从某一点到相距数十米外的另一点，地应力的大小和方向也可能是不同的。但就某个地区整体而言，地应力场的状态相对稳定，如我国的华北地区，初始应力场的主导方向为北西到近于东西的主压应力。

在某些地震活动活跃的地区，地应力的大小和方向随时间的变化非常明显。地震发生前，应力处于积累阶段，应力值不断升高。地震发生时，集中的应力得到释放，应力值突然大幅度下降。主应力方向在地震发生时会发生明显改变，在震后一段时间逐步恢复到震前状态。

② 实测垂直应力基本等于上覆岩层重量。

布朗（E. T. Brown）与霍克（E. Hoek）总结了世界各地的垂直应力 σ_v 随深度 H 变化的规律，如图 4.3 所示。在一定深度范围内，垂直应力 σ_v 呈线性增长，大致相当于按平均重度 $\gamma = 27 \mathrm{kN/m^3}$ 计算的重力 γH。但某些地区的测量结果有一定幅度的偏差，这些偏差除有一部分可能归结于测量误差外，板块移动、岩浆对流和侵入、扩容、不均匀膨胀等都会产生

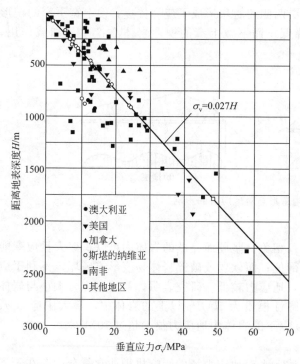

图 4.3　世界各地垂直应力 σ_v 随深度 H 变化的规律图

一定程度的影响。在世界多数地区并不存在真正意义上的垂直应力，即没有一个主应力的方向完全与地表垂直。

③ 水平应力普遍大于垂直应力。

实测资料表明，绝大多数（几乎所有）地区均有两个主应力位于水平或接近水平的平面内，其与水平面的夹角一般不大于 30°，最大水平主应力 $\sigma_{h,\max}$ 普遍大于垂直应力 σ_v，两者的比值一般介于 0.5～5.5 之间，在很多情况下比值大于 2，如表 4.1 所示。

表 4.1　世界各国水平主应力与垂直主应力的关系

国家及地区	不同 $\sigma_{h,av}/\sigma_v$ 的频度分布			$\sigma_{h,\max}/\sigma_v$
	<0.8	0.8～1.2	>1.2	
中国	32	40	28	2.09
澳大利亚	0	22	78	2.95
加拿大	0	0	100	2.56
美国	18	41	41	3.29
挪威	17	17	66	3.56
瑞典	0	0	100	4.99
南非	41	24	35	2.50
其他地区	37.5	37.5	25	1.96

如果将最大水平主应力与最小水平主应力的平均值 $\sigma_{h,av}$ 与 σ_v 相比，总结目前全世界地应力实测的结果，$\sigma_{h,av}/\sigma_v$ 一般为 0.5～5.0，大多数为 0.8～1.5（如表 4.1 所示）。这说明在浅层地壳中平均水平应力也普遍大于垂直应力。垂直应力在多数情况下为最小主应力，少数情况下为中间主应力，个别情况下为最大主应力，这主要是因为构造应力以水平应力为主。

④ 平均水平应力与垂直应力的比值随深度增加而减小。

根据地应力实测结果，侧压系数普遍大于 1，如表 4.1 和图 4.4 所示，越靠近地壳浅部，侧压系数越大且分布越离散。但在不同地区，变化的速度并不相同。

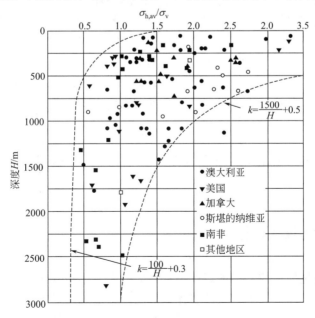

图 4.4　世界各地平均水平应力与垂直应力的比值随深度变化的规律图

霍克和布朗根据图 4.4 所示结果给出了平均水平应力与垂直应力的比值 $\sigma_{h,av}/\sigma_v$ 随深度变化的关系式

$$\frac{100}{H}+0.3\leqslant\frac{\sigma_{h,av}}{\sigma_v}\leqslant\frac{1500}{H}+0.5 \tag{4.5}$$

P. R. Sheorey 于 1994 年提出了地球弹性静态热应力模型，该模型考虑了地壳的曲率及穿过地壳和地幔的弹性常数、密度和热膨胀系数的变化，进而给出了可用于估算平均水平应力和垂直应力比值的简化方程

$$\lambda=0.25+7E_h\left(0.001+\frac{1}{H}\right) \tag{4.6}$$

式中，E_h 为在水平方向上测量的上部岩石的平均弹性模量，GPa；H 为深度，m。

我国学者王艳华依据我国 1780 条二维水压致裂和应力解除的地应力测量数据，建立了侧压系数随深度变化的关系

$$\begin{cases}\lambda_H=\dfrac{250}{H}+0.92\\[2mm]\lambda_a=\dfrac{200}{H}+0.4\\[2mm]\lambda_h=\dfrac{160}{H}+0.56\end{cases} \tag{4.7}$$

式中，λ_H 为最大水平主应力与垂直应力比值；λ_a 为平均水平应力与垂直应力之比；λ_h 为最小水平主应力与垂直应力之比；H 为深度，m。

⑤ 最大水平主应力和最小水平主应力也随深度线性增长。

与垂直应力不同的是，在水平主应力线性回归方程中的常数项比垂直应力线性回归方程中常数项的数值要大些，说明某些地区近地表处仍存在显著水平应力。

斯蒂芬森（O. Stephansson）等人根据实测结果给出了芬诺斯堪的亚古陆最大水平主应力和最小水平主应力随深度变化的线性方程：

最大水平主应力 $\qquad\qquad \sigma_{h,max}=6.7+0.0444H \tag{4.8}$

最小水平主应力 $\qquad\qquad \sigma_{h,min}=0.8+0.0329H \tag{4.9}$

根据我国地应力测量资料，在地层 500m 内最大水平主应力、最小水平主应力随深度 H 的变化规律可归纳为

$$\begin{cases}\sigma_{h,max}=(4.5\pm2.5)+0.049H\\[1mm]\sigma_{h,min}=(1.5\pm1.0)+0.030H\end{cases} \tag{4.10}$$

对比国内外地应力测量结果，最大、最小水平主应力随深度增加这一规律是相同的，不同点在于增加幅度存在一定的差异。

⑥ 最大水平主应力和最小水平主应力之值一般相差较大，显示出很强的方向性。

最小水平主应力和最大水平主应力的比值 $\sigma_{h,min}/\sigma_{h,max}$ 一般为 0.2～0.8，多数情况下为 0.4～0.8。

4.3 地应力测量方法

岩体应力状态测量的目的是了解岩体中存在的应力大小和方向，从而为分析岩体工程的受力状态及支护和岩体加固提供依据。岩体应力测量也是预报岩体失稳破坏和岩爆的有力工具。岩体应力测量可以分为岩体初始应力测量和地下工程应力分布测量，前者是为测定岩体

初始地应力场，后者则为测定岩体开挖后引起的应力重分布状况。从岩体应力状态测量的技术来讲，这两者并无原则性区别。

4.3.1 地应力测量的基本原理

原始地应力测量就是确定存在于拟开挖岩体及其周围区域的、未受扰动的三维应力状态，这种测量通常是通过一点一点的量测来完成的。岩体中任一点的三维应力状态可由选定坐标系中的六个分量（σ_x、σ_y、σ_z、τ_{xy}、τ_{yz}、τ_{zx}）来表示，如图 4.5 所示。

这种坐标系是可以根据需要任意选择的，但通常选取地球坐标系作为测量坐标系。由六个应力分量可求得该点的三个主应力的大小和方向。在实际测量中，每一测点所涉及的岩石可能从几立方厘米到几千立方米，这取决于采用何种测量方法。但无论多大，对于整个岩体而言，仍可视为一个点。虽然也有测定大范围岩体内平均应力的方法，但这些方法很不准确，因而远没有"点"测量方法普及。由于地应力状态的复杂性和多变性，要比较准确地测定某一地区的地应力，就必须进行充足数量"点"的测量，在此基础上，才能借助数值分析、数理统计、灰色建模、人工智能等方法，进一步描绘出该地区的全部地应力场状态。

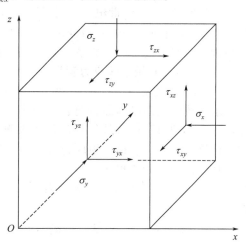

图 4.5 岩体中任一点三维应力状态示意图

为了进行地应力测量，通常需要预先开挖一些硐室以便人和设备进入测点，然而只要硐室一开，硐室周围岩体中的应力状态就受到了扰动。有一类方法，如早期的扁千斤顶法，就是在硐室表面进行应力测量，然后在计算原始应力状态时，再把硐室开挖引起的扰动作用考虑进去。由于在通常情况下紧靠硐室表面的岩体都会受到不同程度的破坏，使它们与未受扰动的岩体的物理力学性质大不相同。同时，硐室开挖对原始应力场的扰动也是十分复杂的，不可能进行精确的分析和计算，所以这类方法得出的地应力状态往往是不准确的，甚至是完全错误的。为了克服这类方法的缺点，可从硐室表面向岩体中打小孔，直至原岩应力区。地应力测量是在小孔中进行的，由于小孔对原岩应力状态的扰动是可以忽略不计的，这就保证了测量是在原岩应力区中进行。目前，普遍采用的应力解除法和水压致裂法均属此类。

近 40 年来，随着地应力测量工作的不断开展，各种测量方法和测量仪器也不断发展起来，目前各种主要测量方法有数十种之多，而测量仪器则有数百种之多。

对测量方法的分类并没有统一的标准，有人根据测量手段的不同，将测量方法分为五大类，即构造法、变形法、电磁法、地震法和放射性法。也有人根据测量原理的不同分为应力恢复法、应力解除法、应变恢复法、应变解除法、水压致裂法、声发射法、X 射线法和重力法共八类。

根据国内外多数人的观点，依据测量基本原理的不同，可将测量方法分为直接测量法和间接测量法两大类。

直接测量法是由测量仪器直接测量和记录各种应力，如补偿应力、恢复应力、平衡应力，并由这些应力和原岩应力的相互关系，通过计算获得原岩应力值。在计算过程中并不涉及不同物理量的换算，不需要知道岩石的物理力学性质和应力-应变关系。扁千斤顶法、水压致裂法、刚性包体应力计法和声发射法均属此类。目前，水压致裂法应用最为广泛，声发射法次之。

间接测量法是借助某些传感元件或某些介质，测量和记录岩体中某些与应力有关的间接物理量的变化，如岩体中的变形或应变、岩体的密度、渗透性、吸水性、电阻、电容、弹性波传播速度等的变化，然后通过理论公式计算岩体中的应力值。因此，在间接测量法中，为了计算应力值，首先必须确定岩体的某些物理力学性质以及所测物理量和应力的相互关系。套孔应力解除法、其他应力或应变解除法以及地球物理方法等是间接法中较为常用的。

4.3.2　水压致裂法

水压致裂法在 20 世纪 50 年代被广泛应用于油田，通过在钻井中人工制造裂隙来提高石油的产量。哈伯特（M. K. Hubbert）和威利斯（D. G. Willis）在实践中发现了水压致裂裂隙和原岩应力之间的关系，这一发现又被费尔赫斯特（C. Fairhurst）和海姆森（B. C. Haimson）用于地应力测量。

（1）测量原理

水压致裂法的基本原理是：通过液压泵向钻孔内拟定测量深度处施加液压，将孔壁压裂，测定压裂过程中各特征点的压力及开裂方位，然后根据测得的压裂过程中泵压表的读数，计算测点附近岩体中地应力大小和方向。

从弹性力学理论可知，当一个位于无限体中的钻孔受到无穷远处二维应力场（σ_1，σ_2）的作用时，离开钻孔端部一定距离的部位处于平面应变状态。在这些部位，钻孔周边的应力为

$$\begin{cases} \sigma_\theta = \sigma_1 + \sigma_2 - 2(\sigma_1 - \sigma_2)\cos2\theta \\ \sigma_r = 0 \end{cases} \tag{4.11}$$

式中，σ_θ 为钻孔周边的切向应力；σ_r 为钻孔周边的径向应力；θ 为钻孔周边一点与 σ_1 轴的夹角。

由式（4.11）可知，当 $\theta = 0°$ 时，σ_θ 取得极小值，此时

$$\sigma_\theta = 3\sigma_2 - \sigma_1 \tag{4.12}$$

如果采用图 4.6 所示的水压致裂系统将钻孔某段封隔起来，并向该段钻孔注入高压水，当水压超过 $3\sigma_2 - \sigma_1$ 和岩石抗拉强度 R_t 之和后，在 $\theta = 0°$ 处，即 σ_1 所在方位，将发生孔壁开裂。设钻孔壁发生初始开裂时的水压为 p_i，则有

$$p_i = 3\sigma_2 - \sigma_1 + R_t \tag{4.13}$$

如果继续向封隔段注入高压水使裂隙进一步扩展，当裂隙深度达到 3 倍钻孔直径时，此处已接近原岩应力状态，停止加压，保持压力恒定，将该恒定压力记为 p_s，则由图 4.6 可见，p_s 应和原岩应力 σ_2 相平衡，即

$$p_s = \sigma_2 \tag{4.14}$$

由式（4.13）与式（4.14）可知，只要测出岩石抗拉强度 R_t，即可由 p_i 和 p_s 求出 σ_1 和 σ_2，这样 σ_1 和 σ_2 的大小和方向就全

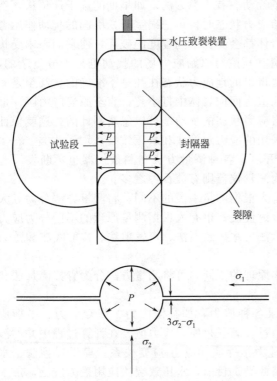

图 4.6　水压致裂应力测量原理示意图

部确定了。

在钻孔中存在裂隙水的情况下，如封隔段处的裂隙水压力为 p_0，则式（4.13）变为

$$p_i = 3\sigma_2 - \sigma_1 + R_t - p_0 \tag{4.15}$$

根据式（4.14）和式（4.15）求 σ_1 和 σ_2，需要知道封隔段岩石的抗拉强度，这往往是很困难的。为了克服这一困难，在水压致裂试验中增加一个环节，即在初始裂隙产生后，将水压卸除，使裂隙闭合，然后再重新向封隔段加压，使裂隙重新打开，记裂隙重开的压力为 p_r，则有

$$p_r = 3\sigma_2 - \sigma_1 - p_0 \tag{4.16}$$

这样，由式（4.14）和式（4.16）求 σ_1 和 σ_2 就无须知道岩石的抗拉强度。因此，由水压致裂法测量原岩应力将不涉及岩石的物理力学性质，而完全由测量和记录的压力值来决定。

（2）测量步骤

① 如图 4.7 所示，打钻孔到准备测量应力的部位，并将钻孔中待加压段用封隔器密封起来。钻孔直径与所选用的封隔器的直径相一致，通常有 $\phi38\text{mm}$、$\phi51\text{mm}$、$\phi76\text{mm}$、$\phi91\text{mm}$、$\phi110\text{mm}$、$\phi130\text{mm}$ 等几种。封隔器一般是充压膨胀式的，充压可用液体，也可用气体。

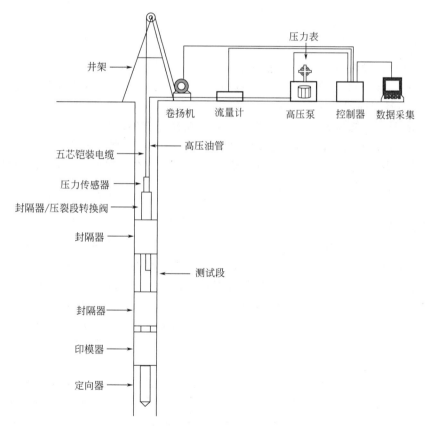

图 4.7　水压致裂应力测量系统示意图

② 向两个封隔器组成的隔离段内注射高压水，不断加大水压，直至孔壁出现开裂，获得初始开裂压力 p_i。然后，继续施加水压以扩张裂隙，当裂隙扩张至 3 倍直径深度时，关闭高水压系统，保持水压恒定。最后卸压，使裂隙闭合。

给封隔器加压和给封闭段注射高压水可共用一个液压回路。一般情况下，利用钻杆作为液压通道。先给封隔器加压，然后关闭封隔器进口，经过转换开关，将管路接通至钻孔密封

段注射高压水加压。也可采用双回路，即给封隔器加压和水压致裂的回路是相互独立的，水压致裂的液压通道是钻杆，而封隔器加压通道为高压软管。

在整个加压过程中，同时记录压力-时间曲线图和流量-时间曲线图（如图 4.8 所示），使用适当的方法从压力-时间曲线图可以确定 p_i 和 p_s 值，从流量-时间曲线图可以判断裂隙扩展的深度。

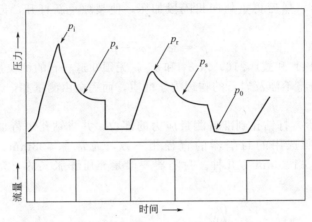

图 4.8   水压致裂法试验压力-时间、流量-时间曲线图

③ 重新向密封段注射高压水，使裂隙重新打开并记下裂隙重开时的压力 p_r 和随后的恒定关闭压力 p_s。这种卸压-重新加压的过程重复 2～3 次，以提高测试数据的准确性。p_r 和 p_s 同样由压力-时间曲线和流量-时间曲线确定。

④ 将封隔器完全卸压，连同加压管等全部设备从钻孔中取出。

⑤ 测量水压致裂裂隙和钻孔试验段天然节理，裂隙的位置、方向和大小。测量可以采用井下摄影机、井下电视、井下光学望远镜或印模器等。在一般情况下，水压致裂裂隙为一组径向相对的纵向裂隙，很容易辨认出来。

（3）方法评价

水压致裂法的突出优点是能测量深部应力，目前已见报道的最大测深为 5000m，可用来测量深部地壳的构造应力场。同时，对于某些工程，如露天边坡工程，由于没有现成的地下井巷、隧道、硐室等可用来接近应力测量点，或者在地下工程的前期阶段，需要估计该工程区域的地应力场，也只有使用水压致裂法才是最经济实用的。否则，如果使用其他方法，则需要首先打几百米深的导洞才能接近测点。因此对于一些重要的地下工程，在工程前期阶段使用水压致裂法估计应力场，在工程施工过程中或工程完成后，再使用应力解除法比较精确地测量某些测点的应力大小和方向，就能为工程设计、施工和维护提供比较准确可靠的地应力场数据。

此外，水压致裂法的设备简单，只需用普通钻探方法打钻孔，用双止水装置密封，用液压泵通过压裂装置压裂岩体，不需要复杂的电磁测量设备；操作方便，只需要通过液压泵向钻孔内注液压裂岩体，观测压裂过程中泵压、液量即可；测值直观，可根据压裂时的泵压（初始开裂泵压、稳定开裂泵压、关闭压力、开启压力）计算出地应力值，不需要复杂的换算及辅助测试，同时还可求得岩体抗拉强度；测值代表性大，所测得的地应力值及岩体抗拉强度是代表较大范围内的平均值，有较好的代表性；适应性强，该方法不需要电磁测量元件，不怕潮湿，既可在干孔条件下也可在孔中有水条件下做试验，同时不怕电磁干扰，不怕振动。

因此，水压致裂法越来越受到重视和推广。但是，水压致裂法也存在局限性。

首先，水压致裂法只能确定垂直于钻孔平面内的最大主应力和最小主应力的大小和方向，所以从原理上讲，它是一种二维应力测量方法。若要确定测点的三维应力状态，必须打互不平行且交汇于一点的三个钻孔，这是非常困难的。一般情况下，假定钻孔方向为一个主应力方向，例如将钻孔打在垂直方向，并认为垂直应力是一个主应力，其大小等于单位面积上覆岩层的重量，则由单孔水压致裂结果就可以确定三维应力场。但在某些情况下，垂直方向并不是一个主应力的方向，其大小也不等于上覆岩层的重量。如果钻孔方向和实际主应力的方向偏差 15°以上，那么上述假设就会造成较大的误差。

其次，水压致裂法认为初始开裂发生在钻孔壁切向应力最小的部位，亦即平行于最大主应力的方向，这是基于岩石为连续、均质和各向同性的假设。如果孔壁本来就有天然节理裂隙存在，那么初始裂痕很可能发生在这些部位，而并非切向应力最小的部位。为解决这一问题，需采用套管致裂法，其高压水不是直接作用在钻孔壁上，而是通过一个软薄膜套管施加到孔壁上，可避免孔壁上实际岩体存在的微裂隙影响测量结果。通常，水压致裂法较为适用于完整的脆性岩石中。

4.3.3　应力解除法

地下岩体在初始应力作用下已产生了变形，设地下岩体内有一边长为 x，y，z 的单元体，若将该单元体与原岩体分离，相当于解除了作用在单元体上的外力，则单元体的尺寸分别增大到 $x+\Delta x$，$y+\Delta y$，$z+\Delta z$，或者说恢复到受初始应力作用前的尺寸，则恢复应变分别为 $\varepsilon_x=\Delta x/x$，$\varepsilon_y=\Delta y/y$，$\varepsilon_z=\Delta z/z$。如果通过测试得到 ε_x，ε_y 与 ε_z，又已知岩体的弹性模量 E 和泊松比 μ，根据胡克定律即可算出解除前的初始应力。应力解除法也需假设岩体是均质、连续、完全弹性体。

应力解除法的具体方法有很多种，按测试变形或应变的方法不同，可分为孔底应变法、孔壁应变法和孔径变形法三种。

4.3.3.1　孔底应变法

孔底应变法是先在围岩中钻孔，在孔底平面上粘贴应变传感器，然后用套钻使孔底岩芯与母岩分开，进行卸载，观测卸载前后的应变，间接求出岩体中的应力。

孔底应变传感器主体是一个橡胶质的圆柱体，其端部粘贴着三支电阻应变片，相互间隔 45°，组成一个直角应变花。橡胶圆柱外面有一个硬塑料制的外壳，应变片的导线通过插头连接到应变测量仪器上，其结构如图 4.9 所示。

如图 4.10 所示，具体测试步骤如下：

① 用 $\phi76\text{mm}$ 金刚石空心钻头钻孔至预定深度，取出岩芯。

② 钻杆上改装磨平钻头将孔底磨平、打光，冲洗钻孔，用热风吹干，再用丙酮擦洗孔底。

③ 将环氧树脂黏结剂涂到孔底和应变传感器探头上，用安装器将传感器粘贴在孔底。经过 20 h 黏结剂固化后，测取初始应变读数，拆除安装工具。

④ 再用 $\phi76\text{mm}$ 空心金刚石套孔钻头钻进，钻进深度不小于解除岩芯直径的 2 倍，并取出岩芯。

⑤ 测量应力解除以后的应变值，并利用取出的岩芯进行室内围压试验，测定岩石的弹性模量。

⑥ 根据实测的应变值和岩石的弹性模量，按胡克定律计算出孔底平面应力。

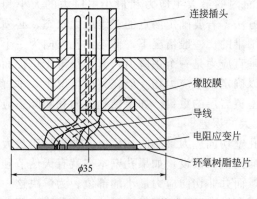

图 4.9　孔底应变传感器

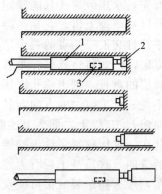

图 4.10　孔底应力解除法测试步骤
1—安装器；2—探头；3—温度补偿器

　　单一钻孔的孔底应力解除法，只有在钻孔轴线与岩体的一个主应力平行的情况下，才能测得另外两个主应力的大小和方向。若要测量三维状态下岩体中任意一点的应力状态，至少要用空间方位不同并交汇于一点的三个钻孔，分别进行孔底应变测量，才能按弹性力学公式计算三维地应力。三个钻孔可以相互斜交，也可以相互正交。

　　孔底应变法是一种比较可靠的应力测量方法，适用于完整和较完整岩体初始应力的测量。其钻取的岩芯较短，适应性强，但在用三个钻孔测一点的应力状态时，孔底很难处在一个共面上，进而影响测量结果。

4.3.3.2　孔壁应变法

　　孔壁应变法是在钻孔壁上粘贴三向应变计，通过测量应力解除前后的应变，来推算岩体应力，利用单一钻孔可获得一点的空间应力分量。

　　三向应变计由 ϕ36mm 橡胶栓、电阻应变花、电镀插针、楔子等组成，如图 4.11 所示。楔子在橡胶栓内移动可使三个悬臂张开，将应变花贴到孔壁上。

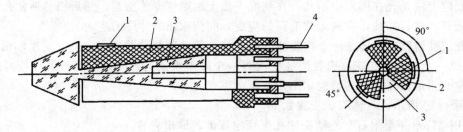

图 4.11　三向应变计
1—电阻应变花；2—橡胶栓；3—楔子；4—电镀插针

　　如图 4.12 所示，具体测试步骤如下：

　　① 用 ϕ90mm 金刚石空心钻头钻一个大孔，至预定深度，再用磨平钻头将孔底磨平。

　　② 用 ϕ36mm 金刚石钻头在大孔中心钻一个 450mm 长的小孔。清洗孔壁并吹干，在小孔中部涂上适量的黏结剂。

　　③ 将三向应变计装到安装器上，送入小孔中，用推楔杆推动楔子使应变计的三个悬臂张开，将应变花贴到孔壁上。待黏结剂固化后，测取初读数，取出安装器，用封孔栓堵塞小孔。

　　④ 用 ϕ90mm 空心套钻进行应力解除，解除深度应使应变花位置至孔底深度不小于解

除岩芯直径的 2 倍。取出岩芯，拔出封孔栓。

⑤ 测量应力解除后的应变值，对解除后带有应变传感器的岩芯试件进行室内围压试验，测定岩石的弹性模量。

孔壁应力解除过程中的测量工作，是进行应力测量的关键。应力解除过程可用应变过程曲线来表示，如图 4.13 所示。它反映了随着解除深度增加，测得应力释放及孔壁应力集中影响的复杂变化过程，是判断量测成功与否和检验测量数据可靠性的重要依据。图 4.13 中的曲线 1 为沿孔壁环向且近于岩体最大主应力方向的解除应变，曲线 2 为沿孔壁环向但近于岩体小主应力方向的解除应变，曲线 3 为沿钻孔轴向的解除应变。

采用孔壁应变法时，只需打一个钻孔就可以测出一点的应力状态，测试工作量小，精度高。经研究得知，为避免应力集中影响，解除深度不应小于 45cm。这种方法适用于整体性好的岩体中，但应变计的防潮要求严格，目前尚不适用于有地下水的场合。

三向应变计中应变花直接粘贴在孔壁上，若孔壁有裂隙和缺陷，很难保证应变花的胶结质量，且

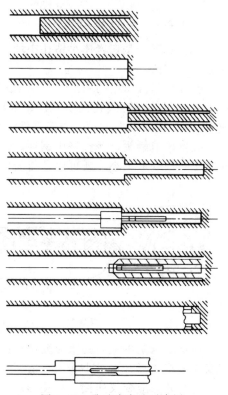

图 4.12　孔壁应变法示意图

防水问题也很难解决。而空心包体应变计可以解决应变花胶结质量和防水问题。空心包体应变计的主体是一个用环氧树脂制成的壁厚 3mm 的空心圆筒，在其中间部位，沿同一圆周等角度（120°）嵌埋三组电阻应变花，每组应变花由三支应变片组成，相互间隔 45°，如图 4.14 所示。使用时将其内腔注满胶结剂，安装到位后，胶结剂通过径向小孔流入应变计和孔壁之间的环状槽内，将应变计与孔壁牢固胶结在一起。另外，胶结剂还能流入周围岩体中的裂隙和缺陷，使岩体变得完整，可以得到完整的岩芯试件。空心包体应变计已在应力解除法初始应力测量中得到广泛应用。

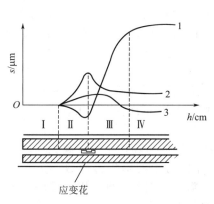

图 4.13　应力解除过程曲线示意图

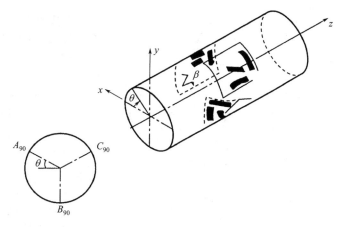

图 4.14　空心包体应变计示意图

4.3.3.3 孔径变形法

孔径变形法是在岩体小钻孔中埋入变形计，测量应力解除前后的孔径变化量，来确定岩体应力的方法。

孔径变形法所用的变形计有电阻式、电感式和钢弦式等多种，以前者居多。图4.15所示为 ϕ36-Ⅱ型钢环式孔径变形计，钢环装在钢环架上，每个环与一个触头接触，各触头互成45°角，其间距为1cm，全部零件组装成一体，使用前需进行标定。当钻孔孔径发生变形时，孔壁压迫触头，触头挤压钢环，使粘贴其上的应变片数值发生变化。只要测出应变量，换算出孔壁变形大小，就可以求得岩体初始应力。

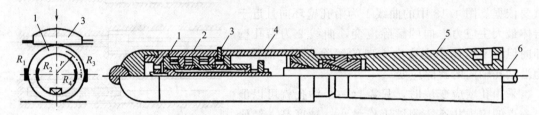

图4.15 钢环式孔径变形计
1—弹性钢环；2—钢环架；3—触头；4—外壳；5—定位器；6—电缆

测试步骤基本上与孔壁应变法相同。先钻 ϕ127mm 的大孔，后钻 ϕ36mm 的同心小孔。用安装杆将变形计送入小孔中，适当调整触头的压缩量（钢环上有初始应变），然后接上应变片电缆并与应变仪连接。再用 ϕ127mm 钻头套钻，边解除应力，边读取应变，直到应力全部解除完毕。对解除后带有应变传感器的岩芯进行室内围压试验，测定岩石的弹性模量。

为了确定岩体的空间应力状态，至少要用交汇于一点的三个钻孔，分别进行孔径变形法的应力解除。

孔径变形法的测试元件具有零点稳定性好，直线性、重复性和防水性好，适应性强，操作简便，能测量解除应变的全过程，还可以重复使用。在岩石弹性模量较低、钻孔围岩出现塑性变形的情况下，采用孔径变形法要比孔底和孔壁应变法效果好。但是，此法采取的应力解除岩芯仍较长，一般不能小于280mm，因此，不宜在较破碎的岩层中应用。

4.3.3.4 局部应力解除法

上述应力解除法属于全应力解除法，即使测点岩体完全脱离地应力作用的方法。与全应力解除法不同，局部应力解除法只进行测点的部分应力解除。现介绍在实际测量中使用较多的三种局部应力解除方法。

（1）平行钻孔法

用打平行孔实现局部应力解除的方法由哈比卜（P. Habib）等于20世纪60年代首次提出。

一个带有一个、两个或两个以上圆孔的无限大平板在受到无穷远处的二维应力场作用时，圆孔周围的应力-应变状态可由弹性力学的解析解或数值方法求得，这为平行钻孔法确定了理论基础。因此该法主要用于测量岩体表面的应力状态。

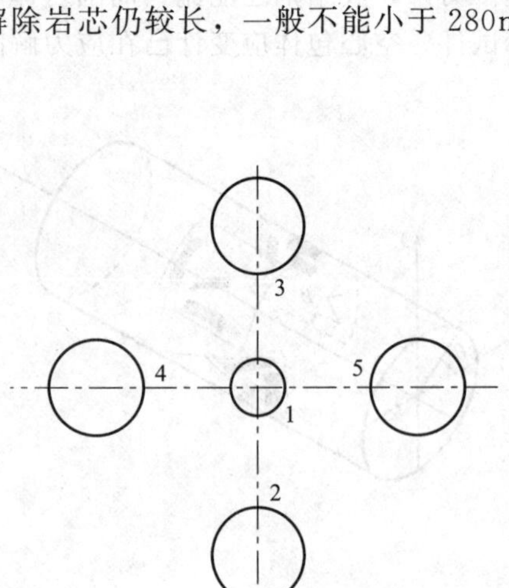

图4.16 平行钻孔法示意图
1—测量孔；2，3，4，5—平行解除孔

如图4.16所示，在测量时，首先在测点从岩体表面向其内部打一小孔，并将钻孔变形计或应变计固定于小孔中一定的深度。然后在小孔附近再打一个或几个大孔。大、小孔之间的距离不超过大孔的直径，大孔的深度应保证应力-应变状态在小孔测点周围沿钻孔轴线方向是均匀的。根据平行孔完成后在小孔中测得的变形或应变，如测得的三个方向的孔径变形，使用前述的弹性力学解或数值分析方法，即可求得垂直于钻孔轴线的平面内的应力状态。

（2）中心钻孔法

中心钻孔应力解除法由杜瓦尔（W. I. Duvall）和楚尔-拉维（Y. Tsur-Lavie）等于 1974 年提出的。

测量时，在需要测量应力的岩体表面磨平一块约 300mm×300mm 的面积，在其中心部位打一直径 ϕ3mm、深 6mm 的中心孔，如图 4.17 所示。以中心孔为圆心，使用卡规在岩体表面画出一个直径为 200～250mm 的圆圈，须保证此圆圈和中心孔是同心的。将此圆圈分成六等份，并打上刻痕。将六个测量柱固定在六个刻点，并调整两个径向相对的测量柱之间的距离，使三组径向距离基本相等。用微米表精确测量和记录这三组径向距离。用带有中心定位器的直径为 ϕ150mm 的空心薄壁钻头钻出中心孔或中心圆槽，深度为 250mm，连续记录三组径向相对的测量柱之间的距离变化（径向位移），直到数值稳定为止。根据测得的三组径向位移值 U_1，U_2，U_3，可由下列公式求得岩体表面的两个主应力 σ_1，σ_2 及其方向

$$\sigma_1 = \frac{E}{12\alpha}\left[\frac{U_1+U_2+U_3}{M}+\frac{\sqrt{2}}{N}\times\sqrt{(U_1-U_2)^2+(U_2-U_3)^2+(U_3-U_1)^2}\right] \quad (4.17)$$

$$\sigma_2 = \frac{E}{12\alpha}\left[\frac{U_1+U_2+U_3}{M}-\frac{\sqrt{2}}{N}\times\sqrt{(U_1-U_2)^2+(U_2-U_3)^2+(U_3-U_1)^2}\right] \quad (4.18)$$

$$\theta_1 = \frac{1}{2}\arctan\frac{\sqrt{3}(U_2-U_3)}{2U_1-U_2-U_3} \quad (4.19)$$

$$M = \frac{\alpha(1+\mu)}{2r} \quad (4.20)$$

$$N = \frac{4(1-\mu^2)\alpha r^2-(1+\mu)\alpha^3}{2r^3} \quad (4.21)$$

式中，E，μ 分别为岩石的弹性模量与泊松比；θ_1 为 U_1 到 σ_1 的夹角。

（3）钻孔局部壁面应力解除法

钻孔局部壁面应力解除法是葛修润和侯明勋于 2004 年首次提出的一种三维地应力测量方法。该方法和套孔应力解除法中三轴孔壁应变计具有相同的测量原理，都是利用沿圆周等间距粘贴在钻孔壁上的 3 组应变花实现应力解除，根据应力解除过程中测得的应变值计算钻孔围岩的原岩应力值。但两者应力解除工艺有显著不同，钻孔局部壁面应力解除法是直接在粘贴应变花的孔壁上局部钻孔，使 3 个应变花逐一实现应力解除，如图 4.18 所示。由于只需在同一钻孔中的一个很小区段内对孔壁上邻近的几个局部壁面进行应力解除，钻孔直径 ϕ30mm，钻孔深度 40mm 即可使应变花部位岩石完全应力解除。这就大大降低了对岩石完整性条件的要求，使其在完整性稍差的岩石条件下也能适用。与该方法配套研制的地应力测井机器人的使用进一步提高了该方法的适用性能。地应力测井机器人可对测量钻孔的孔壁质量进行观测、选择测量孔段，对所选局部壁面进行打磨、干燥处理和喷胶、自动粘贴应变片，进行环形切割钻进，实施局部壁面应力全解除作业，并实时自动采集应变测量数据。这就为该方法用于深部地应力测量创造了条件。

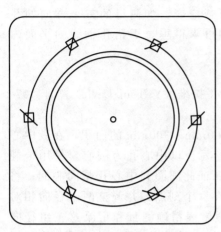

图 4.17   中心钻孔法示意图

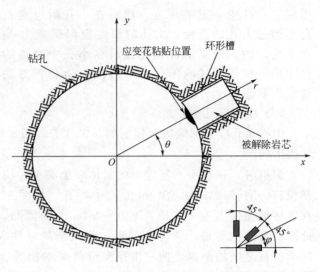

图 4.18   取芯钻进环形切割应力解除示意图

4.3.4   声发射法

4.3.4.1   测量原理

材料在受到外荷载作用时，其内部贮存的应变能快速释放产生弹性波，发出声响，称为声发射。1950 年，凯泽（J. Kaiser）发现多晶金属的应力从其历史最高水平释放后，再重新加载，当应力未达到先前最大应力值时，很少有声发射产生，而当应力达到和超过历史最高水平后，则大量产生声发射，这一现象叫做凯泽效应。很少产生声发射到大量产生声发射的转折点称为凯泽点，该点对应的应力即为材料先前受到的最大应力。后来国外许多学者证实了在岩石压缩试验中也存在凯泽效应，许多岩石，如花岗岩、大理岩、石英岩、砂岩、安山岩、辉长岩、闪长岩、片麻岩、辉绿岩、灰岩、砾岩等也具有显著的凯泽效应，从而为应用这一技术测定岩体初始应力奠定了基础。

地壳内岩石在长期应力作用下达到稳定应变状态，岩石达到稳定状态时的微裂结构与所受应力同时被"记忆"在岩石中。如果在这部分岩石中取出岩芯，则该岩芯被应力解除，此时岩芯中张开的裂隙将会闭合，但不会"愈合"。由于声发射与岩石中裂隙生成有关，当该岩芯被再次加载并且岩芯内应力超过原先在地壳内所受的应力时，岩芯内开始产生新的裂隙，并伴有大量声发射，于是可以根据岩芯所受荷载，确定其在地壳内所受的应力大小。

凯泽效应为测量岩石应力提供了一种途径，即如果从原岩中取回定向的岩石试件，通过对不同方向的岩石试件进行加载声发射试验，测定凯泽点，即可找出每个试件以前所受的最大应力，进而求出取样点的原始三维应力状态。

4.3.4.2   测量步骤

（1）试件制备

从现场钻孔提取岩石试样，试样在原环境状态下的方向必须确定。将试样加工成圆柱体试件，径高比为 1∶3～1∶2。为了确定测点三维应力状态，必须在该点的岩样中沿六个不同方向制备试件，假如该点局部坐标系为 $Oxyz$，则三个方向选为坐标轴方向，另三个方向选为 Oxy、Oyz、Ozx 平面内的轴角平分线方向。为了获得测试数据的统计规律，每个方向的试件为 15～25 块。

为了消除试件端部与压力试验机上、下压头之间摩擦产生的噪声和试件端部应力集中，试件两端浇筑由环氧树脂或其他复合材料制成的端帽。

（2）声发射测试

将试件放在压缩试验机上加压，同时监测加压过程中从试件中产生的声发射现象。图4.19 是一组典型的监测系统框图。在该系统中，两个压电换能器（声发射接受探头）固定在试件上、下部，将岩石试件在受压过程中产生的弹性波转换成电信号。该信号经放大、鉴别之后送入定区检测单元，区域外的信号被认为是噪声而不被接受。定区检测单元输出的信号送入计数控制单元，计数控制单元将规定的采样时间间隔内的声发射模拟量和数字量（事件数和振铃数）分别送到记录仪或显示器绘图、显示或打印。

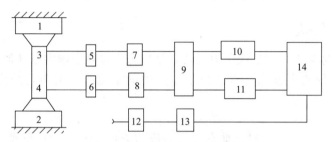

图 4.19　声发射监测系统框图

1—上压头；2—下压头；3，4—压电换能器；5，6—前置放大器；7，8—输入鉴别单元；9—定区检测单元；10，11—计数控制单元；12—压机油路压力传感器；13—压力电信号转换仪器；14—函数记录仪

凯泽效应一般发生在加载的初期，因此加载系统应选用小吨位的应力控制系统，并保持加载速率恒定，尽可能避免用人工控制加载速率。如果采用手动加载，应采用声发射事件数或振铃总数曲线判定凯泽点，而不应根据声发射事件速率曲线判定凯泽点。这是因为声发射速率和加载速率有关。在加载初期，人工操作很难保证加载速率恒定，在声发射事件速率曲线上可能出现多个峰值，难以判定真正的凯泽点。

（3）计算地应力

由声发射监测所获得的应力-声发射事件数（速率）曲线，如图 4.20 所示，即可确定每次试验的凯泽点，进而确定该试件轴线方向先前受到的最大应力值。

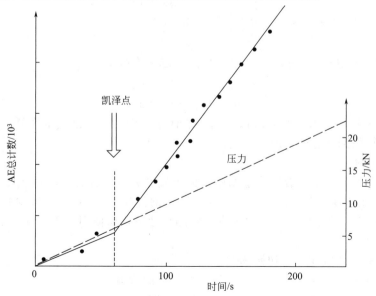

图 4.20　应力-声发射事件试验曲线图

4.3.4.3 方法评价

根据凯泽效应的定义，用声发射法测得的是取样点的历史最高应力，而非现今地应力。但是也有一些人对此持相反意见，并提出了"视凯泽效应"的概念。认为声发射可获得两个凯泽点，一个对应引起岩石饱和残余应变的应力，它与现今应力场一致，比历史最高应力值低，因此称为视凯泽点。在视凯泽点之后，还可获得另一个真正的凯泽点，它对应历史最高应力。

由于声发射与弹性波传播有关，所以高强度的脆性岩石有较明显的声发射凯泽效应，而多孔隙低强度及塑性岩体的凯泽效应不明显，所以不能用声发射法测定。

4.3.5 应力恢复法

应力恢复法又称扁千斤顶法或压力枕法，是用来直接测定硐室或其他开挖体表面附近岩体中应力大小的一种测量方法。当已知某岩体中的主应力方向时，采用应力恢复法较为方便。

（1）测量原理

在侧墙上过测点沿水平方向（垂直所测的应力方向）开一个解除槽，则在槽的上下附近，围岩应力得到部分解除，应力状态重新分布。在槽中垂线上的应力状态，根据 H. N. 穆斯海里什维里理论，可把槽看作一条缝，得到

$$\begin{cases} \sigma_{1x} = 2\sigma_1 \dfrac{\rho^4 - 4\rho^2 - 1}{(\rho^2 + 1)^3} + \sigma_2 \\[3mm] \sigma_{1y} = \sigma_1 \dfrac{\rho^6 - 3\rho^4 + 3\rho^2 - 1}{(\rho^2 + 1)^3} \end{cases} \tag{4.22}$$

式中，σ_{1x}、σ_{1y} 为中垂线上某点的应力分量；ρ 为该点离槽中心的距离的倒数。

在槽中埋设压力枕，并由压力枕对槽加压，若施加压力为 p，则在中垂线上该点产生的应力分量为

$$\begin{cases} \sigma_{2x} = -2p \dfrac{\rho^4 - 4\rho^2 - 1}{(\rho^2 + 1)^3} \\[3mm] \sigma_{2y} = 2p \dfrac{3\rho^4 + 1}{(\rho^2 + 1)^3} \end{cases} \tag{4.23}$$

当压力枕所施加的力 $p = \sigma_1$ 时，这时该点的总应力分量为

$$\begin{cases} \sigma_x = \sigma_{1x} + \sigma_{2x} = \sigma_2 \\ \sigma_y = \sigma_{1y} + \sigma_{2y} = \sigma_1 \end{cases} \tag{4.24}$$

可见当压力枕所施加的力 p 等于 σ_1 时，岩体中的应力状态已完全恢复，所求的应力 σ_1 即可由 p 值计算得到，这就是应力恢复法的基本原理。

（2）测量步骤

① 在选定的试验点上，沿解除槽的中垂线上安装好测量元件。测量元件可以是千分表、钢弦应变计或电阻应变片等，如图 4.21 所示。若开槽长度为 B，则应变计中心一般距槽 $B/3$，槽的方向与预定所需测定的应力方向垂直。槽的尺寸根据所使用的压力枕大小而定，槽的深度要求大于 $B/2$。

② 记录量测元件应变计的初始读数。

③ 开凿解除槽，岩体产生变形并记录应变计上的读数。

④ 在开挖好的解除槽中埋设压力枕，并用水泥砂浆充填空隙。

⑤ 待充填水泥砂浆达到一定强度以后，将压力枕连接油泵，通过压力枕对岩体施压。随着压力枕所施加的力 p 增加，岩体变形逐步恢复。逐点记录压力 p 与恢复变形（应变）的关系。

⑥ 当假设岩体为理想弹性体时，则当应变计回复到初始读数时，此时压力枕对岩体所施加的压力 p 即为所求岩体的主应力。

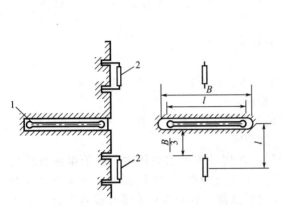

图 4.21　应力恢复法布置示意图

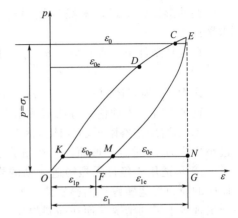

图 4.22　由应力-应变曲线求岩体应力

如图 4.22 所示，ODE 即为压力枕加荷曲线，压力枕不仅加压到使应变计回到初始读数（D 点），恢复了弹性应变 ε_{0e}，而且继续加压到 E 点，这样在 E 点得到全应变 ε_1。由压力枕逐步卸荷，得卸荷曲线 EF，并得

$$\varepsilon_1 = GF + FO = \varepsilon_{1e} + \varepsilon_{1p} \tag{4.25}$$

这样就可以求得全应变 ε_1 所对应的弹性应变 ε_{1e} 与残余塑性应变 ε_{1p}。为了求得产生 ε_{0e} 对应的全应变，可以作一条水平线 KN 与 OE 和 EF 相交，并使 $MN = \varepsilon_{0e}$，则此时 KM 就为残余塑性应变 ε_{0p}，相应的全应变量

$$\varepsilon_0 = \varepsilon_{0e} + \varepsilon_{0p} = KM + MN \tag{4.26}$$

由 ε_0 值就可在 OE 线上求得 C 点，并求得与 C 点相对应的 p 值，此即所求的 σ_1 值。

（3）方法评价

从原理上来讲，应力恢复法只是一种一维应力测量方法，一个解除槽的测量只能确定测点处垂直于压力枕方向的应力分量。为了确定该测点的六个应力分量就必须在该点沿不同方向切割六个解除槽，这是不可能实现的，因为解除槽的相互重叠会造成不同方向测量结果的相互干扰，使之变得毫无意义。

由于应力恢复法测量只能在巷道、硐室或其他开挖体表面附近的岩体中进行，因而其测量的是一种受开挖扰动的次生应力场，而非原岩应力场。同时，应力恢复法的测量原理是基于岩石为完全线弹性的假设，对于非线性岩体，其加载和卸载路径的应力应变关系是不同的，应力恢复法测得的平衡应力并不等于解除槽开挖前岩体中的应力。此外，由于开挖的影响，各种开挖体表面的岩体将会受到不同程度的损坏，这些都会造成测量结果的误差。

4.4　地应力的估算

岩体中天然应力是岩体工程设计和工程地质问题评价的一个重要指标。岩体中的天然应力一般需用实测方法来确定。但是，岩体应力测量工作费用昂贵，一般中小型工程或在可行性研究阶段，不可能进行天然应力的测量。因此，在无实测资料的情况下，如何根据岩体地质构造条件和演化历史来估算岩体中天然应力，就成为岩体力学和工程地质工作者的一个重要任务。

4.4.1　垂直应力的估算

在地形比较平坦，未经过强烈构造变动的岩体中，天然主应力方向可视为近垂直和水平。

在这种条件下，垂直应力 σ_v 等于上覆岩体的自重，即

$$\sigma_v = \rho g Z \tag{4.27}$$

式中：ρ 为岩体的密度，g/cm^3；g 为重力加速度，$9.8 m/s^2$；Z 为深度，m。

这种垂直应力的估算方法不适用于以下两种情况：

① 不适用沟谷附近的岩体。因为沟谷附近的斜坡上，最大主应力 σ_1 平行于斜坡坡面，最小主应力 σ_3 垂直于坡面，且在斜坡表面上 σ_3 值为零。

② 不适用于经过强烈构造变动的岩体。例如，在褶皱强烈的岩体中，由于组成背斜岩体中的应力传递转嫁给向斜岩体。所以，背斜岩体中垂直应力 σ_v 常比岩体自重要小，甚至于出现等于零的情况。而在向斜岩体中，尤其在向斜核部，其垂直应力常比按自重计算的值大 60% 左右，这已被实测资料所证实。

4.4.2　水平应力的估算

由地应力侧压系数 λ 的定义可知，如果已知 λ 值，而垂直应力可以由式(4.27) 估算出，则水平应力 $\sigma_h = \lambda \sigma_v$。所以水平应力的估算，实际上就是确定 λ 值的问题。

地应力侧压系数 λ 与岩体的地质构造条件有关。在未经过强烈构造变动的新近沉积岩体中，地应力侧压系数 λ 为

$$\lambda = \frac{\mu}{1-\mu} \tag{4.28}$$

式中，μ 为岩体的泊松比。

在经历多次构造运动的岩体中，由于岩体经历了多次卸载、加载作用，因此上式求得的侧压系数 λ 将不再适用。下面讨论两种简单的情况。

（1）隆起、剥蚀卸载作用对 λ 值的影响

如图 4.23 所示，假设在经受隆起剥蚀岩体中，遭剥蚀前距地面深度为 Z_0 的一点 A，其侧压系数 λ_0 为

$$\lambda_0 = \frac{\sigma_{h_0}}{\sigma_{v_0}} = \frac{\sigma_{h_0}}{\rho g Z_0} \tag{4.29}$$

由于该岩体隆起，遭受剥蚀去掉的厚度为 ΔZ，则剥蚀造成的卸载值为 $\rho g \Delta Z$，即隆起剥蚀使岩体中 A 点的垂直天然应力减少了 $\rho g \Delta Z$。相应地，A 点的水平应力也减少了 $\mu \rho g \Delta Z/(1-\mu)$。因此，岩体被剥蚀 ΔZ 厚度后，A 点水平应力为

$$\sigma_h = \sigma_{h_0} - \frac{\mu}{1-\mu} \rho g \Delta Z = \rho g \left(\lambda_0 Z_0 - \Delta Z \frac{\mu}{1-\mu} \right) \tag{4.30}$$

剥蚀后的垂直应力为

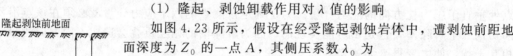

$$\sigma_v = \sigma_{v_0} - \rho g \Delta Z = \rho g (Z_0 - \Delta Z) \tag{4.31}$$

图 4.23　隆起、剥蚀卸载作用对 λ 值的影响

则剥蚀后 A 点的侧压系数 λ 为

$$\lambda = \frac{\sigma_h}{\sigma_v} = \frac{\lambda_0 Z_0 - \Delta Z \dfrac{\mu}{1-\mu}}{Z_0 - \Delta Z} \tag{4.32}$$

$Z = Z_0 - \Delta Z$ 为剥蚀后 A 点所处的实际深度，则

$$\lambda = \lambda_0 + \left(\lambda_0 - \frac{\mu}{1-\mu}\right)\frac{\Delta Z}{Z} \tag{4.33}$$

由式(4.33) 可知：

① 岩体隆起剥蚀作用的结果，使岩体中侧压系数增大了；

② 在地质历史时期中，如果岩体遭受长期剥蚀且其剥蚀厚度达到某一临界值以后，将会出现 $\lambda > 1$ 的情况。大量的实测资料也表明，在地表附近的岩体中，常出现 $\lambda > 1$ 的情况，说明了这一结论的可靠性。

（2）断层作用对 λ 值的影响

在地壳表层岩体中，常发育有正断层和逆断层。正断层形成时的应力状态是：σ_1 为垂直，σ_3 为水平，如图 4.24(a) 所示。因此，$\sigma_1 = \sigma_v = \rho g Z$，$\sigma_3 = \sigma_h = \lambda_a \rho g Z$。

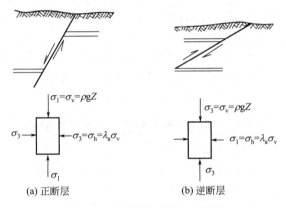

图 4.24　断层形成时应力状态

由库仑强度判据可知，正断层形成时的破坏主应力与岩体强度参数间关系为

$$\sigma_1 = \sigma_c + \sigma_3 \tan^2\left(45° + \frac{\varphi}{2}\right) \tag{4.34}$$

即

$$\rho g Z = \sigma_c + \lambda_a \rho g Z \tan^2\left(45° + \frac{\varphi}{2}\right) \tag{4.35}$$

因此，正断层形成的侧压系数 λ_a 为

$$\lambda_a = \cot^2\left(45° + \frac{\varphi}{2}\right) - \left[\frac{\sigma_c}{\rho g}\cot^2\left(45° + \frac{\varphi}{2}\right)\right]\frac{1}{Z} \tag{4.36}$$

逆断层形成时的应力状态为：最小主应力 σ_3 为垂直，最大主应力 σ_1 为水平，如图 4.24(b)。因此，$\sigma_3 = \sigma_v = \rho g Z$，$\sigma_1 = \sigma_h = \lambda_p \rho g Z$。

同理可得逆断层形成时的侧压系数 λ_p 为

$$\lambda_p = \tan^2\left(45° + \frac{\varphi}{2}\right) + \left(\frac{\sigma_c}{\rho g}\right)\frac{1}{Z} \tag{4.37}$$

由上述分析可知，λ_a 和 λ_p 是岩体中侧压系数的两种极端情况。一般认为侧压系数 λ 介于两者之间，即 $\lambda_a \leqslant \lambda \leqslant \lambda_p$。如把这结论，与 Hoek-Brown 根据全球实测结果得出的侧压系数随深度变化的经验关系相比，两者的形式极为一致，即侧压系数与深度 Z 成反比。

4.5 高地应力区特征

我国中西部山区多处高地应力区，随着中西部的开发，尤其是水电系统的工程建设，已不断遇到高地应力现象及问题，给岩体工程的稳定性带来了挑战。在高地应力条件下，岩体的脆性表现不太明显，而塑性表现明显，节理面的存在所引起的各向异性也会明显减弱，表现出连续介质的特性，而且会呈现出高地应力的特殊现象，因此有必要进行深入研究。

4.5.1 高地应力判别准则

高地应力是一个相对的概念。由于不同岩石具有不同的弹性模量，岩石的储能性能也不同。一般来说，初始地应力大小与该地区岩体的变形特性有关，岩质坚硬，则储存弹性能多，地应力也大。因此，高地应力是相对于围岩强度而言的。也就是说，当围岩强度（σ_c）与围岩内部的最大地应力的比值（σ_c/σ_{max}）达到某一水平时，才能称为高地应力或极高地应力。

目前在地下工程的设计施工中，都把围岩强度比作为判断围岩稳定性的重要指标，有的还作为围岩分级的重要指标。从这个角度讲，应该认识到埋深大不一定就存在高地应力问题，而埋深小但围岩强度很低的场合，如有大变形出现，也可能出现高地应力的问题。因此，研究是否出现高或极高地应力问题时必须与围岩强度联系起来，从而进行判定。表4.2是国内外一些以围岩强度比为指标的地应力分级标准。

表 4.2   以围岩强度比为指标的地应力分级标准

地应力分级标准	极高地应力	高地应力	一般地应力
法国隧道协会	<2	2~4	>4
中国工程岩体分级标准	<4	4~7	>7
日本新奥法指南（1996 年）	<4	4~6	>6
日本仲野分级方法	<2	2~4	>4

围岩强度比与围岩开挖后的破坏现象有关，特别是与岩爆、大变形有关。前者是在坚硬完整的岩体中可能发生的现象，后者是在软弱或土质地层中可能发生的现象。日本仲野分级方法是以是否产生塑性地压来判定的，见表4.3。表4.4所示为我国工程岩体分级标准中对高地应力岩体在开挖过程中出现的主要现象的相关描述。

表 4.3   不同围岩强度比开挖中出现的现象 （日本仲野分级方法）

围岩强度比	>4	2~4	<2
地压特性	不产生塑性地压	有时产生塑性地压	多产生塑性地压

表 4.4   高地应力岩体在开挖过程中出现的主要现象 （工程岩体分级标准）

应力情况	主要现象	σ_c/σ_{max}
极高地应力	硬质岩:开挖过程中时有岩爆发生,有岩块弹出,硐室岩体发生剥离、新生裂缝多,成硐性差,基坑有剥离现象,成形性差 软质岩:岩芯常有饼化现象,开挖工程中洞壁岩体有剥离,位移极为显著,甚至发生大位移,持续时间长,不易成硐,基坑发生显著隆起或剥离,不易成形	<4
高地应力	硬质岩:开挖过程中可能出现岩爆,洞壁岩体有剥离和掉块现象,新生裂缝较多,成硐性较差,基坑时有剥离现象,成形性一般尚好 软质岩:岩芯时有饼化现象,开挖工程中洞壁岩体位移显著,持续时间长,成硐性差,基坑有隆起现象,成形性较差	4~7

4.5.2　高地应力现象

① 岩芯饼化现象。在中等强度以下的岩体中进行勘探时，常可见到岩芯饼化现象。饼的厚度随岩芯直径和地应力的增大而增大。饼化程度越高，说明岩体变形越厉害，越容易产生岩爆。从岩石力学破裂成因来分析，岩芯饼化是剪胀破裂产物。除此以外，还能发现钻孔缩径现象。

② 岩爆现象。在岩性坚硬完整或较完整的高地应力地区开挖隧洞或探洞时，在开挖过程中时有岩爆发生。岩爆是岩石被挤压到弹性限度，岩体内积聚的能量突然释放所造成的一种岩石破坏现象。

③ 探洞和地下隧洞的洞壁产生剥离，岩体锤击为嘶哑声并有较大变形。在中等强度以下的岩体中开挖探洞或隧洞，高地应力状况不会像岩爆那样剧烈，洞壁岩体产生剥离现象，有时裂缝一直延伸到岩体浅层内部，锤击时有破哑声。在软质岩体中洞体则产生较大的变形，位移显著，持续时间长，洞径明显缩小。

④ 岩质基坑底部隆起、剥离以及回弹错动现象。在坚硬岩体表面开挖基坑或槽，在开挖过程中会产生坑底突然隆起、断裂，并伴有响声，或在基坑底部产生隆起剥离。在岩体中，如有软弱夹层，则会在基坑斜坡上出现回弹错动现象。

⑤ 野外原位测试测得的岩体物理力学指标比实验室岩块试验结果高。由于高地应力的存在，致使岩体的声波速度、弹性模量等参数增高，甚至比实验室无应力状态岩块测得的参数高。野外原位变形测试曲线的形状也会变化，在 σ 轴上有截距。

【思考与练习题】

1. 岩体原始应力状态与哪些因素有关？

2. 什么是侧压系数？侧压系数能否大于 1？侧压系数值的大小如何说明岩体所处的应力状态？

3. 某花岗岩埋深 1km，其上覆盖地层的平均容重 $\gamma = 25\text{kN/m}^3$，花岗岩处于弹性状态，泊松比 $\mu = 0.3$。该花岗岩在自重作用下的初始垂直应力和水平应力分别为多少？

4. 简述地应力测量的重要性。

5. 地应力是如何形成的？

6. 影响地应力的因素有哪些？

7. 地应力测量方法分哪两类？两类的主要区别在哪里？每类包括哪些主要测量技术？

8. 简述地壳浅部地应力分布的基本规律。

9. 简述水压致裂法的基本测量原理和优缺点。

10. 简述套孔应力解除法的基本测量原理和主要测试步骤。

11. 简述声发射法的主要测试原理。

12. 如何评价应力恢复法？

13. 岩爆的类型有哪些？

14. 岩爆产生的条件是什么？

15. 岩爆的防治措施包含哪些？

第 5 章

岩石本构关系与强度理论

 学习目标及要求

掌握平衡方程、几何方程和边界条件的分析、建立过程；掌握岩石弹性本构关系，了解岩石塑性本构关系；熟悉流变基本元件力学模型和常见组合元件流变力学模型的本构方程推导，能进行简单的流变力学模型判别；基本掌握岩石强度理论（准则）的适用条件和应用范围，熟练掌握库仑准则、莫尔强度理论、格里菲斯理论等强度理论的应用方法，并了解其推导过程。

5.1 概述

岩体基本力学问题的求解以岩体的微分单元体为基本研究单元，通过研究其力的平衡关系（平衡方程）、位移和应变的关系（几何方程）以及应力-应变关系（物理方程或本构方程），得到基本方程，引入岩体的边界条件，求得其应力场和位移场。

平衡方程和几何方程与材料的性质无关，只有本构关系反映材料的性质。岩体本构关系是指岩体在外力作用下，应力或应力速率与其应变或应变速率的关系。若只考虑静力问题，则本构关系是指应力与应变，或者应力增量与应变增量之间的关系。岩石在变形的初始阶段呈现弹性，后期呈现塑性，因此岩石的变形一般为弹塑性。岩石在弹性阶段的本构关系称为岩石弹性本构关系，岩石在塑性阶段的本构关系称为岩石塑性本构关系，统称为弹塑性本构关系。

岩石材料破坏的形式主要有两类：一类是断裂破坏；另一类是流动破坏（出现显著的塑性变形或流动现象）。断裂破坏发生于应力达到强度极限，流动破坏发生于应力达到屈服极限。在简单应力状态下，可以通过试验来确定材料的强度。但是，在复杂应力状态下，如果模仿单轴压缩（拉伸）试验建立强度准则，则必须对材料在各种各样的应力状态下，逐一进行试验，以确定相应的极限应力，以此来建立其强度准则，这显然是难以实现的。所以要采用判断推理的方法，提出一些假说，推测材料在复杂应力状态下破坏的原因，从而建立强度准则。这样的假说称为强度理论。

总之，岩体的力学性质可分为变形性质和强度性质两类，变形性质主要通过本构关系来反映，强度性质主要通过强度准则来反映。

5.2　平衡方程与几何方程

平衡方程反映微元体上表面力分量与体积力分量之间的相互关系，可根据微元体平衡状态下所应保证的静力和力矩平衡条件推导得出。

物体在外力作用下将产生形状和尺寸的改变，使物体内各点发生位置变化，从空间问题的几何学角度分析，建立的应变分量和位移之间的关系即为几何方程。

为了便于理解，本节中的平衡方程、几何方程以及边界条件的建立过程均先以平面问题研究为例，然后再推衍至空间问题。

5.2.1　平衡方程

（1）平面问题的平衡方程

一般说来，作用于物体上的外力可分为体积力和表面力，体积力是分布在物体体积内的力，如重力和惯性力。表面力是分布在物体表面上的力，如流体压力和接触力。从平面问题研究的物体中取出一个微小的平行六面体，它在 x 和 y 方向的尺寸分别为 $\mathrm{d}x$ 与 $\mathrm{d}y$，为计算方便在 z 方向的尺寸取一个单位长度，如图 5.1 所示。

对各应力分量、变形分量和位移分量的符号作以下规定：在外法线的指向与坐标轴的正向一致的面上，应力的正向与坐标轴的正向相同；在外法线的指向与坐标轴的正向相反的面上，应力的正向与坐标轴的正向相反；正应变以伸长为正，压缩为负；剪应变以直角变小为正，变大为负；作用力和位移以沿坐标轴正方向为正，沿坐标轴负方向为负。图 5.1 所示的应力全都是正的。

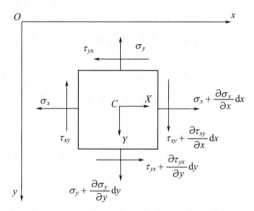

图 5.1　平面问题微元体平衡分析示意图

对于平面问题，由于应力分量是位置坐标 x 和 y 的函数，因此作用在六面体两个相对面上的应力分量具有微小的差异，并不完全相同。设作用于左边面的平均正应力分量是 σ_x，由于右边面在 x 方向上相差了 $\mathrm{d}x$ 的距离，则作用于右边面上的平均正应力分量应表示为 $\sigma_x + \dfrac{\partial \sigma_x}{\partial x}\mathrm{d}x$。作用于左边面上的平均剪应力是 τ_{xy}，则右边面上的平均剪应力应表示为 $\tau_{xy} + \dfrac{\partial \tau_{xy}}{\partial x}\mathrm{d}x$。同理，设上边面上的平均正应力和平均剪应力分别为 σ_y 和 τ_{yx}，则下边面上的平均正应力和平均剪应力分别为 $\sigma_y + \dfrac{\partial \sigma_y}{\partial y}\mathrm{d}y$ 和 $\tau_{yx} + \dfrac{\partial \tau_{yx}}{\partial y}\mathrm{d}y$。$X$、$Y$ 分别为 x 方向和 y 方向的体积应力。

通过中心 C 点并平行于 z 轴的直线为矩轴，列出力矩的平衡方程 $\sum M_C = 0$

$$\left(\tau_{xy}+\frac{\partial \tau_{xy}}{\partial x}\mathrm{d}x\right)\mathrm{d}y\,\frac{\mathrm{d}x}{2}+\tau_{xy}\,\mathrm{d}y\,\frac{\mathrm{d}x}{2}-\left(\tau_{yx}+\frac{\partial \tau_{yx}}{\partial y}\mathrm{d}y\right)\mathrm{d}x\,\frac{\mathrm{d}y}{2}-\tau_{yx}\,\mathrm{d}x\,\frac{\mathrm{d}y}{2}=0 \qquad (5.1)$$

忽略 3 阶微量，整理可得到

$$\tau_{xy}\,\mathrm{d}x\,\mathrm{d}y-\tau_{yx}\,\mathrm{d}y\,\mathrm{d}x=0 \qquad (5.2)$$

除以 $\mathrm{d}x\,\mathrm{d}y$，得

$$\tau_{xy}=\tau_{yx} \qquad (5.3)$$

式(5.3)表达了剪应力互等的关系，即剪应力互等定理。

以 x 轴为投影轴，列出平衡方程 $\sum F_x=0$，得

$$\left(\sigma_x+\frac{\partial \sigma_x}{\partial x}\mathrm{d}x\right)\mathrm{d}y\times 1-\sigma_x\,\mathrm{d}y\times 1+\left(\tau_{yx}+\frac{\partial \tau_{yx}}{\partial y}\mathrm{d}y\right)\mathrm{d}x\times 1-\tau_{yx}\,\mathrm{d}x\times 1+X\,\mathrm{d}x\,\mathrm{d}y\times 1=0$$
$$(5.4)$$

整理后得

$$\frac{\partial \sigma_x}{\partial x}+\frac{\partial \tau_{yx}}{\partial y}+X=0 \qquad (5.5)$$

同样，由平衡方程 $\sum F_y=0$ 可得到一个相似的微分方程。两个微分方程联立可得平面问题的平衡微分方程

$$\begin{cases} \dfrac{\partial \sigma_x}{\partial x}+\dfrac{\partial \tau_{yx}}{\partial y}+X=0 \\[3mm] \dfrac{\partial \sigma_y}{\partial y}+\dfrac{\partial \tau_{xy}}{\partial x}+Y=0 \end{cases} \qquad (5.6)$$

由式(5.6)可知，2 个微分方程中包含着 3 个未知应力分量 $\sigma_x,\sigma_y,\tau_{xy}=\tau_{yx}$，方程数量少于未知数，属于超静定问题，需要根据变形条件补充一些方程才能求解未知应力分量，这些补充方程包括几何方程和本构方程等。

(2) 空间问题的平衡方程

空间问题的平衡方程的建立过程与平面问题的建立过程基本一致，只是微小平行六面体在 z 方向的尺寸不再是单位长度，而是 $\mathrm{d}z$，且 z 方向上存在平均正应力与平均剪应力，如图 5.2 所示。

微小的平行六面体的各面均垂直于坐标轴，棱边长度分别为 $OA=\mathrm{d}x$、$OB=\mathrm{d}y$、$OC=\mathrm{d}z$。首先，以连接六面体前后两面中心直线为力矩轴，列出力矩的平衡方程 $\sum M=0$

$$\left(\tau_{yz}+\frac{\partial \tau_{yz}}{\partial y}\mathrm{d}y\right)\frac{\mathrm{d}x\,\mathrm{d}y\,\mathrm{d}z}{2}+\tau_{yz}\,\frac{\mathrm{d}x\,\mathrm{d}y\,\mathrm{d}z}{2}-\left(\tau_{zy}+\frac{\partial \tau_{zy}}{\partial z}\mathrm{d}z\right)\frac{\mathrm{d}x\,\mathrm{d}y\,\mathrm{d}z}{2}-\tau_{zy}\,\frac{\mathrm{d}x\,\mathrm{d}y\,\mathrm{d}z}{2}=0$$
$$(5.7)$$

除以 $\mathrm{d}x\,\mathrm{d}y\,\mathrm{d}z$，合并相同项，得

$$\tau_{yz}+\frac{1}{2}\frac{\partial \tau_{yz}}{\partial y}\mathrm{d}y-\tau_{zy}-\frac{1}{2}\frac{\partial \tau_{zy}}{\partial z}\mathrm{d}z=0 \qquad (5.8)$$

忽略高阶微量，得

$$\tau_{yz}=\tau_{zy} \qquad (5.9)$$

同理，分别以连接六面体左右（上下）两面中心直线为力矩轴，列出力矩的平衡方程，可得

$$\begin{cases} \tau_{xz}=\tau_{zx} \\ \tau_{xy}=\tau_{yx} \end{cases} \qquad (5.10)$$

式(5.9)与式(5.10)同样表达了剪应力互等的关系。

然后，以 x 轴为投影轴，列出投影的平衡方程 $\sum F_x=0$，得

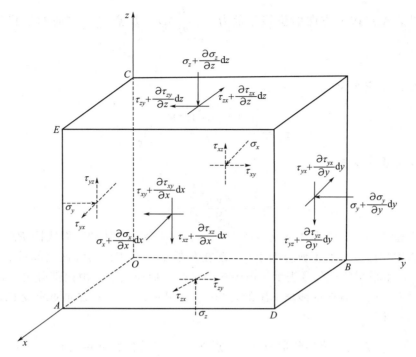

图 5.2 空间问题微元体平衡分析示意图

$$\left(\sigma_x+\frac{\partial \sigma_x}{\partial x}\mathrm{d}x\right)\mathrm{d}y\,\mathrm{d}z-\sigma_x\,\mathrm{d}y\,\mathrm{d}z+\left(\tau_{yx}+\frac{\partial \tau_{yx}}{\partial y}\mathrm{d}y\right)\mathrm{d}x\,\mathrm{d}z-\tau_{yx}\,\mathrm{d}x\,\mathrm{d}z+$$

$$\left(\tau_{zx}+\frac{\partial \tau_{zx}}{\partial z}\mathrm{d}z\right)\mathrm{d}x\,\mathrm{d}y-\tau_{zx}\,\mathrm{d}x\,\mathrm{d}y+X\,\mathrm{d}x\,\mathrm{d}y\,\mathrm{d}z=0 \qquad (5.11)$$

分别以 y 轴和 z 轴为投影轴，列出投影平衡方程 $\sum F_y=0$ 与 $\sum F_z=0$，可得另外两个类似方程。将这 3 个方程除以 $\mathrm{d}x\,\mathrm{d}y\,\mathrm{d}z$ 并整理后，得

$$\begin{cases}\dfrac{\partial \sigma_x}{\partial x}+\dfrac{\partial \tau_{yx}}{\partial y}+\dfrac{\partial \tau_{xz}}{\partial z}+X=0\\[2mm]\dfrac{\partial \sigma_y}{\partial y}+\dfrac{\partial \tau_{xy}}{\partial x}+\dfrac{\partial \tau_{yz}}{\partial z}+Y=0\\[2mm]\dfrac{\partial \sigma_z}{\partial z}+\dfrac{\partial \tau_{zx}}{\partial x}+\dfrac{\partial \tau_{zy}}{\partial y}+Z=0\end{cases} \qquad (5.12)$$

由式(5.12) 可知，与平面问题相似，3 个平衡方程中包含 6 个未知应力分量 σ_x，σ_y，σ_z，$\tau_{xy}=\tau_{yx}$，$\tau_{xz}=\tau_{zx}$，$\tau_{yz}=\tau_{zy}$，方程数量少于未知数，属于超静定问题。

5.2.2 几何方程

(1) 平面问题的几何方程

在弹性体内的任意一点 $P(x,y)$，沿 x 轴和 y 轴方向取两个微小长度的线段 $PA=\mathrm{d}x$ 和 $PB=\mathrm{d}y$，如图 5.3 所示。设弹性体受力后，P、A、B 三点移动到 P'、A'、B'，以 u，v 表示 P 点在 x 方向和 y 方向的位移分量。由于位移分量是位置坐标 x 和 y

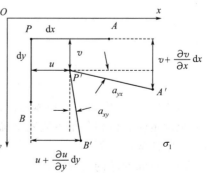

图 5.3 平面问题微分几何分析图

的函数，因此，A 点在 x 方向的位移分量为 $u+\dfrac{\partial u}{\partial x}\mathrm{d}x$，$B$ 点在 y 方向的位移分量为 $v+\dfrac{\partial v}{\partial y}\mathrm{d}y$。

线段 PA 的正应变为

$$\varepsilon_x = \frac{\left(u+\dfrac{\partial u}{\partial x}\mathrm{d}x\right)-u}{\mathrm{d}x}=\frac{\partial u}{\partial x} \tag{5.13}$$

线段 PB 的正应变为

$$\varepsilon_y = \frac{\left(v+\dfrac{\partial v}{\partial y}\mathrm{d}y\right)-v}{\mathrm{d}y}=\frac{\partial v}{\partial y} \tag{5.14}$$

由于各点位移不同，变形体不仅会产生应变，而且会产生转动，即线段 PA 与线段 PB 之间的直角将发生改变，产生剪应变 γ_{xy}。现在分析 PA 与 PB 两线段之间的直角变化量，即剪应变 γ_{xy}，也采用位移分量表示。由图 5.3 可知，剪应变 γ_{xy} 由两部分组成，一部分是 x 方向的线段 PA 向 y 方向的线段 PB 的转角 α_{yx}，另一部分是 y 方向的线段 PB 向 x 方向的线段 PA 的转角 α_{xy}。

由于 P 点在 y 方向的位移分量为 v，A 点在 y 方向的位移分量为 $v+\dfrac{\partial v}{\partial x}\mathrm{d}x$，因此线段 PA 向 y 方向的线段 PB 的转角为

$$\alpha_{yx} = \frac{\left(v+\dfrac{\partial v}{\partial x}\mathrm{d}x\right)-v}{\mathrm{d}x}=\frac{\partial v}{\partial x} \tag{5.15}$$

同理，P 点在 x 方向的位移分量为 u，B 点在 x 方向的位移分量为 $u+\dfrac{\partial u}{\partial y}\mathrm{d}y$，因此线段 PB 向 x 方向的线段 PA 的转角为

$$\alpha_{xy} = \frac{\left(u+\dfrac{\partial u}{\partial y}\mathrm{d}y\right)-u}{\mathrm{d}y}=\frac{\partial u}{\partial y} \tag{5.16}$$

将 α_{yx} 和 α_{xy} 相加，可得线段 PA 与 PB 之间的直角变化量，即剪应变 γ_{xy} 为

$$\gamma_{xy} = \alpha_{yx}+\alpha_{xy}=\frac{\partial v}{\partial x}+\frac{\partial u}{\partial y} \tag{5.17}$$

综合以上三式，可得平面问题中的几何方程

$$\begin{cases} \varepsilon_x = \dfrac{\partial u}{\partial x} \\[2mm] \varepsilon_y = \dfrac{\partial v}{\partial y} \\[2mm] \gamma_{xy} = \dfrac{\partial v}{\partial x}+\dfrac{\partial u}{\partial y} \end{cases} \tag{5.18}$$

由式(5.18)可知，当物体的位移分量完全确定时，其应变分量也完全确定。但应变分量完全确定时，位移分量不能完全确定。这是因为物体的位移不但与物体的变形有关，还与物体的刚体运动有关。

（2）空间问题的几何方程

空间问题的微分几何分析图如图 5.4 所示。弹性体内的任意一点 $P(x，y，z)$，变形后

为点 $P_1(x+u，y+v，z+w)$。将 PP_1 连线分别投影到 x 轴、y 轴、z 轴上，则可得对应的位移分量 u、v、w，如图 5.4(a) 所示。图 5.4(b) 所示为微元体在 xOy 平面上的投影。设弹性体受力后，点 P'、A'、B' 分别移动到点 P'_1、A'_1、B'_1，现以 u、v 分别表示点 P' 在 x 轴和 y 轴方向的位移分量。B' 点在 x 轴方向的位移分量为 $u+\dfrac{\partial u}{\partial x}\mathrm{d}x$，$A'$ 在 y 轴方向的位移分量为 $v+\dfrac{\partial v}{\partial y}\mathrm{d}y$。

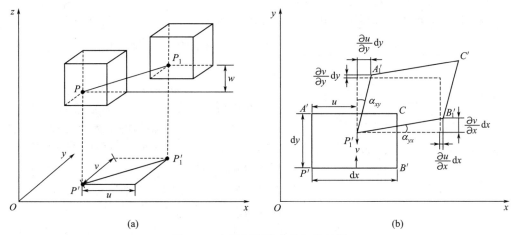

图 5.4　空间问题微分几何分析图

线段 $P'B'$ 的正应变为

$$\varepsilon_x = \frac{\left(u+\dfrac{\partial u}{\partial x}\mathrm{d}x\right)-u}{\mathrm{d}x} = \frac{\partial u}{\partial x} \tag{5.19}$$

线段 $P'A'$ 的正应变为

$$\varepsilon_y = \frac{\left(v+\dfrac{\partial v}{\partial y}\mathrm{d}y\right)-v}{\mathrm{d}y} = \frac{\partial v}{\partial y} \tag{5.20}$$

线段 $P'A'$ 向 x 方向的转角为

$$\alpha_{xy} = \frac{\left(u+\dfrac{\partial u}{\partial y}\mathrm{d}y\right)-u}{\mathrm{d}y} = \frac{\partial u}{\partial y} \tag{5.21}$$

线段 $P'B'$ 向 y 方向的转角为

$$\alpha_{yx} = \frac{\left(v+\dfrac{\partial v}{\partial x}\mathrm{d}x\right)-v}{\mathrm{d}x} = \frac{\partial v}{\partial x} \tag{5.22}$$

将 α_{yx} 和 α_{xy} 相加，可得线段 $P'A'$ 与 $P'B'$ 之间的直角变化量，即剪应变 γ_{xy} 为

$$\gamma_{xy} = \alpha_{yx} + \alpha_{xy} = \frac{\partial v}{\partial x} + \frac{\partial u}{\partial y} \tag{5.23}$$

同理，可得 xOz 平面和 yOz 平面上的正应变和剪应变，联立之后可得空间问题的几何方程为

$$\begin{cases} \varepsilon_x = \dfrac{\partial u}{\partial x}，\varepsilon_y = \dfrac{\partial v}{\partial y}，\varepsilon_z = \dfrac{\partial w}{\partial z} \\[3mm] \gamma_{xy} = \dfrac{\partial v}{\partial x} + \dfrac{\partial u}{\partial y}，\gamma_{xz} = \dfrac{\partial w}{\partial x} + \dfrac{\partial u}{\partial z}，\gamma_{yz} = \dfrac{\partial v}{\partial z} + \dfrac{\partial w}{\partial y} \end{cases} \tag{5.24}$$

由式(5.24)同样可以发现，当物体的位移分量完全确定时，其应变分量也完全确定。但应变分量完全确定时，位移分量不能完全确定。

5.2.3 边界条件

(1) 平面问题的边界条件

边界条件是求解弹性力学问题的重要条件，根据需要研究的问题可分为位移边界条件、应力边界条件和应力位移混合边界条件。

在位移边界条件中，研究对象边界上的位移分量已知，设 u_s、v_s 为物体边界位移，$\bar{u}$、$\bar{v}$ 为边界点在 x 轴、y 轴方向上的给定位移，则位移边界条件为

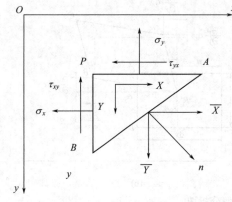

图 5.5　平面问题应力边界条件分析示意图

$$u_s = \bar{u}, \quad v_s = \bar{v} \tag{5.25}$$

在应力边界条件中，物体在边界条件上所受的面力是已知的。在物体的边界上任取一个斜面，如图 5.5 所示，n 代表斜面 AB 的外法线方向，其方向余弦分别用 $l = \cos(n, x)$ 与 $m = \cos(n, y)$ 表示，$\bar{X}$、$\bar{Y}$ 分别为边界上给定的面力在 x 轴与 y 轴方向上的分量，X、Y 分别为在 x 轴与 y 轴方向上的体积力。设 AB 的长度为 ds，垂直于平面的尺寸为单位长度。

由平衡条件 $\sum F_x = 0$，得

$$\bar{X}ds - \sigma_x l\,ds - \tau_{yx} m\,ds + X\frac{l\,ds \times m\,ds}{2} = 0 \tag{5.26}$$

除以 ds，并忽略高阶微量，可得

$$\bar{X} = l\sigma_x + m\tau_{yx} = \sigma_x \cos(n, x) + \tau_{yx}\cos(n, y) \tag{5.27}$$

同理，由平衡条件 $\sum F_y = 0$ 得出另一个方程，两式联立可得平面问题的应力边界条件为

$$\begin{cases} \bar{X} = \sigma_x \cos(n, x) + \tau_{yx}\cos(n, y) \\ \bar{Y} = \sigma_y \cos(n, y) + \tau_{xy}\cos(n, x) \end{cases} \tag{5.28}$$

(2) 空间问题的边界条件

在位移边界条件中，研究对象边界上的位移分量已知，设 u_s、v_s、w_s 为物体边界位移，$\bar{u}$、$\bar{v}$、$\bar{w}$ 为边界点在 x 轴、y 轴、z 轴方向上的给定位移，则位移边界条件为

$$u_s = \bar{u}, \quad v_s = \bar{v}, \quad w_s = \bar{w} \tag{5.29}$$

在应力边界条件中，物体在边界条件上所受的面力是已知的。在物体的边界附近任取一个微小四面体 $OABC$，如图 5.6 所示，n 代表斜面 ABC 的外法线方向，其方向余弦分别用 $\cos(n, x)$、$\cos(n, y)$ 与 $\cos(n, z)$ 表示，$\bar{X}$、$\bar{Y}$、$\bar{Z}$ 分别为边界上给定的面力在 x 轴、y 轴与 z 轴方向上的分量。

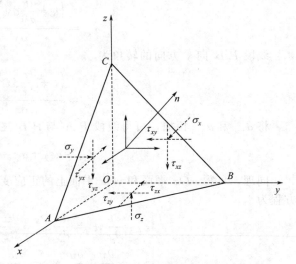

图 5.6　空间问题应力边界条件分析示意图

采用与平面问题应力边界条件相同的分析方法，利用平衡条件 $\sum F_x=0$、$\sum F_y=0$ 和 $\sum F_z=0$ 可得到相应的应力边界条件，联立之后可得空间问题的应力边界条件

$$\begin{cases} \overline{X}=\sigma_x\cos(n,x)+\tau_{yx}\cos(n,y)+\tau_{zx}\cos(n,z) \\ \overline{Y}=\sigma_y\cos(n,y)+\tau_{xy}\cos(n,x)+\tau_{zy}\cos(n,z) \\ \overline{Z}=\sigma_z\cos(n,z)+\tau_{xz}\cos(n,x)+\tau_{yz}\cos(n,y) \end{cases} \tag{5.30}$$

在混合边界条件中，通常有两种情况：一种情况是在物体的整个边界中，一部分已知应力，即给定应力边界，此部分边界应用应力边界条件，其余部分给定位移，即给定位移边界，在给定位移的边界上用位移边界条件，相当于给了两种边界。另一种情况是在同一部分边界上已知部分位移和部分应力，即给定位移与应力混合条件。

5.2.4　岩石力学中的习惯符号规定

到目前为止，有关力、位移、应变和应力的符号规定都是按照一般弹性力学通用规定。然而，在岩石力学中，往往以承受压应力为主，如果仍采用弹性力学的符号规定，应变和应力计算的结果将出现很多负值，这将给数学处理带来不便。所以，在岩石力学中，对位移、应变和应力的符号采取如下习惯规定：

① 力和位移分量的正方向与坐标轴的正方向一致；
② 压缩的正应变取为正；
③ 压缩的正应力取为正；
④ 假如表面的外法线与坐标轴的正方向一致，则该表面上正的剪应力的方向与坐标轴的正方向相反，反之亦然。

根据以上的规定，则上述的基本方程将有所改变，以平面问题的基本方程为例。

平衡微分方程为
$$\begin{cases} \dfrac{\partial \sigma_x}{\partial x}+\dfrac{\partial \tau_{yx}}{\partial y}-X=0 \\ \dfrac{\partial \sigma_y}{\partial y}+\dfrac{\partial \tau_{xy}}{\partial x}-Y=0 \end{cases} \tag{5.31}$$

几何方程为
$$\begin{cases} \varepsilon_x=-\dfrac{\partial u}{\partial x} \\ \varepsilon_y=-\dfrac{\partial v}{\partial y} \\ \gamma_{xy}=-\left(\dfrac{\partial v}{\partial x}+\dfrac{\partial u}{\partial y}\right) \end{cases} \tag{5.32}$$

应力边界条件为
$$\begin{cases} \overline{X}=-[\sigma_x\cos(n,x)+\tau_{yx}\cos(n,y)] \\ \overline{Y}=-[\sigma_y\cos(n,y)+\tau_{xy}\cos(n,x)] \end{cases} \tag{5.33}$$

5.3　岩石弹性本构关系

在某些实际工程问题中，按照岩石种类和受力条件，可将其抽象为弹性材料，进而从弹性力学角度去分析岩石的本构关系。

5.3.1　各向同性线弹性本构关系

当线弹性体在各个方向上的弹性性质完全相同，即具有各向同性性质时，这种线弹性体

称为各向同性线弹性体。

5.3.1.1 空间弹性本构关系

将岩石视为各向同性的弹性体时，其应力分量与应变分量之间存在线性关系，其本构方程可直接由广义胡克定律表示

$$\begin{cases} \varepsilon_x = \dfrac{1}{E}\left[\sigma_x - \mu(\sigma_y + \sigma_z)\right] \\[2mm] \varepsilon_y = \dfrac{1}{E}\left[\sigma_y - \mu(\sigma_x + \sigma_z)\right] \\[2mm] \varepsilon_z = \dfrac{1}{E}\left[\sigma_z - \mu(\sigma_x + \sigma_y)\right] \\[2mm] \gamma_{xy} = \dfrac{1}{G}\tau_{xy}, \gamma_{yz} = \dfrac{1}{G}\tau_{yz}, \gamma_{zx} = \dfrac{1}{G}\tau_{zx} \end{cases} \tag{5.34}$$

式中，E 为弹性模量；μ 为泊松比；G 为剪切模量，而

$$G = \frac{E}{2(1+\mu)} \tag{5.35}$$

因此，式（5.34）也可表示成

$$\begin{cases} \varepsilon_x = \dfrac{1}{E}\left[\sigma_x - \mu(\sigma_y + \sigma_z)\right] \\[2mm] \varepsilon_y = \dfrac{1}{E}\left[\sigma_y - \mu(\sigma_x + \sigma_z)\right] \\[2mm] \varepsilon_z = \dfrac{1}{E}\left[\sigma_z - \mu(\sigma_x + \sigma_y)\right] \\[2mm] \gamma_{xy} = \dfrac{2(1+\mu)}{E}\tau_{xy}, \gamma_{yz} = \dfrac{2(1+\mu)}{E}\tau_{yz}, \gamma_{zx} = \dfrac{2(1+\mu)}{E}\tau_{zx} \end{cases} \tag{5.36}$$

式（5.36）即为空间弹性本构方程，它共有 6 个基本方程，包含有 12 个未知函数：6 个应力分量 σ_x、σ_y、σ_z、$\tau_{xy} = \tau_{yx}$、$\tau_{xz} = \tau_{zx}$、$\tau_{yz} = \tau_{zy}$，6 个应变分量 ε_x、ε_y、ε_z、$\gamma_{xy} = \gamma_{yx}$、$\gamma_{xz} = \gamma_{zx}$、$\gamma_{yz} = \gamma_{zy}$。

5.3.1.2 平面弹性本构关系

（1）平面应力问题

设所研究的物体为等厚度薄板，如图 5.7 所示，所受荷载（包括体积力）都与 z 轴垂直，在 z 方向不受力，并且由于板很薄，外力沿 z 方向无变化，可以认为在整个薄板内任何一点都有

$$\sigma_z = 0, \ \tau_{zx} = 0, \ \tau_{zy} = 0 \tag{5.37}$$

注意到剪应力互等关系，可知 $\tau_{xz} = 0$，$\tau_{yz} = 0$。这样，只剩下平行于 xy 面的三个应力分量，即 σ_x、σ_y、$\tau_{xy} = \tau_{yx}$，它们只是 x 和 y 的函数，不随 z 发生变化，这种情况称为平面应力问题。

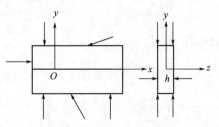

图 5.7 平面应力分析模型

（2）平面应变问题

在几何上与平面应力问题相反，设有很长的柱形体，如图 5.8 所示的挡土墙，以任一横截面为 xy 面，任一纵线为 z 轴、所受荷载均垂直于 z 轴而且沿 z 方向没有变化，则一切应力、应变和位移分量都不沿 z 方向发生变化，只是 x 和 y 的函数。如果近似地认为墙的两

端受到光滑平面的约束，使之在 z 方向没有位移，则任何一个横截面在 z 方向都没有位移，即 $w=0$，所有变形都发生在 xy 面平面内。这种情况称为平面应变问题。

由对称性（任一横截面都可以看作是对称面）可知，$\tau_{zx}=0$，$\tau_{zy}=0$。根据剪应力互等关系，又可以得 $\tau_{xz}=0$，$\tau_{yz}=0$。但是，由于 z 方向的伸缩被阻止，所以 σ_z 并不等于零。

（3）平面弹性本构关系

在平面应变问题中，由于 $\tau_{xz}=\tau_{yz}=0$，因此 $\gamma_{xz}=\gamma_{yz}=0$。同时，由于 $\varepsilon_z=0$，因此

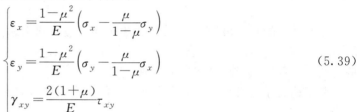

图 5.8　平面应变问题分析模型

$$\sigma_z=\mu(\sigma_x+\sigma_y) \tag{5.38}$$

代入式（5.36），可得平面应变问题的弹性本构方程

$$\begin{cases} \varepsilon_x=\dfrac{1-\mu^2}{E}\Big(\sigma_x-\dfrac{\mu}{1-\mu}\sigma_y\Big) \\[2mm] \varepsilon_y=\dfrac{1-\mu^2}{E}\Big(\sigma_y-\dfrac{\mu}{1-\mu}\sigma_x\Big) \\[2mm] \gamma_{xy}=\dfrac{2(1+\mu)}{E}\tau_{xy} \end{cases} \tag{5.39}$$

在平面应力问题中，由于 $\sigma_z=\tau_{xz}=\tau_{yz}=0$，代入式（5.36）可得平面应力问题的弹性本构方程

$$\begin{cases} \varepsilon_x=\dfrac{1}{E}(\sigma_x-\mu\sigma_y) \\[2mm] \varepsilon_y=\dfrac{1}{E}(\sigma_y-\mu\sigma_x) \\[2mm] \gamma_{xy}=\dfrac{2(1+\mu)}{E}\tau_{xy} \end{cases} \tag{5.40}$$

另外，由式（5.36）中第三式可得

$$\varepsilon_z=-\frac{\mu}{E}(\sigma_x+\sigma_y) \tag{5.41}$$

式（5.41）可以用来求得薄板厚度的改变。

5.3.2　各向异性线弹性本构关系

大多数岩石都具有不同程度的各向异性（如沉积岩和变质岩在层理面和垂直于层理面方向上，性质存在一定的差异），因此岩石的本构关系需要考虑各向异性。

5.3.2.1　极端各向异性体本构关系

极端各向异性体中，6 个应力分量是 6 个应变分量的函数，反之亦然。由弹性力学可知，岩石在三向应力状态下，其应力-应变关系表示为

$$\begin{cases} \sigma_x=c_{11}\varepsilon_x+c_{12}\varepsilon_y+c_{13}\varepsilon_z+c_{14}\gamma_{xy}+c_{15}\gamma_{yz}+c_{16}\gamma_{zx} \\ \sigma_y=c_{21}\varepsilon_x+c_{22}\varepsilon_y+c_{23}\varepsilon_z+c_{24}\gamma_{xy}+c_{25}\gamma_{yz}+c_{26}\gamma_{zx} \\ \sigma_z=c_{31}\varepsilon_x+c_{32}\varepsilon_y+c_{33}\varepsilon_z+c_{34}\gamma_{xy}+c_{35}\gamma_{yz}+c_{36}\gamma_{zx} \\ \tau_{xy}=c_{41}\varepsilon_x+c_{42}\varepsilon_y+c_{43}\varepsilon_z+c_{44}\gamma_{xy}+c_{45}\gamma_{yz}+c_{46}\gamma_{zx} \\ \tau_{yz}=c_{51}\varepsilon_x+c_{52}\varepsilon_y+c_{53}\varepsilon_z+c_{54}\gamma_{xy}+c_{55}\gamma_{yz}+c_{56}\gamma_{zx} \\ \tau_{zx}=c_{61}\varepsilon_x+c_{62}\varepsilon_y+c_{63}\varepsilon_z+c_{64}\gamma_{xy}+c_{65}\gamma_{yz}+c_{66}\gamma_{zx} \end{cases} \tag{5.42}$$

如用矩阵形式可表示为

$$\boldsymbol{\sigma} = \boldsymbol{D}\boldsymbol{\varepsilon} \tag{5.43}$$

式中，$\boldsymbol{\sigma} = \begin{bmatrix} \sigma_x & \sigma_y & \sigma_z & \tau_{xy} & \tau_{yz} & \tau_{zx} \end{bmatrix}^{\mathrm{T}}$ 为应力列向量；$\boldsymbol{\varepsilon} = \begin{bmatrix} \varepsilon_x & \varepsilon_y & \varepsilon_z & \gamma_{xy} & \gamma_{yz} & \gamma_{zx} \end{bmatrix}^{\mathrm{T}}$ 为应变列向量；$\boldsymbol{D}$ 为式（5.42）的系数矩阵（刚度矩阵），含有 36 个弹性常数，其数值由材料的弹性性质决定，系数矩阵 $\boldsymbol{D}$ 表示为

$$\boldsymbol{D} = \begin{bmatrix} c_{11} & c_{12} & c_{13} & c_{14} & c_{15} & c_{16} \\ c_{21} & c_{22} & c_{23} & c_{24} & c_{25} & c_{26} \\ c_{31} & c_{32} & c_{33} & c_{34} & c_{35} & c_{36} \\ c_{41} & c_{42} & c_{43} & c_{44} & c_{45} & c_{46} \\ c_{51} & c_{52} & c_{53} & c_{54} & c_{55} & c_{56} \\ c_{61} & c_{62} & c_{63} & c_{64} & c_{65} & c_{66} \end{bmatrix} \tag{5.44}$$

由弹性力学理论可知，式（5.44）表示的系数矩阵中 $c_{21} = c_{12}$、$c_{31} = c_{13}$、$c_{32} = c_{23}$、$\cdots$、$c_{65} = c_{56}$，即 $c_{ij} = c_{ji}$（$i = 1, 2, \cdots, 6$；$j = 1, 2, \cdots, 6$）。因此，系数矩阵 $\boldsymbol{D}$ 是对称矩阵，其中的 36 个弹性常数有 21 个独立量。

其本构关系也可写成用应力表示应变的方式，以矩阵的形式表示为

$$\boldsymbol{\varepsilon} = \boldsymbol{A}\boldsymbol{\sigma} \tag{5.45}$$

式（5.45）中，矩阵 $\boldsymbol{A}$ 即柔度矩阵，是矩阵 $\boldsymbol{D}$ 的逆矩阵，可表示为

$$\boldsymbol{A} = \begin{bmatrix} \alpha_{11} & \alpha_{12} & \alpha_{13} & \alpha_{14} & \alpha_{15} & \alpha_{16} \\ \alpha_{21} & \alpha_{22} & \alpha_{23} & \alpha_{24} & \alpha_{25} & \alpha_{26} \\ \alpha_{31} & \alpha_{32} & \alpha_{33} & \alpha_{34} & \alpha_{35} & \alpha_{36} \\ \alpha_{41} & \alpha_{42} & \alpha_{43} & \alpha_{44} & \alpha_{45} & \alpha_{46} \\ \alpha_{51} & \alpha_{52} & \alpha_{53} & \alpha_{54} & \alpha_{55} & \alpha_{56} \\ \alpha_{61} & \alpha_{62} & \alpha_{63} & \alpha_{64} & \alpha_{65} & \alpha_{66} \end{bmatrix} \tag{5.46}$$

矩阵 $\boldsymbol{A}$ 中，α_{ij} 表示第 j 个应力分量等于一个单位时在 i 方向所引起的应变分量（如 α_{12} 表示 σ_y 等于一个单位时在 x 轴方向上所引起的应变分量；α_{56} 表示剪应力 τ_{zx} 等于一个单位时在 yOz 平面内所引起的应变分量）。同样，矩阵 $\boldsymbol{A}$ 为对称矩阵，其中的 36 个弹性常数有 21 个独立量。

5.3.2.2　正交各向异性体本构关系

在正交各向异性体的弹性主方向上，材料的弹性特性是相同的，因此如果相互垂直的 3 个平面中存在 2 个弹性对称面，则第 3 个必为弹性对称面。对于正交各向异性弹性体而言，其独立的弹性常数有 9 个，其系数矩阵可表示为

$$\boldsymbol{D} = \begin{bmatrix} c_{11} & c_{12} & c_{13} & 0 & 0 & 0 \\ c_{21} & c_{22} & c_{23} & 0 & 0 & 0 \\ c_{31} & c_{32} & c_{33} & 0 & 0 & 0 \\ 0 & 0 & 0 & c_{44} & 0 & 0 \\ 0 & 0 & 0 & 0 & c_{55} & 0 \\ 0 & 0 & 0 & 0 & 0 & c_{66} \end{bmatrix} \tag{5.47}$$

对于各向同性弹性体而言，式（5.47）中 $c_{11} = c_{22} = c_{33} = c_1$，$c_{12} = c_{23} = c_{13} = c_2$，$c_{44} = c_{55} = c_{66} = c_3$，因此独立的弹性常数从 9 个进一步减为 3 个，其弹性矩阵为

$$\boldsymbol{D}=\begin{bmatrix} c_1 & c_2 & c_2 & 0 & 0 & 0 \\ c_2 & c_1 & c_2 & 0 & 0 & 0 \\ c_2 & c_2 & c_1 & 0 & 0 & 0 \\ 0 & 0 & 0 & c_3 & 0 & 0 \\ 0 & 0 & 0 & 0 & c_3 & 0 \\ 0 & 0 & 0 & 0 & 0 & c_3 \end{bmatrix} \tag{5.48}$$

此时的弹性应力-应变关系与各向同性的线弹性本构关系相同，可得 $c_1=\lambda$，$c_2=2G$，$c_3=G$，其中 λ 为拉梅常量，G 为剪切模量。

5.3.2.3　横观各向同性体本构关系

根据横观各向同性体的特点，z 方向和 x 方向的弹性性质是相同的，可知：

① 单位 σ_x 所引起的 ε_x 等于单位 σ_z 所引起的 ε_z。而单位 σ_z 在 z 轴所引起的线应变为 α_{33}，单位 σ_x 在 x 轴方向所引起的线应变为 α_{11}，所以 $\alpha_{33}=\alpha_{11}$。

② 单位 σ_z 所引起的 ε_y 应等于单位 σ_x 所引起的 ε_y，即 $\alpha_{23}=\alpha_{21}$。

③ 单位 τ_{xy} 所引起的 γ_{xy} 应等于单位 τ_{zy} 所引起的 γ_{zy}，即 $\alpha_{44}=\alpha_{55}$。

因此，对于横观各向同性体，在矩阵 $\boldsymbol{A}$ 中仅有 6 个常数项 α_{11}、α_{12}、α_{13}、α_{22}、α_{44}、α_{66}，根据弹性力学公式可得

$$\boldsymbol{A}=\begin{bmatrix} \dfrac{1}{E_1} & -\dfrac{\mu_2}{E_2} & -\dfrac{\mu_1}{E_1} & 0 & 0 & 0 \\[2mm] -\dfrac{\mu_2}{E_2} & \dfrac{1}{E_2} & -\dfrac{\mu_2}{E_2} & 0 & 0 & 0 \\[2mm] -\dfrac{\mu_1}{E_1} & -\dfrac{\mu_2}{E_2} & \dfrac{1}{E_1} & 0 & 0 & 0 \\[2mm] 0 & 0 & 0 & \dfrac{1}{G_2} & 0 & 0 \\[2mm] 0 & 0 & 0 & 0 & \dfrac{1}{G_2} & 0 \\[2mm] 0 & 0 & 0 & 0 & 0 & \dfrac{1}{G_1} \end{bmatrix} \tag{5.49}$$

式中，E_1、μ_1 分别为各向同性面（横向）内岩石的弹性模量和泊松比；E_2、μ_2 分别为垂直于各向同性面（纵向）方向的弹性模量和泊松比。

在横观各向同性体横向内 $G_1=\dfrac{E_1}{2(1+\mu_1)}$，因此横观各向同性体仅有 5 个独立常数，即 E_1、E_2、μ_1、μ_2 和 G_2。

5.3.3　各向同性非线弹性本构关系

各向同性线弹性本构关系处理的对象是小变形问题。严格地说，工程实践中岩石的变形不再满足线弹性应力-应变关系，而呈现非线性的应力-应变关系，即使变形微小，也会因材料物理性质不遵循胡克定律造成基本方程的非线性。因此，需建立非线性弹性本构关系。

5.3.3.1　基于柯西方法的本构方程

柯西（Cauchy）方法定义的弹性介质：在外力作用下，物体内各点的应力状态和应变

状态之间存在一一对应关系，弹性介质的响应仅与当时的状态有关，而与应变路径或应力路径无关。为简化表述，各向同性弹性介质的本构方程用张量形式可表示为

$$\boldsymbol{\varepsilon}_{ij} = \frac{1+\mu_s}{E_s}\boldsymbol{\sigma}_{ij} - \frac{\mu_s}{E_s}\boldsymbol{\sigma}_{kk}\boldsymbol{\delta}_{ij} \tag{5.50}$$

或

$$\boldsymbol{\sigma}_{ij} = \left(K_s - \frac{2}{3}G_s\right)\boldsymbol{\varepsilon}_{kk}\boldsymbol{\delta}_{ij} + 2G_s\boldsymbol{\varepsilon}_{ij} \tag{5.51}$$

式中，$\boldsymbol{\delta}_{ij}$ 为克罗内克（Kronecker）符号，当 $i=j$ 时，$\boldsymbol{\delta}_{ij}=1$，当 $i\neq j$ 时，$\boldsymbol{\delta}_{ij}=0$；$E_s$ 为岩石的割线弹性模量；μ_s 为割线泊松比；K_s 为割线体积模量；G_s 为割线剪切模量。

对于非线性弹性介质，弹性参数是应力不变量或应变不变量的状态函数，4 个弹性参数仅有 2 个是独立量，并存在下式关系

$$\begin{cases} K_s = \dfrac{E_s}{3(1-2\mu_s)} \\[4mm] G_s = \dfrac{E_s}{2(1+\mu_s)} \end{cases} \tag{5.52}$$

因此，式（5.50）也可用 K_s、G_s 表示，式（5.51）也可用 E_s、μ_s 表示。

式（5.50）基本状态变量是应力张量，μ_s 是应力不变量的函数，而应变张量是状态函数，该形式的本构方程称为应力空间表述的本构方程。式（5.51）基本状态变量是应变张量，K_s、G_s 是应变不变量的函数，而应力张量是状态函数，该形式的本构方程称为应变空间表述的本构方程。对于非线性弹性介质，上述两种表述是等价的，可由其中一个推导出另一个。

由于岩土工程结构的应力和应变分布与施工过程有关（隧洞开挖的次序、堤坝分区填筑的次序等），在实际分析计算中需要采用增量形式的本构方程。各向同性非线性弹性介质本构方程的应力空间和应变空间可表示为

$$\begin{cases} \mathrm{d}\boldsymbol{\varepsilon}_{ij} = \dfrac{1+\mu_t}{E_t}\mathrm{d}\boldsymbol{\sigma}_{ij} - \dfrac{\mu_t}{E_t}\mathrm{d}\boldsymbol{\sigma}_{kk}\boldsymbol{\delta}_{ij} \\[4mm] \mathrm{d}\boldsymbol{\sigma}_{ij} = \left(K_t - \dfrac{2}{3}G_t\right)\mathrm{d}\boldsymbol{\varepsilon}_{kk}\boldsymbol{\delta}_{ij} + 2G_t\mathrm{d}\boldsymbol{\varepsilon}_{ij} \end{cases} \tag{5.53}$$

式中，E_t 为岩石介质的切线弹性模量；μ_t 为切线泊松比；K_t 为切线体积模量；G_t 为切线剪切模量。

5.3.3.2　基于格林方法的本构方程

基于格林（Green）方法的本构方程以应变状态作为系统的基本状态变量，与之相对应的状态函数为应力张量 $\boldsymbol{\sigma}_{ij}$ 和单位体积内能 u^0。取应变初始值 $\boldsymbol{\varepsilon}_{ij}^0$ 作为末端值，在应变空间中相应的点沿闭合曲线移动一周，如果物体是弹性的，应当得到初始的应力张量值 $\boldsymbol{\sigma}_{ij}^0$，状态函数回到初始的内能值 u^0，即在应力空间中相应的点也沿一个闭合曲线移动一周。根据热力学第一定律，在变形过程中总满足如下关系

$$\mathrm{d}A = \mathrm{d}u + \mathrm{d}Q \tag{5.54}$$

式中，$\mathrm{d}A$ 为外力功增量；$\mathrm{d}u$ 为内能增量；$\mathrm{d}Q$ 为进入系统的热量。

将 $\mathrm{d}A = \boldsymbol{\sigma}_{ij}\mathrm{d}\boldsymbol{\varepsilon}_{ij}$ 代入式（5.54），并沿闭合的应变路径积分，由于内能返回到之前的值，$\mathrm{d}u$ 的积分等于零，因此有

$$\oint \boldsymbol{\sigma}_{ij}\mathrm{d}\boldsymbol{\varepsilon}_{ij} = \oint \mathrm{d}Q \tag{5.55}$$

式（5.55）右端代表在循环之后进入系统的热量。对于绝热过程，积分为零；对于等温过程，

积分也为零，由热力学第二定律 $dQ = Tds$ 可知，在 T 为常数时，有

$$\oint dQ = T\oint ds = 0 \tag{5.56}$$

由于熵 s 是状态函数，在按闭合路径循环之后，回到了初始熵值，在绝热和等温条件下，有

$$\oint \boldsymbol{\sigma}_{ij} d\boldsymbol{\varepsilon}_{ij} = 0 \tag{5.57}$$

由此，在积分内的表达式是某个函数的全微分，该函数称作应力势，并记为 $U(\boldsymbol{\varepsilon}_{ij})$，则

$$\boldsymbol{\sigma}_{ij} d\boldsymbol{\varepsilon}_{ij} = dU(\boldsymbol{\varepsilon}_{ij}) \tag{5.58}$$

或

$$\boldsymbol{\sigma}_{ij} = \frac{\partial U}{\partial \boldsymbol{\varepsilon}_{ij}} \tag{5.59}$$

介质弹性能的表达式给出之后，式(5.59)即为弹性介质的本构方程，对其进行微分便可得到增量形式的本构方程

$$d\boldsymbol{\sigma}_{ij} = \frac{\partial^2 U}{\partial \boldsymbol{\varepsilon}_{ij} \partial \boldsymbol{\varepsilon}_{kl}} d\boldsymbol{\varepsilon}_{kl} \tag{5.60}$$

5.4　岩石塑性本构关系

塑性与弹性一样，也是材料的一种基本属性，塑性变形是弹性变形后的一个阶段。当荷载超过岩石弹性极限荷载后，即使将荷载完全卸载，岩石内部仍留有不可恢复的部分永久塑性变形。当应力小于弹性屈服极限荷载时（应力点位于屈服面之内），材料是弹性的，应力分量和应变分量之间的关系服从胡克定律，但是当应力超过弹性屈服极限荷载时（应力点位于屈服面上），材料处于塑性状态，此时应力分量与应变分量之间的关系，即塑性本构关系。

与弹性本构关系相比，塑性本构关系具有如下特点：

(1) 应力-应变关系的多值性

即对于同一应力状态往往有多个应变值与它相对应，因此塑性本构关系不能像弹性本构关系那样建立应力与应变的一一对应关系，通常只能建立应力增量和应变增量之间的关系。要描述塑性材料的状态，除了要用应力和应变这些基本状态变量外，还需用能够刻画塑性变形历史的内状态变量（塑性应变、塑性功等）。

(2) 本构关系的复杂性

描述塑性阶段的本构关系不能像弹性力学那样只用一组物理方程，它通常包括三组方程：

① 屈服条件。材料最先达到塑性状态的应力条件。

② 加-卸载准则。材料进入塑性状态后继续塑性变形或回到弹性状态的准则，通式写为

$$f(\boldsymbol{\sigma}_{ij}, H_a) = 0 \tag{5.61}$$

式中，$\boldsymbol{\sigma}_{ij}$ 为应力张量分量，表示垂直于 i 轴的平面上平行于 j 轴的应力（$i = x, y, z$；$j = x, y, z$）；f 为某一函数关系，下同；H_a 为与加载历史有关的参数，$a = 1, 2, 3, \cdots$

③ 本构方程。材料在塑性阶段的应力应变关系或应力与应变增量间的关系，通式写为

$$\boldsymbol{\varepsilon}_{ij} = f(\boldsymbol{\sigma}_{ij}) \text{ 或 } d\boldsymbol{\varepsilon}_{ij} = f(d\boldsymbol{\sigma}_{ij}) \tag{5.62}$$

5.4.1 屈服条件与硬化规律

5.4.1.1 屈服条件

岩石在荷载作用下，由弹性状态到塑性状态的转变称为屈服，其中，弹性状态与塑性状态的分界点称为岩石在该条件下的屈服点。当岩石内部开始产生塑性应变时，应力或者应变所需要满足的条件为屈服条件，初始屈服条件是岩石材料第一次由弹性状态进入塑性状态的判断准则。

如图 5.9 所示，以弹塑性材料的应力-应变曲线 $OACE$ 为例，材料在 OA 段处于弹性状态，由 A 点开始进入塑性阶段，材料发生屈服，即 A 点为初始屈服点，此时材料所处的应力-应变状态满足屈服条件，初始屈服点 A 对应的应力 σ_s 称为初始屈服应力。AC 段为塑性硬化阶段，CE 段为塑性软化阶段。

对于硬化、软化材料（图 5.9 中曲线 OCD 与曲线 OCE），材料达到屈服阶段后逐渐向破坏阶段发展。在屈服点之外的应力状态属于塑性状态的继续，随着应力值和应变值的改变，屈服点是变化的，这种变化后的屈服称为后继屈服。

在三维主应力空间中，将屈服点连接起来，就会形成一个区分弹性区和塑性区的超曲面，称为屈服面，如图 5.10 所示，用于描述屈服面的数学表达式称为屈服函数或屈服条件。屈服面将主应力空间分为两个部分，在屈服面内，岩石处于弹性状态；而在屈服面外，岩石处于屈服状态。

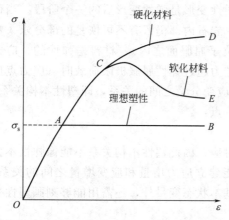

图 5.9   弹塑性材料的应力-应变关系示意图

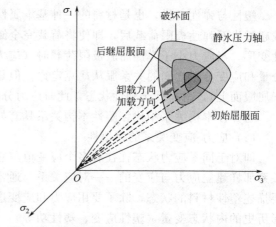

图 5.10   主应力空间内的初始屈服面、后继屈服面

5.4.1.2 硬化规律

有些材料开始屈服后产生塑性流动，变形无限制发展，属于理想弹塑性状态，不存在硬化，在加载状态时，理想弹塑性材料屈服面的形状、大小和位置都是固定的。硬化材料在加载过程中随着应力状态和加载路径的变化，后继屈服面（也称加载曲面）的形状、大小和中心的位置都可能发生变化。用于规定材料进入塑性变形后的后继屈服面在应力空间中的变化规律称为硬化规律。

当内变量改变时，屈服面也随之发生变化，不同的内变量对应着不同的后继屈服面。严格意义上讲，后继屈服面应通过具体试验获得，但目前的试验资料仍难以完整表述后继屈服面的变化规律，因此需要对后继屈服面的运动和变化规律进行假设。通常根据试验数据确定初始屈服面，后继屈服面则按照材料的某种力学性质假定的简单规律，由初始屈服面变换得到。

由于弹塑性材料在初始屈服后的响应不尽相同，因此需要选用不同的硬化模型，即等向硬化（等向强化）模型、随动硬化（随动强化）模型和混合硬化（混合强化）模型，如图5.11 所示。

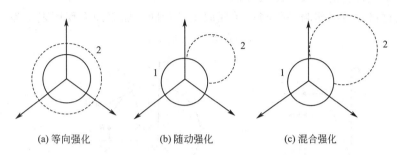

(a) 等向强化　　　　　(b) 随动强化　　　　　(c) 混合强化

图 5.11　硬化模型类型示意图
1—屈服曲线；2—加载曲线

（1）等向硬化模型

等向硬化模型一般是静荷载作用下的弹塑性模型，假定屈服面的中心位置不变，形状不变，其大小随硬化参数变化。对于硬化材料，屈服面不断扩大，即屈服面在应力空间中均匀膨胀；对于软化材料，屈服面不断缩小。等向硬化模型相当于给出了塑性变形各向同性的假定，一般表达形式为

$$f(\boldsymbol{\sigma}_{ij},\xi)=f(\boldsymbol{\sigma}_{ij})-k(\xi)=0 \tag{5.63}$$

式中，$f(\boldsymbol{\sigma}_{ij})=0$ 为初始屈服函数；$k(\xi)$ 为反映塑性变形历史的硬化函数，用于确定屈服面的大小。

（2）随动硬化模型

随动硬化模型适用于周期荷载或反复荷载条件下的动力塑性模型以及静力模型。随动硬化模型认为屈服面在塑性变形过程中，其大小和形状都不发生改变，仅位置发生变化，即只在应力空间中作刚体平移，当某个方向的屈服应力升高时，相对应的相反方向的屈服应力降低。其一般表达形式为

$$f(\boldsymbol{\sigma}_{ij},\xi)=f\left[\boldsymbol{\sigma}_{ij}-\boldsymbol{\alpha}_{ij}(\xi)\right]-m=0 \tag{5.64}$$

式中，$f(\boldsymbol{\sigma}_{ij})-m=0$ 为初始屈服函数；m 为常数；$\boldsymbol{\alpha}_{ij}(\xi)$ 为后继屈服面中心的坐标，反映了材料硬化程度。

（3）混合硬化模型

1957 年，Hodge 将随动硬化和等向硬化结合并推导了混合硬化模型。他认为后继屈服面由初始屈服面经过刚体平移和均匀膨胀得到，即后继屈服面的形状、大小、位置均随塑性变形的发展而变化，其一般表达形式为

$$f(\boldsymbol{\sigma}_{ij},\xi)=f\left[\boldsymbol{\sigma}_{ij}-\boldsymbol{\alpha}_{ij}(\xi)\right]-k(\xi)=0 \tag{5.65}$$

该硬化模型较前两种更为复杂，可反映材料后继屈服面的均匀膨胀，可用于模拟循环荷载和动荷载作用下的材料响应。

5.4.2　塑性状态的加-卸载准则

试验结果表明，当材料（金属材料和岩土材料）处于塑性状态时，应力点位于屈服面上，此时材料的应力-应变关系将根据加载与卸载情况服从不同的规律。如果继续加载时应力与应变关系是塑性的，需要使用塑性条件下的本构方程；如果卸载时应力与应变

关系是弹性的，计算时需要使用胡克定律。由此可知，材料在加载与卸载过程中所遵循的本构关系是不同的，那么就应该首先判别加载与卸载。当材料处于塑性状态，继续进行加载、卸载的分析计算，仍需辨别加载与卸载。因此加载与卸载准则是塑性本构关系的内容之一。

（1）理想塑性材料的加载、卸载准则

理想塑性材料的后继屈服条件与初始屈服条件相同，屈服面方程可表示为

$$f(\boldsymbol{\sigma}_{ij}) = 0 \tag{5.66}$$

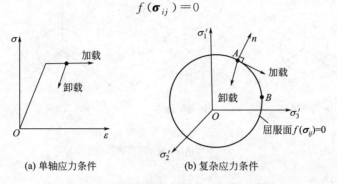

(a) 单轴应力条件　(b) 复杂应力条件

图 5.12　理想塑性材料加载、卸载示意图

如图 5.12 所示，令 $\boldsymbol{\sigma}_{ij}$ 为位于屈服面上的应力水平，$\mathrm{d}\boldsymbol{\sigma}_{ij}$ 为施加的应力增量。若新的应力点 $\boldsymbol{\sigma}_{ij} + \mathrm{d}\boldsymbol{\sigma}_{ij}$ 仍然位于屈服面上，或 $\mathrm{d}\boldsymbol{\sigma}_{ij}$ 使得应力点在屈服面上从点 A 移至点 B，该过程称为加载；$\mathrm{d}\boldsymbol{\sigma}_{ij}$ 使得应力点从屈服面上移到屈服面内，该过程称为卸载。$\dfrac{\partial f}{\partial \boldsymbol{\sigma}_{ij}}$ 为屈服面的外法线方向，理想塑性材料的加载与卸载准则可表示为

$$\begin{cases} \dfrac{\partial f}{\partial \boldsymbol{\sigma}_{ij}} \mathrm{d}\boldsymbol{\sigma}_{ij} = 0，加载 \\[3mm] \dfrac{\partial f}{\partial \boldsymbol{\sigma}_{ij}} \mathrm{d}\boldsymbol{\sigma}_{ij} < 0，卸载 \end{cases} \tag{5.67}$$

（2）强化材料的加载、中性变载与卸载准则

如图 5.13 所示，设 $\boldsymbol{\sigma}_{ij}$ 为位于屈服面上的应力水平，$\mathrm{d}\boldsymbol{\sigma}_{ij}$ 为施加的应力增量。若 $\mathrm{d}\boldsymbol{\sigma}_{ij}$ 使得应力点从屈服面上移至与之无限邻近的新的屈服面上，该过程称为塑性加载；若 $\mathrm{d}\boldsymbol{\sigma}_{ij}$ 使得应力点在屈服面上移动，并在此过程中不产生新的塑性变形，该过程称为中性变载；若 $\mathrm{d}\boldsymbol{\sigma}_{ij}$ 使得应力点返回屈服面之内，即材料从塑性状态回到弹性状态，该过程称为塑性卸载。加载与卸载准则可表示为

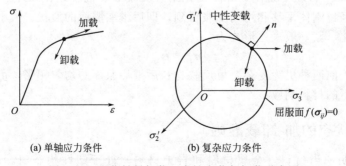

(a) 单轴应力条件　(b) 复杂应力条件

图 5.13　强化材料加载、中性变载与卸载示意图

$$\begin{cases} \dfrac{\partial f}{\partial \boldsymbol{\sigma}_{ij}} \mathrm{d}\boldsymbol{\sigma}_{ij} > 0，加载 \\[3mm] \dfrac{\partial f}{\partial \boldsymbol{\sigma}_{ij}} \mathrm{d}\boldsymbol{\sigma}_{ij} = 0，中性变载 \\[3mm] \dfrac{\partial f}{\partial \boldsymbol{\sigma}_{ij}} \mathrm{d}\boldsymbol{\sigma}_{ij} < 0，卸载 \end{cases} \tag{5.68}$$

式(5.68)的中性变载过程为强化材料所特有，中性变载过程不产生新的塑性变形，材料仍处于塑性状态。

（3）应变软化材料的加载、中性变载与卸载准则

应变软化材料加载时表现为加载面收缩，即 $\partial F < 0$，这时与卸载准则无法区别。当使用应变空间的加载面 f 时，应变软化材料的加载面在应变空间仍在继续扩大，不会收缩，因此加载、卸载准则可采用应变形式表达

$$\begin{cases} \dfrac{\partial F}{\partial \boldsymbol{\varepsilon}_{ij}} \mathrm{d}\boldsymbol{\varepsilon}_{ij} > 0，加载 \\[3mm] \dfrac{\partial F}{\partial \boldsymbol{\varepsilon}_{ij}} \mathrm{d}\boldsymbol{\varepsilon}_{ij} = 0，中性变载 \\[3mm] \dfrac{\partial F}{\partial \boldsymbol{\varepsilon}_{ij}} \mathrm{d}\boldsymbol{\varepsilon}_{ij} < 0，卸载 \end{cases} \tag{5.69}$$

式(5.69)同时适用于理想塑性、应变硬化与应变软化材料。当材料为理想塑性时，没有中性变载，$\partial F = 0$ 即为加载，$\partial F < 0$ 即为卸载。在应变空间中，加载和卸载的应变增量矢量均指向加载面外侧，中性加载时指向加载面切线方向。

5.4.3　塑性本构方程

在塑性力学本构关系的三个方面中，最重要的是塑性本构方程，即塑性状态下的应力-应变关系。屈服条件和加-卸载准则仅回答了材料是否进入塑性状态，而要分析塑性过程的应力、应变和位移，就需要建立塑性本构方程。

弹性状态的应力-应变为单值关系，这种关系仅取决于材料的性质。而塑性状态时，应力-应变关系是多值的，它不仅取决于材料性质，而且还取决于加卸载历史。因此，除了在简单加载或塑性变形很小的情况下，可以像弹性状态那样建立应力-应变的全量关系外，一般只能建立应力和应变增量间的关系。描述塑性变形中全量关系的理论称为全量理论，又称形变理论或小变形理论。描述应力和应变增量间关系的理论称为增量理论，又称流动理论。

5.4.3.1　全量型本构关系

（1）伊柳辛理论

伊柳辛（A. A. Ilyushin）在试验研究的基础上，通过与弹性本构方程类比，将弹性变形的结论进行推广，提出了各向同性材料在小变形条件下的塑性变形规律假设：

① 体积变形是弹性的，即应变球张量和应力球张量成正比

$$\boldsymbol{\varepsilon}_{kk} = \frac{1-2\mu}{E} \boldsymbol{\sigma}_{kk} \tag{5.70}$$

② 应力偏量 $\boldsymbol{S}_{ij}$ 与应变偏量 e_{ij} 相似且同轴

$$e_{ij} = \lambda \boldsymbol{S}_{ij} \tag{5.71}$$

式(5.70)、式(5.71)表达了应力应变的关系，应力偏量主方向与应变偏量主方向一致，应力偏量的分量与应变偏量的分量成比例。但需要注意的是式(5.71)的比例系数 λ 不是常数，

取决于质点的位置和荷载的大小，但对于同一点、同一荷载条件下，λ 是常数，$\lambda=\dfrac{3}{2}\dfrac{\bar{\varepsilon}}{\bar{\sigma}}$。

③ 等效应力 $\bar{\sigma}$ 与等效应变 $\bar{\varepsilon}$ 之间存在单值对应的函数关系，$\bar{\sigma}=\phi(\bar{\varepsilon})$，其中 $\bar{\sigma}=\sqrt{3J_2}$，$\bar{\varepsilon}=\sqrt{\dfrac{2}{3}J'_2}$，$J_2$ 是应力偏张量第二不变量，J_2' 是应变偏张量第二不变量。

因此，全量型塑性本构方程为

$$\begin{cases} \boldsymbol{\varepsilon}_{kk}=\dfrac{1-2\mu}{E}\boldsymbol{\sigma}_{kk} \\[2mm] e_{ij}=\dfrac{3\bar{\varepsilon}}{2\bar{\sigma}}\boldsymbol{S}_{ij} \end{cases} \tag{5.72}$$

或

$$\begin{cases} e_x=\dfrac{3}{2}\dfrac{\bar{\varepsilon}}{\bar{\sigma}}S_x, \gamma_{yz}=\dfrac{3\bar{\varepsilon}}{\bar{\sigma}}\tau_{yz} \\[2mm] e_y=\dfrac{3}{2}\dfrac{\bar{\varepsilon}}{\bar{\sigma}}S_y, \gamma_{xz}=\dfrac{3\bar{\varepsilon}}{\bar{\sigma}}\tau_{xz} \\[2mm] e_z=\dfrac{3}{2}\dfrac{\bar{\varepsilon}}{\bar{\sigma}}S_z, \gamma_{xy}=\dfrac{3\bar{\varepsilon}}{\bar{\sigma}}\tau_{xy} \end{cases} \tag{5.73}$$

式(5.72)、式(5.73)在形式上与弹性状态下的本构方程相同，差异在于 $\bar{\sigma}$ 和 $\bar{\varepsilon}$ 是非线性关系，从而导致 $\boldsymbol{S}_{ij}$ 与 e_{ij} 的关系也是非线性的，式(5.72)所描述的全量应力-应变关系是单值对应的。

（2）简单加载定律

全量理论的塑性本构关系在小变形与简单加载的条件下是正确的。简单加载定律是指在加载过程中材料内任意一点的应力状态 $\boldsymbol{\sigma}_{ij}$ 的各分量都按同一比例增加，即

$$\boldsymbol{\sigma}_{ij}=\boldsymbol{\sigma}_{ij}^0 t \tag{5.74}$$

式中，$\boldsymbol{\sigma}_{ij}^0$ 为固体内任一点的某个非零的参考应力状态；t 为单调增大的正参数。

由式(5.74)可推出在简单加载的情况下，各主应力分量之间按同一比例增加，且应力和应变的主方向始终保持不变，简单加载条件下的加载路径在应力空间中是一通过原点的直线。

伊柳辛建立的简单加载定律，提出了保证材料内任一点都始终处于简单加载状态的四个条件：

ⅰ.变形是微小的；

ⅱ.材料是不可压缩的，即泊松比 $\mu=0.5$；

ⅲ.外荷载按比例单调增长，如有位移边界条件，只能是零位移边界条件；

ⅳ.材料的 $\bar{\sigma}$-$\bar{\varepsilon}$ 曲线具有 $\bar{\sigma}=A\bar{\varepsilon}^n$ 的幂函数形式。

满足上述四个条件，即认为材料内每一个单元体都处于简单加载状态。

进一步分析表明，在简单加载定律的四个条件中，小变形和荷载按比例单调增长是必要条件。而泊松比 $\mu=0.5$ 和 $\bar{\sigma}=A\bar{\varepsilon}^n$ 是充分条件。不满足简单加载条件时，全量理论一般是不能采用的。由于采用全量理论求解与非线性弹性力学相似，计算也较方便，因此有时也在非简单加载的条件下使用该理论。对于偏离简单加载条件不太远的情况，使用全量理论计算所获得的结果和试验结果也较为接近。因此，全量理论的适用范围，实际上比简单加载条件更为广泛。

（3）简单卸载定律

当材料承受单向荷载进入塑性阶段后，如果荷载减小，则卸载过程中应力-应变符合弹

性规律，即

$$\Delta\sigma = E\Delta\varepsilon \tag{5.75}$$

或

$$\sigma - \hat{\sigma} = E(\varepsilon - \hat{\varepsilon}) \tag{5.76}$$

式中，σ、ε 分别为由 P_i 开始卸载时的应力和应变；$\Delta\sigma$、$\Delta\varepsilon$ 分别为卸载过程中应力和应变的改变量；$\hat{\sigma}$、$\hat{\varepsilon}$ 分别为卸载到 $\overline{P}_i$ 时的应力和应变。

对于复杂应力状态，试验证明，如果是简单卸载，则应力和应变同样按弹性规律变化，即

$$\begin{cases} \Delta\varepsilon_m = \dfrac{1-2\mu}{E}\Delta\sigma_m \\[2mm] \Delta e_{ij} = \dfrac{1}{2G}\Delta S_{ij} \end{cases} \tag{5.77}$$

式中，$\Delta\varepsilon_m$、$\Delta\sigma_m$、Δe_{ij} 和 ΔS_{ij} 分别表示卸载过程中平均应变、平均应力、应变偏量的改变量和应力偏量的改变量。

由此可见，在简单卸载情况下，首先根据卸载过程中的荷载改变量（$\Delta P_i = P_i - \overline{P}_i$）按弹性力学公式算出应力和应变的改变量 $\Delta\sigma_{ij}$ 和 Δe_{ij}，然后再从卸载开始时的应力 σ_{ij} 和应变 ε_{ij} 中减去相应的改变量，即可得到卸载后的应力 $\hat{\sigma}_{ij}$ 和应变 $\hat{\varepsilon}_{ij}$，此为简单卸载定律，可表示为

$$\begin{cases} \hat{\sigma}_{ij} = \sigma_{ij} - \Delta\sigma_{ij} \\[1mm] \hat{\varepsilon}_{ij} = \varepsilon_{ij} - \Delta\varepsilon_{ij} \end{cases} \tag{5.78}$$

如果将荷载全部卸去，则

$$\Delta P_i = P_i \tag{5.79}$$

在物体内不仅存在残余变形，还存在残余应力。因为卸载后的应力为 $\hat{\sigma}_{ij} = \sigma_{ij} - \Delta\sigma_{ij}$，其中 σ_{ij} 是根据 P_i 按弹塑性应力-应变关系计算的，$\Delta\sigma_{ij}$ 是根据 ΔP_i 按弹性规律计算的。必须注意，上述计算方法只适用于卸载过程中不发生二次塑性变形的情况。

5.4.3.2　增量型本构关系

塑性本构关系与弹性本构关系的根本不同之处在于塑性状态下的全量应力与全量应变之间没有单值对应的关系，二者之间的确定关系与变形历史或加载路径有关。由于实际结构材料所经历的变形历史的复杂性，在一般加载条件下，难以建立一个能够包括各种变形历史影响的全量形式的塑性应力-应变关系，而只能在增量应力与增量应变之间建立增量形式的塑性本构关系，此即增量理论或流动理论，莱维-米赛斯（Levy-Mises）理论、普朗特-路埃斯（Prandtl-Reuss）理论属于该类理论。

（1）莱维-米赛斯理论

莱维-米赛斯理论假设材料为理想刚塑性，并认为材料达到塑性区，总应变等于塑性应变，即假设材料符合刚塑性模型，其理论假设归纳如下。

① 在塑性区总应变等于塑性应变（忽略弹性应变部分）

$$d\varepsilon_{ij} = d\varepsilon_{ij}^p \tag{5.80}$$

② 材料不可压缩

$$d\varepsilon_{kk} = \dfrac{1-2\mu}{E}d\sigma_{kk} \tag{5.81}$$

③ 塑性应变增量的偏量与应力偏量成正比，或塑性应变增量的偏量主方向与应力偏量主方向一致

$$de_{ij}^{p} = d\lambda S_{ij} \tag{5.82}$$

式(5.82)中,比例系数 $d\lambda$ 取决于质点的位置和荷载水平。

由于塑性变形具有体积不可压缩性,即 $d\varepsilon_{kk}^{p} = 0$,则由式(5.82)得

$$d\varepsilon_{ij}^{p} = d\lambda S_{ij} \tag{5.83}$$

忽略弹性应变部分,莱维-米赛斯理论可表示为

$$d\varepsilon_{ij} = d\lambda S_{ij} \tag{5.84}$$

式(5.84)表示应变增量与应力偏量主轴方向重合,即应变增量与应力的主轴方向重合,应变增量的分量与应力偏量的分量成比例。

对于理想刚塑性材料,按米赛斯屈服条件,有

$$\bar{\sigma} = \sqrt{\frac{3}{2}}\sqrt{S_{ij}S_{ij}} = \sigma_{s} \tag{5.85}$$

将式(5.83)代入式(5.85),得

$$\frac{1}{d\lambda}\sqrt{\frac{3}{2}}\sqrt{d\varepsilon_{ij}^{p}\varepsilon_{ij}^{p}} = \bar{\sigma} = \sigma_{s} \tag{5.86}$$

定义

$$d\bar{\varepsilon}^{p} = \sqrt{\frac{2}{3}}\sqrt{d\varepsilon_{ij}^{p}\varepsilon_{ij}^{p}} \tag{5.87}$$

称其为等效塑性应变增量,所以有

$$d\lambda = \frac{3d\bar{\varepsilon}^{p}}{2\bar{\sigma}} = \frac{3d\bar{\varepsilon}^{p}}{2\sigma_{s}} \tag{5.88}$$

由于弹性应变部分忽略不计,使得总应变增量等于塑性应变增量。故式(5.88)中的上标 p(代表塑性)可以略去,即

$$d\varepsilon_{ij} = \frac{3d\bar{\varepsilon}}{2\sigma_{s}}S_{ij} \tag{5.89}$$

式(5.89)为理想刚塑性材料的增量型本构方程,写成一般方程式为

$$\begin{cases} d\varepsilon_{x} = \dfrac{3d\bar{\varepsilon}}{2\sigma_{s}}S_{x}, d\gamma_{yz} = \dfrac{3d\bar{\varepsilon}}{\sigma_{s}}\tau_{yz} \\[2mm] d\varepsilon_{y} = \dfrac{3d\bar{\varepsilon}}{2\sigma_{s}}S_{y}, d\gamma_{xz} = \dfrac{3d\bar{\varepsilon}}{\sigma_{s}}\tau_{xz} \\[2mm] d\varepsilon_{z} = \dfrac{3d\bar{\varepsilon}}{2\sigma_{s}}S_{z}, d\gamma_{xy} = \dfrac{3d\bar{\varepsilon}}{\sigma_{s}}\tau_{xy} \end{cases} \tag{5.90}$$

由式(5.89)可见,对于特定材料(σ_{s} 可知),若已知应变增量则可求得应力偏量,但由于体积的不可压缩性,难以确定应力球张量,所以不能确定应力张量。另一方面,若已知应力分量则可求得应力偏量。对于式(5.89)只能求得应变增量各分量的比值,而不能求得应变增量的数值,这是由于理想刚塑性材料应变增量与应力之间无单值对应关系造成的。只有当变形受到限制时,利用变形连续条件才能确定应变增量的值。

(2)普朗特-路埃斯理论

普朗特-路埃斯理论是在莱维-米赛斯理论的基础上发展的,该理论考虑了弹性变形部分,即总应变增量偏量由弹性和塑性两部分组成

$$de_{ij} = de_{ij}^{e} + de_{ij}^{p} \tag{5.91}$$

塑性应变部分为

$$de_{ij}^{p} = d\lambda S_{ij} \tag{5.92}$$

弹性部分为

$$de_{ij}^{e} = \frac{1}{2G}dS_{ij} \tag{5.93}$$

总应变增量偏量的表达式为

$$de_{ij} = \frac{1}{2G}dS_{ij} + d\lambda S_{ij} \tag{5.94}$$

式(5.94)中 $d\lambda$ 仍可由米赛斯屈服条件确定，根据米赛斯屈服条件 $J_2 = \frac{1}{3}\sigma_s^2$，即

$$J_2 = \frac{1}{2}S_{ij}S_{ij} = \frac{1}{3}\sigma_s^2 \tag{5.95}$$

对式(5.95)微分，得

$$S_{ij}dS_{ij} = 0 \tag{5.96}$$

将式(5.94)两端同乘 S_{ij}，并根据式(5.95)和式(5.96)，得

$$S_{ij}de_{ij} = S_{ij}\left(\frac{1}{2G}dS_{ij} + d\lambda S_{ij}\right) = \frac{1}{2G}S_{ij}dS_{ij} + d\lambda S_{ij}S_{ij} = \frac{2}{3}d\lambda\sigma_s^2 \tag{5.97}$$

定义

$$dW_d = S_{ij}de_{ij} \tag{5.98}$$

称式(5.98)为形状变形比能增量。由式(5.97)、式(5.98)得

$$d\lambda = \frac{3dW_d}{2\sigma_s^2} \tag{5.99}$$

将式(5.99)代入式(5.94)，由于塑性的不可压缩性，体积变化是弹性的，则得由普朗特-路埃斯理论推导的增量型本构关系式为

$$\begin{cases} d\varepsilon_{kk} = \dfrac{1-2\mu}{E}d\sigma_{kk} \\[2mm] de_{ij} = \dfrac{1}{2G}dS_{ij} + \dfrac{3dW_d}{2\sigma_s^2}S_{ij} \end{cases} \tag{5.100}$$

或

$$d\varepsilon_{ij} = \frac{1-2\mu}{E}d\sigma_m\delta_{ij} + \frac{1}{2G}dS_{ij} + \frac{3dW_d}{2\sigma_s^2}S_{ij} \tag{5.101}$$

式中，σ_m 为平均应力增量。

由于考虑了弹性变形，式(5.100)、式(5.101)即为理想弹塑性材料的增量型本构方程。

如果应力和应变增量已知，由式(5.98)算出 dW_d，再代入式(5.100)后即可求出应力增量偏量和平均应力增量，从而求得应力增量。将它们叠加到原有应力上，即获得新的应力水平，也就是产生新的塑性应变后的应力分量。反之，如果已知应力和应力增量，不能由式(5.101)求得应变增量，只能求得应变增量各分量的比值。

(3) 两种增量理论的比较

① 普朗特-路埃斯理论与莱维-米赛斯理论的差别在于前者考虑了弹性变形而后者不考虑弹性变形，实际上后者是前者的特殊情况。由此，莱维-米赛斯理论仅适用于大应变，无法求解弹性回跳及残余应力场问题，普朗特-路埃斯主要用于小应变及求解弹性回跳、残余应力问题。

② 两种理论都着重指出了塑性应变增量与应力偏量之间的关系 $d\varepsilon_{ij}^p = d\lambda S_{ij}$。如采用几何图形表示，应力偏量的矢量为 S，恒在 π 平面内沿着屈服轨迹的径向。由于应力偏量主轴与瞬时塑性应变增量主轴重合，在数量上仅差比例常数，若用矢量 $d\varepsilon^p$ 表示塑性应变增量，则 $d\varepsilon^p$ 必平行于矢量 S 且沿屈服曲面的径向，如图 5.14 所示。塑性应变增量 $d\varepsilon^p$ 则与应力偏量的矢量平行。

③ 整个变形过程可由各瞬时段的变形累积而得，因

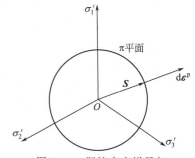

图 5.14　塑性应变增量与
应力偏量的关系示意图

此增量理论能表达加载过程对变形的影响，反映复杂加载情况。

④ 增量理论仅适用于加载情况（即变形功大于零的情况），没有给出卸载规律，卸载情况下仍按胡克定律进行计算。

5.5 岩石流变本构关系

岩石流变是岩石力学特性随时间变化的性质，岩石流变本构关系体现应力依赖于变形和变形速率的关系，其应能反映包括蠕变、松弛、弹性后效和岩石长期强度等岩石流变特性。岩石流变本构模型包括组合元件流变本构模型、经验流变本构模型和断裂损伤流变本构模型。组合元件模型易于用物理和数学模型描述，因此本节主要介绍基本元件、组合元件流变力学模型及本构方程等方面内容。

5.5.1 基本元件

在流变学中，所有的流变模型均可由三个基本元件组合而成，即弹性元件（H）、黏性元件（N）和塑性元件（C）。

（1）弹性元件

如果材料在荷载作用下，其变形性质完全符合胡克定律，则称此种材料为胡克体，这是一种理想的弹性体。弹性元件的力学模型用一个弹簧元件表示，如图 5.15(a) 所示，用符号 H 表示。

胡克体的应力-应变关系是线弹性的，其本构方程为

$$\sigma = k\varepsilon \tag{5.102}$$

式中，k 为弹性系数，在应力-应变图上表示斜直线的斜率，如图 5.15(b) 所示。

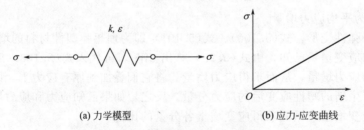

(a) 力学模型   (b) 应力-应变曲线

图 5.15 弹性元件力学模型及其力学行为

通过分析式(5.102)可知胡克体的性质：

① 具有瞬时弹性变形性质，无论荷载大小，只要 σ 不为零，就有相应的应变 ε；当 σ 变为零，即卸载时，应变 ε 也为零，说明没有弹性后放，与时间无关。

② 应变为恒定时，应力也保持不变，应力不因时间增长而减小，故无应力松弛性质。

③ 应力保持恒定，应变也保持不变，故无蠕变性质。

（2）塑性元件

物体所受的应力达到屈服极限时便开始产生塑性变形，即使应力不再增加，变形仍不断增长，具有这一性质的物体为理想的塑性体，又称库仑体，其力学模型用一个摩擦片（或滑块）表示，并用符号 C 代表，如图 5.16 所示。库仑体服从库仑摩擦定律，其本构方程为

$$\begin{cases} \varepsilon = 0, \sigma < \sigma_s \\ \varepsilon \to \infty, \sigma \geq \sigma_s \end{cases} \tag{5.103}$$

式中，σ_s 为材料的屈服极限。

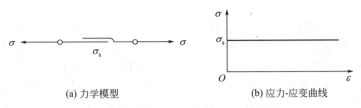

(a) 力学模型   (b) 应力-应变曲线

图 5.16 塑性元件力学模型及其力学行为

由库仑体的本构方程可知，当 $\sigma < \sigma_s$ 时，不滑动，无任何变形；当 $\sigma \geqslant \sigma_s$ 时，变形无限增大。塑性元件模型的应力和应变均与时间无关。

（3）黏性元件

黏性元件又称为牛顿体，通常用符号 N 表示，是一种符合牛顿流动的理想黏性体，即应力与应变速率成正比，如图 5.17 所示，其中斜直线为应力-应变速率曲线，通过坐标原点。牛顿体的力学模型是用一个带孔活塞组成的阻尼器表示。

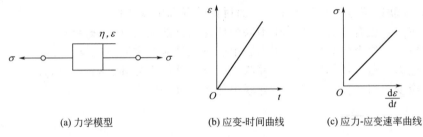

(a) 力学模型   (b) 应变-时间曲线   (c) 应力-应变速率曲线

图 5.17 黏性元件（牛顿体）力学模型及其力学行为

根据定义，牛顿体的本构关系为

$$\sigma = \eta \frac{\mathrm{d}\varepsilon}{\mathrm{d}t} = \eta \varepsilon' \tag{5.104}$$

式中，η 为牛顿黏性系数。

式(5.104)表明应力与应变速率成正比，即在有限的应力作用下，应变速率也是有限的，只要作用在黏性元件上的力不消失，变形便可无限发展。

对式(5.104)积分，得

$$\varepsilon = \frac{\sigma}{\eta} t + C \tag{5.105}$$

式中，C 为积分常数。

当 $t = 0$ 时，$\varepsilon = 0$，则 $C = 0$，即

$$\varepsilon = \frac{\sigma}{\eta} t \tag{5.106}$$

显然，牛顿体具有如下性质：

① 当应力为常数 σ_0 时，$\varepsilon = \frac{1}{\eta} \sigma_0 t$，说明应变与时间有关，牛顿体无瞬时变形。从元件的物理概念也可知，当活塞受拉力作用时，活塞发生位移，但由于黏性液体的阻力，活塞的位移逐渐增大，位移随时间增长。

② 当 $\sigma = 0$ 时，$\eta \varepsilon' = 0$，积分后得 $\varepsilon =$ 常数，表明去掉外力后应变为常数，活塞的位移立即停止，不再恢复，只有再受到相应的压力时，活塞才回到原位。所以牛顿体无弹性后效，有永久变形。

③ 当应变 ε 为常数时，$\sigma = \eta\varepsilon' = 0$，说明当应变保持某一恒定值后，应力为零，无应力松弛性能。

从上述内容可知牛顿体具有黏性流动的特点。此外，塑性变形也称塑性流动，它与黏性流动有本质的区别：塑性流动只有当应力 σ 达到或超过屈服极限 σ_s 时才发生，而当 $\sigma < \sigma_s$ 时，完全塑性体表现出刚体的特点；而黏性流动则不需要应力超过某一定值，只要有微小的应力，就会发生流动，且其流动量随加载时间增加而增大。实际上，塑性流动、黏性流动经常和弹性变形联系在一起出现。因此，常常出现黏弹性体和黏弹塑性体，前者研究应力小于屈服极限时的应力、应变与时间的关系，后者研究应力超过屈服极限时的应力、应变与时间的关系。

5.5.2　组合模型

上述基本元件的任何一种元件单独表示岩石的性质时，只能描述弹性、塑性或黏性三种性质中的一种性质，但客观存在的岩石的性质都不是单一的，通常都表现出复杂的特性。为此，必须对上述三种元件进行组合。目前已经提出了几十种流变体的组合模型，它们大多数是利用提出者的名字命名的。组合的基本方式为串联、并联、串并联和并串联。串联以符号"—"表示，并联以符号"｜"表示。下面讨论并联和串联的性质。

串联　应力：组合体总应力等于串联中任何元件的应力（$\sigma = \sigma_1 = \sigma_2$）。
　　　　应变：组合体总应变等于串联中所有元件应变之和（$\varepsilon = \varepsilon_1 + \varepsilon_2$）。
并联　应力：组合体总应力等于并联中所有元件应力之和（$\sigma = \sigma_1 + \sigma_2$）。
　　　　应变：组合体总应变等于并联中任何元件的应变（$\varepsilon = \varepsilon_1 = \varepsilon_2$）。

5.5.2.1　圣维南体

圣维南体是由一个弹簧和一个摩擦片串联组成，代表理想弹塑性体，其力学模型如图5.18所示，通常用符号表示为 St-V = H—C。

（1）本构方程

当应力 σ 小于摩擦片的摩擦阻力 σ_s 时，弹簧产生瞬时弹性变形 σ/k，而摩擦片没有变形，即 $\varepsilon_2 = 0$；当 $\sigma \geqslant \sigma_s$ 时，即克服了摩擦片的摩擦阻力后，摩擦片将在 σ 的作用下无限制滑动。所以，圣维南体的本构方程为

$$\begin{cases} \sigma < \sigma_s, \varepsilon = \dfrac{\sigma}{k} \\ \sigma \geqslant \sigma_s, \varepsilon \to \infty \end{cases} \tag{5.107}$$

圣维南体的应力-应变曲线如图5.19所示。

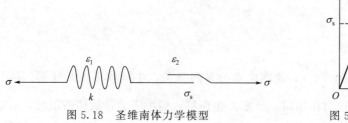

图 5.18　圣维南体力学模型

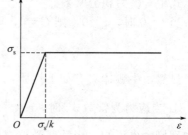

图 5.19　圣维南体应力-应变曲线

（2）卸载特性

如在某时刻卸载，使 $\sigma = 0$，则弹性变形全部恢复，塑性变形停止，但已发生的塑性变形永久保留，即无弹性后效。

圣维南体代表理想弹塑性体，无蠕变，无松弛，无弹性后效。

5.5.2.2　马克斯威尔体

马克斯威尔体是一种弹-黏性体，由一个弹簧和一个阻尼器串联组成，其力学模型如图 5.20 所示，通常用符号表示为 M＝H—N。

图 5.20　马克斯威尔体力学模型

（1）本构方程

由串联性质可得

$$\begin{cases} \sigma = \sigma_1 = \sigma_2 \\ \varepsilon = \varepsilon_1 + \varepsilon_2 \end{cases} \tag{5.108}$$

由于

$$\begin{cases} \varepsilon'_1 = \dfrac{\mathrm{d}\left(\dfrac{\sigma}{k}\right)}{\mathrm{d}t} = \dfrac{\sigma'}{k} \\ \varepsilon'_2 = \dfrac{\sigma}{\eta} \end{cases} \tag{5.109}$$

式（5.108）中的应变对时间求导后，再将式（5.109）代入，得

$$\varepsilon' = \varepsilon'_1 + \varepsilon'_2 = \frac{\sigma'}{k} + \frac{\sigma}{\eta} \tag{5.110}$$

式（5.110）即为马克斯威尔体的本构方程。

（2）蠕变性质

在恒定荷载 $\sigma = \sigma_0$ 条件下，$\mathrm{d}\sigma/\mathrm{d}t = 0$，则本构方程简化为

$$\varepsilon' = \frac{1}{\eta}\sigma_0 \tag{5.111}$$

解此微分方程，得

$$\varepsilon = \frac{1}{\eta}\sigma_0 t + C \tag{5.112}$$

式中，C 为积分常数，由初始条件确定。当 $t=0$ 时，$\varepsilon = \varepsilon_0 = \sigma_0/k$，由此可知，$C = \sigma_0/k$，代入上式，可得马克斯威尔体的蠕变方程为

$$\varepsilon = \frac{1}{\eta}\sigma_0 t + \frac{\sigma_0}{k} \tag{5.113}$$

由式（5.113）可知，模型有瞬时应变，并随着时间增加应变逐渐增大，这种模型反映的是等速蠕变，如图 5.21(a) 所示。

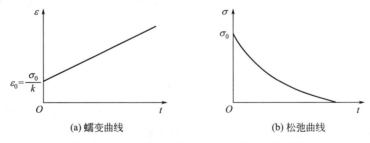

图 5.21　马克斯威尔体的蠕变曲线与松弛曲线

（3）松弛性质

保持 ε 不变，则有 $\varepsilon' = 0$。代入本构方程可得

$$\frac{1}{k}\sigma' + \frac{1}{\eta}\sigma = 0 \tag{5.114}$$

解此微分方程得
$$-\frac{k}{\eta}t = \ln\sigma + C \qquad\qquad (5.115)$$

式中，C 为积分常数，由初始条件确定。当 $t=0$ 时，$\sigma=\sigma_0$（σ_0 为瞬时应力），得 $C=-\ln\sigma_0$，代入上式，得

$$-\frac{k}{\eta}t = \ln\sigma - \ln\sigma_0 = \ln\frac{\sigma}{\sigma_0} \qquad\qquad (5.116)$$

所以

$$\sigma = \sigma_0 e^{-\frac{k}{\eta}t} \qquad\qquad (5.117)$$

由式（5.117）可见，当时间 t 增加时，应力 σ 将逐渐减少，也就是当应变恒定时，应力随时间的增加而逐渐减少，说明存在应力松弛现象，如图 5.21（b）所示。从模型的物理概念来理解松弛现象，当 $t=0$ 时，黏性元件来不及变形，只有弹性元件产生变形。但是，随着时间的增加，黏性元件在弹簧的作用下逐渐变形，随着阻尼器的伸长，弹簧逐渐收缩，即弹簧中的应力逐渐减小，从而表现出松弛。

根据上述分析可知，马克斯威尔体具有瞬时变形、等速蠕变和松弛的性质。因此，可描述具有这些性质的岩石。

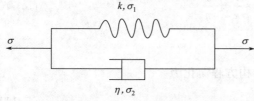

图 5.22　开尔文体力学模型

5.5.2.3　开尔文体

开尔文体是一种黏-弹性体，由胡克体与牛顿体，即一个弹簧与一个阻尼器并联而成，其力学模型如图 5.22 所示，通常用符号表示为 K=H｜N。

（1）本构方程

由并联性质可得
$$\begin{cases} \sigma = \sigma_1 + \sigma_2 \\ \varepsilon = \varepsilon_1 = \varepsilon_2 \end{cases} \qquad\qquad (5.118)$$

由于
$$\begin{cases} \sigma_1 = k\varepsilon_1 = k\varepsilon \\ \sigma_2 = \eta\varepsilon_2' \end{cases} \qquad\qquad (5.119)$$

两式联立可得开尔文体的本构方程
$$\sigma = k\varepsilon + \eta\varepsilon' \qquad\qquad (5.120)$$

（2）蠕变性质

如果在 $t=0$ 时，施加一个不变的应力 σ_0，并保持 $\sigma=\sigma_0$ 为恒定值，则本构方程变为

$$\frac{d\varepsilon}{dt} + \frac{k}{\eta}\varepsilon = \frac{1}{\eta}\sigma_0 \qquad\qquad (5.121)$$

解此微分方程，得

$$\varepsilon = \frac{\sigma_0}{k} + A e^{-\frac{k}{\eta}t} \qquad\qquad (5.122)$$

式中，A 为积分常数，由初始条件确定。当 $t=0$ 时，$\varepsilon=0$，因为施加瞬时应力 σ_0 后，由于阻尼器的惰性，阻止弹簧产生瞬时变形，整个模型在 $t=0$ 时不产生变形，应变为零。由此可求得 $A=-\sigma_0/k$。将 A 代入上式得蠕变方程

$$\varepsilon = \frac{\sigma_0}{k}(1 - e^{-\frac{k}{\eta}t}) \qquad\qquad (5.123)$$

对上式作图，可得指数曲线形式的蠕变曲线，如图 5.23 所示。由公式和曲线可知，当 $t\to\infty$ 时，$\varepsilon=\sigma_0/k$ 趋于常数，相当于只有弹簧 H 的应变，所以该模型的蠕变属于稳定蠕变。

（3）松弛性质

如令模型应变保持恒定，即 $\varepsilon=\varepsilon_0$ 为常数，此时本构方程为 $\sigma=k\varepsilon_0$。可见，当应变保持恒定时，应力 σ 也保持恒定，并不随时间增长而减小，即模型无应力松弛性能。

（4）弹性后效（卸载效应）

在 $t=t_1$ 时卸载，$\sigma=0$，代入本构方程得

$$\eta\varepsilon'+k\varepsilon=0 \qquad (5.124)$$

解此微分方程，得

$$\ln\varepsilon=-\frac{k}{\eta}t+C \qquad (5.125)$$

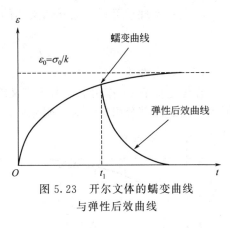

图 5.23 开尔文体的蠕变曲线
与弹性后效曲线

式中，C 为积分常数，即 $\varepsilon=Ae^{-\frac{k}{\eta}t}$，$A=e^C$。由初始条件 $t=t_1$，$\varepsilon=\varepsilon_1$ [ε_1 为模型在 t_1 时产生的蠕变，由蠕变方程（5.123）确定，为确定值]，可得

$$A=\varepsilon_1 e^{\frac{k}{\eta}t_1} \qquad (5.126)$$

因此，卸载方程为

$$\varepsilon=\varepsilon_1 e^{-\frac{k}{\eta}(t-t_1)} \qquad (5.127)$$

由上式可知，随时间 t 的增长，应变 ε 逐渐减小，当 $t\to\infty$ 时，应变 $\varepsilon=0$。弹簧收缩时，阻尼器也随之逐渐恢复变形，最终弹性元件与黏性元件完全恢复变形，说明存在弹性后效现象。

综上所述，开尔文体属于稳定蠕变模型，有弹性后效，没有松弛。

5.5.2.4 广义开尔文体

广义开尔文体由一个开尔文体和一个弹簧串联组成，其力学模型如图 5.24 所示，通常用符号表示为 GK＝H—K＝H—（H｜N）。

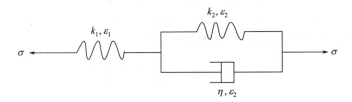

图 5.24 广义开尔文体力学模型

（1）本构方程

由于串联，有

$$\begin{cases} \sigma=\sigma_1=\sigma_2 \\ \varepsilon=\varepsilon_1+\varepsilon_2 \\ \varepsilon'=\varepsilon'_1+\varepsilon'_2 \end{cases} \qquad (5.128)$$

胡克体与开尔文体的本构关系为

$$\begin{cases} \sigma=k_1\varepsilon_1, \sigma'=k_1\varepsilon'_1 \\ \sigma=k_2\varepsilon_2+\eta\varepsilon'_2 \end{cases} \qquad (5.129)$$

所以

$$\sigma=k_2(\varepsilon-\varepsilon_1)+\eta(\varepsilon'-\varepsilon'_1)=k_2\left(\varepsilon-\frac{\sigma}{k_1}\right)+\eta\left(\varepsilon'-\frac{\sigma'}{k_1}\right) \qquad (5.130)$$

将上式整理后可得广义开尔文体的本构方程

$$\frac{\eta}{k_1}\sigma' + \left(1+\frac{k_2}{k_1}\right)\sigma = \eta\varepsilon' + k_2\varepsilon \tag{5.131}$$

（2）蠕变性质

在恒定荷载 σ_0 作用下，由于广义凯尔文体由胡克体和开尔文体两部分组成，其蠕变变形也应由这两部分组成。对于胡克体，只有瞬时变形 σ_0/k_1，对于开尔文体，其蠕变方程为

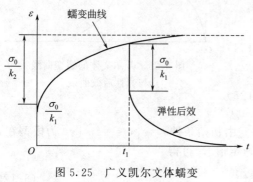

图 5.25　广义凯尔文体蠕变曲线与弹性后效曲线

$\varepsilon = \frac{\sigma_0}{k_2}(1-\mathrm{e}^{-\frac{k_2}{\eta}t})$。所以广义凯尔文体的蠕变方程为

$$\varepsilon = \frac{\sigma_0}{k_1} + \frac{\sigma_0}{k_2}(1-\mathrm{e}^{-\frac{k_2}{\eta}t}) \tag{5.132}$$

（3）弹性后效（卸载效应）

如在 t_1 时刻卸载，胡克体产生的弹性变形 σ_0/k_1 立即恢复，开尔文体的变形则要经过很长时间才能恢复到零，恢复曲线如图 5.25 所示，与开尔文体完全类似。

5.5.2.5　鲍埃丁-汤姆逊体

鲍埃丁-汤姆逊体由一个马克斯威尔体和一个胡克体并联组成，其力学模型如图 5.26 所示，通常用符号表示为 PTh＝H｜M＝H｜（H—N）。

（1）本构方程

由于鲍埃丁-汤姆逊体由马克斯威尔体和胡克体并联而成，所以

$$\begin{cases} \sigma = \sigma_1 + \sigma_2, \sigma' = \sigma'_1 + \sigma'_2 \\ \varepsilon = \varepsilon_1 = \varepsilon_2, \varepsilon' = \varepsilon'_1 = \varepsilon'_2 \end{cases} \tag{5.133}$$

由马克斯威尔体和胡克体的本构方程可得

$$\begin{cases} \varepsilon' = \frac{\sigma'_1}{k_1} + \frac{\sigma_1}{\eta}, \sigma_1 = \eta\varepsilon' - \frac{\eta}{k_1}\sigma'_1 \\ \sigma_2 = k_2\varepsilon, \sigma'_2 = k_2\varepsilon' \end{cases} \tag{5.134}$$

两式联立并整理可得鲍埃丁-汤姆逊体本构方程

$$\sigma' + \frac{k_1}{\eta}\sigma = (k_1+k_2)\varepsilon' + \frac{k_1 k_2}{\eta}\varepsilon \tag{5.135}$$

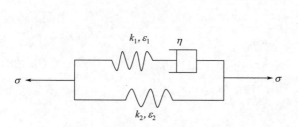

图 5.26　鲍埃丁-汤姆逊体力学模型

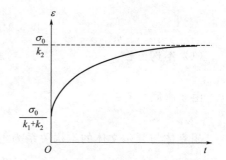

图 5.27　鲍埃丁-汤姆逊体蠕变曲线

（2）蠕变性质

在恒定应力 σ_0 作用下，$\sigma'=0$，代入本构方程便可得

$$(k_1+k_2)\varepsilon'+\frac{k_1k_2}{\eta}\varepsilon=\frac{k_1}{\eta}\sigma_0 \tag{5.136}$$

求解微分方程，得蠕变方程为

$$\varepsilon=\frac{\sigma_0}{k_2}\left(1-\frac{k_1}{k_1+k_2}e^{-\frac{k_1k_2}{\eta(k_1+k_2)}t}\right) \tag{5.137}$$

鲍埃丁-汤姆逊体的蠕变曲线如图 5.27 所示。

（3）弹性后效（卸载效应）

如在 t_1 时刻卸载，此时已产生的蠕变为

$$\varepsilon_1=\frac{\sigma_0}{k_2}\left(1-\frac{k_1}{k_1+k_2}e^{-\frac{k_1k_2}{\eta(k_1+k_2)}t_1}\right) \tag{5.138}$$

卸载后，$\sigma=\sigma'=0$，代入本构方程可得

$$(k_1+k_2)\varepsilon'+\frac{k_1k_2}{\eta}\varepsilon=0 \tag{5.139}$$

求解微分方程，得卸载方程为

$$\varepsilon=\varepsilon_1 e^{-\frac{k_1k_2}{\eta(k_1+k_2)}t} \tag{5.140}$$

由式（5.140）可知，当 $t=0$ 时，$\varepsilon=\varepsilon_1$，当 $t\to\infty$ 时，$\varepsilon=0$，说明存在弹性后效。因此鲍埃丁-汤姆逊体属于稳定蠕变模型，有弹性后效。

5.5.2.6　理想黏塑性体

理想黏塑性体是由一副摩擦片和一个阻尼器并联而成，其力学模型如图 5.28 所示，通常用符号表示为 NC＝C｜N。

根据并联性质，有

$$\begin{cases}\sigma=\sigma_1+\sigma_2\\ \varepsilon=\varepsilon_1=\varepsilon_2\end{cases} \tag{5.141}$$

又知各元件的本构关系为

$$\begin{cases}\sigma_2=\eta\varepsilon'\\ \sigma_1<\sigma_s,\varepsilon=0\\ \sigma_1\geqslant\sigma_s,\varepsilon\to\infty\end{cases} \tag{5.142}$$

由式（5.142）可知，当 $\sigma_1<\sigma_s$ 时，$\varepsilon=0$，此时模型为刚体。当 $\sigma_1\geqslant\sigma_s$ 时，$\sigma=\sigma_s+\eta\varepsilon'$ 或 $\varepsilon'=\dfrac{\sigma-\sigma_s}{\eta}$。因此，理想黏塑性体的应力-应变速率曲线如图 5.29 所示，其本构方程为

$$\begin{cases}\sigma_1<\sigma_s,\varepsilon=0\\ \sigma_1\geqslant\sigma_s,\varepsilon'=\dfrac{\sigma-\sigma_s}{\eta}\end{cases} \tag{5.143}$$

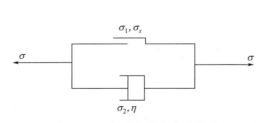

图 5.28　理想黏塑性体力学模型

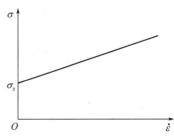

图 5.29　理想黏塑性体应力-应变速率曲线

5.5.2.7 伯格斯体

伯格斯体由一个开尔文体与一个马克斯威尔体串联而成，力学模型如图 5.30 所示，通常用符号表示为 B=K—M=（H｜N）—（H—N）。

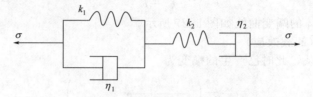

图 5.30 伯格斯体力学模型

建立伯格斯体本构方程的方法是将开尔文体的应力 σ_1、应变 ε_1 与马克斯威尔体的应力 σ_2、应变 ε_2 分别作为一个元件的应力和应变，然后按串联的原则，求得本构方程。

开尔文体和马克斯威尔体的本构方程为

$$\begin{cases} \sigma_1 = k_1\varepsilon_1 + \eta_1\varepsilon_1' \\ \varepsilon_2' = \dfrac{\sigma_2'}{k_2} + \dfrac{\sigma_2}{\eta_2} \end{cases} \tag{5.144}$$

由于串联，有

$$\begin{cases} \sigma = \sigma_1 = \sigma_2 = k_1\varepsilon_1 + \eta_1\varepsilon_1' \\ \varepsilon = \varepsilon_1 + \varepsilon_2, \varepsilon' = \varepsilon_1' + \varepsilon_2' \end{cases} \tag{5.145}$$

可得

$$\sigma = \eta_1(\varepsilon' - \varepsilon_2') + k_1(\varepsilon - \varepsilon_2) \tag{5.146}$$

将 ε_2' 表达式代入，得

$$\sigma = \eta_1\varepsilon' - \eta_1\left(\frac{\sigma'}{k_2} + \frac{\sigma}{\eta_2}\right) + k_1(\varepsilon - \varepsilon_2) \tag{5.147}$$

等式两边各微分一次，得

$$\sigma' = \eta_1\varepsilon'' - \eta_1\left(\frac{\sigma''}{k_2} + \frac{\sigma'}{\eta_2}\right) + k_1(\varepsilon' - \varepsilon_2') \tag{5.148}$$

再次将 ε_2' 表达式代入，化简后可得伯格斯体本构方程

$$\sigma'' + \left(\frac{k_2}{\eta_1} + \frac{k_2}{\eta_2} + \frac{k_1}{\eta_1}\right)\sigma' + \frac{k_1 k_2}{\eta_1 \eta_2}\sigma = k_2\varepsilon'' + \frac{k_1 k_2}{\eta_1}\varepsilon' \tag{5.149}$$

5.5.2.8 西原体

西原体由一个胡克体、一个开尔文体、一个理想黏塑性体串联而成，力学模型如图 5.31 所示，通常用符号表示为 XY=H—K—NC。西原体能较全面反映岩石的弹-黏弹-黏塑性特性。

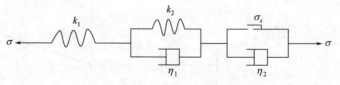

图 5.31 西原体力学模型

当 $\sigma < \sigma_s$ 时，摩擦片为刚体，因此模型与广义开尔文体相同，其流变特性具有蠕变与松弛性能。

在 $\sigma \geqslant \sigma_s$ 条件下，其性能类似伯格斯体，区别在于模型中的应力没有克服摩擦片阻力 σ_s 的部分。因此，可直接在伯格斯体的本构方程［式（5.149）］中用 $(\sigma - \sigma_s)$ 取代 σ，即可得到西原体的本构方程

$$\begin{cases} \sigma < \sigma_s, \dfrac{\eta_1}{k_1}\sigma' + \left(1 + \dfrac{k_2}{k_1}\right)\sigma = \eta_1\varepsilon' + k_2\varepsilon \\ \sigma \geqslant \sigma_s, \sigma'' + \left(\dfrac{k_2}{\eta_1} + \dfrac{k_2}{\eta_2} + \dfrac{k_1}{\eta_1}\right)\sigma' + \dfrac{k_1k_2}{\eta_1\eta_2}(\sigma - \sigma_s) = k_2\varepsilon'' + \dfrac{k_1k_2}{\eta_1}\varepsilon' \end{cases} \tag{5.150}$$

当应力水平较低时，西原体模型开始变形较快，一段时间后逐渐趋于稳定，成为稳定蠕变；当应力水平等于和超过岩石某一临界应力值（如 σ_s）后，逐渐转化为不稳定蠕变。它能反映许多岩石蠕变的这两种状态，故此模型在岩石流变学中应用广泛，特别适合反映软岩的流变特征。

5.5.2.9 宾汉姆体

宾汉姆体由一个胡克体和一个理想黏塑性体串联而成，其力学模型如图 5.32 所示。通常用符号表示为 Bh＝H—NC。

对于胡克体

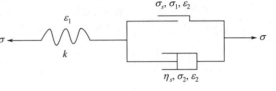

图 5.32 宾汉姆体力学模型

$$\varepsilon_1 = \frac{\sigma}{k}, \varepsilon'_1 = \frac{\sigma'}{k} \tag{5.151}$$

对于理想黏塑性体

$$\begin{cases} \sigma < \sigma_s, \varepsilon_2 = 0, \varepsilon'_2 = 0 \\ \sigma \geqslant \sigma_s, \varepsilon' = \dfrac{\sigma'}{k} + \dfrac{\sigma - \sigma_s}{\eta} \end{cases} \tag{5.152}$$

因此可得宾汉姆体的本构方程

$$\begin{cases} \sigma < \sigma_s, \varepsilon = \dfrac{\sigma}{k} \\ \sigma \geqslant \sigma_s, \varepsilon' = \dfrac{\sigma'}{k} + \dfrac{\sigma - \sigma_s}{\eta} \end{cases} \tag{5.153}$$

除以上组合模型外，许多学者还提出了其他组合流变模型，由于篇幅有限，本节不再列举。上述各组合流变模型的流变特征汇总见表 5.1。

表 5.1 组合流变模型的流变特征

名称	符号表达	瞬态	蠕变	松弛	弹性后效	黏性流动
圣维南体(St-V)	H—C	有	无	无	无	无
马克斯威尔体(M)	H—N	有	有	有	无	有
开尔文体(K)	H|N	无	有	无	有	无
广义开尔文体(GK)	H—K	有	有	有	有	无
鲍埃丁-汤姆逊体(PTh)	H|M	有	有	有	有	有
理想黏塑性体(NC)	C|N	有	有	无	无	有
伯格斯体(B)	K—M	有	有	有	有	有
西原体(XY)	H—K—NC	有	有	有	有	有
宾汉姆体(Bh)	H—NC	有	有	无	无	有

5.5.3　流变力学模型识别

　　岩石是流变性质十分复杂的多晶复合介质，其流变性质的描述往往需要多个简单模型的耦合，如马克斯威尔模型、开尔文模型等作为结构元件的多级耦合。为解决岩体工程问题，选择合理的流变力学模型十分重要。在选择较为复杂的模型结构时，应进行不同荷载的蠕变试验或松弛试验，以确定其流变参数。因此使用的模型越复杂，试验工作量越大，同时，由于本构方程复杂，使用时将增大计算工作量。

　　统一流变力学模型是较复杂的流变力学模型，如图 5.33 所示，该模型可对各流变形态的变形分量进行辨识和分离，并确定流变力学模型参数。基于统一流变力学模型，可按如下步骤辨识各种流变特征。表 5.2 为流变力学模型辨识表。

表 5.2　流变力学模型辨识表

情况	蠕变曲线		蠕变应变与滞后回弹应变的关系	定常蠕变速率与应力的关系	流变形态	模型名称
	低应力	高应力				
1	定常蠕变	定常蠕变		A:成正比	黏性	马克斯威尔体
				B:不成正比	黏性-黏塑性	
2	衰减蠕变	衰减蠕变	$\varepsilon_c(t)=\varepsilon_{ce}(t)$		黏弹性	开尔文体
			$\varepsilon_c(t)>\varepsilon_{ce}(t)$		黏弹性-黏弹塑性	
3	两者兼有	两者兼有	$\varepsilon_{cl}(t)=\varepsilon_{ce}(t)$	A:成正比	黏性-黏弹性	伯格斯体
				B:不成正比	黏性-黏弹性-黏塑性	
			$\varepsilon_{cl}(t)>\varepsilon_{ce}(t)$	A:成正比	黏性-黏弹性-黏弹塑性	
				B:不成正比	黏性-黏塑性-黏弹性-黏弹塑性	
4	无蠕变	定常蠕变			黏塑性	宾汉姆体
5	无蠕变	衰减蠕变			黏弹塑性	
6	无蠕变	两者兼有			黏塑性-黏弹塑性	
7	定常蠕变	两者兼有		A:成正比	黏性-黏弹塑性	
				B:不成正比	黏性-黏塑性-黏弹塑性	
8	衰减蠕变	两者兼有	$\varepsilon_{cl}(t)=\varepsilon_{ce}(t)$		黏塑性-黏弹性	西原体
			$\varepsilon_{cl}(t)>\varepsilon_{ce}(t)$		黏塑性-黏弹性-黏弹塑性	

注:两者兼有是指定常蠕变与衰减蠕变两者兼有;$\varepsilon_c(t)$为蠕变应变;$\varepsilon_{ce}(t)$为滞后回弹应变;$\varepsilon_{cl}(t)$为衰减蠕变应变。

　　① 根据流变试验曲线确定用何种组合流变模型模拟岩石的流变特征。模型识别的一般原则为：

　　　ⅰ.蠕变曲线有瞬时弹性应变段，则模型中应有弹性元件；

　　　ⅱ.蠕变曲线在瞬时弹性变形之后应变随时间发展，则模型中应有黏性元件；

　　　ⅲ.如果随时间发展的应变能够恢复，则模型中应有弹性元件与黏性元件的并联组合；

　　　ⅳ.如果岩石具有应力松弛特征，则模型中应有弹性元件与黏性元件的串联组合；

　　　ⅴ.如果松弛是不完全松弛，则模型中应有塑性元件。

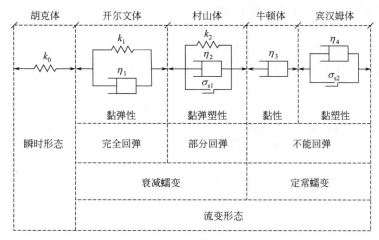

图 5.33　统一流变力学模型

② 分离蠕变曲线中衰减蠕变分量与定常蠕变分量。衰减蠕变分量与卸载滞后回弹量的关系可按如下方法确定:

ⅰ.如果衰减蠕变分量等于卸载后的滞后回弹应变量,那么岩石变形仅有黏弹性特性而不具有黏弹塑性特性;

ⅱ.如果衰减蠕变分量大于卸载后的滞后回弹应变量,那么岩石变形同时具有黏弹性和黏弹塑性两种特性。

ⅲ.研究定常蠕变分量,判断定常蠕变分量的蠕变速率是否与应力存在比例关系。

5.6　岩石强度理论

在应力的作用下,当岩石的应变增长到一定程度时,岩石就会发生破坏。岩石的破坏判据(亦称破坏准则或破坏条件)是指岩石破坏时的应力状态与岩石强度参数间的函数关系,又称强度准则或强度条件。岩石破坏判据的建立与选用,应反映工程实际岩石的破坏机理。所有描述岩石破坏机理、过程与条件的理论统称为强度理论。

岩石强度理论重点研究岩石的破坏准则,反映了在极限状态下的“应力-应力”之间的关系。也就是说,强度准则要解决在什么样的应力组合下、达到什么样的应力水平时,岩石发生破坏。岩石强度理论是建立在大量试验的基础之上的,它在一定程度上反映了岩石的强度特性,并作为岩石破坏的判据。

岩石的强度准则与本构方程不同。本构方程反映的是岩石在受力过程中的“应力-应变”之间的关系,而强度准则反映的是在极限状态下的“应力-应力”之间的关系。在主应力 σ_1、σ_2、σ_3 状态下,岩石的强度准则可表达为

$$f(\sigma_1,\sigma_2,\sigma_3)=0 \tag{5.154}$$

函数 f 的特定形式与材料有关,一般含有若干个材料常数。

5.6.1　库伦准则

最简单和最重要的强度准则是由库仑(C. A. Coulomb)于 1773 年提出的“摩擦”准则,又称最大剪应力强度理论。该理论认为,岩石的破坏主要是剪切破坏,岩石的强度,即抗摩擦强度等于岩石本身抗剪切摩擦的黏聚力和剪切面上法向应力产生的摩擦力。当岩石沿

特定平面发生剪切破坏时，该平面能承受的最大剪应力可表示为

$$|\tau| = c + \sigma\tan\varphi \tag{5.155}$$

式中，τ 为剪切面上的剪应力（抗剪强度），剪应力的符号只影响破坏后的滑动方向，为了方便，在数学上常忽略绝对值符号；c 为黏聚力（或内聚力）；σ 为剪切面上的正应力；φ 为内摩擦角。

库仑准则可以用莫尔极限应力圆直观地表示，如图 5.34 所示。在图 5.34(a) 中，当岩石沿特定剪切面破坏时，剪切面法线方向的作用力为正应力 σ，切线方向的作用力为剪应力 τ，由主应力 σ_1 和 σ_3 所确定的莫尔应力圆决定 σ 和 τ 的大小。剪切面法线方向与最大主应力方向的夹角为剪切面倾角 θ，称为岩石破断角，根据三角形外角性质可知：$2\theta = \dfrac{\pi}{2} + \varphi$。
在图 5.34(b) 中，式(5.155)确定的准则由直线 AL（通常称为强度曲线）表示，其斜率为 $\tan\varphi$，在 τ 轴上的截距为黏聚力 c。

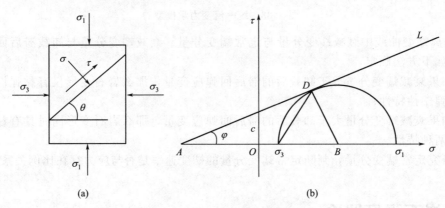

(a)   (b)

图 5.34 σ-τ 坐标下库仑准则

如果应力圆上的点落在强度曲线 AL 之下，则说明该点表示的应力还没有达到材料的强度值，故材料不发生破坏；如果应力圆上的点超出了上述区域，则说明该点表示的应力已超过了材料的强度并发生破坏；如果应力圆上的点正好与强度曲线 AL 相切（图中 D 点），则说明材料处于极限平衡状态，此时岩石所产生的剪切破坏将可能在该点所对应的平面（剪切面）上发生。

把 σ 和 τ 以第一、第三主应力表示，对应图 5.34 有

$$\begin{cases} \sigma = \dfrac{1}{2}(\sigma_1 + \sigma_3) + \dfrac{1}{2}(\sigma_1 - \sigma_3)\cos 2\theta \\[2mm] \tau = \dfrac{1}{2}(\sigma_1 - \sigma_3)\sin 2\theta \end{cases} \tag{5.156}$$

将式(5.156)代入式(5.155)，可得库仑准则由主应力表示的形式，即

$$\sigma_1 = \frac{1 + \sin\varphi}{1 - \sin\varphi}\sigma_3 + \frac{2c\cos\varphi}{1 - \sin\varphi} \tag{5.157}$$

若取 $\sigma_3 = 0$，则极限应力 σ_1 为岩石单轴抗压强度 σ_c，即

$$\sigma_c = \frac{2c\cos\varphi}{1 - \sin\varphi} \tag{5.158}$$

利用三角恒等式，有

$$\frac{1 + \sin\varphi}{1 - \sin\varphi} = \cot^2\left(\frac{\pi}{4} - \frac{\varphi}{2}\right) = \tan^2\left(\frac{\pi}{4} + \frac{\varphi}{2}\right) \tag{5.159}$$

利用剪切破断角关系可得

$$\frac{1+\sin\varphi}{1-\sin\varphi}=\tan^2\theta \tag{5.160}$$

将式(5.158)与式(5.160)代入式(5.157)，可得

$$\sigma_1=\sigma_3\tan^2\theta+\sigma_c \tag{5.161}$$

式(5.161)是由主应力、岩石破裂角和岩石单轴抗压强度给出的在 $\sigma_3-\sigma_1$ 坐标系中的库仑准则表达式(如图 5.35 所示)。这里还要指出的是，在式(5.157)中，不能以令 $\sigma_1=0$ 的方式去直接确定岩石抗拉强度与内聚力和内摩擦角之间的关系。在以下的讨论中可以看到这一点。

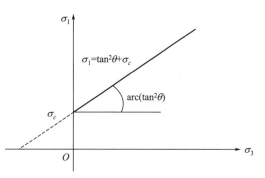

图 5.35　$\sigma_3-\sigma_1$ 坐标系的库伦准则

下面讨论 $\sigma_1-\sigma_3$ 坐标系中库仑准则的完整强度曲线。在式(5.155)中，取 $\tan\varphi=f$，并将式(5.156)代入，得

$$c=|\tau|-f\sigma=\frac{1}{2}(\sigma_1-\sigma_3)(\sin2\theta-f\cos2\theta)-\frac{1}{2}f(\sigma_1+\sigma_3) \tag{5.162}$$

上式对 θ 进行求导可得极值 $\tan2\theta=-\dfrac{1}{f}$。因 $2\theta\in\left[\dfrac{\pi}{2},\ \pi\right]$，且 $\sin2\theta=\dfrac{1}{\sqrt{f^2+1}}$，$\cos2\theta=-\dfrac{f}{\sqrt{f^2+1}}$，由此给出 $|\tau|-f\sigma$ 的最大值，即

$$(|\tau|-f\sigma)_{max}=\frac{1}{2}(\sigma_1-\sigma_3)\sqrt{f^2+1}-\frac{1}{2}f(\sigma_1+\sigma_3) \tag{5.163}$$

根据式(5.155)，如果式(5.163)小于 c，破坏不会发生；如果等于(或大于) c，则发生破坏。此时，令 $(|\tau|-f\sigma)_{max}=c$，则式(5.163)变为

$$2c=\sigma_1\left(\sqrt{f^2+1}-f\right)-\sigma_3\left(\sqrt{f^2+1}+f\right) \tag{5.164}$$

上式表示 $\sigma_1-\sigma_3$ 坐标内的一条直线(如图 5.36 所示)，该直线交 σ_1 轴于 σ_c，交 σ_3 轴于 s_0(注意 s_0 不是单轴抗压强度)，因此有

$$\begin{cases}\sigma_c=2c\left(\sqrt{f^2+1}+f\right)\\ s_0=-2c\left(\sqrt{f^2+1}-f\right)\end{cases} \tag{5.165}$$

现在确定岩石发生破裂(或处于极限平衡)时 σ_1 取值的下限。考虑到剪切面(图 5.34)上的正应力 $\sigma>0$ 的条件，这样在任意 θ 值条件下，由式(5.156)得

$$2\sigma=\sigma_1(1+\cos2\theta)+\sigma_3(1-\cos2\theta) \tag{5.166}$$

由于 $\cos2\theta=-\dfrac{f}{\sqrt{f^2+1}}$，所以有

$$2\sigma=\sigma_1\left(1-\frac{f}{\sqrt{f^2+1}}\right)+\sigma_3\left(1+\frac{f}{\sqrt{f^2+1}}\right) \tag{5.167}$$

或

$$2\sigma=\sigma_1\frac{\left(\sqrt{f^2+1}-f\right)}{\sqrt{f^2+1}}+\sigma_3\frac{\left(\sqrt{f^2+1}+f\right)}{\sqrt{f^2+1}} \tag{5.168}$$

由于 $\sqrt{f^2+1}>0$，因此如果 $\sigma>0$，则有

$$\sigma_1\left(\sqrt{f^2+1}-f\right)+\sigma_3\left(\sqrt{f^2+1}+f\right)>0 \tag{5.169}$$

式(5.164)与式(5.169)联立求解可得

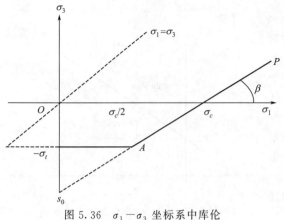

图 5.36　$\sigma_1-\sigma_3$ 坐标系中库伦
准则的完整强度曲线

$$\sigma_1>c\left(\sqrt{f^2+1}+f\right) \quad (5.170)$$

由此得 $\sigma_1>\sigma_c/2$。可见，图 5.36 中仅直线的 AP 部分代表 σ_1 的有效取值范围。

σ_3 为负值（拉应力）时，由实验可知，可能会在垂直于 σ_3 平面内发生张性破裂，特别在单轴拉伸（$\sigma_1=0$，$\sigma_3<0$）中，当拉应力值达到岩石抗拉强度 σ_t 时，岩石发生张性断裂。但是，这种破裂行为完全不同于剪切破裂，而这在库仑准则中没有描述。

基于库仑准则和试验结果分析，由图 5.36 给出的简单而有用的准则可以表示为

$$\begin{cases} \sigma_1\left(\sqrt{f^2+1}-f\right)-\sigma_3\left(\sqrt{f^2+1}+f\right)=2c ,\sigma_1>\dfrac{1}{2}\sigma_c \\ \sigma_3=-\sigma_1 ,\sigma_1\leqslant\dfrac{1}{2}\sigma_c \end{cases} \quad (5.171)$$

上式仍称为库仑准则。从图 5.36 中的强度曲线可以看到，在由式(5.171)给出的库仑准则条件下，岩石可能发生以下四种方式的破坏：

① 当 $0<\sigma_1\leqslant\sigma_c/2$，（$\sigma_3=-\sigma_t$）时，岩石属于单轴拉伸破裂；
② 当 $\sigma_c/2<\sigma_1<\sigma_c$，（$-\sigma_t<\sigma_3<0$）时，岩石属于双轴拉伸破裂；
③ 当 $\sigma_1=\sigma_c$，（$\sigma_3=0$）时，岩石属于单轴压缩破裂；
④ 当 $\sigma_1>\sigma_c$，（$\sigma_3>0$）时，岩石属于双轴压缩破裂。

另外，由图 5.36 中强度曲线上 A 点坐标（$\dfrac{\sigma_c}{2}$，$-\sigma_t$）可得，直线 AP 的倾角 β 为 $\beta=$ arctan $\dfrac{2\sigma_t}{\sigma_c}$。由此看来，在主应力 σ_1、σ_3 坐标平面内的库仑准则可以利用单轴抗压强度和抗拉强度确定。

5.6.2　莫尔强度理论

库仑准则所描述的线性关系在高围压条件下并不适用。1900 年，莫尔把库仑准则推广到三向应力状态，其最主要的贡献是认识到材料性质本身乃是应力的函数。莫尔指出，当剪切破坏发生在特定平面时，该平面上的法向应力 σ 和剪应力 τ 由材料性质的应力函数关系式确定，材料内某一点的破坏主要取决于最大主应力 σ_1 和最小主应力 σ_3；材料破坏与否，与材料内的剪应力有关，而正应力则直接影响抗剪强度的大小。

根据该理论，可在 $\sigma\text{-}\tau$ 平面上绘制出一系列的莫尔应力圆，每个莫尔应力圆均反映一种极限平衡的应力状态，此时的莫尔应力圆称为极限应力圆。各种应力状态（单轴拉伸、单轴压缩及三轴压缩）下一系列极限应力圆的外公切线统称为莫尔包络线（也称莫尔强度包络线），如图 5.37 所示。莫尔包络线上的点对应材料处于极限平衡状态时的应力状态，代表材料的破坏条件，即莫尔破坏条件的表达式为

$$\tau=f(\sigma) \quad (5.172)$$

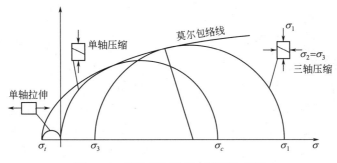

图 5.37　完整岩石的莫尔强度包络线

判断岩石中一点是否会发生剪切破坏时，可在事先给出的莫尔包络线上，叠加上反映实际试件应力状态的莫尔应力圆。如果应力圆与包络线相切或相割，则研究点将产生破坏，材料破裂方向由莫尔包络线的法线决定；如果应力圆位于包络线下方，则不会产生破坏。

莫尔包络线的具体表达式可根据试验结果用拟合法求得。目前，已提出的包络线形式有：斜直线型、二次抛物线型、双曲线型等。

① 斜直线型与库仑准则基本一致，其包络线方程如式（5.155）所示。因此可以说，线性库仑准则是一种特殊的莫尔包络线，在文献中，库仑准则也常称为莫尔-库仑准则，简称 M-C 准则。

② 岩性较坚硬至较弱的岩石，如泥灰岩、砂岩、泥页岩等岩石的莫尔包络线近似于二次抛物线，如图 5.38 所示，其表达式为

$$\tau^2 = n(\sigma + \sigma_t) \tag{5.173}$$

式中，σ_t 为岩石的单轴抗拉强度；n 为待定系数。

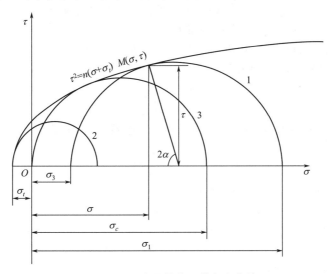

图 5.38　二次抛物线型莫尔包络线

二次抛物线型莫尔包络线的主应力表达式为

$$\begin{cases} (\sigma_1 - \sigma_3)^2 = 2n(\sigma_1 + \sigma_3) + 4n\sigma_t - n^2 \\ n = \sigma_c + 2\sigma_t \pm 2\sqrt{\sigma_t(\sigma_c + \sigma_t)} \end{cases} \tag{5.174}$$

③ 砂岩、灰岩、花岗岩等坚硬、较坚硬岩石的莫尔包络线近似于双曲线，如图 5.39 所示，其表达式为

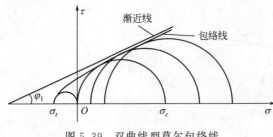

图 5.39　双曲线型莫尔包络线

$$\tau^2 = (\sigma_1 + \sigma_t)^2 \tan\varphi_1 + (\sigma_1 + \sigma_t)\sigma_t \tag{5.175}$$

式中，φ_1 为包络线渐近线的倾角，

$\tan\varphi_1 = \dfrac{1}{2}\sqrt{\dfrac{\sigma_c}{\sigma_t} - 3}$。

莫尔强度理论实质上是一种剪应力强度理论，该理论比较全面地反映了岩石的强度特征，它既适用于塑性岩石，也适用于脆性岩石的剪切破坏。同时，也反映了岩石抗拉强度远小于抗压强度这一特性，并能解释岩石在三向等拉时会破坏，而在三向等压时不会破坏（曲线在受压区不闭合）的特点，这一点已被试验所证实。因此，目前莫尔理论被广泛应用于岩石工程实践。

莫尔强度理论的缺点是忽略了中间主应力的影响，与试验结果有一定的出入。另外，该理论只适用于剪破坏，受拉区的适用性还值得进一步探讨，并且不适用于膨胀或蠕变破坏。

5.6.3　格里菲斯强度理论

当材料破坏发生在原子尺度时，外界对材料做功需克服原子间的结合力。理论上，固体材料的抗拉强度可达到杨氏模量的 10%，对于岩石类材料，其理论抗拉强度在 GPa 数量级。然而，大量试验表明，岩石材料的抗拉强度一般在 20MPa 以内，低于理论值的 1%。为此，格里菲斯（A. A. Gnifith）从微观力学角度对上述现象进行了理论分析，提出了著名的格里菲斯强度理论。

格里菲斯强度理论认为，玻璃、铸铁等脆性固体材料内部通常含有大量微裂纹（即格里菲斯裂纹）。在均质体、弹性、较小的外部拉应力等前提下，格里菲斯基于能量分析认为，裂纹尖端产生显著的应力集中，积聚的能量大于扩展表面能时，裂纹扩展，导致材料破坏。理论上，材料的抗拉强度可表示为

$$\sigma_t = \sqrt{\dfrac{2eE}{\pi l_n}} \tag{5.176}$$

式中，σ_t 为裂纹尖端附近的最大拉应力；e 为裂纹单位表面能；E 为弹性模量；l_n 为裂纹半长。

在压应力状态下，格里菲斯裂纹周围也可能出现较高的拉应力，同样可导致裂纹的不稳定扩展。假定材料内部的细微裂纹形状类似于扁平状椭圆，且假定相邻裂纹之间互不影响，忽略材料特性的局部变化，可将椭圆裂隙作为半无限弹性介质中的单孔情况处理，如图 5.40 所示。

基于上述假设，格里菲斯强度准则可表示为

$$\begin{cases} \dfrac{(\sigma_1 - \sigma_3)^2}{\sigma_1 + \sigma_3} = 8\sigma_t, & \sigma_1 + 3\sigma_3 \geqslant 0 \\ \sigma_3 = -\sigma_t, & \sigma_1 + 3\sigma_3 < 0 \end{cases} \tag{5.177}$$

由方程（5.177）确定的格里菲斯强度准则在 $\sigma_1 - \sigma_3$ 坐标中的强度曲线如图 5.41 所示。

分析方程或从强度曲线中可以得到以下结论：

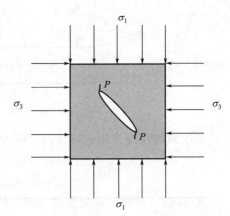

图 5.40　平面压缩的格里菲斯裂纹模型

① 材料的单轴抗压强度是抗拉强度的 8 倍，其反映了脆性材料的基本力学特征。这个由理论给出的结果，在数量级上是合理的，但在细节上还是有出入。

② 材料发生断裂时，可能处于各种应力状态。这一结果验证了格里菲斯强度准则所认为的，不论何种应力状态，材料都是因裂纹尖端附近达到极限拉应力而断裂的基本观点，即材料的破坏机理是拉伸破坏。准则的理论解中还可以证明，新裂纹与最大主应力方向斜交，而且扩展方向最终与最大主应力趋于平行。

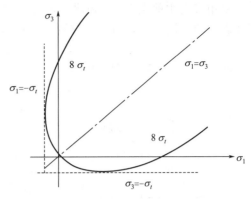

图 5.41　格里菲斯强度曲线

格里菲斯强度准则是针对玻璃和铸铁等脆性材料提出来的，因而只适用于研究脆性岩石的破坏。而对一般的岩石材料，莫尔-库仑强度准则的适用性更强。

5.6.4　德鲁克-普拉格准则

莫尔-库仑准则体现了岩土材料压剪破坏的实质，但没有反映中间主应力的影响，不能解释岩土材料在静水压力下也能屈服或破坏的现象。1952 年，德鲁克和普拉格基于米赛斯准则提出德鲁克-普拉格（Drucker-Prager）准则，简称 D-P 准则，其表达式为

$$\sqrt{J_2} - \alpha I_1 = K \tag{5.178}$$

式中，α、K 为材料参数，可由岩石内摩擦角 φ 和黏聚力 c 确定，当 $\alpha = 0$ 时，德鲁克-普拉格准则退化为米赛斯准则；I_1 为应力第一不变量；J_2 为应力偏量第二不变量。I_1、J_2、α、K 由下式确定

$$I_1 = \sigma_{ii} = \sigma_1 + \sigma_2 + \sigma_3 = \sigma_x + \sigma_y + \sigma_z$$

$$J_2 = \frac{1}{2} s_i s_i = \frac{1}{6} \left[(\sigma_1 - \sigma_2)^2 + (\sigma_2 - \sigma_3)^2 + (\sigma_3 - \sigma_1)^2 \right] \tag{5.179}$$

$$= \frac{1}{6} \left[(\sigma_x - \sigma_y)^2 + (\sigma_y - \sigma_z)^2 + (\sigma_z - \sigma_x)^2 + 6(\tau_{xy}^2 + \tau_{yz}^2 + \tau_{2x}^2) \right]$$

$$\begin{cases} \alpha = \dfrac{2\sin\varphi}{\sqrt{3}(3+\sin\varphi)}, K = \dfrac{6c\cos\varphi}{\sqrt{3}(3+\sin\varphi)} （纯拉伸条件下: \sigma_1 = \sigma_2 = 0, \sigma_3 = \sigma_t） \\[3mm] \alpha = \dfrac{2\sin\varphi}{\sqrt{3}(3-\sin\varphi)}, K = \dfrac{6c\cos\varphi}{\sqrt{3}(3-\sin\varphi)} （纯压缩条件下: \sigma_2 = \sigma_3 = 0, \sigma_1 = \sigma_c） \end{cases} \tag{5.180}$$

D-P 准则考虑了中间主应力的影响与静水压力的作用，可采用基本力学参数描述不同应力状态下岩土的强度特征，被认为是比较理想的岩土强度准则，众多大型岩土计算软件都包括了该准则的计算方法。但德鲁克-普拉格准则未能考虑应力洛德角的影响，在计算如坝基稳定性等复杂问题时，难以反映复杂的应力状态，存在一定的计算误差。

5.6.5　统一强度理论

俞茂宏教授对 20 世纪发展建立的诸多强度准则进行了总结，认为传统的剪切强度理论只考虑作用于单元体的最大主剪应力 τ_{13} 及其面上的正应力 σ_{13} 对材料屈服和破坏的影响，但试验表明，除最大剪应力 τ_{13} 之外，其他主剪应力 τ_{12} 或 τ_{23} 对材料屈服和破坏也存在一定的影响。同时 3 个主剪应力之间存在关系：$\tau_{13} = \tau_{12} + \tau_{23}$，因此，3 个主剪应力中只有 2 个主剪应力为独立变量。

采用最大主剪应力 τ_{13} 和次大主剪应力（中间主剪应力）τ_{12}（或 τ_{23}）作为影响材料屈服和破坏的共同因素，俞茂宏教授提出双剪应力和双剪单元体的力学模型（正应力拉为正），当 $\tau_{12}>\tau_{23}$ 时，以 τ_{13} 和 τ_{12} 截面得出正交八面体的 $\tau_{13}-\tau_{12}$ 双剪单元体，如图 5.42(a) 所示；同理，当 $\tau_{12}<\tau_{23}$ 时，可得 $\tau_{13}-\tau_{23}$ 的双剪单元体，如图 5.42(b) 所示。

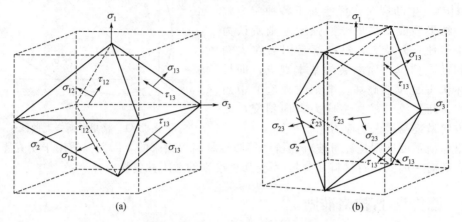

图 5.42　双剪单元体力学模型

从双剪单元体的双剪应力出发，俞茂宏教授于 1985 年建立了适用于岩石类材料的双剪强度理论，其定义为：当作用于双剪单元体的两组剪应力和相应面上的正应力满足某一条件时，材料发生屈服和破坏。双剪强度理论主应力形式的表达式为

$$\begin{cases} F=\sigma_1-\dfrac{K}{2}(\sigma_2+\sigma_3)=\sigma_t, \sigma_2\leqslant\dfrac{\sigma_1+K\sigma_3}{1+K} \\[3mm] F'=\dfrac{1}{2}(\sigma_1+\sigma_2)-K\sigma_3=\sigma_t, \sigma_2>\dfrac{\sigma_1+K\sigma_3}{1+K} \end{cases} \tag{5.181}$$

式中，K 为材料拉压强度比，$K=\sigma_t/\sigma_c$。

1991 年，俞茂宏教授基于双剪单元体力学模型和一种新的数学建模方法推导了统一强度理论，主应力形式的表达式为

$$\begin{cases} F=\sigma_1-\dfrac{K}{1+b}(b\sigma_2+\sigma_3)=\sigma_t, \sigma_2\leqslant\dfrac{\sigma_1+K\sigma_3}{1+K} \\[3mm] F'=\dfrac{1}{1+b}(\sigma_1+b\sigma_2)-K\sigma_3=\sigma_t, \sigma_2>\dfrac{\sigma_1+K\sigma_3}{1+K} \end{cases} \tag{5.182}$$

式中，b 为反映中间主剪应力及相应面上的正应力对材料破坏影响程度的参数。

现有的单剪强度理论（$b=0$）、双剪强度理论（$b=1$）和介于两者之间的各种破坏准则均为统一强度理论的特例或者线性逼近。此外，统一强度理论可产生单剪强度理论之内（$b<0$）、双剪强度理论之外（$b>1$）以及介于两者之间（$0<b<1$）的一系列准则，形成一个系列化的统一强度理论，可更好地适用于不同的工程材料和结构。单剪强度理论与双剪强度理论为外凸强度理论客观存在的两个边界，统一强度理论将内边界的单剪强度理论和外边界的双剪强度理论以及两边界之间大部分区域的可能准则联系了起来。

5.6.6　霍克-布朗强度准则

针对裂隙和破裂岩体的破坏，霍克与布朗通过对大量岩石三轴试验资料和岩土现场试验成果进行统计分析，结合岩石性状方面的理论研究成果和实践检验，于 1980 年提出霍克-布朗强度准则，简称 H-B 强度准则

$$\sigma_1 = \sigma_3 + \sqrt{m\sigma_c\sigma_3 + s\sigma_c^2} \tag{5.183}$$

式中，σ_1、σ_3 为岩石破坏时的最大、最小主应力；σ_c 为完整岩石材料的单轴抗压强度；m 和 s 为与岩性及结构面情况有关的经验常数，m 取值范围在 $0\sim25$ 之间，s 取值范围在 $0\sim1$ 之间。

霍克-布朗准则的图解表示如图 5.43 所示。霍克-布朗准则可以反映岩石和岩体固有的非线性破坏的特点，以及结构面、应力状态对强度的影响，能解释低应力区、拉应力区和最小主应力对强度的影响，并适用于各向异性岩体的描述。但是，霍克-布朗强度准则也存在不足之处，例如忽略了中间主应力的影响，难以准确确定准则中的参数，对各向异性明显的节理岩石适用性差，偏平面上包络线不满足光滑性，影响岩石真三轴强度特性的描述等。为解决这些问题，近年来国内外研究者们进行了深入研究，并取得了显著的成果。例如，朱合华教授等在考虑中间主应力对强度的影响后，提出了一种广义三维霍克-布朗强度准则；吴顺川教授等采用了一个新的偏平面函数对霍克-布朗强度准则进行修正，提出了一种修正三维霍克-布朗强度准则。

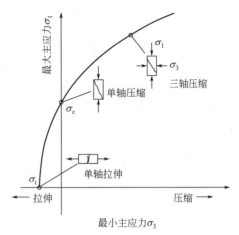

图 5.43   岩石破坏时主应力之间的关系曲线

【思考与练习题】

1.岩石力学弹性平面问题的基本方程有几个？每一类基本方程考虑的主要问题是什么？

2.试推导空间问题的平衡方程？

3.试推导空间问题的几何方程？

4.试推导空间问题的应力边界条件？

5.什么叫岩石的本构关系？岩石的本构关系一般有几种类型？

6.简述岩石的三种弹性本构关系及其特点。

7.试推导平面弹性本构关系？

8.简述岩石流变性质包含哪几种？

9.蠕变一般包括几个阶段？每个阶段的特点是什么？

10.简述流变模型的基本元件及本构方程。

11.流变学中组合元件的组合方式包括哪些？

12.试推导伯格斯体的本构方程。

13.试推导马克斯韦尔体的本构方程。

14.何为岩石强度准则？为什么要提出强度准则？

15.试论述库仑、莫尔、格里菲斯、德鲁克-普拉格、双剪、霍克-布朗等强度准则的基本原理与主要区别。

第6章

岩石地下工程

 学习目标及要求

掌握岩石地下工程变形理论与计算方法；掌握岩石地下工程围岩压力成因、围岩压力计算方法；了解岩石地下工程监测的内容和主要技术手段；了解软岩工程的分类和工程力学基本理论。

6.1 概述

岩石地下工程通常包括在岩石地下中开挖的各种隧道、井巷与硐室。铁路、公路、矿山、水电、国防、城市地铁及城市建设等许多领域，都有大量的岩石地下工程。随着科学技术及工业的发展，岩石地下工程将会有更为广泛的新用途，如地下油气库、地下储热库、地下储水库以及地下核废料密闭储藏库等。

根据岩石地下工程所在深度，可将其分为浅部岩体工程和深部岩体工程。浅部岩体工程又可以分为深埋和浅埋两类。浅埋地下工程的工程影响范围可达到地表，因而在力学分析上要考虑地表界面的影响。深埋地下工程可视为无限体问题，即在硐室无限远处的岩体仍为未扰动的原岩体。深部岩体工程响应研究出现一些如分区破裂化等新概念，这与浅部岩体工程响应大不相同，并逐渐形成深部非线性岩体力学这一新分支。

岩石地下工程涉及岩体开挖和地下硐室支护与维护。岩体开挖破坏了原有岩体应力平衡状态，会引起岩体应力重分布，使岩体产生位移与变形，如果应力重分布与岩体变形达到或超过岩体强度和变形允许值，将导致地下结构失稳与破坏，直接影响地下结构的安全与稳定。稳定性问题是岩石地下工程的重要研究内容，主要涉及支护结构和岩体自身的稳定两个方面。其中，后者对于岩石地下工程的稳定尤其重要。

6.2　岩石地下工程的应力分布

6.2.1　围岩应力重分布

硐室开挖前，岩体在初始应力作用下处于平衡状态，开挖形成硐室后，平衡状态破坏，硐室周围岩体应力发生变化，这种应力重新分布的现象称为应力重分布。研究表明，应力重分布局限于硐室周围一定区域内，远离硐室的岩体应力仍可视为原岩应力状态或初始应力状态。岩石地下工程中硐室周围发生应力重分布的这一部分岩体称为围岩，重分布后岩体的应力状态称为围岩二次应力状态，或次生应力状态。

如果岩体初始应力处于弹性状态，则围岩的二次应力状态可能出现以下两种情况：

① 二次应力状态仍保持弹性状态，除出现局部岩块松动现象外，围岩基本稳定，弹性理论的基本定律与假设仍可适用。

② 二次应力状态若为弹塑性分布，则由于作用于岩体的初始应力较大或岩体自身的强度比较低，硐室开挖后，硐室周边的部分岩体应力超过岩体的屈服应力，岩体进入塑性状态。随着与洞壁的距离增大，最小主应力也随之增大，进而提高了岩体的强度，并促使岩体的应力转为弹性状态。因此，这种弹塑性应力并存的状态被称为岩体二次应力的弹塑性分布。处在弹塑性分布中的硐室，必须进行支护，否则围岩体会产生失稳，从而影响硐室的正常使用。

研究围岩的二次应力状态时通常不考虑支护结构的支撑作用，松散岩体除外，这是因为对于松散岩体而言，若没有支撑力的作用，围岩难以维持稳定。

岩体介质的假设条件是用弹塑性理论分析岩体硐室的二次应力状态的关键之一。岩体是非均匀、各向异性的天然地质体，其中包含有大量的节理、裂缝等不连续结构面。就宏观范围而言，除了规模较大的断层与软弱夹层，岩体中随机分布的裂隙相对岩石块体要小很多，岩体可视为均质连续体，也能满足弹塑性力学中对介质的基本假设条件。因此，在进行二次应力分布时，大都仍将岩体视为均质各向同性体。由于其规模大、产状不利或强度极低等原因，局部特殊的岩体不连续面应特殊处理，宜采用专门的方法（如剪裂区计算等）进行稳定性评价。

局部应力集中的概念在围岩二次应力状态分析中十分重要。硐室开挖引起围岩应力重分布，硐室二次应力状态变化的区域通常称为影响范围或应力集中区。研究表明，硐室围岩的应力集中是局部的，应力集中区只限于硐室周围较小范围内，应力集中随着与硐室距离的增加迅速衰减，远离硐室周围岩体中的应力状态可视为初始应力状态。围岩应力集中可用应力集中系数（k）进行表述，假设硐室开挖前岩体中某一点的初始应力为 σ_0，开挖后该点的二次应力变为 σ，则

$$k = \frac{\sigma}{\sigma_0} \tag{6.1}$$

即应力集中系数表示硐室开挖前后围岩应力的变化情况。若 $k > 1$，二次应力增大，反之则二次应力减小。

如图 6.1 所示，从地面至圆形硐室中心的距离 H 称为硐室的平均埋深，r_a 为硐室半径。$H \gg r_a$ 的硐室称之为深埋硐室。硐室深浅埋的划分，不同的计算理论采用不同的划分原则。如前所述，围岩二次应力状态多属弹性理论平面应变问题，可通过弹性理论中的柯西问题加以研究，即视为岩体自重作用下，以地面为直线边界的半无限平面内圆孔周边的应力

集中问题。对于深埋硐室而言，由于是有限区域的应力集中，可在硐室周围应力集中区以外截取一矩形平板，如图 6.1(a) 所示，平板四周边界上的应力应处于初始应力状态，最终将其转化成为具有圆孔的矩形平板在自重作用下孔周边的应力集中问题。那么，深埋圆形硐室二次应力状态的近似计算，可归结为求解具有圆孔的无重量平板的平面应变问题，在平板的上下边界作用有垂直分布压力 p_y，平板的两侧面边界上作用有水平分布压力 p_x，如图 6-1(b) 所示。

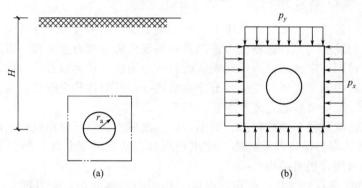

图 6.1 轴对称圆形硐室的计算

6.2.2 弹性条件下围岩应力分布

（1）轴对称圆形硐室围岩的二次应力分布

要进行岩石地下工程稳定性分析，必须明确开挖硐室应力重分布岩体的应力场和位移场。其中，弹性岩体中的圆形硐室问题最为简单，但其弹性力学解对岩石地下工程却极具指导意义。

一定埋深的圆形硐室可视为半平面圆形硐室问题，并可进一步转化为矩形板圆孔问题。如图 6.2(a) 所示，圆孔半径为 r_a，同样在应力集中区域外取一矩形，并假设矩形域边界不受域内圆孔的影响，即矩形域周边荷载视为岩体的初始应力，上下边界为垂直均布压力 p_y，两侧边界为水平均布压力 p_x，侧压力系数 $\lambda = p_x/p_y$。实际分析表明，当埋深 $H \geqslant 20r_a$ 时，这一近似处理误差小于 1%。

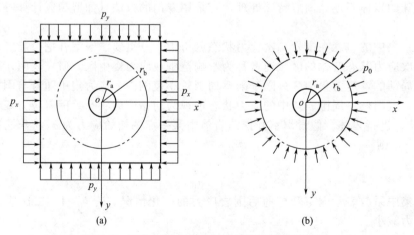

图 6.2 一定埋深的圆形硐室围岩应力计算简图

特别要指出的是，不管是水平应力还是垂直应力，径向、切（环）向正应力与切应力，统一约定：正应力以压应力为正、拉应力为负；切应力以逆时针为正、顺时针为负。

① 侧压力系数 $\lambda = 1$ 时的情形。当侧压力系数 $\lambda = 1$ 时，如图 6.2(a) 所示，以圆孔中心为坐标原点，在矩形域内以 r_b 为半径作一圆形域，当 $r_b \gg r_a$ 时，由于半径为 r_b 的孔边处于应力集中区域以外，其上各点的应力状态与无孔时的应力状态相同，如图 6.2(b) 所示，可认为圆形域周边上的压力等于均布压力 p_0，$p_0 = \gamma H$。

极坐标条件下，大圆周上任一点 (r, θ) 的应力为 $\sigma_r = p_0$，$\tau_{r\theta} = 0$。于是，$\lambda = 1$ 时圆形硐室围岩应力问题最终转化为求解圆周受均布压力作用下的圆环问题。

根据弹性理论，圆环问题可按厚壁圆筒理论求解，其拉梅解为

$$\sigma_r = \frac{1 - \dfrac{r_a^2}{r^2}}{1 - \dfrac{r_a^2}{r_b^2}} p_0, \quad \sigma_\theta = \frac{1 + \dfrac{r_a^2}{r^2}}{1 - \dfrac{r_a^2}{r_b^2}} p_0, \quad \tau_{r\theta} = \tau_{\theta r} = 0 \tag{6.2}$$

由于 $r_b \gg r_a$，$\dfrac{r_a^2}{r_b^2} \to 0$，式(6.2)调整为

$$\begin{cases} \sigma_r = p_0 \left(1 - \dfrac{r_a^2}{r^2}\right) \\[2mm] \sigma_\theta = p_0 \left(1 + \dfrac{r_a^2}{r^2}\right) \\[2mm] \tau_{r\theta} = \tau_{\theta r} = 0 \end{cases} \tag{6.3}$$

圆形硐室围岩应力沿 r 轴分布情形，如图 6.3 所示。切向正应力 σ_θ 值随着 r 的增大快速衰减，在硐室周边最大，$\sigma_{\theta,(r=r_a)} = 2p_0$，当 $r > (3 \sim 5) r_a$ 时，$\sigma_\theta \to p_0$（见表 6.1）。径向正应力随着 r 的增大快速增大，并在 $r = (3 \sim 5) r_a$ 时基本趋近岩体初始应力（见表 6.1）。同时，圆形硐室周边最大应力集中系数 $k = 2$。这一圆形硐室围岩应力分布规律，在岩石地下工程稳定性评价中具有十分重要的意义。

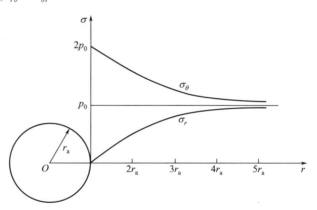

图 6.3 $\lambda = 1$ 时圆形硐室围岩应力分布图

表 6.1 $\lambda = 1$ 圆形硐室围岩应力

r/r_a	1	2	3	4	5
σ_θ	$2p_0$	$1.25p_0$	$1.11p_0$	$1.06p_0$	$1.04p_0$
σ_r	0	$0.75p_0$	$0.89p_0$	$0.94p_0$	$0.96p_0$

② 侧压力系数 λ 为任意值时的情形。侧压力系数 λ 为任意值时，圆形硐室围岩的二次应力分布计算简图如图 6.4(a) 所示，可由图 6.4(b)、图 6.4(c) 所示两种情形叠加得到。

其中

$$\begin{cases} P = \dfrac{p_y + p_x}{2} = \dfrac{1}{2}(1+\lambda)p_y \\[2mm] Q = \dfrac{p_y - p_x}{2} = \dfrac{1}{2}(1-\lambda)p_y \end{cases} \tag{6.4}$$

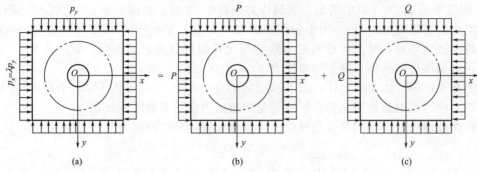

图 6.4　任意 λ 值时圆形硐室围岩应力计算简图

ⅰ. 图 6.4(b) 所示情形即上述圆环外边界承受均匀压力时的情形，圆环域内应力分量可由式(6.3) 求得。相应的 p_0 用 $P=\dfrac{1}{2}(1+\lambda)p_0$ 代换后即得

$$\begin{cases} \sigma_r=\dfrac{p_0}{2}(1+\lambda)\left(1-\dfrac{r_a^2}{r^2}\right) \\[2mm] \sigma_\theta=\dfrac{p_0}{2}(1+\lambda)\left(1+\dfrac{r_a^2}{r^2}\right) \\[2mm] \tau_{r\theta}=\tau_{\theta r}=0 \end{cases} \tag{6.5}$$

ⅱ. 对于图 6.4(c) 所示情形。以坐标原点为圆心，以半径 r_b（$r_b\gg r_a$）作一大圆，仍可通过应力状态分析求得作用于圆环外边界上的应力。圆环的外边界条件如图 6.5 所示。

$$\begin{cases} \sigma_{r,r=r_b}=Q\cos2\theta \\[2mm] \tau_{r\theta,r=r_b}=-Q\sin2\theta \end{cases} \tag{6.6}$$

$$\begin{cases} \sigma_{r,r=r_a}=0 \\[2mm] \tau_{r\theta,r=r_a}=0 \end{cases} \tag{6.7}$$

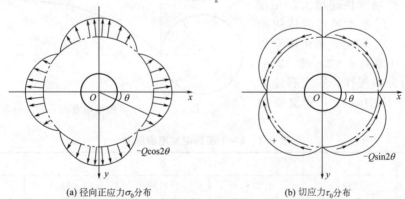

(a) 径向正应力 σ_0 分布　　　　　　(b) 切应力 τ_0 分布

图 6.5　圆环外侧承受三角函数分布力的计算简图

此时，圆环域内应力分量表达式和相容条件为

$$\begin{cases} \sigma_r=\dfrac{1}{r}\dfrac{\partial\varphi}{\partial r}+\dfrac{1}{r^2}\dfrac{\partial^2\varphi}{\partial\theta^2} \\[3mm] \sigma_\theta=\dfrac{\partial^2\varphi}{\partial r^2} \\[3mm] \tau_{r\theta}=-\dfrac{\partial}{\partial r}\left(\dfrac{1}{r}\dfrac{\partial\varphi}{\partial\theta}\right) \end{cases} \tag{6.8}$$

$$\left(\frac{\partial^2}{\partial r^2}+\frac{1}{r}\frac{\partial}{\partial r}+\frac{1}{r^2}\frac{\partial^2}{\partial \theta^2}\right)^2 \varphi=0 \tag{6.9}$$

式中，φ 为极坐标应力函数，$\varphi=\varphi\ (r,\ \theta)$。

采用半逆解法求解该问题，由应力分量表达式(6.8) 可见，假设应力函数 $\varphi\ (r,\theta)$

$$\varphi(r,\theta)=f\ (r)\cos 2\theta \tag{6.10}$$

其中，$f\ (r)$ 为变量 r 的任意解析函数。将式(6.10) 代入式(6.9)，得

$$\left[\frac{\mathrm{d}^4 f}{\mathrm{d}r^4}+\frac{2}{r}\frac{\mathrm{d}^3 f}{\mathrm{d}r^3}-\frac{9}{r^2}\frac{\mathrm{d}^2 f}{\mathrm{d}r^2}+\frac{9}{r^3}\frac{\mathrm{d}f}{\mathrm{d}r}\right]\cos 2\theta=0 \tag{6.11}$$

删去因子 $\cos 2\theta$ 后，得关于 $f\ (r)$ 的微分方程

$$\frac{\mathrm{d}^4 f}{\mathrm{d}r^4}+\frac{2}{r}\frac{\mathrm{d}^3 f}{\mathrm{d}r^3}-\frac{9}{r^2}\frac{\mathrm{d}^2 f}{\mathrm{d}r^2}+\frac{9}{r^3}\frac{\mathrm{d}f}{\mathrm{d}r}=0 \tag{6.12}$$

其通解为

$$f\ (r)=Ar^4+Br^2+C+Dr^{-2} \tag{6.13}$$

其中，A、B、C、D 为任意常数。将式(6.13) 代入式(6.10)，得应力函数为

$$\varphi(r,\theta)=(Ar^4+Br^2+C+Dr^{-2})\cos 2\theta \tag{6.14}$$

从而由式(6.8) 求得应力分量

$$\begin{cases} \sigma_r=-\left(2B+\dfrac{4C}{r^2}+\dfrac{6D}{r^4}\right)\cos 2\theta \\[3mm] \sigma_\theta=\left(12Ar^2+2B+\dfrac{6D}{r^4}\right)\cos 2\theta \\[3mm] \tau_{r\theta}=\left(6Ar^2+2B-\dfrac{2C}{r^2}-\dfrac{6D}{r^4}\right)\sin 2\theta \end{cases} \tag{6.15}$$

考虑到边界条件式(6.6) 与式 (6.7)，将式(6.15) 代入，并取 $r_a/r_b=0$，简化后联立解方程得

$$A=0,B=-\frac{Q}{2},C=Qr_a^2,D=-\frac{Qr_a^4}{2} \tag{6.16}$$

由于 $Q=-\dfrac{1}{2}(1-\lambda)p_0$，将式(6.16) 代入式(6.15)，得应力分量的最终表达式

$$\begin{cases} \sigma_r=-\dfrac{p_0}{2}(1-\lambda)\left(1-4\dfrac{r_a^2}{r^2}+3\dfrac{r_a^4}{r^4}\right)\cos 2\theta \\[3mm] \sigma_\theta=\dfrac{p_0}{2}(1-\lambda)\left(1+3\dfrac{r_a^4}{r^4}\right)\cos 2\theta \\[3mm] \tau_{r\theta}=\tau_{\theta r}=\dfrac{p_0}{2}(1-\lambda)\left(1+2\dfrac{r_a^2}{r^2}-3\dfrac{r_a^4}{r^4}\right)\sin 2\theta \end{cases} \tag{6.17}$$

将 ⅰ、ⅱ 两种情形的应力叠加 [式(6.5) 与式(6.17)]，即为弹性岩体内圆孔域的应力分布，因此，侧压力系数 λ 为任意值时圆形硐室二次应力状态的计算公式为

$$\begin{cases} \sigma_r=\dfrac{p_0}{2}\left[(1+\lambda)\left(1-\dfrac{r_a^2}{r^2}\right)-(1-\lambda)\left(1-4\dfrac{r_a^2}{r^2}+3\dfrac{r_a^4}{r^4}\right)\cos 2\theta\right] \\[3mm] \sigma_\theta=\dfrac{p_0}{2}\left[(1+\lambda)\left(1+\dfrac{r_a^2}{r^2}\right)+(1-\lambda)\left(1+3\dfrac{r_a^4}{r^4}\right)\cos 2\theta\right] \\[3mm] \tau_{r\theta}=\dfrac{p_0}{2}(1-\lambda)\left(1+2\dfrac{r_a^2}{r^2}-3\dfrac{r_a^4}{r^4}\right)\sin 2\theta \end{cases} \tag{6.18}$$

式中，r、θ 为以圆孔中心为极坐标原点的任一点的极坐标；其他符号意义同前。

当 $\theta=0°$ 时，即圆形硐室两侧沿水平方向的应力值为

$$
\begin{cases}
\sigma_r = \dfrac{p_0}{2}\left[(1+\lambda)\left(1-\dfrac{r_a^2}{r^2}\right)+(1-\lambda)\left(1-4\dfrac{r_a^2}{r^2}+3\dfrac{r_a^4}{r^4}\right)\right] \\[3mm]
\sigma_\theta = \dfrac{p_0}{2}\left[(1+\lambda)\left(1+\dfrac{r_a^2}{r^2}\right)-(1-\lambda)\left(1+3\dfrac{r_a^4}{r^4}\right)\right] \\[3mm]
\tau_{r\theta} = 0
\end{cases}
\tag{6.19}
$$

当 $\theta=90°$ 时，即圆形硐室两侧沿垂直方向的应力值为

$$
\begin{cases}
\sigma_r = \dfrac{p_0}{2}\left[(1+\lambda)\left(1-\dfrac{r_a^2}{r^2}\right)+(1-\lambda)\left(1-4\dfrac{r_a^2}{r^2}+3\dfrac{r_a^4}{r^4}\right)\right] \\[3mm]
\sigma_\theta = \dfrac{p_0}{2}\left[(1+\lambda)\left(1+\dfrac{r_a^2}{r^2}\right)-(1-\lambda)\left(1+3\dfrac{r_a^4}{r^4}\right)\right] \\[3mm]
\tau_{r\theta} = 0
\end{cases}
\tag{6.20}
$$

当岩体泊松比 $\mu=0.2$ 时，侧压力系数 $\lambda=\dfrac{u}{1-u}$，按式（6.19）与式（6.20）可分别计算圆形硐室沿 x 轴、y 轴的围岩应力（见表6.2）。

表 6.2 $\lambda=0.25$ 时圆形硐室的围岩应力

r/r_a	$\theta=0°$					$\theta=90°$				
	1	2	3	4	5	1	2	3	4	5
σ_θ/p_0	2.75	1.44	1.19	1.11	1.07	−0.25	0.12	0.19	0.21	0.23
σ_r/p_0	0	0.40	0.44	0.31	0.30	0	0.54	0.66	0.87	0.92

通常，岩体的泊松比 $\mu=0.20\sim0.40$，相应的侧压力系数 $\lambda=0.25\sim0.66$，由式（6.19）可计算圆孔周边应力：

ⅰ. 当 $\lambda=0.25$ 时，$(\sigma_\theta)_{\theta=0°}=-2.75\gamma H$，$(\sigma_\theta)_{\theta=90°}=-0.25\gamma H$。

ⅱ. 当 $\lambda=0.66$ 时，$(\sigma_\theta)_{\theta=0°}=-2.34\gamma H$，$(\sigma_\theta)_{\theta=90°}=-0.98\gamma H$。

ⅲ. 当 $\lambda=0$ 时，$(\sigma_\theta)_{\theta=0°}=-3.00\gamma H$，$(\sigma_\theta)_{\theta=90°}=-\gamma H$。

这说明，圆形硐室周边最大压应力不超过 $3\gamma H$，洞顶可能出现拉应力，其数值不大于 γH。

（2）椭圆形硐室围岩的弹性应力状态

岩石地下工程中，由于岩体的各向异性，施工条件的限制以及对地下空间的功能要求，为了最有效和经济地利用地下空间，硐室的几何形状不一定是圆形。常见的有椭圆形、正方形、矩形、直墙拱式。对于深埋椭圆形硐室的二次应力状态，可归结为求解非圆形孔无重量平板的平面形变问题，其中，平板上下边界作用有均布力 p_y，左右边界的均布力 p_x，$p_x=\lambda p_y$，如图6.6（a）所示。

根据孔边界的参数方程式

$$
\begin{cases}
x = a\cos\theta + c\cos3\theta \\
y = b\sin\theta - c\cos3\theta
\end{cases}
\tag{6.21}
$$

式中，$\theta\in[0,2\pi]$；a、b、c 为给定的常数，该参数方程所表示的几何图形随 a、b、c 的取值不同，可以得到不同的平面封闭曲线，封闭曲线的特点是以 x 轴、y 轴为对称轴。

当 $c=0$ 时，则式（6.21）变为

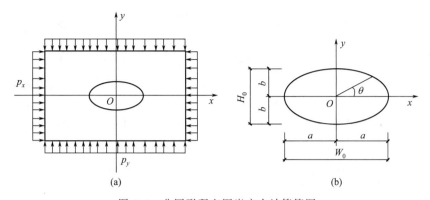

图 6.6 非圆形硐室围岩应力计算简图

$$\begin{cases} x = a\cos\theta \\ y = b\sin\theta \end{cases} \tag{6.22}$$

式 (6.22) 为不同轴比 (a/b) 的椭圆参数方程 [见图 6.6 (b)]。

① 椭圆硐室洞壁应力计算公式。图 6.7 是在单向应力作用时椭圆形硐室的计算简图。洞壁的应力为

$$\begin{cases} \sigma_\theta = p_0 \dfrac{(1+m^2)\sin^2(\theta+\beta) - \sin^2\beta - m^2\cos\beta}{\sin^2\theta + m^2\cos^2\theta} \\ \sigma_r = 0, \tau_{r\theta} = 0 \end{cases} \tag{6.23}$$

式中，m 为椭圆长轴与短轴的比值，这里 $m = a/b$；θ 为洞壁上任意一点 M 与 x 轴的夹角；β 为单向外荷载与 x 轴的夹角；其他符号意义同前。

若将岩体所受的初始应力分解成 x 方向 ($\beta = 0°$, $p_0 = \lambda\gamma H$) 和 y 方向 ($\beta = 90°$, $p_0 = \gamma H$) 两种状态，按上述计算模式求得的应力后

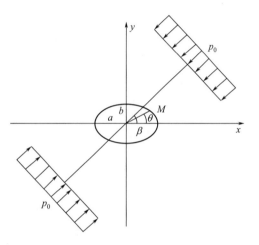

图 6.7 椭圆硐室单向受力计算简图

叠加，即可求得椭圆硐室的二次应力分布状态，洞壁的应力计算公式为

$$\begin{cases} \sigma_\theta = \gamma H \dfrac{(1+m^2)\cos^2\theta - 1 + \lambda\left[(1+m)^2\sin^2\theta - m^2\right]}{\sin^2\theta + m^2\cos^2\theta} \\ \sigma_r = 0, \tau_{r\theta} = 0 \end{cases} \tag{6.24}$$

② 椭圆硐室洞壁应力分布特点。洞壁的切向正应力 σ_θ 不仅与初始应力 p_0 和侧压力系数 λ 有关，还取决于该点与 x 轴的夹角 θ 和半轴比 m 的大小。表 6.3 列出了几种特殊条件组合情况下的结果。

表 6.3 切向正应力 σ_θ 变化特征

σ_θ/p_0	$\lambda = 0$	$\lambda = 1$	任意 λ 值
$\theta = 0°$	$\dfrac{2+m}{m}$	$\dfrac{2}{m}$	$\dfrac{2+m(1-\lambda)}{m}$
$\theta = 45°$	$\dfrac{m^2+2m-1}{1+m^2}$	$\dfrac{4m}{1+m^2}$	$\dfrac{m^2+2m-1+\lambda(1+2m-m^2)}{1+m^2}$
$\theta = 90°$	-1	$2m$	$\lambda(1+2m)-1$

由表 6.3 可知，当 $\lambda=0$ 时为最不利条件，侧壁的 σ_θ 为最大压应力，其值为 $\dfrac{2+m}{m}p_0$，而洞顶存在最大拉应力，其值为 $-p_0$；当 $\lambda<\dfrac{1}{1+2m}$ 时，洞顶将出现拉应力。

按照不同的硐室高宽比（$a/b=0.25$，$a/b=4.0$），针对三种不同侧压力系数（$\lambda=0$，$1/3$，1），采用式（6.23）计算椭圆硐室周壁上的切向正应力 σ_0，图 6.8 所示为椭圆硐室周壁切向正应力集中系数 k 分布曲线，其中 $k=\sigma_\theta/\sigma_y$，$\sigma_y=\gamma H$。计算结果显示，硐室侧壁 A 点处的切向正应力始终为压应力。

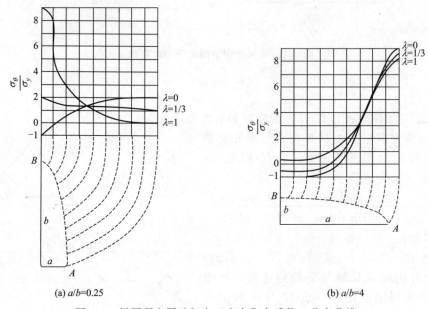

(a) $a/b=0.25$　　　　　　　　　　(b) $a/b=4$

图 6.8　椭圆硐室周壁切向正应力集中系数 k 分布曲线

最佳椭圆截面尺寸（谐洞）即为硐室的最佳截面尺寸，通常应满足三个条件：

ⅰ. 洞周的应力分布应该是均匀应力，且在同一半径上其应力相等；

ⅱ. 洞周的应力应该都为压应力，在洞壁处不出现拉应力；

ⅲ. 其应力值应该是各种截面中最小的。

椭圆硐室可求得满足上述条件的洞截面尺寸，相应的硐室称为谐洞。若已知侧压力系数 λ，设半轴比 $m=b/a=1/\lambda$，并将此假设条件代入式（6.24），得

$$
\begin{aligned}
\sigma_\theta &= \gamma H\,\frac{(1+m^2)\cos^2\theta-1+\lambda\left[(1+m)^2\sin^2\theta-m^2\right]}{\sin^2\theta+m^2\cos^2\theta} \\[2mm]
&= \gamma H\,\frac{\left(1+\dfrac{1}{\lambda^2}\right)\cos^2\theta-1+\lambda\left[\left(1+\dfrac{1}{\lambda}\right)^2\sin^2\theta-\dfrac{1}{\lambda^2}\right]}{\sin^2\theta+\dfrac{1}{\lambda^2}\cos^2\theta} \\[2mm]
&= \gamma H\,\frac{\lambda^3\sin^2\theta+\lambda^2\sin^2\theta+\lambda\cos^2\theta+\cos^2\theta}{\lambda^2\sin^2\theta+\cos^2\theta} \\[2mm]
&= \gamma H\,\frac{\lambda(\lambda^2\sin^2\theta+\cos^2\theta)+\lambda^2\sin^2\theta+\cos^2\theta}{\lambda^2\sin^2\theta+\cos^2\theta} \\[2mm]
&= (1+\lambda)\gamma H
\end{aligned}
$$

这说明，其洞壁的切向正应力 σ_θ 的值与 θ 角无关，并且在 $\lambda\neq1$ 时，σ_θ 也为均匀的压应力，且其应力值小于圆形硐室 $\lambda=1$ 时的洞壁切向应力值。此时的半轴比 m 亦称等应力轴比。

【例6.1】 某地下硐室体布置在花岗岩中，硐室跨度12m，高为16m，埋深 $H=220$m。硐室所在岩体完整性良好，岩体重度 $\gamma=27$kN/m³，侧压力系数 $\lambda=1$，单轴抗压强度 $\sigma_c=100$MPa。若硐室断面分别为圆形和椭圆形，试判断硐室围岩体是否稳定。

解 ① 按圆形断面设计，按最不利条件计算硐室的切向应力

$$\sigma_\theta=2p_0=2\gamma H=\frac{2\times27\times200}{1000}=10.8(\text{MPa})$$

考虑在长期荷载作用下，岩体强度会有所降低，在此按 $0.6\sigma_c$ 计算。则

$$0.6\sigma_c=0.6\times100\text{MPa}=60\text{MPa}>10.8\text{MPa}$$

故岩体稳定。

② 按椭圆形断面设计，则 $m=16/12$，$\lambda=1$。根据表6.3，按最不利条件计算硐室的切向应力

$$\sigma_\theta=2m\gamma H=\frac{2\times16/12\times27\times200}{1000}=14.4(\text{MPa})$$

同样考虑在长期荷载作用下，岩体的强度会降低，在此按 $0.6\sigma_c$ 计算。则

$$0.6\sigma_c=0.6\times100\text{MPa}=60\text{MPa}>14.4\text{MPa}$$

故岩体稳定。

（3）矩形硐室围岩的弹性应力状态

有些岩石地下工程，硐室断面为矩形或近似于矩形。对于弹性岩体而言，若硐室纵向长度远大于其断面尺寸，可视为平面应变问题，同样可利用弹性理论计算围岩中重分布应力，但相对圆形或椭圆形断面硐室，矩形断面硐室的围岩应力计算要复杂些。

矩形硐室4个直角一般采用旋轮线代替（见图6.9），利用级数求解硐室围岩应力。其中，硐室周边应力可简化为

$$\begin{cases}\sigma_\theta=p_0(k_y+\lambda k_x)\\\sigma_r=0,\tau_{r\theta}=0\end{cases}\tag{6.25}$$

式中，k_x、k_y 为水平与垂直应力集中系数，不同 θ 对应不同的应力集中系数；其他符号意义同前。

洞壁周边水平与垂直位置（$\beta=0$，$\pi/2$）不同，以及 a/b 值不同，应力集中系数不同，表6.4为矩形硐室周边一些特征点的应力集中系数。根据所求点的 (β,θ) 值确定相应的应力集中系数后，按式(6.25)计算该点的应力值。实例分析表明，矩形硐室角点的应力远远大于其他部位的应力值（见图6.9）。当 $\lambda=1$ 时，矩形硐室周边应力均为正应力。图6.9虚线表示按 $\lambda=\mu/(1-\mu)$ 计算的结果，表明硐室顶部出现拉应力。虽然拉应力值不会太大，

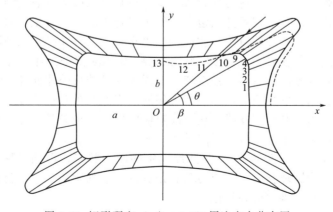

图6.9 矩形硐室（$a/b=1.8$）周边应力分布图

但由于岩体抗拉强度很低，尤其是裂隙岩体抗拉强度几乎为零，因此，矩形硐室顶部围岩存在拉应力时，易造成顶部破裂。

表 6.4　矩形硐室周边应力集中系数

$\theta/(°)$	$a/b=5.0$		$a/b=3.2$		$a/b=1.8$		$a/b=1.0$	
	$\beta=0$	$\beta=\pi/2$	$\beta=0$	$\beta=\pi/2$	$\beta=0$	$\beta=\pi/2$	$\beta=0$	$\beta=\pi/2$
0	−0.768	2.420	−0.770	2.152	−0.8336	2.030	−0.808	1.472
10	—	—	−0.807	2.520	−0.8354	2.1794		
20	−0.152	8.050	−0.686	4.257	−0.7573	2.6996		
25	2.692	7.030		6.207	−0.5989	5.2609		
30	2.812	1.344	2.610	5.512	−0.0413	3.7041		
35	—		3.181	—	1.1599	3.8725	−0.268	3.366
40	1.558	−0.644	2.392	−0.193	2.7628	2.7236	0.980	3.860
45					3.3517	0.8205	3.000	3.000
50					2.9538	−0.3248	3.860	0.980
60					1.9836	−0.8751		
70					1.4852	−0.8674		
80					1.2636	−0.8197		
90	1.192	−0.940	1.342	−0.980	1.1999	−0.8011	1.472	−0.808

6.2.3　弹塑性条件下围岩应力分布

　　岩石地下工程中，岩体重分布应力大于岩体屈服强度时，硐室周边局部围岩体往往会进入塑性状态，并随着距硐室轴中心距离的增大，围岩应力逐渐向弹性状态过渡，形成硐室围岩应力出现弹塑性状态并存的应力分布特点。这就使得研究弹塑性条件下岩石地下工程围岩应力分布非常必要。

　　对于硐室周边围岩体的非弹性力学行为，相对弹性分析，岩石材料的物理方程有所不同。弹性分析一般是用弹性本构方程，即广义胡克定律。而弹塑性分析则是利用材料的非弹性和塑性本构关系。至于弹性与非弹性分析中的边界条件，除应满足材料内部弹性-弹塑性边界的应力和位移连续条件之外，其他条件相同。

　　因此，研究非弹性变形区域应力分布时，要将材料进入破坏状态或塑性流动状态时的条件作为极限平衡条件。由于上述条件只包含不变量组合中的应力分量，对平面应变问题，利用平衡方程式与极限平衡条件即可求得相应的应力分布，而不必考虑变形。实验研究表明，莫尔强度包络线适用于脆性岩石建立极限状态条件，包络线形式不同，极限平衡条件不同，双曲线形包络线能较好地反映岩石的强度特性，因为其既能反映非破坏岩石的力学性质，又能说明部分破坏岩石的力学性质。例如，出现裂缝的岩石的单轴抗拉强度为零，但仍存在一定的单轴抗压强度。由于利用双曲线形包络线对应的极限平衡条件计算非弹性区域应力较为复杂，简便起见，通常也采用直线形包络线。

　　这里着重阐述弹塑性条件下 $\lambda=1$ 时圆形硐室的应力状态，即轴对称问题，且应力与 θ 值无关，弹塑性区均为圆环状分布，应力随着距洞轴中心的距离 r 的变化而变化。

　　(1) 轴对称圆形硐室围岩的弹塑性应力状态

　　当侧压力系数 $\lambda=1$ 时，各个方向的初始应力相等，即 $p_x=p_y=p_0$，属于轴对称问题。

因此应建立极坐标，极坐标的平衡微分方程式为

$$\begin{cases} \dfrac{\partial \sigma_r}{\partial r} + \dfrac{1}{r}\dfrac{\partial \tau_{r\theta}}{\partial \sigma} + \dfrac{\sigma_r - \sigma_\theta}{r} + f_r = 0 \\ \dfrac{1}{r}\dfrac{\partial \sigma_\theta}{\partial \theta} + \dfrac{\partial \tau_{r\theta}}{\partial r} + \dfrac{\partial \tau_{r\theta}}{r} + f_\theta = 0 \end{cases} \tag{6.26}$$

对于轴对称应力状态，应力分量与 θ 无关，因此约去对 θ 的偏微分，并以对 r 的常微分代替对 r 的偏微分。同时考虑到切应力为零，并假设径向与切向方向体积力 f_r 与 f_θ 为零。那么，对于塑性区，式(6.26) 简化为

$$\frac{\mathrm{d}\sigma_{r\mathrm{p}}}{\mathrm{d}r} + \frac{\sigma_{r\mathrm{p}} - \sigma_{\theta\mathrm{p}}}{r} = 0 \tag{6.27}$$

式中，$\sigma_{r\mathrm{p}}$、$\sigma_{\theta\mathrm{p}}$ 为塑性区中的径向正应力和切向正应力。

这里还需利用塑性条件来确定塑性区的应力状态。根据莫尔强度理论，塑性区内任一点的应力状态所对应的莫尔应力圆必须与强度包络线相切。若采用直线形强度包络线，则可由岩石的单轴抗压强度 σ_c 和内摩擦角 φ 来确定强度包络线（见图 6.10）。

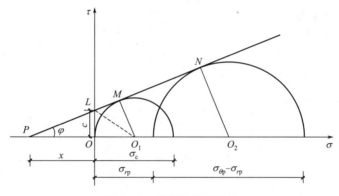

图 6.10　莫尔强度包络线

根据图 6.10 中 $\triangle PNO_2$ 的几何关系，可求得塑性条件

$$\sin\varphi = \frac{\sigma_{\theta\mathrm{p}} - \sigma_{r\mathrm{p}}}{\sigma_{\theta\mathrm{p}} + \sigma_{r\mathrm{p}} + 2x} \tag{6.28}$$

式中 x 值按下式确定

$$\sin\varphi = \frac{\sigma_\mathrm{c}}{2x + \sigma_\mathrm{c}}$$

$$x = \frac{1 + \sin\varphi}{2\sin\varphi}\sigma_\mathrm{c} \tag{6.29}$$

将式(6.29) 代入式(6.28)，得

$$\sin\varphi = \frac{\sigma_{\theta\mathrm{p}} - \sigma_{r\mathrm{p}}}{\sigma_{\theta\mathrm{p}} + \sigma_{r\mathrm{p}} + \sigma_\mathrm{c}(1 + \sin\varphi)/\sin\varphi} \tag{6.30}$$

即

$$\frac{\sigma_{\theta\mathrm{p}} - \sigma_\mathrm{c}}{\sigma_{r\mathrm{p}}} = \frac{1 + \sin\varphi}{1 - \sin\varphi} \tag{6.31}$$

设塑性系数 $\xi = \dfrac{1 + \sin\varphi}{1 - \sin\varphi}$，则式(6.30) 表述的塑性条件可简化为

$$\sigma_{\theta\mathrm{p}} = \xi\sigma_{r\mathrm{p}} + \sigma_\mathrm{c} \tag{6.32}$$

即
$$\sigma_{rp}=\frac{1}{\xi}(\sigma_{\theta p}-\sigma_c) \tag{6.33}$$

根据图 6.10 中△OLO_1 的几何关系，还可求得岩体抗剪切强度指标 c、φ 和单轴抗压强度 σ_c 的关系

$$c=\frac{1}{2}\sigma_c\tan\left(45°-\frac{\varphi}{2}\right)$$

将式(6.33) 代入式(6.27)，得

$$r\frac{d\sigma_{\theta p}}{dr}-(\xi-1)\sigma_{\theta p}=\sigma_c \tag{6.34}$$

设式(6.34) 的齐次解为 $\sigma_{\theta p1}$，则

$$r\frac{d\sigma_{\theta p1}}{dr}-(\xi-1)\sigma_{\theta p1}=0 \quad \text{或} \quad \frac{d\sigma_{\theta p1}}{\sigma_{\theta p1}}=(\xi-1)\frac{dr}{r}$$

将上式两侧积分得

$$\sigma_{\theta p1}=Ar^{\xi-1}$$

式中，A 为积分常数。

设式(6.34) 特解为

$$\sigma_{\theta p2}=Br+C \tag{6.35}$$

式中，B、C 为积分常数。

将上式代入式(6.34) 得

$$(2-\xi)Br-C(\xi-1)=\sigma_c$$

上式可分解为

$$(2-\xi)Br=0,-C(\xi-1)=\sigma_c$$

则

$$B=0,C=\frac{\sigma_c}{\xi-1}$$

因此，特解为

$$\sigma_{\theta p2}=-\frac{\sigma_c}{\xi-1}$$

由此可得式(6.34) 的通解为

$$\sigma_{\theta p}=\sigma_{\theta p1}+\sigma_{\theta p2}=Ar^{\xi-1}-\frac{\sigma_c}{\xi-1} \tag{6.36}$$

将式(6.36) 代入式(6.33) 得

$$\sigma_{rp}=\frac{1}{\xi}\left(Ar^{\xi-1}-\frac{\xi\sigma_c}{\xi-1}\right) \tag{6.37}$$

圆形硐室没有支护时，硐室周边不存在径向应力，其边界条件为

$$\sigma_{rp,r=r_a}=0$$

将式(6.37) 代入边界条件即可求得积分常数

$$A=\left(\frac{\xi}{\xi-1}\right)\frac{\sigma_c}{r_a^{\xi-1}}$$

将积分常数 A 的表达式代入式(6.36) 与式(6.37)，即可求得无支护圆形硐室塑性区应力计算表达式

$$\begin{cases} \sigma_{rp} = \dfrac{\sigma_c}{\xi-1}\left[\left(\dfrac{r}{r_a}\right)^{\xi-1}-1\right] \\[3mm] \sigma_{\theta p} = \dfrac{\sigma_c}{\xi-1}\left[\xi\left(\dfrac{r}{r_a}\right)^{\xi-1}-1\right] \\[3mm] \tau_{r\theta p} = 0 \end{cases} \tag{6.38}$$

式(6.38)对应的塑性圈中切向正应力 σ_θ 与径向正应力 σ_r 变化曲线如图 6.11 中实线所示,虚线表示塑性圈出现前围岩应力分布曲线。塑性圈内切向正应力 σ_θ 较其出现前大幅降低,降低程度与岩体塑性变形量有关。而在弹性变形区,σ_θ 只是略为增大,究其原因,是因为塑性圈部分应力释放传递到弹性变形区。塑性圈的出现对径向正应力 σ_r 影响不大。

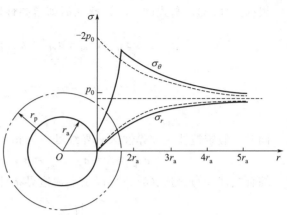

图 6.11　硐室围岩塑性圈出现
前后围岩应力分布曲线

（2）轴对称圆形硐室围岩塑性区半径

弹性区和塑性区的分界线是半径为 r_p 的圆,r_p 即为塑性区半径,要确定 r_p 则需要先求得弹性区中的应力 σ_{re}、$\sigma_{\theta e}$。σ_{re}、$\sigma_{\theta e}$ 可根据下述条件求得:设弹性区和塑性区间的圆周边界作用有轴对称径向正应力 σ_{r0},如图 6.12 所示。

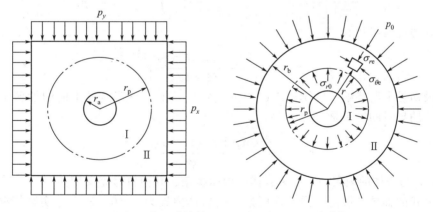

图 6.12　塑性区半径计算简图（Ⅰ为塑性区,Ⅱ为弹性区）

初始应力状态下弹性区应力仍可按式(6.3)计算,并将式中的 r_a 用 r_p 代替。

$$\begin{cases} \sigma_{re1} = p_0\left(1-\dfrac{r_p^2}{r^2}\right) \\[3mm] \sigma_{\theta e1} = p_0\left(1+\dfrac{r_p^2}{r^2}\right) \\[3mm] \tau_{r\theta e1} = 0 \end{cases} \tag{6.39}$$

半径 r_p 的圆周边界上作用有径向正应力 σ_{r0} 时,弹性区的应力可由拉梅公式解答,求得

岩体力学

$$\begin{cases} \sigma_{re2}=\sigma_{r0}\dfrac{r_{\mathrm{p}}^2}{r^2} \\[3mm] \sigma_{\theta e2}=-\sigma_{r0}\dfrac{r_{\mathrm{p}}^2}{r^2} \\[3mm] \tau_{r\theta e2}=0 \end{cases} \tag{6.40}$$

根据式(6.39)与式(6.40)，叠加后即得弹性区中的应力计算公式

$$\begin{cases} \sigma_{re}=\sigma_{re1}+\sigma_{re2}=p_0\left(1-\dfrac{r_{\mathrm{p}}^2}{r^2}\right)+\sigma_{r0}\dfrac{r_{\mathrm{p}}^2}{r^2} \\[3mm] \sigma_{\theta e}=\sigma_{\theta e1}+\sigma_{\theta e2}=p_0\left(1+\dfrac{r_{\mathrm{p}}^2}{r^2}\right)-\sigma_{r0}\dfrac{r_{\mathrm{p}}^2}{r^2} \\[3mm] \tau_{r\theta e}=\tau_{r\theta e1}+\tau_{r\theta e2}=0 \end{cases} \tag{6.41}$$

同时，假定塑性区和弹性区分界线处应力相等，即

$$\sigma_{rp,r=r_{\mathrm{p}}}=\sigma_{re,r=r_{\mathrm{p}}}=\sigma_{r0},\sigma_{\theta\mathrm{p},r=r_{\mathrm{p}}}=\sigma_{\theta e,r=r_{\mathrm{p}}}$$

综合式(6.38)与式(6.41)以及上述边界条件，得

$$\begin{cases} \dfrac{\sigma_{\mathrm{c}}}{\xi-1}\left[\left(\dfrac{r_{\mathrm{p}}}{r_{\mathrm{a}}}\right)^{\xi-1}-1\right]=\sigma_{r0} \\[4mm] \dfrac{\sigma_{\mathrm{c}}}{\xi-1}\left[\xi\left(\dfrac{r_{\mathrm{p}}}{r_{\mathrm{a}}}\right)^{\xi-1}-1\right]=2p_0-\sigma_{r0} \end{cases} \tag{6.42}$$

根据式(6.42)，消去σ_{r0}后，得

$$\dfrac{\sigma_{\mathrm{c}}}{\xi-1}\left[\xi\left(\dfrac{r_{\mathrm{p}}}{r_{\mathrm{a}}}\right)^{\xi-1}-1\right]+\dfrac{\sigma_{\mathrm{c}}}{\xi-1}\left[\left(\dfrac{r_{\mathrm{p}}}{r_{\mathrm{a}}}\right)^{\xi-1}-1\right]=2p_0$$

因此，塑性区半径r_{p}为

$$r_{\mathrm{p}}=r_{\mathrm{a}}\left[\dfrac{2\sigma_{\mathrm{c}}+2p_0(\xi-1)}{\sigma_{\mathrm{c}}(\xi+1)}\right]^{\frac{1}{\xi-1}} \tag{6.43}$$

上式最初是卡斯特纳（H. KastNer，1951年）导出，与芬纳导出的塑性区半径公式稍有差别。芬纳导得的结果是

$$r_{\mathrm{p}}=r_{\mathrm{a}}\left[\dfrac{c\cot\varphi+p_0(1-\sin\varphi)}{c\cot\varphi}\right]^{\frac{1}{\xi-1}} \tag{6.44}$$

式中，c为岩体的内聚力，φ为岩体的内摩擦角；其他符号意义同前。

芬纳公式的推导是假定了弹塑性区边界处岩体内聚力$c=0$，通常与实际情况不符，这会导致计算结果不够准确。修正芬纳公式则未作此假设，其具体形式为

$$r_{\mathrm{p}}=r_{\mathrm{a}}\left[\dfrac{(c\cot\varphi+p_0)(1-\sin\varphi)}{c\cot\varphi}\right]^{\frac{1}{\xi-1}} \tag{6.45}$$

【例6.2】 在坚硬的石灰岩层中开挖一圆形硐室，半径$r_{\mathrm{a}}=2\mathrm{m}$，埋置深度为1200m，石灰岩的单轴抗压强度$\sigma_{\mathrm{c}}=5\times10^4\mathrm{kPa}$，内摩擦角$\varphi=30°$，重度$\gamma=26\mathrm{kN/m^3}$。为了便于比较，试分别用卡斯特纳公式、芬纳公式和修正芬纳公式计算塑性区半径r。

解 ① 相关参数的计算：

塑性系数 $\qquad\xi=\dfrac{1+\sin\varphi}{1-\sin\varphi}=\dfrac{1+\sin30°}{1-\sin30°}=\dfrac{1+0.5}{1-0.5}=3$

初始应力 $\qquad p_0=\gamma H=26\times1200=3.12\times10^4(\mathrm{kPa})$

内聚力　$c=\dfrac{1}{2}\sigma_c\tan(45°-\dfrac{\varphi}{2})=\dfrac{1}{2}\times5\times10^4\times\tan(45°-15°)=1.45\times10^4(kPa)$

② 应用卡斯特纳公式［式(6.43)］计算

$$r_p=r_a\left[\dfrac{2p_0(\xi-1)+2\sigma_c}{\sigma_c(\xi+1)}\right]^{\frac{1}{\xi-1}}$$

$$=2\times\left[\dfrac{2\times3.12\times10^4\times(3-1)+2\times5\times10^4}{5\times10^4\times(3+1)}\right]^{\frac{1}{3-1}}=2.12(m)$$

③ 应用芬纳公式［式(6.44)］计算

$$r_p=r_a\left[\dfrac{c\cot\varphi+p_0(1-\sin\varphi)}{c\cot\varphi}\right]^{\frac{1}{\xi-1}}$$

$$=2\times\left[\dfrac{1.45\times10^4\times\cot30°+3.12\times10^4\times(1-\sin30°)}{1.45\times10^4\times\cot30°}\right]^{\frac{1}{3-1}}=2.28(m)$$

④ 应用修正芬纳公式［式(6.45)］计算

$$r_p=r_a\left[\dfrac{(c\cot\varphi+p_0)(1-\sin\varphi)}{c\cot\varphi}\right]^{\frac{1}{\xi-1}}$$

$$=2\times\left[\dfrac{(1.45\times10^4\times\cot30°+3.12\times10^4)(1-\sin30°)}{1.45\times10^4\times\cot30°}\right]^{\frac{1}{3-1}}=2.12(m)$$

6.3　岩石地下工程变形与计算

地下岩体开挖，围岩会发生变形，甚至破坏。研究表明，围岩变形与破坏形式常取决于围岩应力状态、岩体结构及硐室断面形状等因素。因此，要根据围岩结构类型不同，采用不同的计算方法计算围岩变形。

① 整体或块状围岩岩体，在力学属性上可视为均质、各向同性、连续的线弹性介质，用弹性理论分析其围岩变形。

② 层状围岩岩体，由于岩体通常以软硬岩层相间的互层形式出现，结构面以层理面为主，并有层间错动及泥化夹层等软弱结构面发育，其变形计算常用弹性梁、弹性板或材料力学中的压杆平衡理论来分析。

③ 碎裂状围岩岩体，岩体多断层、褶曲，岩体中常见岩脉穿插挤压、风化破碎现象，其变形计算可用松散介质极限平衡理论来分析。

④ 散体状围岩岩体，岩体呈强烈构造破碎、强烈风化或新近堆积的土体，其变形计算可用松散介质极限平衡理论配合流变理论来分析。

这里重点讨论坚硬、完整岩体中圆形硐室条件下围岩变形情况。

6.3.1　围岩的弹性位移

岩体中圆形硐室条件下围岩变形可简化为有圆孔矩形薄板变形问题，尽管弹性理论解不能完全反映围岩变形的实际情况，圆孔周边变形通常可作为硐室工程围岩稳定性与衬砌设计的参考依据。

有圆孔矩形薄板问题的弹性变形计算，可以根据其应力方程与几何方程求得应变，进而求得相应的位移。根据弹性理论，平面应变与位移的关系为

$$
\begin{cases}
\varepsilon_r = \dfrac{\partial u}{\partial r} \\[2mm]
\varepsilon_\theta = \dfrac{u}{r} + \dfrac{1}{r}\dfrac{\partial v}{\partial \theta} \\[2mm]
\gamma_{r\theta} = \dfrac{1}{r}\dfrac{\partial u}{\partial \theta} + \dfrac{\partial v}{\partial \theta} - \dfrac{v}{r}
\end{cases}
\tag{6.46}
$$

式中，ε_r 为径向应变；ε_θ 为切向应变；$\gamma_{r\theta}$ 为切应变；u 为径向位移；v 为切向位移；其他符号意义同前。

平面问题的物理方程为

$$
\begin{cases}
\varepsilon_r = \dfrac{1}{E_{me}}\left[(1-\mu_m^2)\sigma_r - \mu_m(1+\mu_m)\sigma_\theta\right] \\[2mm]
\varepsilon_\theta = \dfrac{1}{E_{me}}\left[(1-\mu_m^2)\sigma_\theta - \mu_m(1+\mu_m)\sigma_r\right] \\[2mm]
\gamma_{r\theta} = \dfrac{2}{E_{me}}(1+\mu_m)\gamma_{r\theta}
\end{cases}
\tag{6.47}
$$

式中，μ_m 为岩体的泊松比；E_{me} 为岩体的弹性模量；其他符号意义同前。

综合式（6.46）与式（6.47），得

$$
\begin{cases}
\dfrac{\partial u}{\partial r} = \dfrac{1}{E_{me}}\left[(1-\mu_m^2)\sigma_r - \mu_m(1+\mu_m)\sigma_\theta\right] \\[2mm]
\dfrac{u}{r} + \dfrac{\partial v}{r\partial \theta} = \dfrac{1}{E_{me}}\left[(1-\mu_m^2)\sigma_\theta - \mu_m(1+\mu_m)\sigma_r\right] \\[2mm]
\dfrac{\partial u}{r\partial \theta} + \dfrac{\partial v}{\partial r} - \dfrac{v}{r} = \dfrac{2}{E_{me}}(1+\mu_m)\tau_{r\theta}
\end{cases}
\tag{6.48}
$$

那么，考虑相应的应力分量，将式（6.18）代入式（6.48），通过积分，求得圆孔外任一点 (r,θ) 的径向位移 u 和切向位移 v 分别为

$$
\begin{cases}
u = \dfrac{(1-\mu_m^2)p_0 r}{2E_{me}}\left[(1+\lambda)\left(1+\dfrac{r_a^2}{r^2}\right) - (1-\lambda)\left(1+\dfrac{4r_a^2}{r^2}-\dfrac{r_a^4}{r^4}\right)\cos2\theta\right] - \\[3mm]
\qquad \dfrac{\mu_m(1+\mu_m)p_0 r}{2E_{me}}\left[(1+\lambda)\left(1-\dfrac{r_a^2}{r^2}\right) + (1-\lambda)\left(1-\dfrac{r_a^4}{r^4}\right)\cos2\theta\right] \\[3mm]
v = \dfrac{(1-\mu_m^2)p_0 r}{2E_{me}}\left[(1-\lambda)\left(1+\dfrac{2r_a^2}{r^2}+\dfrac{r_a^4}{r^4}\right)\sin2\theta\right] + \\[3mm]
\qquad \dfrac{\mu_m(1+\mu_m)p_0 r}{2E_{me}}\left[(1-\lambda)\left(1-\dfrac{2r_a^2}{r^2}+\dfrac{r_a^4}{r^4}\right)\sin2\theta\right]
\end{cases}
\tag{6.49}
$$

上式即为平面应变条件下的地下硐室围岩位移。

① 当 $r=r_a$ 时，可求得圆形硐室周边即洞壁的位移为

$$
\begin{cases}
u_{r=r_a} = \dfrac{(1-\mu_m^2)p_0 r_a}{E_{me}}\left[(1+\lambda) - 2(1-\lambda)\cos2\theta\right] \\[3mm]
v_{r=r_a} = \dfrac{2(1-\mu_m^2)p_0 r_a}{E_{me}}\left[(1-\lambda)\sin2\theta\right]
\end{cases}
\tag{6.50}
$$

式（6.50）说明，洞壁位移与岩体的初始应力状态 p_0、变形参数 E_{me} 与 μ_m、硐室半径 r_a、侧压力系数 λ 以及洞壁上任一点的方位参数 θ 有关。而且，洞壁径向位移要稍大于切向位移，体现了径向位移影响硐室稳定性的主导作用。

② 若取 $\mu_m = 0.25$，则 $\lambda = 1/3$，式（6.50）变为

$$\begin{cases} u_{r=r_a} = \dfrac{1.25 p_0 r_a}{E_{me}}(1-\cos 2\theta) \\[3mm] v_{r=r_a} = \dfrac{1.25 p_0 r_a}{E_{me}}\sin 2\theta \end{cases} \tag{6.51}$$

式（6.51）说明，硐室顶部与底部中心位置径向位移最大，而切向位移最大位置处则是 $\theta = (N\pi/2 + \pi/4)$（其中，$N = 0$，1，2，3）的四点。这与工程实践测量结果一致。通常，硐室顶部沉降最大，底部也易鼓胀，硐室肩部位置会出现切向位移。

③ 当 $\lambda = 0$ 时，圆形硐室处于单轴受力状态，洞壁的位移为

$$\begin{cases} u_{r=r_a} = \dfrac{(1-\mu_m^2) p_0 r_a}{E_{me}}(1-2\cos 2\theta) \\[3mm] v_{r=r_a} = \dfrac{2(1-\mu_m^2) p_0 r_a}{E_{me}}\sin 2\theta \end{cases} \tag{6.52}$$

图 6.13 所示为单轴受力状态时的洞壁径向位移 u 和切向位移 v 分布图。径向位移 u 的最大值为 $u_{max} = \dfrac{3(1-\mu_m^2) p_0 r_a}{E_{me}}$。

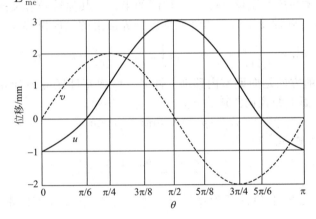

图 6.13 单轴受力状态时的洞壁位移

6.3.2 围岩的弹塑性位移

实际岩石地下工程，由于岩体完整性和岩体强度方面的原因，硐室邻近围岩往往会产生弹塑性位移，形成塑性圈。弹塑性位移的计算基于弹塑性理论，可先求出弹塑性圈交界面上的径向位移，然后根据塑性圈体积不变的条件求洞壁的径向位移。

假定开挖卸荷引起围岩位移，且岩体的侧压力系数 $\lambda = 1$。若围岩弹性与塑性变形区分界面上，围岩应力引起的径向应变为 ε_r，那么，对于轴对称平面应变问题，由弹性平面问题的几何方程与物理方程可知

$$\begin{cases} \varepsilon_r = \dfrac{\partial u_r}{\partial r} \\[3mm] \varepsilon_r = \dfrac{1-\mu_m^2}{E_{me}}\left(\Delta\sigma_{re} - \dfrac{\mu_m}{1-\mu_m}\Delta\sigma_{\theta e}\right) \end{cases} \tag{6.53}$$

式中：u_r 为围岩径向位移；$\Delta\sigma_{re}$ 为岩体弹性变形区的径向正应力增量；$\Delta\sigma_{\theta e}$ 为切向正应力增量；μ_m 为泊松比；其他符号意义同前。

由式（6.41）可得，由于硐室开挖在弹性变形区所引起的应力增量为

$$\begin{cases} \Delta\sigma_{re}=\sigma_{re}-p_0=p_0\left(1-\dfrac{r_p^2}{r^2}\right)+\sigma_{r0}\dfrac{r_p^2}{r^2}-p_0 \\[3mm] \Delta\sigma_{\theta e}=\sigma_{\theta e}-p_0=p_0\left(1+\dfrac{r_p^2}{r^2}\right)-\sigma_{r0}\dfrac{r_p^2}{r^2}-p_0 \end{cases} \tag{6.54}$$

整理后，得

$$\begin{cases} \Delta\sigma_{re}=(\sigma_{r0}-p_0)\dfrac{r_p^2}{r^2} \\[3mm] \Delta\sigma_{\theta e}=(p_0-\sigma_{r0})\dfrac{r_p^2}{r^2} \end{cases} \tag{6.55}$$

由式（6.53）与式（6.55）得

$$\frac{\partial u_r}{\partial r}=\frac{1+\mu_m}{2E_{me}}(p_0-\sigma_{r0})\frac{r_p^2}{r^2}=-\frac{1}{2G_m}(p_0-\sigma_{r0})\frac{r_p^2}{r^2} \tag{6.56}$$

式中，G_m 为岩体的抗剪模量；r_p 为塑性圈的半径；其他符号意义同前。

解式（6.56），求得弹性变形区与塑性变形区分界面上的径向位移 u_R 为

$$u_R=-\frac{r_p}{2G_m}(p_0-\sigma_{r0})\int_{r_p}^{\infty}\frac{\mathrm{d}r}{r^2}=\frac{r_p}{2G_m}(p_0-\sigma_{r0}) \tag{6.57}$$

这里，位移 u_R 的方向是向硐室内移动。同时，由弹塑性区应力计算方法可得弹性变形区与塑性变形区分界面上的径向正应力 σ_{r0}

$$\sigma_{r0}=p_0(1-\sin\varphi)-\sigma_c\cot\varphi \tag{6.58}$$

将式（6.58）代入式（6.57）得

$$u_R=-\frac{r_p\sin\varphi(p_0+\sigma_c\cot\varphi)}{2G_m} \tag{6.59}$$

若硐室围岩变形过程中塑性变形区体积不变，沿硐室轴线方向取单位长度，则由图 6.14 可知

$$\pi(r_p^2-r_a^2)=\pi\left[(r_p-u_R)^2-(r_a-u_a)^2\right] \tag{6.60}$$

即变形前塑性圈的体积等于变形后塑性圈的体积。略去高阶微量，由式（6.60）求得洞壁径向位移 u_a

$$u_a=\frac{r_p}{r_a}u_R \tag{6.61}$$

根据式（6.59）与式（6.43），代入 r_p 和 u_R，洞壁径向位移的最终表达式为

$$u_a=\frac{r_a\sin\varphi(p_0+\sigma_c\cot\varphi)}{2G_m}\left[\frac{(1-\sin\varphi)(p_0+\sigma_c\cot\varphi)}{p_0+\sigma_c\cot\varphi}\right]^{\frac{1-\sin\varphi}{\sin\varphi}} \tag{6.62}$$

随着塑性圈的不断扩展，洞壁往洞内方向产生的位移量也不断增大，过大的洞壁位移会导致岩体因松动而失去自承能力，进而增大围岩对支护结构的压力，即增大了围岩压力。根据工程经验，洞壁位移发展存在稳定位移与不稳定位移两种情形（见图 6.15）。前一种情形是，随着塑性圈的扩展，围岩逐渐破坏，但支护结构足以支承越来越大的围岩压力，加之围岩变形硬化作用，洞壁位移趋于稳定。后一种情形则不同，由于支护结构不足以承受越来越大的围岩压力，或者支护结构支护不及时，致使洞壁位移快速增大，硐室失稳，造成硐室的掉块、片帮、局部坍塌，甚至是垮塌与大面积塌方。因此，岩石地下工程必须加强施工监控

量测，及时反馈洞壁位移与时间关系曲线，以便及时加强支护、调整支护结构形式以及减慢施工速度等。

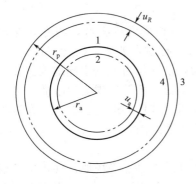

图 6.14　圆形硐室洞壁位移分析简图
1—变形前硐室洞壁；2—变形后硐室洞壁；
3—变形前塑性圈外界；4—变形后塑性圈外界

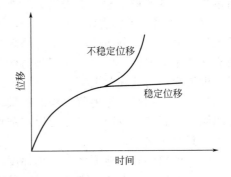

图 6.15　洞壁位移与时间关系曲线

6.4　岩石地下工程围岩压力与控制

前面阐述的围岩二次应力状态，是基于硐室无支护的前提条件，这是一种比较理想的状态。实际岩石地下工程通常存在支护结构。而作用在支护结构上的荷载是支护结构设计必不可少的参数。这就涉及了围岩压力，围岩压力有别于围岩应力。

对围岩压力的认识存在狭义的围岩压力与广义的围岩压力之分。最初的认识是，支护是一种构筑物，而岩体的围岩压力则是荷载，两者是相互独立的系统。因此，围岩压力即为开挖后岩体作用在支护结构上的压力，即狭义的围岩压力。随着对岩体认识的不断发展，对围岩压力的认识也在改变，工程实践与现场量测结果表明，岩体本身就是支护结构的一部分，围岩承担了部分二次应力的作用。因此，支护结构与围岩构成了一个整体，共同承担岩体开挖引起的二次应力作用。围岩压力即为围岩二次应力的全部作用，即广义的围岩压力。围岩应力的调整以及往硐室内方向位移的变化，也说明了围岩与支护构成系统，并发挥各自的强度特性，共同参与了应力重分布的整个过程。共同作用的围岩压力理论，促进了隧道工程建设，使其向更合理、更经济的方向发展。

6.4.1　围岩压力成因与分类

（1）围岩压力成因

围岩压力与地下硐室开挖后围岩的变形、破坏、松动密不可分。围岩变形量的大小以及围岩破坏与松动程度决定围岩压力的大小。不同岩性与结构的岩体，围岩变形和破坏性质与程度不同，产生围岩压力的主要原因也就不同。

① 对于坚硬、完整岩体，由于围岩应力一般小于岩体极限强度，所以岩体只发生弹性变形而无塑性流动，岩体没有破坏或松动。岩体弹性变形在硐室开挖后即已结束，因此，该类岩体中的硐室一般不会发生坍塌等失稳现象。若开挖后对硐室进行支护或设置衬砌，则支护结构与衬砌通常没有围岩压力作用。

② 对于中等坚硬且结构面发育的岩体，即中等质量岩体，由于硐室围岩变形较大，存在弹性变形与塑性流变，或有少量岩石破碎作用，加之围岩应力重新分布需要一定时间，因

此，硐室进行支护或设置衬砌后，围岩变形将受到支护或衬砌的约束，围岩对支护与衬砌产生压力。而且，支护时间与结构刚度对围岩压力的大小影响较大。该类岩体的围岩压力主要是由围岩较大的变形引起，围岩压力主要是变形压力。

③ 对于软弱、破碎岩体，由于岩体结构面极为发育、极限强度很低，硐室开挖过程中或开挖结束后，重新分布的应力很容易超过岩体强度而引起围岩破坏、松动与塌落。因此，该类岩体产生围岩压力的主要原因是岩体的破坏和松动，松动压力占据主导地位。若支护不及时，围岩变形与破坏范围不断扩展，最终将造成硐室失稳，甚至出现坍塌事故。支护结构与衬砌的主要作用是支撑坍落岩块的重量，阻止围岩变形与破坏的进一步扩大。在该类岩体中开挖硐室，若支护较晚，岩体变形与破坏发展到一定程度，围岩压力太大，给支护带来很大困难，甚至无法支护。

另外，地形地貌、地下水、地热梯度、松散覆盖层性质与厚度等场地条件，以及硐室形状与大小、支护结构形式与刚度、岩体种类、埋深、施工工艺等因素，对围岩压力都会产生不同程度的影响。

（2）围岩压力分类

根据成因不同，围岩压力可分为形变围岩压力、松动围岩压力和冲击围岩压力三类。由于围岩变形产生的对支护与衬砌结构的压力称为变形围岩压力；由于围岩松动与破坏产生的对支护及衬砌结构的压力称为松动围岩压力；冲击围岩压力是由岩爆（冲击地压）形成的一种特殊围岩压力。

形变围岩压力是由于围岩塑性变形，如塑性挤入、膨胀内鼓、弯折内鼓等形成的挤压力。地下硐室开挖后围岩的塑性变形具有随时间增加而增强的特点，如果不及时支护，就会引起围岩失稳破坏，形成较大的围岩压力。产生形变围岩压力的条件主要有岩体较软弱或破碎、硐室深埋两个方面。较软弱或破碎岩体的围岩应力往往大于岩体的屈服极限而产生较大的塑性变形；深埋硐室由于围岩压力过大，容易引起塑性流动变形。由围岩塑性变形产生的围岩压力可用弹塑性理论进行分析计算。另一种形式的形变围岩压力是由膨胀围岩产生的膨胀围岩压力，主要是矿物吸水膨胀产生的对支护结构与衬砌的挤压力。膨胀围岩压力的形成必须具备两个基本条件：岩体中存在高岭土、蒙脱石等膨胀性黏土矿物，以及有地下水的作用。膨胀围岩压力可采用支护结构与围岩共同变形的弹塑性理论计算，与形变围岩压力计算不同的是，洞壁位移值还包括由开挖引起径向减压所造成的膨胀位移值，其可通过岩石膨胀率和开挖前后径向应力差之间的关系曲线来推算。此外，还可基于流变理论进行分析。

松动围岩压力是由于围岩拉裂塌落、块体滑移及重力坍塌等破坏引起的压力，是有限范围内脱落岩体重力施加于支护与衬砌结构上的压力，其大小取决于围岩性质、结构面组合关系、地下水、支护时间等因素。松动围岩压力可采用松散体极限平衡或块体极限平衡理论进行分析计算。

冲击围岩压力是一种特殊的围岩压力，强度较高，较完整的弹、脆性岩体过度受力后，突然发生岩石弹射变形，产生冲击围岩压力。冲击围岩压力的大小与天然应力状态、围岩力学属性等密切相关，同时还主要受到硐室埋深、施工方法、硐室断面形式等因素的影响。目前还无法准确计算冲击围岩压力值，只能对冲击围岩压力的产生条件及其产生可能性进行评价预测。

6.4.2　围岩压力计算

6.4.2.1　松散岩体围岩压力计算

无黏结力、松散岩体的围岩压力主要是松动压力，黏性松散岩体则可能出现松动压力或塑性形变压力，这主要取决于支护结构的易挠曲性。这里基于围岩压力的松散体理论，主要讨论松散岩体的松动压力。

围岩压力的松散体理论建立在地下硐室破坏坍塌形状观测的基础上。目前计算松散岩体的围岩压力主要基于压力拱的概念或应力传递的概念，但均需具备形成松动压力的松散条件。

（1）平衡拱理论

平衡拱理论是由普罗托奇雅科诺夫提出，因此，又称为普氏理论。该理论的基本要点是：

① 由于岩体中存在很多节理裂隙以及各种软弱夹层，破坏了岩体的整体性，裂隙切割而形成的岩块的几何尺寸相对很小，但岩块间还存在黏聚力，可将岩体视为具有一定黏聚力的松散体。

② 硐室开挖以后，如不及时支护，硐室顶部岩体将不断垮落而形成一个塌落拱。最初的塌落拱并不稳定，若硐室侧壁稳定，则拱高随塌落的发展而不断增高；若侧壁不稳定，则拱跨和拱高同时增大。当硐室埋深较大时，通常认为埋深大于 5 倍拱跨时，塌落拱不会无限发展，最终将在围岩中形成一个自然平衡拱。因此，初始的硐室支护结构或衬砌实际只承担了平衡拱与支护结构或衬砌间破碎岩体的重量，而与平衡拱以外岩体无关，由此可计算作用于支护结构或衬砌上的围岩压力。利用该理论计算围岩压力时，首先要确定平衡拱的形状和拱高。如图 6.16 所示，为了确定平衡拱的形状和拱高，建立 x-y 坐标，平衡拱曲线 LOM 对称于 y 轴，并设平衡拱拱高为 h，半跨为 a。在半跨 LO 段内任取一点 A $(x,$ $y)$，独立考察 AO 段的受力与平衡条件。AO 段的受力条件为：半跨 OM 段对 AO 的水平作用力 T'，T' 对 A 点的力矩为 T'_y；铅直天然应力 q 在 AO 段的作用力 qx，对 A 点的力矩为 $qx^2/2$；LA 段对 AO 段的反力 W，其对 A 点的力矩为零。考虑到 A 点处于平衡状态，由平衡拱力矩平衡条件可得

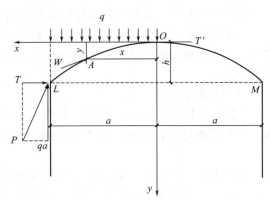

图 6.16　自然平衡拱计算图

$$\sum M_A = T'y - \frac{qx^2}{2} = 0 \tag{6.63}$$

于是，有

$$y = \frac{q}{2T'}x^2 \tag{6.64}$$

式（6.64）为抛物线方程，表明平衡拱为抛物线形状。若半拱稳定，利用极限平衡条件 $T' = T$，由上式可得

$$T = \frac{qa^2}{2h} \tag{6.65}$$

在拱脚 L 处存在水平推力 T 与岩体的摩擦力（qaf），为了维持拱在水平方向的稳定性，就必须使拱脚推力 T 小于拱脚处岩体的最大摩擦力，即 $T \leqslant qaf$。通常还要考虑安全系数 K 值，以保证拱具有足够的稳定性，即

$$KT = qaf$$

若取 $K=2$，则

$$T = \frac{1}{2}qaf \tag{6.66}$$

将式(6.66)代入式(6.65)，即可得平衡拱的高度

$$h = \frac{a}{f}$$

综合式(6.66)与式(6.64)，即得相应的平衡拱的曲线方程

$$y = \frac{x^2}{af} \tag{6.67}$$

f 为岩体的普氏系数，或称为岩石坚固性系数：

松软岩体

$$f = \tan\varphi_m + \frac{c_m}{\sigma_c}$$

坚硬岩体

$$f = \frac{\sigma_c}{10}$$

式中，φ_m 为岩体的内摩擦角；c_m 为岩体的黏聚力；σ_c 为岩体的单轴抗压强度，MPa。

确定平衡拱曲线方程后，硐室侧壁稳定时，硐室顶部的松动围岩压力即为 LOM 以下岩体的重量，即

$$p = \gamma \int_{-a}^{a} (h - y)\,\mathrm{d}x = \gamma \int_{-a}^{a} \left(h - \frac{x^2}{af} \right)\mathrm{d}x = \frac{4\gamma a^2}{3f} \tag{6.68}$$

式中，γ 为岩体重度；其他符号意义同前。

平衡拱理论只适用散体结构岩体，如强风化、强烈破碎岩体，松动岩体和新近堆积的土体等，另外，硐室埋深满足要求时（$h > 5a$），即需要保证上覆岩体具有一定厚度，才能形成平衡拱。

（2）太沙基理论

太沙基（K. TErzaghi）理论也是将受节理裂隙切割的岩体视为具有一定内聚力的松散体，与普氏理论不同的是，该理论是基于应力传递的概念，推导出作用于衬砌上的垂直压力。

① 如图 6.17 所示，设跨度为 $2b$ 的矩形硐室埋深为 H。若硐室开挖以后侧壁稳定，顶拱不稳定，并可能沿 AA' 和 BB' 面发生滑移。滑移面的抗剪强度 τ 为

$$\tau = \sigma_h \tan\varphi_m + c_m \tag{6.69}$$

式中，σ_h 为水平天然应力。

岩体中一定深度 z 的天然应力状态为

$$\sigma_v = \gamma z$$
$$\sigma_h = \lambda \sigma_v = \lambda \gamma z \tag{6.70}$$

式中，γ 为岩体重度；λ 为天然应力侧压力系数，σ_v 为垂直天然应力。

取岩柱 $AA'B'B$ 中一定深度 z 处厚度为 $\mathrm{d}z$ 的薄层进行分析，其受力条件如图 6.17 所示。那么，薄层自重为 $\mathrm{d}G = \gamma 2b\,\mathrm{d}z$，设薄层处于极限平衡，则由平衡条件可得

$$\gamma 2b\,\mathrm{d}z - 2b(\sigma_v + d\sigma_v) + 2b\sigma_v - 2\lambda\sigma_v \tan\varphi_m \mathrm{d}z - 2c_m \mathrm{d}z = 0 \tag{6.71}$$

$$\mathrm{d}\sigma_v = \frac{1}{b}(b\gamma - \lambda\gamma z \tan\varphi_m - c_m)\mathrm{d}z$$

整理后，得上式关于 $\mathrm{d}z$ 积分后，得

$$\sigma_v = \frac{\gamma z}{2b}\left(2b - \lambda z \tan\varphi_m - \frac{2c_m}{\gamma} \right) \tag{6.72}$$

考虑其边界条件，$z = 0$ 时，$\sigma_v = 0$；$z = H$ 时，σ_v 即为作用于硐室顶部单位面积上的围岩压力，记为 q，即

$$q = \frac{\gamma H}{2b}\left(2b - \lambda H \tan\varphi_m - \frac{2c_m}{\gamma}\right) \tag{6.73}$$

② 如图 6.18 所示，若硐室侧壁不稳定，则侧壁围岩将沿与洞壁夹角为（$\pi/4 - \varphi_m/2$）的面滑移。那么，岩柱 $AA'B'B$ 自重减去 AA' 和 BB' 面上的摩擦阻力，即可求得作用于硐室顶部单位面积上的围岩压力 q，即

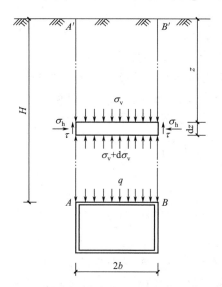

图 6.17 侧壁稳定时的围岩压力计算图

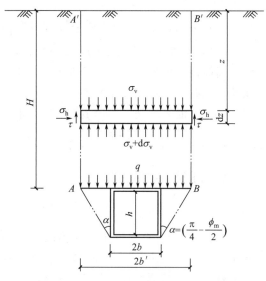

图 6.18 侧壁不稳定时的围岩压力计算图

$$q = \gamma H\left(1 - \frac{HK_a}{2b'}\right) \tag{6.74}$$

其中

$$b' = b + h\tan\left(\frac{\pi}{4} - \frac{\varphi_m}{2}\right)$$

$$K_a = \tan^2\left(\frac{\pi}{4} - \frac{\varphi_m}{2}\right)\cot\varphi_m \tag{6.75}$$

式（6.73）和式（6.74）适用于散体结构岩体浅埋硐室顶部围岩压力计算，它与普氏理论的根本区别在于：假设围岩可能沿两个铅直滑移面 AA' 和 BB' 滑动。

6.4.2.2　塑性形变围岩压力的计算

如前所述，硐室开挖后，洞壁部分岩体二次应力大于岩体的自身强度，围岩进入塑性状态，产生塑性形变，支护结构将阻止塑性变形的发展，进而产生围岩作用于支护结构上的塑性形变压力。因此，依据围岩二次应力弹塑性分布，调整相应的边界条件，即可求得塑性形变压力。

根据弹塑性分布的情况与围岩压力条件，可得如下边界条件

$$当 r = r_a 时，\sigma_{rp} = p_i \tag{6.76}$$

式中，p_i 为支护结构作用于洞壁岩体的力。

根据作用力与反作用力原理，这里 p_i 可变为塑性形变压力。那么，式（6.76）代入式（6.37）得

$$p_i = \frac{1}{\xi}\left(Ar_a^{\xi-1} - \frac{\xi\sigma_c}{\xi-1}\right) \tag{6.77}$$

$$A=\left(\xi p_{\mathrm{i}}+\frac{\xi\sigma_{\mathrm{c}}}{\xi-1}\right)r_{\mathrm{a}}^{1-\xi} \tag{6.78}$$

将 A 值代入（6.36）和式（6.37）后，得

$$\sigma_{r\mathrm{p}}=\left(p_{\mathrm{i}}+\frac{\sigma_{\mathrm{c}}}{\xi-1}\right)\left(\frac{r}{r_{\mathrm{a}}}\right)^{\xi-1}-\frac{\sigma_{\mathrm{c}}}{\xi-1}$$

$$\sigma_{\theta\mathrm{p}}=\xi\left(p_{\mathrm{i}}+\frac{\sigma_{\mathrm{c}}}{\xi-1}\right)\left(\frac{r}{r_{\mathrm{a}}}\right)^{\xi-1}-\frac{\sigma_{\mathrm{c}}}{\xi-1} \tag{6.79}$$

式（6.79）存在 $\sigma_{r\mathrm{p}}$、$\sigma_{\theta\mathrm{p}}$ 和 p_{i} 三个未知数，因此，不能求出 p_{i} 的具体表达式。

注意到前面弹塑性分析的一个特征，塑性圈边界的应力应同时满足塑性与弹性状态下的应力条件。同时，弹性状态下的应力在 $\lambda=1$ 时，应满足公式 $\sigma_{r\mathrm{e}}+\sigma_{\theta\mathrm{e}}=2p_0$。根据上述条件，即当 $r=r_{\mathrm{p}}$ 时，$\sigma_{r\mathrm{e}}+\sigma_{\theta\mathrm{e}}=2p_0$ 成立。再与式（6.79）联立求解，即可得出

$$\sigma_{r\mathrm{p}}+\sigma_{\theta\mathrm{p}}=\left(p_{\mathrm{i}}+\frac{\sigma_{\mathrm{c}}}{\xi-1}\right)\left(\frac{r}{r_{\mathrm{a}}}\right)^{\xi-1}-\frac{\sigma_{\mathrm{c}}}{\xi-1}+\xi\left(p_{\mathrm{i}}+\frac{\sigma_{\mathrm{c}}}{\xi-1}\right)\left(\frac{r}{r_{\mathrm{a}}}\right)^{\xi-1}-\frac{\sigma_{\mathrm{c}}}{\xi-1}=2p_0 \tag{6.80}$$

整理后，求得塑性形变压力 p_{i}

$$p_{\mathrm{i}}=\frac{1}{\xi-1}\left\{\frac{1}{\xi+1}\left[2p_0(\xi-1)+2\sigma_{\mathrm{c}}\right]\left(\frac{r_{\mathrm{a}}}{r_{\mathrm{p}}}\right)^{\xi-1}-\sigma_{\mathrm{c}}\right\} \tag{6.81}$$

式（6.81）即为计算塑性形变压力的卡斯特纳（H. Kastner）公式。式（6.81）表明，塑性形变压力的大小取决于塑性圈半径 r_{p} 以及岩体初始应力状态 p_0。塑性圈半径增大时塑性形变压力减小，究其原因在于硐室开挖后二次应力的分布和塑性圈的形成是一个不断的调整过程，塑性圈增大，围岩产生的塑性形变造成了部分应力释放，作用于同期支护结构上的塑性形变压力是剩余形变所致。必须指出的是，利用卡斯特纳公式计算的塑性形变压力，与利用围岩二次应力分布的计算公式所求解的塑性圈半径 r_{p} 并不对应。通常是通过实测确定塑性圈半径，然后分析相应的塑性形变压力。

【例 6.3】 在中等坚硬的片麻岩中开挖圆形硐室，其半径 $r_{\mathrm{a}}=3\mathrm{m}$，岩石重度 $\gamma=26.8\mathrm{kN/m}^3$，埋深 $H=150\mathrm{m}$，内聚力 $c_{\mathrm{m}}=40\ \mathrm{kPa}$，内摩擦角 $\varphi_{\mathrm{m}}=30°$，实测塑性松动区厚度为 $\Delta r_{\mathrm{p}}=2\mathrm{m}$，试求塑性变形压力 p_{i} 值。

解 计算相关参数

$$p_0=\gamma H=2.68\times150=4.02\times10^3(\mathrm{kPa})$$

$$\frac{r_{\mathrm{a}}}{r_{\mathrm{p}}}=\frac{r_{\mathrm{a}}}{r_{\mathrm{a}}+\Delta r_{\mathrm{p}}}=\frac{3}{3+2}=0.6$$

$$\xi=\frac{1+\sin\varphi_{\mathrm{m}}}{1-\sin\varphi_{\mathrm{m}}}=\frac{1+\sin30°}{1-\sin30°}$$

$$\sigma_{\mathrm{c}}=\frac{2c_{\mathrm{m}}}{\tan\left(45°-\dfrac{\varphi_{\mathrm{m}}}{2}\right)}=\frac{2\times40}{\tan30°}=138.6(\mathrm{kPa})$$

按卡斯特纳公式计算塑性变形的压力值 p_{i}

$$p_{\mathrm{i}}=\frac{1}{\xi^2-1}\left[2p_0(\xi-1)+2\sigma_{\mathrm{c}}\right]\left(\frac{r_{\mathrm{a}}}{r_{\mathrm{p}}}\right)^{\xi-1}-\frac{\sigma_{\mathrm{c}}}{\xi-1}$$

$$=\frac{1}{8}\times\left[2\times4.02\times10^3\times(3-1)+2\times138.6\right]\times0.6^{(3-1)}$$

$$=666.8(\mathrm{kPa})$$

6.4.3 岩石地下工程稳定与围岩控制

6.4.3.1 维护岩石地下工程稳定的基本原则

当围岩压力大，围岩不能自稳时，就需借助支护和围岩加固等手段来控制围岩，维护岩石地下工程的稳定，实现安全施工，并满足在服务年限里的运行和使用要求。

岩石地下工程稳定所涉及的因素比较多，尤其在一些复杂地质条件下，更是一个困难的问题。在采矿工程中，由矿体赋存条件所决定，巷道等岩石地下工程的位置、围岩性质及其地质环境条件等因素无法随意选择，决定了其维护工作的困难性。但是，即使如此，工程中总还有一些可控制或可调节的因素。因此在岩石地下工程的设计与施工中，就要根据其稳定的基本原则，充分利用有利条件，采取合理措施，保证在经济的原则下，实现工程稳定。

从前面的分析可知，充分发挥围岩的自承能力，是实现岩石地下工程稳定的最经济、最可靠的方法。所以岩体内的应力及其强度是决定围岩稳定的首要因素；当岩体应力超过强度而设置支护时，支护应力与支护强度便成了岩石工程稳定的决定性因素。因此，维护岩石地下工程稳定的出发点和基本原则，就是合理解决这两对矛盾。

(1) 合理利用和充分发挥岩体强度

① 地下的地质条件相当复杂。软岩的强度可以在 5MPa 以下，而硬岩石在 300MPa 以上。即使在同一个岩层中，岩性的好坏也会相差很大，其强度甚至可以相差十余倍。岩石性质的好坏，是影响稳定最根本、最重要的因素。因此，应在充分比较施工和维护稳定两方面经济合理性的基础上，尽量将工程位置设计在岩性好的岩层中。

② 避免岩石强度的损坏。工程经验表明，在同一岩层中，机械掘进的巷道寿命往往要比爆破施工长得多，这是因为爆破施工损坏了岩石的原有强度。资料表明，不同爆破方法可以降低岩石基本质量指标 10%～34%，围岩的破裂范围可以达到巷道半径 33% 之多。另外，被水软化的岩石强度常常要降低五分之一以上，有时甚至完全被水崩裂潮解。特别是一些含蒙脱石等成分的泥质岩石，还有遇水膨胀等问题。因此，施工中要特别注意加强防、排水工作。采用喷混凝土的方法封闭岩石，防止其软化、风化，也是维护巷道稳定的有效措施。

③ 充分发挥岩体的承载能力。通过围岩与支护共同作用原理的分析已经清楚，围岩在地下岩石工程稳定中起到举足轻重的作用。因此，在围岩承载能力的范围内，适当的围岩变形可以增加围岩的内应力，使其更多地承受地压作用，减少支护的强度和刚度要求。这对实现工程稳定及其经济性有双利的效果。煤矿支护中还采用有专门收缩变形机构的可缩性支架来实现"让压"。

④ 加固岩体。当岩体质量较差时，可以采用锚固、注浆等方法来加固岩体，提高岩体强度及其承载能力。岩体结构面、破碎带等结构破坏的影响往往是其强度被削弱的主要原因。因此，采用加固岩体的锚喷支护、注浆等经济的方法，可能会收到意想不到的效果。

(2) 改善围岩的应力条件

① 选择合理的隧（巷）道断面形状和尺寸。岩石怕拉耐压，岩石的应力状态也影响岩石的强度大小。因此，确定巷道的断面形状应尽量使围岩均匀受压。如果不易实现，也应尽量不使围岩出现拉应力，使隧（巷）道的高径比和地应力场（侧压力大小）匹配，这就是前面讨论等压轴比和零应力轴比的意义。当然，也应注意避免围岩出现过高的应力集中，造成超过强度的破坏。

② 选择合理的位置和方向。岩石工程的位置应选择在避免受构造应力影响的地方；如果无法避免，则应尽量弄清楚构造应力的大小、方向等情况。国外特别强调使隧（巷）道轴

线方向和最大主应力一致，尤其要避免与之正交。实践还表明，顺层巷道的围岩稳定性往往较穿层巷道差。支护应特别注意这种地压的不均匀性。

③ "卸压"方法。近几年国内外开展"卸压"支护方法的研究，它是在一些应力集中的区域，通过钻孔或爆破，甚至专门开挖卸压硐室，改变围岩应力的不利分布，也可以避免高应力向不利部位（如巷道底角）传递。所以，"卸压"方法常作为解决煤矿采区巷道底臌的一种有效措施。

（3）合理支护

合理的支护包括支护的形式、支护刚度、支护时间、支护受力情况的合理性及支护的经济性。支护应该是巷道稳定的加强性措施。因此，支护参数的选择仍应着眼于充分改善围岩应力状态，调动围岩的自承能力和考虑支护与岩体的相互作用的影响；并在此基础上，注意提高支护的能力和效率。例如，锚杆支护能起到意想不到的效果，因为它是一种可以在内部加固岩体的支护形式，有利于岩石强度的充分发挥；另外，当地压可能超过支护构件能力时，使支护具有一定的可缩性，是利用围岩支护共同作用原理来实现围岩稳定并保证支护不被损坏的经济有效方法。

砼属于受压构件，钢筋砼能承受较高的抗弯性能。支护设计应充分考虑这些特点，扬长避短。设计支护构件还应考虑构件之间的强度、稳定性和寿命等方面的匹配，尽量实现经济上的合理性。

支护与围岩间应力传递的好坏，对支护发挥其能力及稳定围岩起到重要的影响。当荷载不均匀地集中作用在支护个别位置时，会造成支护在未达到其承载能力之前（有时甚至还不到其 1/10）就出现局部破坏而整体失稳的情况；另外，支护与围岩间总存在间隙（有时可达半米之多），这种间隙不仅使构件受力不均匀，延缓支护对围岩的作用，还会恶化围岩的受力状态。所以，应采取有效措施（如注浆、充填等）实现支护与围岩间的密实接触，从而实现围岩压力均匀传递。

（4）强调监测和信息反馈

由于巷道地质条件复杂并且难以完全预知，岩体的力学性质具有许多不确定性因素，因此，岩石地下工程施工所引起的岩体效应就不能像"白箱"那样操作，也不易获得确定性的结果。所以，通过围岩在施工中的反响，来判断其黑箱中的有关内容和推测以后可能出现的变化规律，就成为控制巷道稳定最现实的方法。目前国内外普遍强调监测和信息反馈技术，通过施工过程和后期的监测，结合数学和力学的现代理论，获得预测的结果或者可用于指导设计和施工的一些重要结论。例如，目前流行的"新奥法"支护技术的一项重要措施，就是监测与反馈。

岩石地下工程稳定问题涉及岩石破坏前与破坏后的基本力学性质及其地下环境的影响、围岩与支护之间的相互作用影响以及岩石地下工程的结构和自身受力特点等复杂内容。为解决此问题，常采用的方法有：

① 经验方法或工程类比方法。这是人们通过对实践的总结，进行归类指导的方法。

② 解析方法。其结论具有普遍意义和指导作用，但是解决问题的范围相当有限。

③ 由一些根据简化模型而建立的简单初等力学计算公式进行问题分析，在一定条件下还很有参考意义。

④ 数值计算方法。这是当前发展最快的方法之一，已经成为解决岩石地下工程稳定的重要工具。但是，尚需要进一步完善。

⑤ 实验方法。包括实验室工作和现场监测与反馈，是直接面对工程问题的有效手段，已越来越受到重视。

随着现代科学技术的发展和观念的更新，一些先进的科学技术成果和强有力的数学力学工具，正在改造或者形成指导地下岩石工程稳定的新方法。例如，针对连续岩体和不连续岩体的有限元、边界元、离散元、流形元等数值计算方法，具有人工智能的专家系统方法，各种模式识别和系统反演方法，包括灰色系统理论、时间序列分析、概率测度分析、统计分析、神经网络分析及混沌理论、分形理论等。尽管目前的成果还不完全尽如人意，还存在大量的问题需要进一步研究和解决，但是可以相信，随着现代科学理论与技术的进步，将为解决地下岩石工程稳定问题提供有力的手段。

6.4.3.2　支护分类与围岩加固

支护的分类形式有许多。例如，按支护材料分类有钢、木、钢筋混凝土、砖石、玻璃钢等；按形状分有矩形、梯形、直墙拱顶、圆形、椭圆、马蹄形等；按施工和制作方式有装配式、整体式、预制式、现浇式等。比较合理的方法是根据支护作用的性质，把支护分为普通支护和锚喷支护两类。普通支护是在围岩的外部设置的支撑和围护结构。锚喷支护靠置入岩体内部的锚杆对围岩起到稳定作用。普通支护又可以分为刚性支护和可缩性支护。可缩性支护的结构中一般设有专门可缩机构，当支护承受的荷载达到一定大小时，靠支护的可缩机构，降低支护的刚度，支护同时产生较大的位移。

刚性与可缩性不是绝对的。设有可缩机构的可缩支护在可缩能力丧失以后也就成为了刚性支护；当底板软，基础会发生陷入下沉时，刚性支护也具有可缩性。

围岩加固是另一类维护地下岩石工程稳定的方法，如采用注浆等方法改善围岩物理力学性质及其所处的不良状态，能对围岩稳定产生良好的作用。完整或质量好的岩石具有较高的承载能力，当它受到裂隙切割或破坏后会严重降低其整体强度。加固方法就是针对具体削弱岩体强度的因素，采用一些物理或其他手段来提高岩体的自身承载能力。锚喷也可认为是一种加固性的支护方法。围岩加固方法也可以结合普通支护一起维护地下岩石工程稳定。

6.4.3.3　普通支护

（1）普通支护的选材选型

常用的普通支护形式有碹（衬砌）和支架。碹是用混凝土或砖石材料砌筑而成的拱形结构。支架是棚式结构，一般有金属支架和木支架，也有混凝土预制构件或组合类型。

普通支护的选材选型应根据地压和断面大小，结合材料的受力特点，做到物尽其用。直边形断面的构件承受的弯矩大，因此常常采用型钢材料、木材或预制钢筋砼构件，一般用在断面不太大和压力有限的地方，采用如梯形和矩形等断面形式。曲边形断面的断面利用率较直边形状的差。但曲线形断面的支护构件主要承受轴心或偏心受压，所以比较适合于应用耐压不受拉的砖石和混凝土材料。曲线加直线形断面有直墙三心拱、半圆拱、圆弧拱、抛物线拱（图6.19）。通过力学分析可知，它们承受顶压的能力依次递增。当顶、侧压力均较大，直墙中弯矩过大时，则可采用弯墙拱顶；当底部也有很大压力且底板又软弱时，底板也要砌筑反拱，为马蹄形或椭圆形支护。椭圆形的轴比则应按前面的分析原则确定。

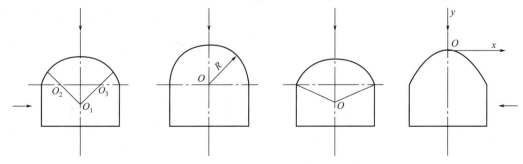

图 6.19　曲线加直线形断面

底板砌筑反拱必须和墙体形成一个整体，可以形成断面的全封闭支护。这对于改变巷道支护中底板薄弱环节状况和提高支护整体承载能力是十分有益的。它也是"新奥法"技术的一个主要思想。但是，反拱的砌筑条件是比较困难的，投入也较大。

（2）支护设计

只要已知结构的内力，就可以采用一般的结构力学、建筑结构学的方法进行支护结构的构件设计，其关键就是要确定结构的外荷载，以便计算其内力。根据地压确定方法的特点，目前岩石地下工程结构的计算主要可分为两种，即现代计算模型方法和传统的结构力学方法。

① 现代计算模型方法。这是一种把支护和围岩视为一体的方法，在具体的工程中常常需采用数值计算（有限元、边界元等）方法进行。它可以考虑不同围岩和支护力学特性，包括岩体结构面力学特性、各种巷道断面形状、开挖效应、支护时间等复杂情况；能考虑围岩与支护的共同作用特点，并能反映现代支护技术的实际情况。尽管这一方法还存在前面所述的一些基本理论和计算本身的问题，但应该说，它是地下岩石工程结构设计的正确和有效途径。

② 传统的结构力学方法。它实际上是地面结构力学方法在地下工程中的沿用。外荷载由地压计算结果（主要是古典或现代的地压学说方法）直接获得；除此之外，这种方法要考虑另一种特殊的外荷载，即围岩抗力（或称弹性抗力）。

（3）围岩抗力及其特点

围岩抗力是指支护在挤压围岩时引起的围岩对支护的作用。因此可以说它是一种被动产生的作用。它的形成有一定的条件。图 6.20 表示铰接支架结构在均衡和不均衡压力下产生围岩抗力的情况。水工结构中的有（水）压圆形涵洞，在均衡地压下（假设岩石均匀），其四周也会产生均匀的抗力。

围岩抗力一般有如下特点：

① 围岩抗力一般是在地压的主动作用下产生的（少数如有水压的隧道例外）。当地压主动作用使得支护出现挤压围岩（即支护的外轮廓线可能越过其支护边界）的变形或位移，才会出现被动的围岩对支护的抗力。

② 因为围岩压力的不均匀性，支护对围岩的挤压变形往往都是局部的，所以支护上的围岩抗力分布一般也是局部的。

③ 围岩抗力也是一种支护的外荷载，也会造成支护的内力。

④ 从图 6.20 可以看到，地压作用使支护变形，而围岩抗力能使支护减小变形。因此，围岩抗力虽然是一种荷载，但却可以改善支护的内力情况，有利于减少构件的弯矩。

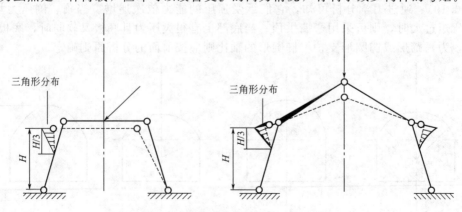

图 6.20 铰接支架围岩抗力产生条件

⑤ 将地面不稳定结构置于地下时，因为有围岩的阻挡，不稳定结构就可能变为稳定结构。这种阻挡作用，实际就是抗力。因此，由于围岩抗力的存在，可以在地下工程中采用一些不稳定结构。这也是地下工程结构的一个特点。

围岩抗力的计算通常借助弹性地基梁理论来分析。其中最简单常用的是基于温克尔 (E. Winkler) 假设的方法。温克尔假定认为弹性抗力的大小 q 与其位移 u 成正比，式中的比例系数 k，称为围岩抗力系数或弹性抗力系数

$$q = -ku \tag{6.82}$$

直接应用温克尔假定仍比较复杂，因为沿支护接触面的围岩位移分布在一般情况下是非线性的。为简便计算，常对抗力的分布作一些简化。例如，对直墙拱，可以认为直线形构件的抗力按三角形直线形式分布，并集中分布在构件长度的 1/3 范围。即认为此 1/3 构件变形时压向围岩产生抗力，而另外 2/3 不会产生抗力。同样也可以假设拱部也只分布在拱脚（设拱顶有挤向巷道空间趋势）附近某中心角的范围，并按抛物线规律分布。当已知这些抗力分布后，就可以根据结构力学方法获得抗力具体大小情况。获得全部外荷载后，结构尺寸的设计方法就与一般结构计算没有根本的区别了。

（4）可缩性支护

在采矿工程中，地下岩石（煤层）巷道使用期间的收敛量（移近量）随岩性的强弱和巷道的类别而不同。小者 20～50mm，大的可以到 2000mm 甚至更大。所以像这些变形大的巷道，都应采用与变形量相适应的可缩性支护。

可缩性支护要求只在超过一定大的荷载条件下发生收缩，而且应始终保持有一定的、且不能过低的基本承载能力，不能无止境地退缩，否则，就会失去其支护的基本功能。

针对不同巷道的情况，可缩性支护的可缩量应能人为调节，并能使这些可缩性支护实现多次可缩。实现支护结构的可缩，一般可以采用三种办法：

① 当压力 p 到达一定限度时，超过构件之间的摩擦阻力而发生滑动，或者启动液压缸中的回油阀，使活塞杆在一定压力下动作。

② 当压力 p 到达一定限度时，支护的局部构件进入塑性或破坏状态，从而使支护整体产生较大的位移，如金属支架构件或砌块之间设置的木铰或木块被压扁，或者木垛的接触点被压酥等。

③ 当压力 p 到达一定限度时，引起多铰型支架构件发生绕铰接点转动，使支架量整体可缩。

目前，在煤矿井下采场中广泛采用的金属摩擦支柱、单体液压支柱和综采液压支架等，都是最典型的可缩支架；而在采区巷道中应用性能最好的是用 U 型钢做成的各类可缩支架。这类支架的相对可缩量可达 35%，甚至到 64% 也不失其承载能力。由于它不易损坏且能回收重复使用，所以其初期投资虽然比较高，但总成本仍可能比其他支架节省。

遇到变形很大、崩解膨胀性软岩的其他巷道、隧道、硐库等地下工程，U 型钢可缩性支架也是比较理想的支护结构。

6.4.3.4　锚喷支护

锚喷支护是锚杆与喷射混凝土联合支护的简称。锚杆与喷砼都可独立使用，但二者常联合应用，支护效果更好。

（1）锚杆的工作特点

锚杆支护最突出的特点是它通过置入岩体内部的锚杆，提高围岩的稳定能力，完成其支护作用。锚杆支护迅速及时；而且在一般情况下支护效果良好；用料又省，在同样效果条件下，只有 U 型钢用钢量的 1/15～1/12。所以它被越来越广泛地应用于各类岩土工程中。

(2) 锚杆的结构类型

锚杆是一种杆（或索）体，其中置入岩体部分与岩体牢固锚结；部分长度裸露在岩体外面，挤压住围岩或使锚杆从里面拉住围岩。

锚杆的构造类型不下数十种，分类的方法也很多。早期主要采用机械式（倒楔式、涨壳式等）金属或木锚杆；后来较多采用黏结式（有水泥砂浆、树脂等黏结剂）钢筋或钢丝绳锚杆、木锚杆、竹锚杆等和管缝式锚杆（管径略大于孔径的开缝钢管，打入岩孔）；近期常用快硬或膨胀水泥砂浆、水泥药卷、树脂药卷等性能良好的黏结材料，特别是后者，使锚杆的效能得到了显著的提高。

根据杆体锚固的长度，可以分为端头（局部）锚固或全长锚固。各类水泥砂浆锚杆和树脂锚杆，均可实现全长锚固；管缝式锚杆也属于全长锚固。

因为锚杆有意想不到的效果，所以常常采用与锚杆结合的各种结构形式。如锚杆与钢筋网结合成锚网结构，将拉杆的两端锚固在岩石中成为锚拉结构，锚杆与梁、支架等均能结合在一起工作。

(3) 锚杆作用机理和锚杆受力

锚杆对围岩的作用，本质上属于三维应力问题，作用机理比较复杂。可以说至今还不能很好解释锚杆这种良好的效果。一般认为锚杆支护的作用机理主要包括悬吊作用，减跨作用，组合梁作用，组合拱作用，加固作用（提高 c、φ 值）等。锚杆对抑制节理面间的剪切变形和提高岩体的整体强度方面起重要作用，特别是对于全长锚固的锚杆。

锚杆杆体的受力状态也比较复杂。在全长锚固型锚杆的中部或偏下部位，存在一中心点，中心点内外的杆体表面剪应力指向相反，中心点处有最大轴力。对端部锚固的锚杆测力表明，部分锚杆还处在偏心受压状态。锚杆的作用和机理都有待进一步探讨。

(4) 锚杆参数的确定方法

目前锚杆设计的计算方法都要采用一些简化和假设。其结果只能作为一种近似的估算，而更多的是采用经验和工程类比方法。

① 按单根锚杆悬吊作用计算。锚杆长度计算公式

$$l = l_1 + l_2 + l_3 \tag{6.83}$$

式中，l_1 为外露长度，取决于锚杆类型和构造要求，如钢筋锚杆应考虑岩层外有铁、木垫板与螺母高度及外留长度；l_2 为有效长度，可选为易冒落岩层高度，如采用直接顶高度或普氏免压拱高、荷载高度，或者采用塑性区以下的顶板高度、实测松动圈厚度等；l_3 为锚入坚硬稳定岩层的长度，其设计原则是锚固力不能小于锚杆杆体能承受的荷载，锚杆的锚固力是由杆体与黏结剂、黏结剂与岩孔壁间的黏聚力或锚杆与岩壁间的摩擦阻力等构成，可以根据实际数据计算，经验值一般不小于 300mm。

锚杆杆径计算：锚杆的杆体拉断力应不小于锚固力。目前还缺乏有效的锚固力确定方法，一般可根据工程条件和经验先确定要求的锚固力，然后计算杆体的杆径。

锚杆间排距确定：由经验确定，或者按每根锚杆所能悬吊的岩体重量，并同时考虑安全系数（通常为 1.5~1.8）计算间排距。

② 考虑整体作用的锚杆设计。整体设计锚杆的方法也很多。澳大利亚雪山工程管理局针对有多组节理围岩，使用可施加预压力锚杆的拱形或圆形巷道，提出按拱形均匀压缩带原理设计锚杆参数的方法。该理论认为，在锚杆预压力 σ_2 作用下，杆体两端间的围岩形成挤压圆锥体。相应地，沿拱顶分布的锚杆群在围岩中就有相互重叠的压缩锥体并形成一均匀压缩带（图 6.21）。

根据试验结果，锚杆长度 l 与锚杆间距 a（取等间距布置）之比分别为 3、2 和 1.33 时，拱形压缩带 t 与锚杆长度 l 之比相应为 2/3、1/3 和 1/10。设在外荷载 p 作用下引起均匀压缩带内切向主应力 σ_1，并假定沿厚度 t 切向应力 σ_1 均匀分布，则根据薄壁圆管公式有

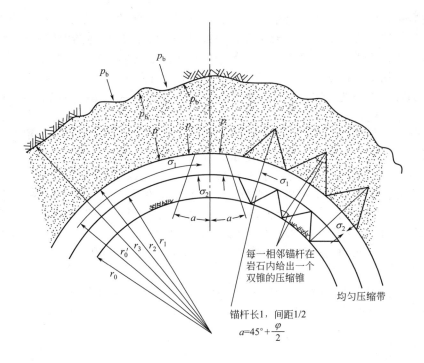

图 6.21　均匀压缩带锚杆支护参数设计原理图

$$\sigma_1 = \frac{p \times r_1}{t} \tag{6.84}$$

拱形压缩带内缘作用有锚杆预压力引起的主应力 σ_2，有

$$\sigma_2 = \frac{N}{a^2} \tag{6.85}$$

一般，$N = (0.5 \sim 0.8) Q$，Q 为锚固力，由现场拉拔试验或设计确定。

根据上述原理，确定锚杆参数的步骤可以如下：

ⅰ.预选锚杆长度 l、直径 d、间距 a（间距和排距选择为相等）；

ⅱ.根据 l、d，由上述提供的试验结果，确定压缩带厚度 t，以及 r_0、r_1、r_2 等参数值；

ⅲ.根据式（6.86）或式（6.87）验算压缩带安全条件；如不满足，调整锚杆参数，重新计算直至满足为止。

$$\sigma_1 \leqslant \sigma_2 \tan^2 \left(45° + \frac{\varphi}{2} \right) \quad \text{或} \quad p \leqslant \frac{\sigma_2 t}{r_1} \tan^2 \left(45° + \frac{\varphi}{2} \right) \tag{6.86}$$

关于式中 p 的确定，可采用耶格和库克公式

$$p = p_b \left(\frac{r_2}{r_3} \right)^{\frac{2\sin\varphi}{1-\sin\varphi}} \tag{6.87}$$

根据弹塑性分析，r_3 圈内的岩石可视为塑性区，r_3 以外是弹性区，p_b 为弹塑性交界面径向应力。

目前，采用数值模型方法设计计算锚杆支护已经相当广泛。这种方法已经能够描述端头锚固和全长锚固的不同状态，能够结合共同作用原理，同时它还能分析围岩的应力和巷道位移状态。

（5）锚杆施工

锚杆是一种隐蔽工程。锚杆施工首先要求有足够和可靠的锚固力，这是锚杆发挥功能的

根本。密封岩帮，保持岩帮不会垮落，并充分保证锚杆端部紧贴围岩，充分形成对围岩的挤压作用，是发挥锚杆支护效果的必要条件。锚杆是通过岩体自身的能力来实现围岩稳定的，因此，维持岩体自身强度是提高锚杆作用的最好途径。这些问题在锚杆施工中要特别注意。

目前流行采用高强锚杆（100～200kN以上）高锚固力的支护技术，解决了一些在复杂条件中使用锚杆支护的技术问题和困难巷道的稳定问题，展示了锚杆技术的良好前景。

（6）喷混凝土的特点和使用

喷砼最突出的支护特点，一是在施工中岩面一经暴露就可以用混凝土喷射覆盖，除起一定支护作用外，还能及时封闭岩面，隔绝水、湿气和风化对岩体的不利作用，防止岩体强度降低。这一点，对于易风化、遇水会膨胀崩解的软岩，意义十分重大。二是喷砼常配合锚杆使用，可以克服锚杆因岩面附近岩石风化、冒落而失效的弱点，使围岩形成一个整体。

喷混凝土也可单独使用，但素混凝土是一种脆性材料，其极限变形量只有0.4%～0.5%，在围岩有较大变形的地方喷层，就会出现开裂和剥落。因此，单独的素喷混凝土可使用在围岩变形小于2～5cm的地方；变形更大时，要采用喷射纤维混凝土的方法，或者采用锚喷联合支护。

单独采用喷混凝土支护时，一般喷厚可为50～150mm；采用锚杆支护为主、喷混凝土为辅时，喷层厚度为20～50mm。

6.4.3.5　锚索

锚索和锚杆的区别除其规格尺寸和荷载能力外，还在于锚索一般需要施加预应力。锚索常应用在工程规模大且比较重要、地质条件复杂、支护困难的地方。

锚索的结构形式和锚杆类似，根部一端（或整个埋入长度）需要固定在岩土体内；但锚索的外露头部一端靠预应力对岩土体施加压力。锚索的索体材料采用高强的钢绞线束、高强钢丝束或（螺纹）钢筋束等组成。单根钢丝（或钢绞线）的强度标准值可以达到1470MPa或更高，预应力较小时采用的Ⅱ、Ⅲ级钢筋，其强度标准值也大于300MPa。因此，锚索的锚固力可以达到兆牛的量级。

一般的锚索长度大于5m，长的可以到数十米。根据锚索预应力的传递方式，一般将锚索分为拉力式锚索和压力式锚索。所谓拉力式是将锚索固定在岩体内后，张拉锚索杆体，然后再在锚孔内灌水泥或水泥砂浆，类似于预应力混凝土的先张法；压力式锚索采用无黏结钢筋，锚索经一次灌浆后固定在锚孔内，然后张拉锚索并最终形成对固结浆体和岩体的压力作用。为使预应力能更均匀地作用在固结浆体和周围岩体中，也可采用分段拉力式或分段压力式等多种结构形式。

待锚索在孔内锚固可靠（或灌注的水泥浆、水泥砂浆等固结有一定强度）后，就可以张拉预应力。根据岩性情况和对支护结构的变形要求，一般设计预应力值为其承载力设计值的0.50～0.65倍。

目前，国内外已经有不少锚索设计施工规范。和锚杆一样，锚索也是隐蔽性工程，因此一般在规范中特别强调施工质量和检测、试验工作。在预应力的施加过程中，要逐级加载、分级稳定，同时监测由于锚索锚固强度不够或是材料蠕变引起的预应力损失。

锚索的支护效果显著，使用条件也比较简单，有的矿井已经将其列为处理复杂地质条件的一种常用的手段。因此，它在岩石地下工程支护中有很大的应用前景。

6.4.3.6　注浆加固支护

岩土注浆主要有抗渗和加固两个功能。围岩注浆加固的特点是依靠注浆液黏结裂隙岩体，改善围岩的物理性质和力学状态，加强围岩的自身承载能力，并使围岩产生成拱作用。因此对一些裂隙发育的围岩，注浆加固本身就是一种维护巷道稳定的有效手段。同时，注浆与锚杆、支架形成的联合支护，可以大大提高锚杆或支架对围岩的作用，提高支护效果。目前还有一种"注浆锚杆"，就是将注浆后的注浆管留在岩体中作为锚杆发挥作用。因为锚杆周围岩体密实，锚杆在注浆孔中又黏结牢靠，因此往往能取得比较理想的效果。

注浆加固方法适合于裂隙岩体或破碎的岩体。影响注浆加固效果的因素很多，包括岩体的裂隙发育和分布情况，注浆孔的布置及浆液的渗透范围，浆液配比及其流动、固结性能，注浆压力等一系列因素。而其中又包含了一些岩石力学基本理论中没完全解决的基本问题，如围岩的裂隙结构及其对稳定性分析的影响、围岩的破裂演化及平衡过程等。因此，目前的注浆加固设计实际上仍具有比较大的经验性。

对于加固性注浆，注浆的时机选择对注浆加固效果很有影响。和支护时间的选择一样，注浆也应考虑围岩的应力条件和岩性条件。注浆过迟，难于起到支护的作用；过早，为适应围岩的应力、裂隙发育等条件，对浆液材料的黏结性能、渗透性、固结强度以及浆液固结体的允许变形量等要求相对较高。而且，当注浆工作和前方工作面施工相距过近时，两道工序会相互干扰。一般总要使注浆工作滞后于前方工作面100m左右的距离。

6.5　岩石地下工程的监测

6.5.1　地压监测概述

6.5.1.1　监测的目的

对岩石地下工程稳定性进行监测与预报，是保证工程设计、施工科学合理和安全生产的重要措施。"新奥法"就是把施工过程中的监测作为一条重要原则，通过监测分析对原设计参数进行优化，并指导下一步的施工。对于已投入使用的重要岩石地下工程，仍需对其稳定性进行监测与预报。

岩石地下工程监测的主要目的是：根据各类观测曲线的形态特征，掌握围岩力学性态的变化与规律，掌握支护结构的工作状态，评价围岩和支护结构的稳定性与安全性，对地下工程未来性态做出预测，验证与修改设计参数或施工工序，指导安全施工；及时预报围岩险情，以便采取措施防止事故发生；为地下工程设计与施工积累资料；为数据分析、理论解析提供计算数据与对比指标，为围岩稳定性理论研究提供基础数据；经过计量认证、由观测单位提供、加盖有"中国计量认证"章的观测结果，具有公证效力，对于工程事故引起的责任和赔偿问题，观测资料有助于确定事故原因和责任。

6.5.1.2　监测的项目与内容

① 地质和支护状态现场观察：开挖面附近的围岩稳定性、围岩构造情况、支护变形与稳定情况。

② 岩体（岩石）力学参数测试：抗压强度、变形模量、黏聚力、内摩擦角、泊松比。

③ 应力应变测试：岩体原岩应力、围岩应力与应变、支护结构的应力与应变。

④ 压力测试：支护上的围岩压力、渗水压力。

⑤ 位移测试：围岩位移（含地表沉降）、支护结构位移。

⑥ 温度测试：岩体（围岩）温度、洞内温度、洞外温度。

⑦ 物理探测：弹性波（声波）测试，即纵波速度、横波速度、动弹性模量、动泊松比。

⑧ 超前地质预报：地质素描、隧道地震波超前预报、红外探测、地质雷达探测、超前地质钻探、超前掘进钻眼探测、地质综合剖析。

以上监测项目一般分为应测项目和选测项目。应测项目是设计、施工所必须进行的经常性检测项目；选测项目是由于不同的地质与工程环境而选择的测试项目。一般的隧道工程只是有目的地选择其中的几项。

6.5.1.3   岩石工程监测的特点

① 时效性。由于岩石工程的服务年限一般较长，岩石具有流变特性，因此，测试设备应保持长期稳定。

② 环境复杂。地下工程环境恶劣，要求设备具有防潮、防爆、防电磁干扰等性能。

③ 监测信息的时空要求。现代大型岩石工程监测网络化的必要性与可能性，在监测的信息量和反馈速度上的要求日渐提高。

④ 空间的制约。地下空间有限，要求监测设备微型化并尽可能地隐蔽，减少对施工的干扰，并避免施工对监测设备的损坏。

当前，计算机和电子技术、光纤传感、遥感等高新技术在岩石地下工程监测中得到日益广泛的应用，监测技术正向系统化、网络化与智能化的方向发展。

6.5.2   岩体变形与位移监测

6.5.2.1   围岩表面位移的测量

（1）裂隙位移的人工观测

岩体在破坏过程中，必然出现已有裂隙的扩展或新裂隙的生成，或是沿原结构面张开滑动。观察这些缝隙的发展过程，可圈定地压活动的范围，判断其发展趋势。

观测点可选择在地压活动地段、易于发生移动的岩体结构面处，或是在其影响范围内的其他构筑物处。用黄泥或铅油等涂抹在裂缝上，或用木楔插入缝中楔紧，或把玻璃条用水泥浆固定在裂缝两端，就可观测裂缝的变化。如在裂缝的两边布置三个测点，定期测量三个点之间的距离，就可以用三角形关系测定裂缝的发展速度和移动趋势。

（2）围岩表面位移的仪表测量

围岩表面位移可用收敛计、测杆、测枪、滑尺等进行检测，其中收敛计是测量精度相对较高，使用比较方便而应用广泛的一种仪器。

① 收敛计测量。地下工程周边各点趋向中心的变形称为收敛。用收敛计测量可以确定地下工程相对两个壁面上两点间的相对位移，假设中心点相对不动，就可以获得单面相对位移。

收敛计主要由 4 部分组成（图 6.22）：壁面测点和球铰接部分，包括壁面埋腿、球形测点、本体球铰；张紧部分，包括张紧弹簧与张紧力指示百分表；调距部分，包括调距螺母和距离指示百分表；测尺部分，包括钢带尺限位销、带孔钢带尺、尺头球铰、钢带尺架。

常用的收敛计有 SLJ-80 型洞径收敛计、XB-200 型钢尺收敛仪、SL-2 型钢尺收敛计、NA-1600 型数字式钢尺收敛计、JSS30A 数显式收敛计等。

测量前先在硐室壁面钻孔中插入带球形测点的壁面埋腿，并灌入水泥砂浆使其固结。测量时将收敛计的本体球铰和尺头球铰分别套在测线两端的球形测点上，理平钢带尺，压下钢

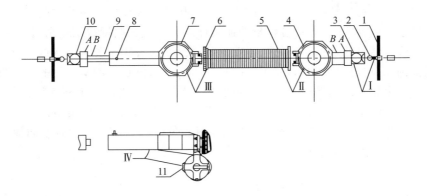

图 6.22　SLJ-80 型洞径收敛计结构图

1—壁面埋腿；2—球形测点；3—本体球铰；4—张紧力指示百分表；5—张紧弹簧；6—调距螺母；

7—距离指示百分表；8—钢带尺限位销；9—带孔钢带尺；10—尺头球铰；11—钢带尺架

带尺限位销以固定钢带尺长度，调整张紧弹簧使钢带尺保持恒定张紧力，通过距离指示百分表读出两点间的距离。

通过两次测量比较，可以获得岩壁两点间相对变形量。图 6.23 的测点布置方式可进行 7 条测线的测量。如果逐渐减少测点和测线，可依次进行多种从 6 条至 1 条测线的测量，以满足围岩不同变形特点的测量的需要，并相应减少测量工作量。

② 顶底板移近量的测杆量测。顶底板移近量指同一测点随开采的进行，在控顶区范围顶底板的移近值。我国曾广泛采用专用的测杆测量顶底板移近量。测杆由活柱、标尺、读数口、卡环、弹簧、套管和固定螺钉组成，在量测位置的顶板和底板楔入木楔，安装测杆进行量测。现已有多种仪表可供替代。

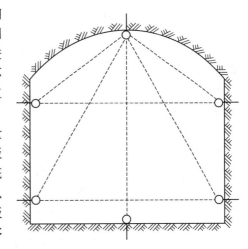

图 6.23　两点间相对位移的收敛测量线

（3）围岩表面位移监测预警方法

可以根据实测的位移情况预警围岩（主要是顶板）冒落的危险性。围岩表面位移监测预警可按极限位移值与极限位移速度值予以预报。

前一种方法是当围岩表面位移达到极限位移值时立即预警。预先调定极限位移值，把报警器固定在测孔内，当位移到达此值时，发射无线电磁波信号，接收机接此信号后发出预警信号。这种方法的关键是确定合适的极限位移值，可能会因取值误差而导致预报失败。

后一种方法的原理是：围岩的位移使顶板下沉速度诱发报警仪的齿轮机构旋转，使终端的光电转盘获得较大的转速，并将转速变换为电脉冲信号，该信号的频率反映了围岩顶板下沉的速度，当此速度达到极限值时实现自动报警。

6.5.2.2　围岩内部位移的测量

围岩内部位移测量是了解其内部位移、破裂等情况最直接的方法，对于判断或预报围岩稳定性有重要意义。这种测量通常采用钻孔多点位移计。

多点位移计主要由在孔中固定测点的锚固器（压缩木锚固器、弹簧锚固器、卡环弹簧锚固器、水泥砂浆锚固器等）、传递位移量的连接件（由钢丝、圆钢或钢管制成）、孔口测量头与量测仪器组成。测量原理是：在钻孔岩壁的不同深度位置固定若干个测点，每个测点分别用连接件连接到孔口，这样，孔口就可以测量到连接件随测点移动所发生的移动量。在孔口的岩壁上设立一个稳定的基准板，用足够精度的测量仪器测量基准板到连接件外端的距离，孔壁某点连接件的两次测量差值，就是该时间段内该测点到孔口的深度范围岩体的相对位移值（图6.24），通过不同深度测点测得的相对位移量的比较，可确定围岩不同深度各点之间的相对位移，以及各点相对位移量随岩层深度的变化关系。

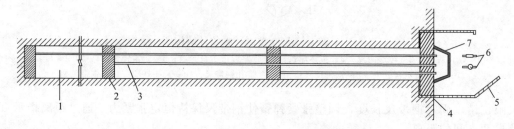

图6.24　钻孔多点位移计测量围岩位移

1—钻孔；2—测点锚固器；3—连接杆；4—量测头；5—保护盖；6—测量计；7—测量基准板

如孔中最深的测点埋设较深，可认为该点是在开挖影响移动范围以外的不动点，以该点为原点，就能计算出孔内其他各点（含岩壁面）的绝对位移量。

测量连接件位移量的常用方法有直读式和电传感式两种。直读式常用百分表或深度游标卡尺等测量仪器；电传感测量计有电感式位移计、振弦式位移计和电阻应变式位移计等。

根据多点位移计的原理，可以制成"顶板离层仪"，它用于测量顶板岩层间的离层（两岩层面发生脱离）量。当出现过大离层时，离层仪也可报警。只要把顶板离层仪的两个固定测点安设在容易离层的层面两侧，当测出此两测点相对位移（即层面位移）达到临界值，仪器就可以自动报警，以避免发生顶板冒落伤害事故。

6.5.2.3　围岩松动圈的弹性波测定

利用弹性波在岩体内的传播特性，可以测定岩体的弹性常数，了解岩体的某些物理力学性质，测定围岩主应力的方向，判断围岩的完整性与破坏程度，检测爆破振动对围岩稳定性的影响，检测围岩的加固效果等。下面介绍声波法测定围岩松动圈。

（1）弹性波在岩体中的传播特性

弹性波在以下条件传播较快：坚硬的岩体，裂隙不发育和风化程度低的岩体，孔隙率小、密度大、弹性模量大的岩体，抗压强度大的岩体，断层和破碎带少或其规模小的岩体，在岩体受压的方向上。反之，弹性波的传播速度较慢。岩体湿度增加导致岩体抗压强度下降，从而影响弹性波的传播速度，特别是裂隙岩体中。

（2）测试仪器

声波仪是进行声波测试的主要设备，其主要部件是发射机和接收机。发射机能向声波测试探头输出电脉冲，接收机探头能将所拾得的微量信号放大，在示波器上反映出来，并能直接测得从发射到接收的时间间隙。一些仪器具有测点自动定位与记录系统，可获得最终的统计参数与剖面图。

换能器即声波测试探头，按其功能可分为发射换能器和接收换能器，其主要元件均为压电陶瓷，主要功能是将声波仪输出的电脉冲变为声波能，或将声波能变为电信号输入接收机。

为了使换能器很好地与岩体耦合以正常发挥其功能，在岩壁上进行声波测试时，一般用黄油作耦合剂将换能器端面紧贴于岩面；在钻孔中则用水作为耦合剂，以保证良好的耦合。

（3）弹性波测定围岩松动圈

松动圈是设计支护强度和参数的重要依据。

预先在硐室的壁面上打一排垂直于壁面的扇形测孔，其深度应大于松动圈的范围。将由反射换能器和接收换能器构成的组合体放入充满水的测孔中，自孔口开始每隔一定间距测读一次岩体的声波传播时间，根据发射换能器和接收换能器间的距离算出声波传播速度。松动圈内岩体破碎，裂隙发育，波速较低；压力升高区内裂隙被压缩，波速较高；再往里是比较稳定的原岩区波速。松动圈可划定在孔口附近波速低于原岩区正常值的范围。图 6.25 所示隔河岩水电站引水隧洞围岩松动圈的厚度为 0.55m 左右。

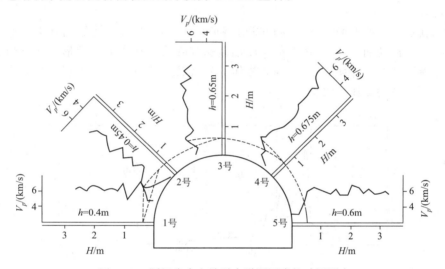

图 6.25　隔河岩水电站引水隧洞围岩松动圈测定

6.5.2.4　围岩破坏的声发射监测与微震监测

围岩在变形与破坏过程中，以弹性波形式释放应变能的现象称为声发射，同时出现微震。对它们进行监测，可以预报塌方与岩爆。

（1）围岩破坏的声发射监测

① 声发射监测的原理。岩体开挖引起的应力重新分布，将导致岩体内部出现破裂或是原有裂隙的进一步扩展。当岩体内积累的变形能释放时，应力波向外传播，形成一系列声发射信号（也称为岩音或地音）。声发射信号的强弱多寡与岩体特性和受力状况有关，并且在岩体破坏前有一个急剧增加的过程，因此，对声发射的监测，可以预测围岩的稳定性。这一原理常用来预报岩爆。

② 岩体声发射的监测。岩体的声发射监测方法一般分为两类：一类是流动的间断性监测，采用便携式声发射监测仪对某些测点不定期实施监测；另一类是连续监测，采用多通道声发射监测系统对某一区域实施连续监测。

中钢集团武汉安全环保研究院研制的岩体声发射系统的组成见图 6.26，主要包括两部分：第一部分用于钻孔监测网，通过 YSD 岩体声发射仪对孔底探头实现四通道同时自动采集，储存数据，记录参数大事件、总事件与能率，打印监测结果；第二部分用于表面监测网，通过 BK7005 磁带记录仪对黏附在岩壁上的四路信号进行归一化处理后，输入微机控制的 SBQ 后处理系统进行频谱分析。

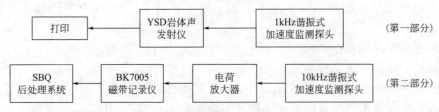

图 6.26　岩体声发射系统示意图

智能型便携式地音分析仪可对监测网进行定点定期监测，运用灰色理论和自适应神经网络方法对获得的声发射参数进行声发射时序预测和分形分析，建立预测系统。

声发射监测具有灵敏度高、测试范围广、可实现远距离遥测、定时或全天候连续监测、简便适用等优点。

在武山铜矿进行的现场大理岩体声发射特征试验见图 6.27。初始期（Ⅰ）声发射信号稀少；随后进入活动期（Ⅱ），声发射频度逐渐达到峰值，渐次下降后形成次峰值；以后进入频度呈单调下降的下降期（Ⅲ），同时岩体的宏观破坏裂纹在本期出现；最后进入沉寂期（Ⅳ），可见到岩体的破坏裂纹贯通。

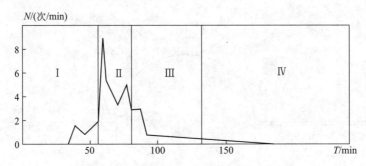

图 6.27　岩体破裂过程的声发射活动

上述研究表明，在围岩破裂过程中，声发射高潮比宏观位移早出现，预示了围岩失稳即将来临，为预报岩体失稳留出了时间。研究还表明，初始阶段低频信号占主导地位，高频多在 1kHz 左右，之后主频基本呈离散状态分布，且高频成分在传播过程中衰减迅速。声波信号衰减特征为：能率（单位时间内声发射活动释放能量的累计值）衰减最快，大事件（单位时间内振幅较大的声发射次数）次之，总事件（单位时间内振幅达到一定量级的声发射事件总数）衰减较慢。以总事件为主要指标，结合大事件及能率综合分析，即可监测预报围岩的稳定性。

当前，应用围岩声发射技术预报冲击地压的成功率不高，说明岩体破坏形态与声发射特性之间的关系还有待深入研究。

（2）微震监测

微震是岩体破裂的萌生、发展、贯通等失稳过程的动力现象。在地下矿山，微震是由开挖活动诱发的，其震动能量为 $10^2 \sim 10^{10}$ J，对应里氏地震震级为 $0 \sim 4.5$ 级，震动频率 $0 \sim 150$ Hz；影响范围从几百米到几百千米，甚至几千千米。

① 微震监测原理。微震信号包含大量围岩受力破坏及地质缺陷活化过程的有用信息。通常情况下，微震越活跃的区域，岩体发生破裂的可能性越大。通过在地下矿山的顶板和底

板布置多组检波器实时采集微震数据，利用接收到的、直达纵波起始点的时间差，在特定的波速场条件下，进行二维或三维定位，可确定破裂发生的位置，在三维空间上显示，并利用震相持续时间计算所释放的能量和震级，推断岩石材料的力学行为，估测岩体结构是否发生破坏，以及破坏的性质和发生的规模。

② 微震监测法。微震监测法采用微震网络进行现场实时监测，监测到的微震活动称为微震事件，一个微震事件包含微震活动发生的时间、地点及剧烈程度等情况。

典型的微震监测系统包括三大部分：传感器（拾震器）模块、通信模块和分析记录模块。传感器可布置在地下，也可布置在地面，对监测区域必须形成网状结构；地下布置一般采用有线方式，地面布置则采用有线或无线方式均可；分析记录模块不仅具有记录原始信息的功能，还具有估算微震活动释放的能量以及显示震源位置等功能。

微震监测已成为矿山冲击地压预报的重要手段。门头沟煤矿对 1986～1990 年的 6321 次微震进行分析，归纳出的冲击地压前兆微震活动规律有：微震活动的频度急剧增加；微震总能量急剧增加；爆破后，微震活动恢复到爆破前微震活动水平所需的时间增加。

6.5.3　围岩应力与支架压力监测

6.5.3.1　围岩应力变化的光弹测量

可以用光弹应力计来测量围岩应力的变化。光弹应力计的原理与光弹性模拟相同，光弹片是一个具有反射层的玻璃中空扁圆柱体，使用时将其粘在钻孔中的岩壁上。当岩体应力发生变化时，光弹片处于受力状态，用反射式光弹仪可观测到光弹片上的等差条纹，把它与经过标定的标准条纹进行比较，可方便地确定应力变化的比值与方向。再经过测定与计算，可求出岩体应力的数值。

6.5.3.2　锚杆测力计

应用锚杆或锚索进行地下工程围岩支护时，可以用锚杆测力计了解锚杆受力情况。锚杆测力计是在锚杆（索）上焊接或粘上某种应力计，把这种锚杆（索）送入钻孔内锚固后，即可通过引出线测读锚杆的受力情况。

6.5.3.3　岩柱与支架的压力监测

钢弦压力盒和油压枕广泛用于测定作用在支架上的压力、上覆岩层对支撑岩层柱的作用力及充填体所承受的荷载。杠杆式测压仪、液压测力计等也可用于支架压力的测量。

（1）钢弦压力盒测定压力

钢弦压力盒的主要组成见图 6.28。压力盒的工作原理是：当压力作用于压力盒底部工作薄膜上时，底膜受力向里挠曲使钢弦拉紧，钢弦内应力和自振频率相应发生变化。根据弹性振动理论，受拉力作用的自振频率 f 可表示为压力盒底膜所受压力 p（kN）的函数

$$f=\sqrt{f_0^2+Rp} \tag{6.88}$$

式中，f_0 与 f 为压力盒承压前后钢弦的振动频率，Hz；R 为压力盒系数，每个压力盒均不同，须预先在实验室通过压力与频率的关系确定。

压力盒中的钢弦自振频率用频率仪来测定。它主要由放大器、示波器和低频信号发生器等部件组成。从低频信号发生器的自动激发装置向压力盒中的电磁线圈输入脉冲电流，激励钢弦产生振动。该振动在电磁线圈内感应产生交变电动势，经放大器放大后送

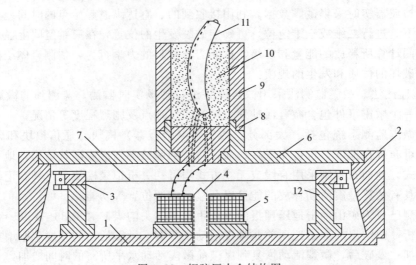

图 6.28　钢弦压力盒结构图

1—工作薄膜；2—底座；3—钢弦栓；4—铁芯；5—电磁线圈；6—封盖；7—钢弦；
8—塞子；9—套管；10—防水材料；11—电缆；12—钢弦支架

至示波器的垂直偏振板，这样，在示波器的荧光屏上将出现波形图。调整面板上的旋钮，使信号发生器的频率与接收的钢弦振动频率相同，这时在仪器的荧光屏上将出现椭圆图

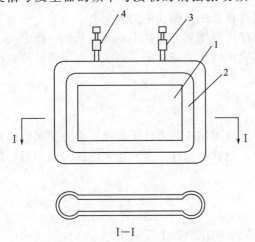

图 6.29　压力枕结构示意图

1—腹腔；2—枕环；3—进油嘴；4—排气阀

形，此时数码管显示出的数值即为钢弦振动频率 f。

（2）压力枕（囊）测定压力

压力枕（囊）由两块厚约 1.5mm 的薄钢板对焊而成，枕体可分为腹腔、枕环、进油嘴和排气阀 4 部分（图 6.29），密封的腹腔内充满一定压力的油。将压力枕置入土壤、混凝土中，或放入凿好的岩石狭缝中，并紧密接触。作用在压力枕上的围岩（土）压力通过压力油传递给油压表，从油压表测出油压，对比事先确定的压力枕的油压 q 与外压 p 之间的关系曲线，即可求得外压力。如压力枕安设在支架上，则测量的压力为支架在该处承受的压力。

6.5.4　光电技术在地下工程监测中的应用

随着现代测试技术的发展，新的地下工程监测手段层出不穷，如以计算机和电子技术为基础的各种远距离监测、数据传输到文字、数据或图像处理，激光测距与定位，探地雷达探测地层性质和状态（硐室围岩松动区范围、断层）等，此处介绍光纤传感技术在地下工程监测中的应用。

6.5.4.1　光纤传感技术原理

光纤传感技术与传统的电磁传感技术相比，具有表 6.5 所示的特点。

表6.5　光纤传感技术与电磁传感技术比较

比较项目	光纤传感技术	电磁传感技术
监测环境	可用于水下、潮湿、易燃易爆、电磁干扰、高能辐射等环境	不适于复杂环境；如做特殊防护，可做短期监测
灵敏度	位移达 $10^{-4} \sim 10^{-2}$mm 量级，压力 $0.001 \sim 0.01$MPa	位移达 $10^{-4} \sim 10^{-2}$mm 量级，压力 $0.001 \sim 0.01$MPa
连接成网	需做无源连接，连接器件价格较贵，修复较复杂	易于连接与修复，费用低廉
区域控制	易于做大范围联网监测，无须作前置放大或中继放大，并可作分布式监测	大于200m的信号传输需作前置放大，远距离传输需作中继放大
施工干扰	体积小易于隐藏，元件损坏难于修复	设备需要空间较大，故障易于排除
服务年限	＞10 年	1～2 年
监测费用	在同一精度与测试量程内，为电磁法的 $1/3 \sim 1/2$	较高

6.4.4.2　光纤传感技术原理

当光入射到两种不同折射率的物质界面上时，将发生反射与折射现象。由于导光介质对光的吸收，通常光线在传输过程中会很快衰减。

光纤利用光的全反射原理对光信号进行低衰减传输。若传输入射光介质的折射率 n_1 大于第二种介质的折射率 n_2，则当入射角满足一定条件时，光在界面上将发生全反射而不会透射到第二种介质；若将两种介质做成如图 6.30 所示同心环状的光纤结构，则光线作折线式向前传递时，全反射的条件得以保证。

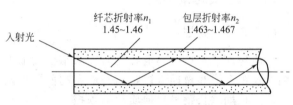

图 6.30　光纤芯内的光传递示意图

光纤在纤芯中传导光的物理参数，如振幅、相位、频率、色散、偏振方向等，具有良好的光敏感性，因此，光纤可构成一类新型的传感器。光纤传感器可以探测的物理量已有 100 多种，具有结构简单、体积小、质量轻、抗电磁场和地球环流干扰、可靠性高、安全、可长距离传输等优点，并可使传感器系统向网络化和智能化的方向发展。

6.5.4.3　光纤传感器技术在岩石地下工程监测中的应用

（1）光纤钢环式位移计

武汉理工大学将光纤光栅传感技术应用于岩石地下工程和铁路边坡监测（图 6.31），开发了光纤光栅弯曲变形传感器、光纤光栅土压力传感器、光纤光栅锚杆拉力传感器和光纤光栅位移传感器，并将这些传感器埋入岩土内部，对岩土内部压力、变形进行实时在线监测。

（2）光纤钢弦传感器

利用光线的低衰减光导特性，可增大遥测距离。光纤钢弦传感器就是利用了光纤传输钢弦测力计信号的原理：用光纤向管弦照射入射光，钢弦振动时，接收到的反射光是脉冲式的，由接收光纤传输到光脉冲计数器计量脉冲次数（弦的振频），即可换算出钢弦承受的压力。

（3）分布式光纤传感技术

沿光纤传输的光，在纤芯折射率不匹配或不连续等情况下会产生向后反射光，如局部受到扭剪损伤甚至断裂，会产生菲涅耳反射；纤芯折射率微观不均匀，产生瑞利散射，这些向

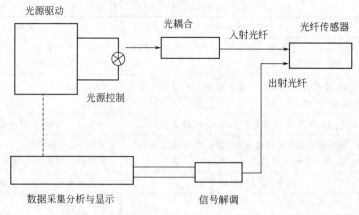

图 6.31　光纤传感器工作框图

后光有一部分可为纤芯俘获而返回光纤的入射端，并为"时域反射计"接收。因此，敷设在地下岩石工程监测区域的分布光纤，就能获取因外场作用导致光纤产生这类缺陷的物理反应。这对控制岩体深部滑动等的监测是很有效的。

6.5.5　地质超前预报

6.5.5.1　概述

地质超前预报指在隧道开挖时，对掌子面前方的围岩与地层情况做出超前预报。可分为长期（长距离）和短期（短距离）地质超前预报两类。

（1）长期（长距离）地质超前预报

在已有的地面地质勘察的基础上，结合已开挖隧道的工程地质特征进行。预报方法主要有地质前兆定量预测法和仪器探测法两种。

地质前兆定量预测法是超前预报不良地质体（断层、溶洞、暗河、岩溶陷落柱、淤泥带等）的地质学方法。其根据断层形成的力学机制，研究断层破碎带的分布、规模与形态，据此推断与其相关的不良地质体的位置与规模。

仪器探测法主要有地震反射波法、地下全空间瞬变电磁法等，通常结合超前地质钻探进行探测。长期（长距离）地质超前预报的距离可达掌子面前方 $100\sim150$m。主要任务是查明不良地质体的性质、位置、宽度、影响隧道的长度，及其对隧道围岩稳定性的影响程度，结合地下水特征、隧道宽度等因素，粗略地划分围岩工程质量级别。

（2）短期（短距离）地质超前预报

在长期（长距离）地质超前预报的基础上进行的更精确的预报，也可分为地质前兆定量预测法和仪器探测法。地质前兆定量预测法主要是利用不良地质体出露特征进行推测和预报；仪器法是利用地质雷达、声波、红外探测技术等，结合掌子面超前小直径钻眼进行探测。

（3）隧道地质超前预报的主要任务

在设计、勘察所掌握隧道围岩地质情况的基础上，根据已开挖岩体的工程地质特征，利用地质理论、方法和各种物探手段甚至钻探手段，查明掌子面前方 $100\sim150$m 范围内岩体的工程地质特征，判定围岩工程质量级别，并辨识可能造成塌方、突水、突泥等重大地质灾害的不良地质体，判断不良地质体的规模、涉及隧道的长度与对应的围岩工程质量级别，结合地应力状况，提出与之匹配的施工支护方案，提出防治措施。

6.5.5.2 地质素描

与隧道施工进展同步进行的洞内围岩地质和支护状况的观察及描述，通常称为地质素描。它是围岩工程特性和支护措施合理性最直观、最简单、最经济的描述和评价方法。在地层岩性变化点、构造发育部位、地下水发育带附近，每开挖循环就进行一次素描，其他地段每 10～20m 就进行一次素描。地质素描一般应包含以下描述：代表性测试断面的位置、形状、尺寸及编号；岩石的名称、结构、颜色；层理、片理、节理裂隙，断层等各种软弱面的产状、宽度、延伸情况、连续性、间距等；各结构面的成因类型、力学属性、粗糙程度、充填物质成分、泥化或软化情况；沿脉穿插情况及其与围岩接触关系，软硬程度及破碎程度；岩体风化程度、特点、抗风化能力；地下水的类型、出露位置、水量等；施工开挖方式方法、喷锚支护参数及循环时间等施工影响；围岩内鼓、折弯、变形、掉块、坍塌、岩爆的位置以及规模、数量和分布情况，围岩的自稳时间等；溶洞等特殊地质条件描述；喷层开裂起鼓、剥落情况描述；地质断面展示图或纵横剖面图 [1：(50～100)]，必要时附彩色照片。

以上项目一般用表格形式填写，见表 6.6。

表 6.6　施工阶段地质素描围岩级别判定卡

工程名称		施工里程				评定
		距洞口距离/m				
岩性指标	岩石类型（名称）	埋深 H/m				极硬岩 硬岩 较软岩 软岩 极软岩土
	岩石强度 R_c/MPa	$R_c>60$	$60 \geqslant R_c>30$	$30 \geqslant R_c>15$	$15 \geqslant R_c>5$	$R_c \leqslant 5$
	掌子面状态	稳定	稳定	随时间松弛、掉块	自稳困难	正面不能自稳，需超前支护
岩体完整状态	地质构造影响程度	轻微	轻微	较重	严重	极严重	完整
	地质结构面	延伸性	极差	差	中等	好	极好	较完整
		间距/m	>1.5	0.6～1.5	0.2～0.6	0.06～0.2	< 0.06
		粗糙度	明显台阶状	粗糙波纹状	平整光滑，有擦痕	平整光滑		较破碎
		张开性/mm	密闭<0.1	部分张开 0.1～0.5	张开 0.5～1.0	无充填张开>1.0	黏土充填	破碎
	风化程度	未风化	微风化	弱风化	强风化	全风化	极破碎
	简要说明					
地下水状态	渗水量/[L/(min·10m)]	<10,干燥或湿润	10～25,偶有渗水		25～125,经常渗水		干燥或湿润
							偶有渗水
							经常渗水
围岩级别	Ⅰ	Ⅱ		Ⅲ		Ⅳ	Ⅴ	Ⅵ
附图						
记录者		复核者			日期	

6.5.5.3　地震反射波法探测

它是利用介质弹性和密度的差异，通过观测和分析地层对人工激发地震波的响应，推断地下岩层的性质和形态的地球物理勘探方法。

国内隧道掘进使用较多的探测仪器有瑞士安伯格公司的 TSP203 和北京水电物探研究所研制的 TGP206 型隧道地质超前预报系统等。下面以安伯格公司的产品为例介绍地震反射波法。

（1）TSP 超前预报系统的原理

由微型爆破引发的地震信号分别沿不同的路径，以直达波和反射波的形式到达传感器。与直达波相比，反射波需要的时间较长。TSP 地震波的反射界面指地质界面，主要包括大型节理面、断层破碎带界面、岩性变化界面，以及溶洞、暗河、岩溶塌陷柱、淤泥带等。在多个位置分别设置激发震源，根据 TSP 传感器接收到的直达波与反射波的时间差与弹性力学理论，可以确定不良地质界面的位置，探测不良地质体的厚度和范围。

（2）探测剖面的布置

通常通过地质分析，可掌握岩体中主要结构面的优势方位，在地质条件简单时，可在隧道一侧壁上布置一系列微型震源，进行单壁探测。当主要结构面的优势方位不清楚时，可在隧道两侧各安装一个接收器，可提供一些附加信息。对于地质状况特别复杂地区，可在隧道两壁各布置一系列微型震源，使用两个接收器，进行双壁探测。标准探测剖面的布置的原则是：接收器眼（孔）距离掌子面的距离大约为 55m，如果布置两个接收器，则应尽可能把两个接收器布置在垂直隧道轴的同一断面，否则应对其位置准确测量；第一个接收器与第一个震源眼的距离应控制在 15～20m，炮眼数为 24 个，各炮眼间距约为 1.5m（图 6.32）。

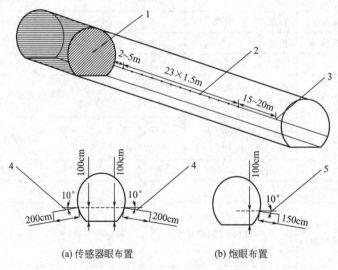

图 6.32　震源眼和接收器眼的布置

(a) 传感器眼布置　　(b) 炮眼布置

1—掌子面；2，5—传感器眼；3，4—接收器眼

传感器眼的直径为 43～45mm，眼深 2m，距地面高度约 1m，钻眼角度为：用环氧树脂固结时，向上倾斜 5°～10°，用灰泥固结时，向下倾斜 10°；震源眼的直径为 38mm，眼深 1.5m，距地面高度约 1m。测定接收器眼和震源眼口的三维坐标、眼的角度和深度位置。

（3）接收器的埋置与炮眼的装药连线

① 接收器的埋置。钻好接收器眼后，应尽快安装接收器套管。有两种方法将接收器套管固定在眼壁上：一是灌注灰泥，用漏斗和塑料管将一种特殊的双组分非收缩灰泥充填进接收器眼，再将接收器管推入眼中，多余的泥灰会沿管溢出，校正套管方位。经过 12～16h 硬化，岩石与套管即牢固结合；二是灌注环氧树脂，将环氧树脂药卷塞入接收器眼，固结接收器套管。

探测人员用专用的清洁杆清洗套管内壁，然后分节安装传感器。前一节传感器绝大部分进入套管后，方可进行传感器连接。连接处的插针、插孔和凸凹槽必须紧密配合，方可旋紧外套。展开电缆，进行系统连线。连接接收器与主机，并将计算机与主机单元连接。

② 炮眼的装药连线。爆破人员把乳化炸药和瞬发雷管装入炮眼底部，装药量为 20～100g，然后缓慢注水封堵，防止把炸药和雷管冲开；连接起爆线路后，撤离到安全距离以外。

（4）数据采集与处理

探测人员打开测控电脑，打开专用软件，输入相关几何数据，打开储存单元，进入数据采集模式，检查噪声情况。情况正常即可逐眼顺序起爆，记录声波通行时间。现场数据采集完成后，在室内对地震波数据进行处理。

（5）数据解译

TSP 地震数据解译是超前预报系统有效工作的关键。一方面要求深刻掌握原理，参照 TSP203 工作手册的原则进行解译，在实践中积累经验；另一方面，要求解译人员具有丰富的地质工作经验，掌握各类地质现象的特征，以及这些现象在 TSP 图像中的表现形式。

隧道地震波超前预报一次可以预报 100～300m，考虑岩溶地区易发生地质灾害性，预报频率一般地段 120～150m/次，复杂地段增加预报频率为 100～120m/次。

6.5.5.4 红外探测

红外探测主要是利用地质体的不同红外辐射特征来判定地层是否存在突水、瓦斯突出构造等。

（1）工作原理

红外探测是利用一种辐射能转换器，将接收到的红外辐射能转换为便于测量或观察的电能、热能等，利用红外辐射特征与某些地质体特征的相关性，判定探测目标的地质特征。

当隧道围岩无异常时，可测定红外正常场。当隧道外围某一空间存在灾害源时（含水裂隙、含水构造和含水体），灾害源自身红外辐射场就要叠加到正常场上，使获得的探测曲线上某一段发生畸变，即出现红外异常，据此作出判断。

（2）红外探测方法

红外探测可探测局部地温异常现象，判断地下脉状流、脉状含水带、隐伏含水体等所在的位置，以及断层、裂隙等及相关的不良地质体（溶洞、暗河、淤泥带等）。

红外探测是一种非接触探测，使用时用红外探测仪自带的指示激光对准探测点，扣动扳机读数即可。

红外探测原则上可以定性预报掌子面前方 30m 范围内有无地下水，可以 20～25m 预报一次。进入探测地段后，沿隧道一个侧壁，以 5m 间距标记探测断面序号，一直标记到掌子面。首先探测掌子面前方，然后返回，逐个断面对隧道左部中线位置、顶部中线位置、右部中线位置、底部中线位置进行探测，记录探测值，直至所有标示断面测完。

当发现探测值突然变化时，应重复探测，且应在该点外围多探测几个点，以确定该异常非人为造成。由于地下水的来源不同，异常场可高于正常场或低于正常场。当地下水的红外辐射能接近围岩的辐射能时，红外探测手段不能感知地下水的存在。

当红外探测发现前方存在含水构造时，通过雷达或其他方法测出含水构造至掌子面的距离和含水构造影响隧道的宽度。

6.5.5.5 地质雷达探测

（1）工作原理

地质雷达方法是一种用于探测地下介质分布的广谱电磁技术。一套完整的探地雷达通常由雷达主机、超宽带收发天线、毫微秒脉冲源、接收机、信号显示、存储和处理设备组成。经由反射天线耦合到地下的电磁波在传播路径上遇到介质的不均匀体（面）后，产生反射波，接收机将接收到的回波信号送到信号显存设备，通过显示的波形或图像可以判定地下不均匀体（面）的深度、大小和特性等。与其他地下探测设备相比，探地雷达具有快速、灵活、操作简便、探测效率高、分辨率高、可探测目标的种类多等优点，是目前分辨率最高的工程地球物理方法。

（2）地质雷达探测方法

地质雷达进行超前预报，由于受掌子面范围和天线频率的限制，多用于近距离预报，预报长度一般为 20～30m，当 TSP 或红外探测预报前方有溶洞、暗河、岩层层面等不良地质体时，利用地质雷达可验证并进一步探测其规模和形态。还可探测隐伏断层与破碎带，研究地层划分。

一般在隧道掌子面的拱腰、墙腰和距隧道底部 1.5～2m 处各布置一条水平测线，在隧道掌子面中心布置一条垂直测线。多选用 100MHz 屏蔽天线，天线底部接触掌子面，雷达时间窗口设为 300～500ns。掌子面较平整时可采用自动采集方式，进入图形显示和采集界面，拖动天线，将看到伪彩色图或堆积波形的滚动显示，并采集雷达探测数据。完成该段探测后，点击存盘按钮，系统存储数据；否则，可采用点击采集方式，将天线放置在圈定范围的点上，逐点移动天线采集数据。

探地雷达图像的物性解释是把注意力放在单个反射层或一个小的反射层组上，利用探地雷达的速度、振幅等参数，紧密结合地质与工程资料，研究目标体的物性。

巷道中的金属支护、动力和通信电缆等可对雷达产生严重干扰，因此，在巷道开挖后应立即安排探地雷达探测，否则应暂时撤除这些设施。

6.5.5.6 超前地质钻探与超前掘进钻眼探测

超前地质钻探可根据地质素描、红外探测、TSP203 超前地质预报，结合区域地质资料初步综合分析，考虑隧道节理发育的特点和严重程度，每循环可钻 1～3 孔，孔深通常为几十米到上百米；超前钻孔原则上应连续重叠式进行，重叠长度 5～8m。

超前掘进钻眼探测利用凿岩机在隧道掌子面钻凿超前小直径浅眼，其眼深超过爆破面 2～5m，可探测岩体结构、空洞与地下水等地质信息。

6.5.5.7 超前地质综合判断分析

地质综合判断分析是综合地质预报方法的中枢，它对各种预报手段获得的资料进行归纳、分析、对比，提出最终预报和工程措施建议，指导施工，并确定下一步的预报方案和各预报手段工作计划。

6.6　软岩工程

随着矿山开采深度的增加和铁路隧道等的建设，在地下岩石工程上遇到了越来越多的软岩，吸引了国内外许多岩石力学科研工作者从事软岩的研究，在各方面都取得了长足的进展，特别是在煤矿软岩巷道研究方面，逐渐形成了软岩力学理论和软岩工程技术。

6.6.1　软岩的定义

6.6.1.1　地质软岩定义

地质软岩是指单轴抗压强度小于 25MPa 的松散、破碎、软弱及具有风化膨胀性的一类岩体的总称。该类岩石多为泥岩、页岩、粉砂岩和泥质岩石等岩石，是天然形成的复杂的地质介质。国际岩石力学学会将软岩定义为单轴抗压强度（σ_c）在 0.5～25MPa 的一类岩石，其分类基本上是依据强度指标。

但该软岩定义用于工程实践中会出现矛盾。如巷道所处深度足够的小，地应力水平足够的低，则小于 25MPa 的岩石也不会产生软岩的特征；相反，大于 25MPa 的岩石，其工程深度足够大，地应力水平足够高，也可以产生软岩的大变形、大地压和难支护现象。因此，地质软岩的定义不能用于工程实践，故而提出了工程软岩的概念。

6.6.1.2　工程软岩概念

工程软岩是指在工程力作用下能产生显著塑性变形的工程岩体。此定义考虑了软岩的强度和荷载，更重要的是考虑了软岩的强度、荷载的相互作用结果——显著塑性变形。该定义揭示了软岩的相对性实质，即取决于工程力与岩体强度的相互关系。当工程力一定时，不同岩体，强度高于工程力水平的大多表现出硬岩的力学特性，强度低于工程力水平的则可能表现出软岩的力学特性；而对同种岩石，在较低工程力的作用下，则表现出硬岩的变形特性，在较高工程力的作用下，则可能表现出软岩的变形特性。

6.6.2　软岩的工程特性

① 软岩具有可塑性、膨胀性、崩解性、流变性和易扰动性。

② 软化临界荷载。软岩的蠕变试验表明，当所施加的荷载小于某一荷载水平时，岩石处于稳定变形状态，蠕变曲线趋于某一变形值，随时间延伸而不再变化；当所施加的荷载大于某一荷载水平时，岩石出现明显的塑性变形加速现象，即产生不稳定变形，这一荷载，称为软岩的软化临界荷载，即能使岩石产生明显变形的最小荷载。当岩石所受荷载水平低于软化临界荷载时，该岩石属于硬岩范畴；而只有当荷载水平高于软化临界荷载时，该岩石表现出软岩的大变形特性，此时该岩石称之为软岩。

③ 软化临界深度。与软化临界荷载相对应，存在软化临界深度。对特定矿区，软化临界深度也是一个客观量。当巷道的位置大于某一开采深度时，围岩产生明显的塑性大变形、大地压和难支护现象；但当巷道位置较浅，即小于某一深度时，大变形、大地压现象明显消失。这一临界深度，称为岩石软化临界深度。软化临界深度的地应力水平大致相当于软化临界荷载。

④ 软岩两个基本属性之间的关系。软化临界荷载和软化临界深度可以相互推求，在无构造残余应力或其他附加应力的区域，其公式为

$$\sigma_{cs} = \frac{\sum\limits_{i=1}^{N} \gamma_i h_i}{50H} H_{cs} \tag{6.89}$$

$$H_{cs} = \frac{50H}{\sum\limits_{i=1}^{N} \gamma_i h_i} \sigma_{cs} \tag{6.90}$$

在残余构造应力或其他附加应力均存在区域，其公式为

$$\sigma_{cs} = \frac{\sum\limits_{i=1}^{N} \gamma_i h_i H_{cs}}{50H} + \Delta\sigma_{cs} \tag{6.91}$$

$$H_{cs} = \frac{50H}{\sum\limits_{i=1}^{N} \gamma_i h_i} (\sigma_{cs} - \Delta\sigma_{cs}) \tag{6.92}$$

式中，H_{cs} 为软化临界深度，m；σ_{cs} 为软化临界荷载，MPa；$\Delta\sigma_{cs}$ 为残余应力（包括构造残余应力、膨胀应力、动荷载附加应力等），MPa；γ_i 为上覆岩层第 i 岩层容重，kN/m³；H 为上覆岩层总厚度，m；h_i 为上覆岩层第 i 层厚度，m；N 为上覆岩层层数。

6.6.3　软岩的工程分类

6.6.3.1　软岩的工程分类

按照工程软岩的定义，根据产生塑性变形的机理不同，将软岩分为四类，即膨胀性软岩（或称低强度软岩）、高应力软岩、节理化软岩和复合型软岩。

① 膨胀性软岩（简称 S 型软岩）。S 型软岩是指含有黏土高膨胀性矿物的、在较低应力水平（<25MPa）条件下即发生显著变形的低强度工程岩体。例如，泥岩、页岩等抗压强度小于 25MPa 的岩体，均属膨胀性低应力软岩的范畴。

该类软岩产生塑性变形的机理是片架状黏土矿物发生滑移和膨胀。根据低应力软岩的膨胀性大小可以分为：强膨胀性软岩（自由膨胀变形＞15%）、膨胀性软岩（自由膨胀变形 10%～15%）和弱膨胀性软岩（自由膨胀变形＜10%）。

② 高应力软岩（简称 H 型软岩）。高应力软岩是指在较高应力水平条件下才发生显著变形的中高强度工程岩体。这种软岩的强度一般高于 25MPa，其地质特征是泥质成分较少，但有一定含量，砂质成分较多，如泥质粉砂岩、泥质砂岩等。它们的工程特点是，在深度不大时，表现为硬岩的变形特征，当深度加大至一定深度以下，就表现为软岩的变形特性了。其塑性变形机理是处于高应力水平时，岩石骨架中的基质（黏土矿物）发生滑移和扩容，此后再接着发生缺陷或裂纹的扩容和滑移塑性变形。

③ 节理化软岩（简称 J 型软岩）。节理化软岩系指含泥质成分很少（或几乎不含）的岩体，发育了多组节理，其中岩块的强度颇高，呈硬岩力学特性，但整个工程岩体在工程力的作用下则发生显著的变形，呈现出软岩的特性，其塑性变形机理是在工程力作用下，结构面发生滑移和扩容变形。此类软岩可根据节理化程度不同，细分为镶嵌节理化软岩、碎裂节理化软岩和散体节理化软岩。

④ 复合型软岩。复合型软岩是指上述三种软岩类型的组合。即高应力-强膨胀复合型软岩，简称 HS 型软岩；高应力-节理化复合型软岩，简称 HJ 型软岩；高应力-节理化-强膨胀复合型软岩，简称 HJS 型软岩。

6.6.3.2 软岩工程分类和设计对策

在岩石工程开挖之前，能够科学地判定是否属于软岩工程，对于合理进行工程设计和施工极为重要。根据实践经验和理论研究，提出表 6.7 所示的软岩工程分类分级方法。

表 6.7 软岩工程分类与分级总表

软岩分类	分类指标			软岩分级	分级指标		
	σ_c/MPa	泥质含量	结构面				
膨胀性软岩	<25	>25%	少		蒙脱石含量/%	膨胀率/%	自由膨胀变形量/%
				弱膨胀软岩	<10	<10	>15
				中膨胀软岩	10~30	10~50	10~15
				强膨胀软岩	>30	>50	<10
高应力软岩	≥25	≤25%	少		工程岩体应力水平/MPa		
				高应力软岩	25~50		
				超高应力软岩	50~75		
				极高应力软岩	>75		
节理化软岩	低~中等	少含	多组		节理数/(条/m)	节理间距/m	完整指数 kv
				较破碎软岩	0~15	0.2~0.4	0.35~0.55
				破碎软岩	15~30	0.1~0.2	0.15~0.35
				极破碎软岩	>30	<0.1	<0.15
复合型软岩	低~高	含	少~多组	根据具体条件进行分类和分级			

进入软岩工作状态的开挖体，并不表征所有岩层进入软岩状态，而是局部某些岩层首先进入了软岩状态，其余岩层尚属于硬岩状态，故优选岩层十分重要；进入了软岩状态的开挖体，要区分准软岩和软岩两种状态。准软岩状态是指巷道围岩局部（如曲率变化最大处）进入塑性状态；软岩状态则是指整个开挖体围岩全部进入塑性或流变状态。

根据软化临界深度，将岩石工程矿井分为三类，一般工程、准软岩工程和软岩工程（表 6.8）。

表 6.8 软岩工程的界定及设计对策

软岩分类	分类指标	工程力学状态	支护设计
一般工程	$H<0.8\,H_{cs}$	弹性	常规设计
准软岩工程	$0.8\,H_{cs}≤H≤1.2\,H_{cs}$	局部塑性	① 常规设计和返修 1~2 次 ② 常规设计和局部塑性区加固处理
软岩工程	$H>1.2\,H_{cs}$	塑性、流变性	全断面实施软岩支护设计

注：H_{cs} 为软化临界深度，m；H 为工程所处的埋深，m。

6.6.4 软岩变形力学机制

不同的软岩在其特定的地质力学环境中所表现出的变形机制不同。软岩工程之所以具有大变形、大地压、难支护的特点，是因为软岩工程围岩并非具有单一的变形力学机制，而是同时具有多种变形力学机制的"并发症"和"综合征"——复合型变形力学机制。软岩变形力学机制可分为三类十三亚类（表6.9）。每种变形力学机制有其独有的特征型矿物、力学作用和结构特点，其软岩工程的破坏特征也有所不同，如表6.10所示。

表6.9　软岩工程变形力学机制

Ⅰ型（物化膨胀型）		Ⅰ_A 型：分子吸水膨胀机制
		Ⅰ_AB 型：分子吸水膨胀＋胶体膨胀
		Ⅰ_B 型：胶体膨胀机制
		Ⅰ_C 型：微裂隙膨胀机制
Ⅱ型（应力扩容型）		Ⅱ_A 型：构造应力机制
		Ⅱ_B 型：重力机制
		Ⅱ_C 型：水力机制
		Ⅱ_D 型：工程偏应力机制
Ⅲ型 （结构变形型）	Ⅲ_A 型（断层型）	Ⅲ_AA 断层走向型（工程走向与断层走向夹角0°～30°）
		Ⅲ_AB 断层斜交型（工程走向与断层走向夹角30°～60°）
		Ⅲ_AC 断层倾向型（工程走向与断层走向夹角60°～90°）
	Ⅲ_B 型（软弱夹层型）	Ⅲ_BA 弱层走向型（工程走向与断层走向夹角0°～30°）
		Ⅲ_BB 弱层斜交型（工程走向与断层走向夹角30°～60°）
		Ⅲ_BC 弱层倾向型（工程走向与断层走向夹角60°～90°）
	Ⅲ_C 型（层理型）	Ⅲ_CA 层理走向型（工程走向与断层走向夹角0°～30°）
		Ⅲ_CB 层理斜交型（工程走向与断层走向夹角30°～60°）
		Ⅲ_CC 层理倾向型（工程走向与断层走向夹角60°～90°）
	Ⅲ_D 型（优势节理型）	Ⅲ_DA 节理走向型（工程走向与断层走向夹角0°～30°）
		Ⅲ_DB 节理斜交型（工程走向与断层走向夹角30°～60°）
		Ⅲ_DC 节理倾向型（工程走向与断层走向夹角60°～90°）
	Ⅲ_E 型（随机节理型）	

表6.10　软岩工程变形机制及破坏特点

类型	亚型	控制性因素	特征型	软岩工程破坏特点
Ⅰ型	Ⅰ_A 型	分子吸水机制、晶胞之间可吸收无定量水分子，吸水能力强	蒙脱石型	围岩暴露后，容易风化、软化、裂隙化，因而怕风、怕水、怕震动；Ⅰ型工程底鼓、挤帮、难支护，其严重程度从Ⅰ_A、Ⅰ_AB、Ⅰ_B依次减弱；Ⅰ_C型则视微隙发育程度而异
	Ⅰ_AB 型	Ⅰ_A ＆ Ⅰ_B 取决于混层比	伊/蒙混层型	
	Ⅰ_B 型	胶体吸水机制，晶胞之间不允许进入水分子，黏粒表面形成水的吸附层	高岭石型	
	Ⅰ_C 型	微隙毛细吸水机制	微原型	
Ⅱ型	Ⅱ_A 型	残余构造应力	构造应力型	变形破坏与方向有关，与深度无关
	Ⅱ_B 型	自重应力	重力型	与方向无关，与深度有关
	Ⅱ_C 型	地下水	水力型	仅与地下水有关
	Ⅱ_D 型	工程开挖扰动	工程偏应力型	与设计有关，工程密集，岩柱偏小
Ⅲ型	Ⅲ_A 型	断层、断裂带	断层型	塌方、冒顶
	Ⅲ_B 型	软弱夹层	弱层型	超挖、平顶
	Ⅲ_C 型	层理	层理型	规则锯齿状
	Ⅲ_D 型	优势节理	节理型	不规则锯齿状
	Ⅲ_E 型	随机节理	随机节理型	掉块

6.6.5　软岩开挖工程支护非线性力学设计概念

6.6.5.1　非线性设计的基本思想

非线性大变形力学区别于线性小变形力学的根本点在于其研究的大变形岩土体介质已进入到塑性、黏塑性和流变性的阶段，在整个力学过程中，已经不服从叠加原理，而且力学平衡关系与各种荷载特性、加载过程密切相关（表 6.11）。因此，其设计是首先分析和确认作用在岩土体的各种荷载特性，作力学对策设计；接着进行各种力学对策的施加方式、施加过程研究，进行过程优化设计；然后对应着最佳过程再进行最优参数设计。

表 6.11　大变形软岩工程设计与常规设计特点比较

设计方法	理论依据	介质特性	叠加原理	加载过程	荷载特性	工程设计内容
常规方法	经验类比 刚体力学 线性力学	刚体 弹性体	服从	无关	无关	参数设计
大变形软岩 工程设计方法	非线性大变形 力学	塑性体 黏塑性 流变性	不服从	密切相关	密切相关	力学对策设计 过程优化设计 最优参数设计

6.6.5.2　大变形岩石工程的支护设计对策

大变形岩石工程的失稳是一个渐进过程，总是先从一个或几个部位首先发生变形破坏，而逐渐扩展乃至整个岩石工程失稳，首先破坏的部位称为关键部位，是发生大变形过程中局部应力、应变和能量不协调所造成。关键部位所引起的岩石工程失稳机制及支护对策如图 6.33 所示。

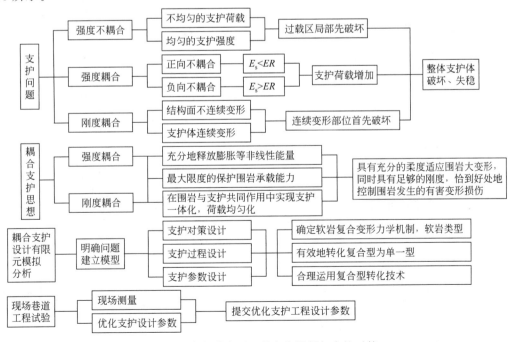

图 6.33　大变形岩石工程失稳机制与支护对策

　　软岩难以支护的一个重要的原因就是软岩巷道并非只具有单一变形力学机制，而是一种同时具有多种变形的复合变形力学机制，造成其大地压和大变形。支护成功的一个关键因素就在于合理运用各种复合型转化技术将复合变形力学机制转化为单一机制。

【思考与练习题】

　　1. 名词解释：围岩、围岩应力、围岩压力、侧压力系数。

　　2. 试论述弹性条件下岩石地下工程围岩重分布应力的特征。

　　3. 设一轴对称圆形岩石隧道，$R=3m$，$\gamma=2.5kN/m^3$，$Z=400m$。求弹性应力分布情况，并指出最大应力。当认为 $\sigma=1.1\gamma Z$、$1.15\gamma Z$ 时的影响圈半径。

　　4. 在库仑-莫尔强度曲线图上画出轴对称圆巷弹塑性应力问题中几个不同位置的围岩应力圆图：巷道周边、塑性区中任一点、弹塑性界面、弹性区一点、原岩区一点。设支护反力有 $p=0$ 和 $p=p_0$ 的两种情况。

　　5. 不同类型的围岩的变形破坏形式不同，其决定性的因素是什么？

　　6. 依据莫尔强度理论，论述维护岩石地下工程稳定的基本原则，并解释锚支护的作用机理。

　　7. 试阐述围岩压力的成因与分类。

　　8. 岩石地下工程围岩的声发射监测和微震监测基于什么样的原理？如何根据监测结果对围岩稳定性及其破坏趋势与状况进行预测、分析和评价？

　　9. 软岩有哪些工程特征？与硬岩相比有什么不同？软岩工程的变形机制及其破坏特点受哪些控制性因素的影响？

第 7 章

岩体边坡工程

 学习目标及要求

掌握边坡岩体中应力分布特征及影响因素；理解边坡变形与破坏的主要形式；利用二维极限平衡方法开展边坡稳定性计算，掌握平面滑动法、折线滑动法、简布法、萨马法等稳定性评价方法；理解岩质边坡常用的加固措施。

7.1 概述

边坡按成因可分为自然边坡和人工边坡两类。自然的山坡和谷坡是自然边坡，此类边坡是在地壳隆起或下陷过程中逐渐形成的。在人类生产活动和工程建设中形成了大量的人工边坡，如露天矿开挖形成的采矿区边坡，铁路、公路建筑施工形成的路堤边坡，开挖路堑所形成的路堑边坡，水利水电建设中形成的高陡边坡等。人工边坡工程在国民经济建设中具有重要的意义。

典型的边坡（斜坡）如图7.1所示。边坡与坡顶面相交的部位称为坡肩；与坡底面相交的部位称为坡趾或坡脚；边坡与水平面的夹角称为坡面角或坡倾角；坡肩与坡脚间的高差称为坡高。

边坡又可分为岩质边坡和土质边坡。土和岩石有着完全不同的结构，力学特征差异显著，甚至相应地层的工程地质与水文地质也有差别，使得岩质边坡与土质边坡力学性能大不相同。同时，边坡破坏模式的差别也十分显著，岩质边坡与土质边坡失

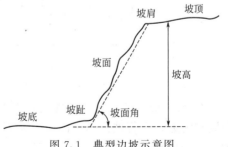

图 7.1 典型边坡示意图

稳的主要区别在于，前者的滑动面往往较为明确，而后者的滑动面位置并不明显，往往需要通过大量试算来确定。另外，岩质边坡中结构面的规模、性质及其组合方式，很大程度上决定着边坡失稳时的破坏形式，结构面产状或性质稍有改变，边坡的稳定性将受到显著影响。

因此，岩质边坡稳定性分析与研究，首先需要明确结构面的性质、作用、组合情况以及结构面的发育情况等，并在此基础上判断其破坏方式，然后对边坡破坏机制加以分析，这是保证岩质边坡稳定性分析结果正确与否的关键。

边坡在演变过程中，可出现不同形式、不同规模的变形与破坏，如滑坡、崩塌等。边坡变形破坏过程和它所造成的不良地质环境均会对人类工程活动带来十分严重的危害，还可能引起生态环境的失调和破坏，造成更大范围和更为深远的影响。

边坡在其形成及运营过程中，在诸如重力、工程作用力、水压力及地震作用等力场的作用下，坡体内应力分布发生变化，当组成边坡的岩土体强度不能适应此应力分布时，就要产生变形破坏，引发事故或灾害。岩体力学研究边坡的目的就是要研究边坡变形破坏的机理。

岩体边坡工程主要研究边坡岩体应力分布与变形破坏特征，以及岩质边坡变形破坏机理，利用边坡稳定性分析方法，进行岩质边坡稳定性分析与计算，为岩体边坡工程勘察、设计与施工以及边坡稳定性预测预报与边坡加固提供科学依据。

7.2 边坡岩体中的应力分布

在岩体中进行开挖形成人工边坡后，由于开挖卸荷，在近边坡面一定范围内的岩体中，发生应力重分布。边坡岩体为适应这种重分布应力状态，将发生变形甚至破坏。因此，研究边坡岩体应力重分布特征是进行稳定性分析的基础。

7.2.1 应力分布特征

在均质连续的岩体中开挖时，人工边坡内的应力分布可用有限元法及光弹试验求解。图7.2、图7.3为弹性有限单元法给出的主应力及最大剪应力轨迹线图。由图可知，边坡内的应力分布有如下特征：

① 无论在什么样的天然应力场下，边坡面附近的主应力迹线均明显偏转，表现为最大主应力与坡面平行，最小主应力与坡面正交，向坡体内逐渐恢复初始应力状态（图7.2）。

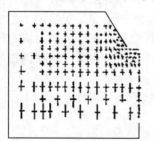 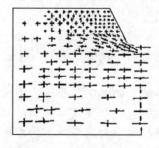

(a) 重力　　　　　　(b) 以水平应力为主的构造应力场条件下

图 7.2　用弹性有限元法解出的典型边坡主应力轨迹线

② 由于应力的重分布，在坡面附近产生应力集中带，不同部位其应力状态是不同的。在坡脚附近，平行坡面的切向应力显著升高，而垂直坡面的径向应力显著降低，由于应力差大，于是形成了最大剪应力增高带，最易发生剪切破坏。在坡肩附近，在一定条件下坡面径向应力和坡顶切向应力可转化为拉应力，形成拉应力带。边坡愈陡，此带范围愈大，因此，坡肩附近最易拉裂破坏。

③ 在坡面上，各处的径向应力为零，因此坡面岩体仅处于双向应力状态，向坡内逐渐转为三向应力状态。

④ 由于主应力偏转，坡体内的最大剪应力迹线也发生变化，由原来的直线变为凹向坡面的弧线（图 7.3）。

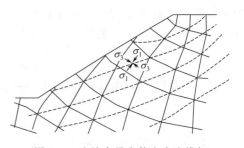

7.2.2　应力分布的影响因素

7.2.2.1　初始应力

表现在水平初始应力使坡体应力重分布作用加剧，随水平初始应力增加，坡内拉应力范围加大（图 7.4）。

图 7.3　边坡中最大剪应力迹线与主应力迹线关系示意图
实线—主应力迹线；虚线—最大剪应力迹线

7.2.2.2　坡形、坡高、坡角及坡底宽度等

坡形、坡高、坡角及坡底宽度等对边坡应力分布均有一定的影响。坡高虽不改变坡体中应力等值线的形状，但随坡高增大，主应力量值也增大。坡角大小直接影响边坡岩体应力分布大小。随坡角增大，边坡岩体中拉应力区范围增大（图 7.4），坡脚剪应力也增高。坡底宽度对坡脚岩体应力有较大的影响。计算表明，当坡底宽度小于 0.6 倍坡高时，坡脚处最大剪应力随坡底宽度减小而急剧增高；当坡底宽度大于 0.8 倍坡高时，则最大剪应力保持常值。

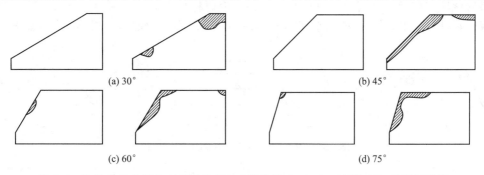

(a) 30°　　　　　　　　　　　　　　(b) 45°

(c) 60°　　　　　　　　　　　　　　(d) 75°

图 7.4　边坡拉应力带分布情况及其与水平构造力（σ_h）、坡脚（β）关系示意图
阴影部分面积—拉应力区；ρ—密度；g—重力加速度；H—坡高；$\sigma_h = 0$；$\sigma_h = 3\rho g H$

另外，坡面形状对重分布应力也有明显的影响。研究表明，凹形坡的应力集中度减缓，如圆形和椭圆形矿坑边坡，坡脚处的最大剪应力仅为一般边坡的 1/2 左右。

7.2.2.3　岩体性质及结构特征

研究表明，岩体的变形模量对边坡应力影响不大，而泊松比对边坡应力有明显影响（图 7.5）。这是由于泊松比的变化，可以使水平自重应力发生改变。结构面对边坡应力也有

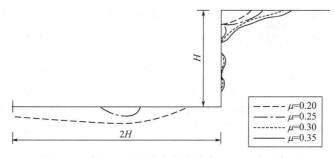

$$ \mu = 0.20 $$
$$ \mu = 0.25 $$
$$ \mu = 0.30 $$
$$ \mu = 0.35 $$

图 7.5　泊松比对边坡张应力分布区的影响示意图

明显的影响。因为结构面的存在使坡体中应力发生不连续分布，并在结构面周边或端点形成应力集中带或阻滞应力的传递，这种情况在坚硬岩体边坡中尤为明显。

7.3 边坡岩体的变形与破坏

7.3.1 变形破坏的基本类型

7.3.1.1 边坡岩体的变形

根据形成机理，边坡岩体变形可分为卸荷回弹和蠕变。

（1）卸荷回弹

成坡前，边坡岩体在初始应力作用下早已固结，在成坡过程中，由于荷重不断减少，边坡岩体在减荷方向（临空面）必然产生伸长变形，即卸荷回弹。天然应力越大，则向临空方向的回弹变形量也越大。如果这种变形超过了岩体的抗变形能力，就会产生一系列的次生结构面，如边坡顶近于铅直的张裂隙 [图 7.6(a)]、坡体内与坡面近于平行的压致张裂隙 [图 7.6(b)]、坡底近于水平的缓倾角张裂隙 [图 7.6(c)] 等。另外，层状岩体组成的边坡，由于各层岩体性质的差异，变形的程度有所不同，因而将会出现差异回弹破裂（差异变形引起的剪破裂）[图 7.6(d)]。这些变形多为局部变形，一般不会引起边坡岩体的整体失稳。

（a）   （b）   （c）   （d）

图 7.6 边坡卸荷回弹引起的次生结构面

（2）蠕变

边坡岩体在自重应力为主的坡体应力长期作用下，向临空方向缓慢而持续地变形，称为边坡蠕变。研究表明，蠕变的形成机制为岩土的粒间滑动（塑性变形），或者沿岩石裂纹微错，或者由岩体中一系列裂隙扩展。坡体中由自重应力引起的剪应力与岩体长期抗剪强度相比很低时，坡体减速蠕变；当应力值接近或超过岩体长期抗剪强度时，坡体加速蠕变，直至破坏。

边坡蠕变分为表层蠕变和深层蠕变两种。

① 表层蠕变。边坡浅部岩体在重力的长期作用下，向临空方向缓慢变形构成一剪变带，其位移由坡面向坡体内部逐渐降低直至消失，这便是表层蠕变。典型的表层蠕变常见于破碎的岩质边坡和土质边坡中。

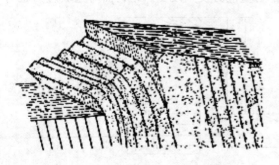

图 7.7 岩质边坡岩层"挠曲现象"

岩质边坡的表层蠕变可导致岩层末端的"挠曲现象"，其系岩层或层状结构面较发育的岩体，在重力长期作用下，沿结构面错动或局部破裂而成的屈曲现象，如图 7.7 所示。这种现象广泛分布于页岩、薄层砂岩、石灰岩、片岩、石英岩、破碎的花岗岩体所构成的边坡中。软弱结构面愈密集，倾角愈陡，走向愈接近于坡面走向，其发育愈显著，它使松动裂隙进一步张开，并向纵深发展，影响深度有时达数十米。

② 深层蠕变。深层蠕变主要发育在坡体下部或坡体内部，按其形成机制特点，深层蠕变有软弱基座蠕变和坡体蠕变两类。

发生软弱基座蠕变的情况是，产状较缓且具有一定厚度的相对软弱岩层，在上覆重力作用下，使该软弱岩层向临空方向蠕变，并引起上覆岩层的变形与解体。坡体蠕变为坡体沿缓倾软弱结构面向临空方向产生缓慢的移动变形，它在卸荷裂隙较发育并有缓倾结构面的坡体中比较普遍。

7.3.1.2　边坡岩体的破坏

边坡变形发展到一定程度，将导致边坡的失稳破坏。岩质边坡的失稳情况，按其破坏方式，主要有崩塌、滑坡、滑塌、岩块流动及岩层曲折等五种，其中前两种是最主要和最常见的。

（1）崩塌

崩塌是指块状岩体与岩坡分离，并向前翻滚而下的破坏现象。在崩塌过程中，岩体无明显滑移面，同时下落岩块未经阻挡而直接坠落于坡脚，或在坡面上滚落、滑移、碰撞，最后堆积于坡脚处（图 7.8）。其规模相差悬殊，大至山崩，小至块体坠落，均属崩塌。

岩质边坡的崩塌常发生于既高又陡的边坡前缘地段。产生崩塌的原因，从力学机理分析，可认为是岩体在重力与其他外力共同作用下，超过岩体强度而引起的破坏现象。所谓其他外力是指由于裂隙水的冻结而产生的楔开效应，裂隙水的静水压力，植物根须的膨胀压力以及地震、雷击等动力荷载，特别是地震引起的坡体晃动和大暴雨渗入使裂隙水压力剧增，可使被分割的岩体突然折断，向外倾倒崩塌。自然界的巨型山崩，总是与强烈地震或特大暴雨相伴生。图 7.7 中，当挠曲的岩层变形达到或超过一定的临界值时，岩层便会倾倒折断。

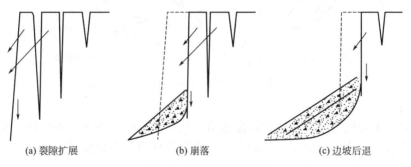

| (a) 裂隙扩展 | (b) 崩落 | (c) 边坡后退 |

图 7.8　崩塌过程示意图

（2）滑坡

滑坡是指岩体在重力作用下，沿坡内软弱结构面产生的整体向下滑动。与崩塌相比，滑坡通常以深层破坏形式出现，其滑动面往往深入坡体内部，甚至延伸到坡脚以下。其滑动速度虽比崩塌缓慢，但不同的滑坡滑速相差很大，这主要取决于滑动面本身的物理力学性质。

当滑动面通过塑性较强的岩土时，其滑速一般比较缓慢；当滑动面通过脆性岩石，或者滑动面本身具有一定的抗剪强度时，在滑动面贯通以前，其可以承受较高的下滑力，但一旦滑动面贯通即将下滑时，其抗剪强度急剧下降，因此滑动往往是突发而迅速的。

根据滑动面的形状，滑坡形式可分为平面滑动和旋转滑动两种。

平面滑动的特点是块体沿着平面滑移。这种滑动往往发生在地质软弱面的走向平行于坡面、产状向坡外倾斜的地方。根据滑动面的空间几何组成，平面滑动有简单平面剪切滑动、阶梯式滑动、多滑块滑动和三维楔体滑动等几种破坏形式，如图 7.9 所示。

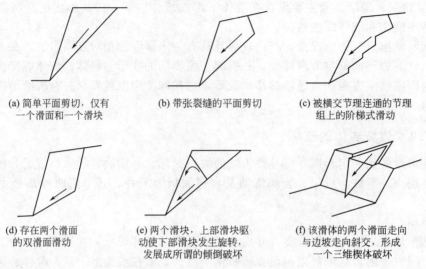

(a) 简单平面剪切，仅有
一个滑面和一个滑块

(b) 带张裂缝的平面剪切

(c) 被横交节理连通的节理
组上的阶梯式滑动

(d) 存在两个滑面
的双滑面滑动

(e) 两个滑块，上部滑块驱
动使下部滑块发生旋转，
发展成所谓的倾倒破坏

(f) 该滑体的两个滑面走向
与边坡走向斜交，形成
一个三维楔体破坏

图 7.9　平面滑动及其分类

旋转滑动的滑面通常呈弧形状，岩体沿此弧形滑面滑移（图 7.10）。在均质的岩体中，特别是均质泥岩或页岩中，易产生近圆弧形滑面。当岩体风化严重、节理异常发育或已破碎，破坏也常常表现为圆弧状滑动。但在非均质岩坡中，滑面很少是圆弧的，因为它的形状受层面、节理裂隙的影响。

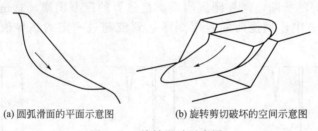

(a) 圆弧滑面的平面示意图

(b) 旋转剪切破坏的空间示意图

图 7.10　旋转滑动示意图

（3）滑塌

边坡松散岩土的坡角 β 大于它的内摩擦角 φ 时，因表层蠕动进一步发展，使它沿着剪变带表现为顺坡滑移、滚动与坐塌，从而重新达到稳定坡脚的边坡破坏过程，称为滑塌，或称为崩滑（图 7.11）。

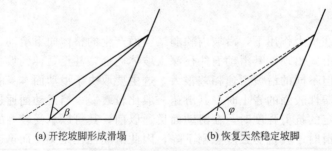

(a) 开挖坡脚形成滑塌

(b) 恢复天然稳定坡脚

图 7.11　滑塌示意图

滑塌部分与未滑塌部分的分界，通常在断面上呈直线。滑塌是一种松散岩体或岩土混合体的浅层破坏形式，与风化营力、地表水、人工开挖坡脚及振动等作用密切相关。

（4）岩块流动

岩块流动通常发生在均质的硬岩层中，这种破坏类似于脆性岩石在峰值强度点上破碎而使岩层全面崩塌的情形（图 7.12）。其发展过程首先是在岩层内部某一应力集中点上，岩石因高应力的作用而开始破裂，于是所增加的荷载传递给邻近的岩石，从而又使邻近岩石受到超过其强度的荷载作用，导致岩石的进一步破裂。这一过程不断进行，直至岩层出现全面破裂而崩塌，岩块像流体一样沿坡面向下流动，形成岩块流动。可见，岩块流动的起因是岩石内部的脆性破坏。岩块流动不像一般的滑坡那样沿着软弱面剪切破坏，其没有明显的滑动扇形体，破坏面极不规则。

（5）岩层曲折

当岩层呈层状沿坡面分布时，由于岩层本身的重力作用，或由于裂隙水的冰胀作用，增加了岩层之间的张拉应力，使坡面岩层曲折（图 7.13），导致岩层破坏，岩块沿坡向下崩落。

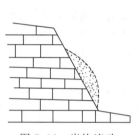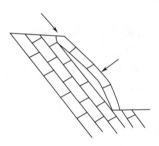

图 7.12　岩块流动　　　　　图 7.13　岩层曲折

以上几种破坏模式，在同一坡体的发生、发展过程中，常常是相互联系和相互制约的。在一些高陡边坡破坏的过程中，常常先以前缘部分的崩塌为主，并伴随滑塌和浅层滑坡，而后随着时间推移，再逐渐演变为深层滑坡。

此外，为了体现岩质边坡的破坏规模与危害，还可按照滑动体体积与滑动速度进行分类。根据滑动体体积大小，边坡破坏可划分为小型、中型、大型及巨型四类（表 7.1）。按照滑动速度，边坡破坏可划分为蠕动滑动、慢速滑动、快速滑动和高速滑动四类（表 7.2）。滑动速度不同，造成的危害不同，蠕动滑动一般不会引起人身伤亡事故，而高速滑动则往往导致灾难性后果。

表 7.1　不同滑动体体积的岩质边坡破坏类型

破坏类型	小型滑动	中型滑动	大型滑动	巨型滑动
滑动体积/10^4 m^3	<1	1～10	10～100	>100

表 7.2　不同滑动速度的岩质边坡破坏类型

破坏类型	蠕动滑动	慢速滑动	快速滑动	高速滑动
滑动速度/(mm/s)	<0.01	0.01～10.0	10.0～100.0	>100.0

7.3.2　变形破坏的影响因素

影响岩体边坡变形破坏的因素主要有：岩性、岩体结构、水的作用、风化作用、地震、天然应力、地形地貌及人为因素等。

① 岩性是决定岩体边坡稳定性的物质基础。一般来说，构成边坡的岩体越坚硬，又不

存在产生块体滑移的几何边界条件时，边坡不易破坏，反之则容易破坏且稳定性差。

②　岩体结构及结构面的发育特征是岩体边坡破坏的控制因素。首先，岩体结构控制边坡的破坏形式及其稳定程度，如坚硬块状岩体，不仅稳定性好，而且其破坏形式往往是沿某些特定的结构面产生的块体滑移，又如散体状结构岩体（如风化和强烈破碎岩体）往往产生圆弧形破坏，且其边坡稳定性往往较差。其次，结构面的发育程度及其组合关系往往是边坡块体滑移破坏的几何边界条件，如平面滑动及楔形体滑动都是被结构面切割的岩块沿某个或某几个结构面产生滑动。

③　水的渗入使岩土的质量增大，进而使滑动面的滑动力增大；其次，在水的作用下岩土被软化而抗剪强度降低；另外，地下水的渗流对岩体产生动水压力和静水压力，这些都对岩体边坡的稳定性产生不利影响。

④　风化作用使岩体内裂隙增多、扩大，透水性增强，抗剪强度降低。

⑤　边坡的坡形、坡高及坡度直接影响边坡内的应力分布特征，进而影响边坡的变形破坏形式及边坡的稳定性。

⑥　因地震波的传播而产生的地震惯性力直接作用于边坡岩体，加速边坡破坏。

⑦　边坡岩体中的天然应力，特别是水平天然应力的大小，直接影响边坡拉应力及剪应力的分布范围与大小。在水平天然应力大的地区开挖边坡时，由于拉应力及剪应力的作用，常直接引起边坡变形破坏。

⑧　边坡的不合理设计、爆破、开挖或加载，大量生产生活用水的渗入等都能造成边坡变形破坏，甚至整体失稳。

7.4　边坡岩体稳定性分析

7.4.1　边坡岩体稳定性分析步骤

边坡岩体稳定性预测，应采用定性与定量相结合的方法进行综合研究。定性分析是在工程地质勘察工作的基础上，对边坡岩体变形破坏的可能性及破坏形式进行初步判断；而定量分析是在定性分析的基础上，应用一定的计算方法，对边坡岩体进行稳定性计算及定量评价。然而，整个预测工作应在对岩体进行详细的工程地质勘察，收集到与岩体稳定性有关的工程地质资料的基础上进行。所进行工作的详细程度和精度，应与设计阶段及工程的重要性相适应。

近年来，有限元、离散元等技术的出现，为岩体稳定性定量计算开辟了新的途径。但就边坡稳定性计算而言，普遍认为块体极限平衡法是一种比较简便且效果较好的方法，具体步骤如下：

ⅰ.可能滑动岩体几何边界条件的分析；

ⅱ.受力条件分析；

ⅲ.确定计算参数；

ⅳ.计算稳定性系数；

ⅴ.确定安全系数，进行稳定性评价。

7.4.1.1　几何边界条件分析

几何边界条件是指构成可能滑动岩体的各种边界面及其组合关系。几何边界条件中的各种界面由于性质及所处位置不同，在稳定性分析中的作用也是不同的，通常包括滑动面、切割面和临空面三种。滑动面一般是指起滑动（即失稳岩体沿其滑动）作用的面，包括潜在破坏面；切割面是指起切割岩体作用的面，由于失稳岩体不沿该面滑动，因而不起抗滑作用，如平面滑动的侧向切割面。因此在稳定性系数计算时，常忽略切割面的抗滑能力，以简化计算。滑动面与切割面的划分有时也不是绝对的，如楔形体滑动的滑动面，就兼有滑动面和切割面的双重作用，应结合实际情况作具体分析。临空面是指临空的自由面，它为滑动岩体提供活动空间，临空面常由地面或开挖面组成。以上三种面是边坡岩体滑动破坏必备的几何边界条件。

几何边界条件分析的目的是确定边坡中可能滑动岩体的位置、规模及形态，定性地判断边坡岩体的破坏类型及主滑方向。为了分析几何边界条件，要对边坡岩体中结构面的组数、产状、规模、组合关系以及这种组合关系与坡面的关系进行分析研究。

几何边界条件的分析可通过赤平投影、实体比例投影等图解法或三角几何分析法进行。通过分析，如果不存在岩体滑动的几何边界条件，而且也没有倾倒破坏的可能性，则边坡是稳定的；如果存在岩体滑动的几何边界条件，则说明边坡有可能发生滑动破坏。

7.4.1.2　受力条件分析

在工程使用期间，可能滑动岩体或其边界面上承受的力的类型及大小、方向和合力的作用点统称为受力条件。边坡岩体上承受的力常见有：岩体重力、静水压力、动水压力、建筑物作用力及震动力等。岩体的重力及静水压力的确定将在下面详细讨论，建筑物的作用力及震动力可按设计意图参照有关规范及标准计算。

7.4.1.3　确定计算参数

计算参数主要指滑动面的剪切强度参数，它是稳定性系数计算的关键指标之一。滑动面的剪切强度参数通常依据以下三种数据来确定，即试验数据、极限状态下的反算数据和经验数据。

根据剪切试验中剪切强度随剪切位移的变化，以及岩体滑动破坏为一渐进性破坏过程的事实，可以认为滑动面上可供利用的剪切强度必定介于峰值强度与残余强度之间。这就为确定计算数据提供了一个上限值和一个下限值，即计算参数最大不能大于峰值强度，最小不能小于残余强度。至于在上限和下限之间如何具体取值，则应根据作为滑动面的结构面的具体情况而定。从偏安全的角度来说，一般选用的计算参数应接近于残余强度。研究表明：残余强度与峰值强度的比值，大多在 0.6～0.9 之间，因此，在没有获得残余强度的条件下，建议摩擦因数计算值在峰值摩擦因数的 60%～90% 之间选取，黏聚力计算值在峰值黏聚力的 10%～30% 之间选取。在有条件的工程中，应将采用多种方法获得的各种数据进行对比研究，并结合具体情况综合选取计算参数。

7.4.1.4　稳定性系数的计算和稳定性评价

稳定性评价的关键是规定合理的安全系数，具体可参考相关部门的规定，一般为 1.05～1.5 之间。根据计算，如果求得的最小稳定性系数等于或大于安全系数，则所研究的边坡稳定，相反，则所研究的边坡不稳定，需要采取防治措施。对于设计开挖的人工边坡来说，最好是使计算的稳定性系数与安全系数基本相等。如果计算的稳定性系数过分小于或大于安全系数，则说明所设计的边坡不安全或不经济，需要改进设计，直到所设计的边坡达到要求为止。

7.4.2　边坡岩体稳定性分析方法

边坡稳定性分析是确定边坡是否处于稳定状态，是否需要对其进行加固与治理，防止其发生破坏的重要决策依据。

　　边坡的破坏失稳是一种复杂的地质灾害过程，由于边坡内部结构的复杂性和组成边坡岩石物质的不同，边坡破坏具有不同模式。不同的破坏模式存在不同的滑动面，因此应采用不同的分析方法及计算公式来分析其稳定状态。目前，用于边坡稳定性分析的方法大体上可分为定性分析方法和定量分析方法两大类。定性分析方法包括工程类比法和图解法（赤平极射投影、实体比例投影、摩擦圆法等），定量分析方法主要有极限平衡法、极限分析法（有限元、边界元、离散元等）及可靠度分析方法（蒙特卡罗法、随机有限元法等），其他诸如模糊数学分析法、灰色理论分析法及神经网络分析法等还处于研究阶段。根据上述分析方法的实用性和有效性，下面仅对极限平衡法加以详细论述。

　　块体极限平衡法是边坡岩体稳定性分析中最常用的方法。这种方法的滑动面是事先假定的。另外，还需假定滑动岩体为刚体，即忽略滑动体的变形对稳定性的影响。在以上假定条件下分析滑动面上抗滑力和下滑力的平衡关系，如果下滑力大于或等于抗滑力即认为滑动体将发生滑动。

　　根据 GB 50330—2013《建筑边坡工程技术规范》，对永久性边坡和临时性边坡工程进行稳定性验算时，其稳定系数应不小于表 7.3 规定的安全系数，否则应对边坡进行处理。永久性边坡是指设计使用年限超过 2 年的边坡，而临时性边坡是指设计使用年限不超过 2 年的边坡。边坡工程的安全等级是根据其损坏后可能造成的破坏后果（危及人的生命，造成经济损失，产生社会不良影响）的严重性、边坡类型和坡高等因素确定。

表 7.3　边坡安全系数

安全系数			安全等级		
			一级边坡	二级边坡	三级边坡
边坡类型	永久性边坡	一般工况	1.35	1.3	1.25
		地震工况	1.15	1.1	1.05
	临时性边坡		1.25	1.2	1.15

注：1. 地震工况时，安全系数仅用于塌滑区无重要建（构）筑物的边坡；
　　2. 对地质条件很复杂或后果极严重的边坡工程，其安全系数应当适当提高。

　　目前工程中用到的极限平衡法有单一平面滑动法、折线滑动法、简布（Janbu）法、摩根斯坦-普赖斯（Morgenstern-Price）法、斯宾赛（Spencer）法、萨马（Sarma）法、三维楔形体法、简化毕肖普（Bishop）法等。每种分析方法有其假定条件及适用范围，具体应用中应根据边坡实际情况选用。以下分别介绍岩质边坡中常用和具有代表性的平面滑动法、折线滑动法、简布法、萨马法和三维楔形体法。

7.4.2.1　平面滑动法

　　图 7.14 为一垂直于边坡走向的剖面，设坡角为 α，坡顶面为一水平面，坡高为 H，$\triangle ABC$ 为可能滑动体，AC 为可能滑动面，倾角为 β。

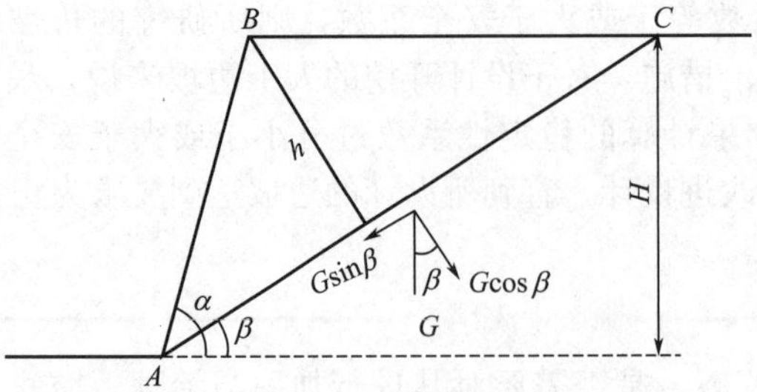

　　当仅考虑重力作用下的稳定性时，设滑动体的重力为 G，则它对于滑动面的垂直分量为 $G\cos\beta$，平行分量为 $G\sin\beta$。因此，可得滑动面上的抗滑力 F_s 和滑动力 F_r，分别为

$$F_s = G\cos\beta\tan\varphi_j + c_j L \qquad (7.1)$$

$$F_r = G\sin\beta \qquad (7.2)$$

根据稳定性系数的概念，则单平面滑动

图 7.14　单平面滑动稳定性计算图

时岩体边坡的稳定性系数 η 为

$$\eta = \frac{F_s}{F_r} = \frac{G\cos\beta\tan\varphi_j + c_j L}{G\sin\beta} \qquad (7.3)$$

式中，c_j 为 AC 面上的黏聚力，kPa；φ_j 为 AC 面上的摩擦角，(°)；L 为 AC 面的长度，m。

由图 7.14 的三角关系可得

$$h = \frac{H}{\sin\alpha}\sin(\alpha - \beta) \qquad (7.4)$$

$$L = \frac{H}{\sin\beta} \qquad (7.5)$$

$$G = \frac{1}{2}\rho g h L = \frac{\rho g H^2 \sin(\alpha - \beta)}{2\sin\alpha\sin\beta} \qquad (7.6)$$

将式(7.5)和式(7.6)代入式(7.3)，整理得

$$\eta = \frac{\tan\varphi_j}{\tan\beta} + \frac{2c_j\sin\alpha}{\rho g H \sin\beta\sin(\alpha - \beta)} \qquad (7.7)$$

式中，ρ 为岩体的平均密度，g/cm^3；g 为重力加速度，9.8m/s^2。

式(7.7)为不计侧向切割面阻力、仅有重力作用时单平面滑动稳定性系数的计算公式，令 $\eta = 1$ 时，可得滑动体极限高度 H_{cr} 为

$$H_{cr} = \frac{2c_j\sin\alpha\cos\varphi_j}{\rho g [\sin(\alpha - \beta)\sin(\beta - \varphi_j)]} \qquad (7.8)$$

当忽略滑动面上黏聚力，即 $c_j = 0$ 时，由式(7.7)可得

$$\eta = \frac{\tan\varphi_j}{\tan\beta} \qquad (7.9)$$

由式(7.8)、(7.9)可知：当 $c_j = 0$，$\varphi_j < \beta$ 时，$\eta < 1$，由于各种沉积岩层面和各种泥化面的 c_j 值均很小，或者等于零，因此，在这些软弱面与边坡面倾向一致，且倾角小于边坡角而大于 φ_j 的条件下，即使人工边坡高度仅在几米之间，也会引起岩体发生相当规模的平面滑动，这是需要注意的。

当边坡后缘存在拉张裂隙时，地表水就可能从张裂隙渗入后，仅沿滑动面渗流并在坡脚 A 点出露，这时地下水将对滑动体产生如图 7.15 所示的静水压力。

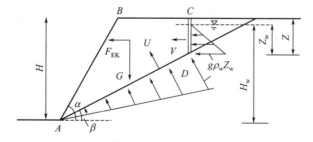

图 7.15　有地下渗流时边坡稳定性计算图

若张裂隙中的水柱高为 Z_w，它将对滑动体产生一个静水压力 V，其值为

$$V = \frac{1}{2}\rho_w g Z_w^2 \qquad (7.10)$$

地下水沿滑动面渗流时，将对 AD 面产生一个垂直向上的水压力，其值在 A 点为零，在 D 点为 $\rho_w g Z_w$，分布如图 7.15 所示，则作用于 AD 面上的静水压力 U 为

$$U = \frac{1}{2}\rho_w g Z_w \frac{H_w - Z_w}{\sin\beta} \tag{7.11}$$

式中，ρ_w 为水的密度，g/cm^3。

当考虑静水压力 V、U 对边坡稳定性的影响时，则边坡稳定性系数计算式（7.3）变为

$$\eta = \frac{(G\cos\beta - U - V\sin\beta)\tan\varphi_j + c_j \overline{AD}}{G\sin\beta + V\cos\beta} \tag{7.12}$$

式中，G 为滑动体 $ABCD$ 的重力，kN；$\overline{AD}$ 为滑动面的长度，m。

由图 7.15 有

$$G = \frac{\rho g [H^2\sin(\alpha - \beta) - Z^2\sin\alpha\cos\beta]}{2\sin\alpha\sin\beta} \tag{7.13}$$

$$\overline{AD} = \frac{H_w - Z_w}{\sin\beta} \tag{7.14}$$

式中，Z 为张裂隙深度，m。

除水压力外，当还需要考虑地震作用对边坡稳定性的影响时，设地震所产生的总水平地震作用标准值为 F_{EK}，则仅考虑水平地震作用时，边坡的稳定性系数为

$$\eta = \frac{(G\cos\beta - U - V\sin\beta - F_{EK}\sin\beta)\tan\varphi_j + c_j \overline{AD}}{G\sin\beta + V\cos\beta + F_{EK}\cos\beta} \tag{7.15}$$

F_{EK} 由下式确定

$$F_{EK} = \alpha_1 G \tag{7.16}$$

式中，α_1 为水平地震影响系数，按地震烈度查表 7.4 确定。

表 7.4　按地震烈度确定的水平地震影响系数

地震烈度	6	7	8	9
α_1	0.064	0.127	0.255	0.510

单一平面滑动法的主要特点是力学模型和计算公式简单，主要适用于均质砂性土、顺层岩质边坡以及沿基岩产生的平面破坏的稳定分析，但要求滑体作整体刚性运动，当滑体内产生剪切破坏时，边坡稳定性分析误差很大。

【例 7.1】 某岩质边坡的滑面（如图 7.15）为 AD，坡顶裂缝 DC 深 $Z = 15m$，裂缝内水深 $Z_w = 10m$，坡高 $H = 45m$，$H_w = 40m$，坡角 $\alpha = 60°$，滑坡倾角 $\beta = 28°$，岩石容重 $\gamma = 25kN/m^3$，滑面黏聚力 $c = 80kPa$，内摩擦角 $\varphi = 26°$，试计算此边坡的稳定系数。

解　作用于 DC 上的静水压力为

$$V = 0.5\rho_w g Z_w^2 = 0.5 \times 1 \times 9.8 \times 10^2 = 490(kN)$$

作用于 AD 上的静水压力为

$$U = 0.5\rho_w g Z_w \frac{H_w - Z_w}{\sin\beta} = 0.5 \times 1 \times 9.8 \times 10 \times \frac{40 - 10}{\sin 28°} = 3131(kN)$$

且知

$$\overline{AD} = \frac{(H - Z)}{\sin\beta} = \frac{(45 - 15)}{\sin 28°} = 63.9(m)$$

$$G = \frac{\rho g [H^2\sin(\alpha - \beta) - Z^2\sin\alpha\cos\beta]}{2\sin\alpha\sin\beta}$$

$$= \frac{1 \times 9.8 \times [45^2 \times \sin(60° - 28°) - 15^2 \times \sin 60° \times \cos 28°]}{2\sin 60° \times \sin 28°}$$

$$= 10859(kN)$$

则边坡稳定性系数为

$$\eta = \frac{(G\cos\beta - U - V\sin\beta)\tan\varphi_j + c_j\overline{AD}}{G\sin\beta + V\cos\beta}$$

$$= \frac{(10859 \times \cos 28° - 3131 - 490 \times \sin 28°) \times \tan 26° + 80 \times 63.9}{10859 \times \sin 28° + 490 \times \cos 28°}$$

$$= 1.47$$

7.4.2.2　折线滑动法

折线滑动法又称不平衡推力传递法，亦称传递系数法或剩余推力法，它是我国工程技术人员创造的一种实用滑坡稳定分析方法。由于该法计算简单，并且能够为滑坡治理提供设计推力，因此在水利部门、铁路部门得到了广泛应用，国家规范和行业规范都将其列为推荐计算方法。当滑动面为折线形时，边坡稳定性分析可采用折线滑动法，如图 7.16 所示。

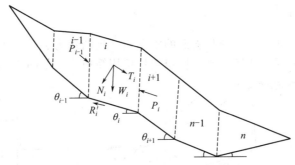

图 7.16　折线滑动法稳定性计算图

由图 7.16，第 i 条块上作用力有：条块的重量 W_i；第 $i-1$ 条块的推力 P_{i-1}，其平行于第 $i-1$ 条块的底面；第 $i+1$ 条块的反力 P_i，其平行于第 i 条块的底面；底面上抗滑力 R_i'；T_i、N_i 分别为 W_i 平行于底面和垂直于底面的两个分力；c_i 为滑体分块滑动面上的黏聚力；φ_i 为滑面岩土的内摩擦角。

由第 i 条块平行于底面方向力的平衡得

$$R_i' + P_i - P_{i-1}\cos(\theta_{i-1} - \theta_i) - T_i = 0 \tag{7.17}$$

抗滑力 R_i' 为

$$R_i' = c_i l_i + [N_i + P_{i-1}\sin(\theta_{i-1} - \theta_i)]\tan\varphi_i \tag{7.18}$$

将式(7.18) 代入式(7.17)，并令

$$\psi_j = \cos(\theta_{i-1} - \theta) - \sin(\theta_{i-1} - \theta_i)\tan\varphi_i \tag{7.19}$$

$$R_i = c_i l_i + N_i \tan\varphi_i \tag{7.20}$$

可得

$$P_i = P_{i-1}\psi_j + T_i - R_i \tag{7.21}$$

对式(7.21) 进行级数展开，可求得最后一块滑块的推力，即剩余下滑力 P_n 为

$$P_n = \sum_{i=1}^{n-1}\left(T_i \prod_{j=i}^{n-1} \psi_j\right) - \sum_{i=1}^{n-1}\left(R_i \prod_{j=i}^{n-1} \psi_j\right) + T_n - R_n \tag{7.22}$$

推力 P_i 和剩余下滑力 P_n 可用于滑坡支挡结构的设计。理论上，$P_n \leqslant 0$ 表明边坡是稳定的；$P_n > 0$ 表明边坡是不稳定的。

式(7.22) 中，若设 $P_n = 0$，表示最后一滑块处于极限平衡状态，将抗滑力部分用稳定系数 K 折减，则折线滑动法稳定系数 K 为

$$K = \frac{\sum\limits_{i=1}^{n-1}\left(R_i \prod\limits_{j=i}^{n-1} \psi_j\right) + R_n}{\sum\limits_{i=1}^{n-1}\left(T_i \prod\limits_{j=i}^{n-1} \psi_j\right) + T_n} \tag{7.23}$$

当滑坡体内地下水已形成统一水面时，应计入浮托力和动水压力。

折线滑动法稳定系数计算中，应注意以下几点可能出现的问题：

① 当滑面形状不规则，局部凸起而使滑体较薄时，宜考虑从凸起部位剪出的可能性，可进行分段计算。

② 由于计算的稳定系数是滑坡最前部条块的稳定系数，若最前部条块划分过小，在后部传递力不大时，边坡稳定系数将显著地受该条块形状和滑面角度影响，而不能客观地反映边坡整体稳定性状态，因此，在计算条块划分时，不宜将最前部条块划分得太小。

③ 当滑体前部滑面较缓，或出现反倾段时，自后部传递来的下滑力和抗滑力较小，前部条块下滑力可能出现负值而使边坡稳定系数为负值，此时应视边坡为稳定状态；当最前部条块稳定系数不能较好地反映边坡整体稳定性时，可采用倒数第二条块的稳定系数，或最前部两个条块稳定系数的平均值。

7.4.2.3　简布法

对于松散均质的边坡，由于受基岩面的限制而产生两端为圆弧、中间为平面或折线的复合滑动，分析具有这种复合破坏面的边坡稳定性可用简布法，如图 7.17 所示。

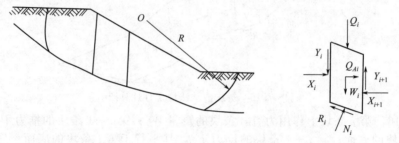

图 7.17　简布法稳定性计算图

假设条件：垂直条块侧面上的作用力位于滑面之上 1/3 条块高处；作用于条块上的重力、反力通过条块底面的中点。

由图 7.17，条块上作用力有：分块的重量 W_i；作用在分块上的地面荷载 Q_i；作用在分块上的水平作用力（如地震力）Q_{Ai}；条间作用力的水平分力 X_i；条间作用力的垂直分力 Y_i；条块底面的抗滑力 R_i；条块底面的法向力 N_i。另外，在以下公式中用到的参数和符号有：u_i 为作用在分块滑动上的孔隙水压力；b_i 为岩土条分块宽度；α_i 为分块滑面相对于水平面的夹角；c_i 为滑体分块滑动面上的黏聚力；φ_i 为滑面岩土的内摩擦角。

由垂直方向力的平衡得

$$W_i + Q_i - N_i \cos\alpha_i - R_i \sin\alpha_i + Y_i - Y_{i+1} = 0 \tag{7.24}$$

由水平方向力的平衡得

$$X_i + Q_{Ai} - N_i \sin\alpha_i - R_i \cos\alpha_i - X_{i+1} = 0 \tag{7.25}$$

抗滑力 R_i 经稳定系数 K 折减后为

$$R_i = \frac{c_i b_i + (N_i - u_i b_i)\tan\phi_i}{K} \tag{7.26}$$

联合式(7.24)、式(7.25) 和式(7.26)，得

$$K = \frac{\sum \dfrac{1}{m_{ai}}\{c_i b_i + [(W_i + Q_i - u_i b_i) + (Y_i - Y_{i+1})]\tan\varphi_i\}}{\sum\{[W_i + (Y_i - Y_{i+1}) + Q_i]\tan\alpha_i + Q_{Ai}\}} \tag{7.27}$$

$$m_{ai} = \cos^2\alpha_i \left(1 + \frac{\tan\alpha_i \tan\varphi_i}{K}\right) \tag{7.28}$$

若令 $Y_i - Y_{i+1} = 0$，并引入修正系数 f_0，式(7.27) 改为

$$K = f_0 \frac{\sum \dfrac{1}{m_{ai}} [c_i b_i + (W_i + Q_i - u_i b_i)\tan\varphi_i]}{\sum [(W_i + Q_i)\tan\alpha_i + Q_{Ai}]} \tag{7.29}$$

式(7.29) 称为简化的简布法，f_0 的取值如图 7.18。其中，d、L 的取法如图 7.19 所示。

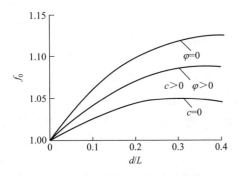

图 7.18　f_0 与 d/L 的关系曲线

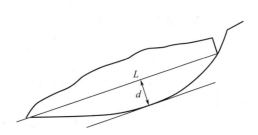

图 7.19　d 和 L 的量测方法

当 $d/L \leqslant 0.02$ 时，可取 $f_0 = 1.0$；当 $c > 0$、$\varphi > 0$ 时，可用下式近似求得 f_0

$$f_0 = \left(\frac{50d}{L}\right)^{1/33.6} \tag{7.30}$$

简布法的特点是计算准确但过程复杂。主要适用于复合破坏面的边坡，既可用于圆弧滑动，也可用于非圆弧滑动，但条块分割时要求垂直条分。

7.4.2.4　萨马法

萨马法是 Sarma 于 1979 年在《边坡和堤坝稳定性分析》一文中提出的。基本原理是：边坡破坏的滑体除非是沿一个理想的平面或弧面滑动，才可能作一个完整的刚体运动，否则滑体必须先破裂成多个可相对滑动的块体，才可能发生滑动。也就是说在滑体内部要发生剪切情况下才可能滑动。其破坏形式见图 7.20，力学模型见图 7.21。

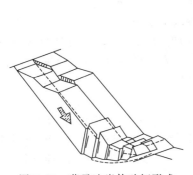

图 7.20　萨马法岩体破坏形式

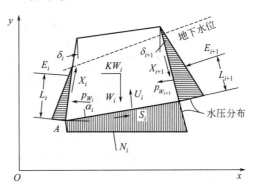

图 7.21　萨马法力学模型

（1）力学分析

由图 7.21 可知，滑体分块上的作用力有：块体重量 W_i；构造水平力 KW_i；块体侧面上的孔隙水压力 p_{W_i}、$p_{W_{i+1}}$；块体底面上水压力 U_i；块体侧面上的总法向力 E_i、E_{i+1}；块体侧面上的总剪力 X_i、X_{i+1}；块体底面上法向力 N_i；块体底面上的剪力 S_i。

根据图 7.21 的力学模型，由 X 方向力平衡条件 $\sum X = 0$ 得

$$S_i\cos\alpha_i - N_i\sin\alpha_i + X_i\sin\delta_i - X_{i+1}\sin\delta_{i+1} \tag{7.31}$$
$$-KW_i + E_i\cos\delta_i - E_{i+1}\cos\delta_{i+1} = 0$$

由 Y 方向力平衡条件 $\sum Y = 0$，得

$$S_i\sin\alpha_i + N_i\cos\alpha_i - W_i + X_i\cos\delta_i - X_{i+1}\cos\delta_{i+1} + E_i\sin\delta_i - E_{i+1}\sin\delta_{i+1} = 0 \tag{7.32}$$

应用库仑破坏准则在分块滑面上

$$S_i = [c_{b,i}l_i + (N_i - U_i)\tan\varphi_{b,i}]/F \tag{7.33}$$

应用库仑破坏准则在分块侧面上

$$X_i = [c_{s,i}d_i + (E_i - p_{W_i})\tan\varphi_{s,i}]/F \tag{7.34}$$

$$X_{i+1} = [c_{s,i+1}d_{i+1} + (E_{i+1} - p_{W_{i+1}})\tan\varphi_{s,i+1}]/F \tag{7.35}$$

将式(7.33)~(7.35)带入式(7.31)和(7.32)，消去 S_i、X_i 和 X_{i+1}，然后再从式中消去 N_i，得

$$E_{i+1} = a_i + E_i e_i - p_i K \tag{7.36}$$

由式(7.36)逐步递推，最后可得

$$E_{n+1} = (a_n + a_{n-1}e_n + a_{n-2}e_n e_{n-1} + \cdots + a_1 e_n e_{n-1}\cdots e_2)$$
$$-K(p_n + p_{n-1}e_n + p_{n-2}e_n e_{n-1} + \cdots + p_1 e_n e_{n-1}\cdots e_3 e_2) \tag{7.37}$$
$$+E_1 e_n e_{n-1}\cdots e_1$$

由边界条件 $E_{n+1} = E_1 = 0$，得

$$K = \frac{a_n + a_{n-1}e_n + a_{n-2}e_n e_{n-1} + \cdots + a_1 e_n e_{n-1}\cdots e_3 e_2}{p_n + p_{n-1}e_n + p_{n-2}e_n e_{n-1} + \cdots + p_1 e_n e_{n-1}\cdots e_3 e_2} \tag{7.38}$$

其中

$$e_i = \theta_i[\sec\varphi_{s,i}\cos(\varphi_{b,i} - \alpha_i + \varphi_{s,i} - \delta_i)]$$
$$a_i = \theta_i[W_i\sin(\phi_{b,i} - \alpha_i) + R_i\cos\phi_{b,i} + S_{i+1}\sin(\phi_{b,i} - \alpha_i - \delta_{i+1}) - S_i\sin(\phi_{b,i} - \alpha_i - \delta_i)]$$
$$p_i = \theta_i W_i\cos(\varphi_{b,i} - \alpha_i)$$
$$\theta_i = \cos\phi_{s,i+1}\sec(\varphi_{b,i} - \alpha_i + \varphi_{s,i+1} - \delta_{i+1})$$
$$S_i = (c_{s,i}d_i - p_{Wi}\tan\varphi_{s,i})/F$$
$$S_{i+1} = (c_{s,i+1}d_{i+1} - p_{Wi+1}\tan\varphi_{s,i+1})/F$$
$$R_i = (c_{b,i}b_i\sec\alpha_i - U_i\tan\varphi_{b,i})/F$$

式中，$c_{b,i}$ 为分块底面的黏聚力；$c_{s,i}$ 为分块侧面的黏聚力；$\phi_{b,i}$ 为分块底面的内摩擦角；$\varphi_{s,i}$ 为分块侧面的内摩擦角；d_i 为分块侧面长度；l_i 为分块滑面的长度；α_i 为滑面与水平面的夹角；δ_i、δ_{i+1} 为分块侧面与垂直方向的夹角。

（2）稳定系数计算

计算稳定系数时，首先假设稳定系数 $F = 1$，用式(7.38)求解 K，此时为 K_c，即极限水平加速度。式(7.38)的物理意义是，使滑体达到极限平衡时的状态，必须在滑体上施加一个临界水平加速度 K_c。K_c 为正时，方向指向坡外；K_c 为负时，方向指向坡内。但计算中一般假定有一个水平加速度为 K_c 的水平外力作用，求其稳定系数 F。此时要采用改变 F 值的方法，即初定一个 $F = F_0$，计算 K，比较 K 与 K_0 是否接近精度要求。若不满足，要改变 F 值大小，直到满足 $|K - K_0| \leqslant \varepsilon$，此时的 F 值即为稳定系数。

（3）主要特点及适用条件

萨马法的特点是用极限加速度系数 K_c 来描述边坡的稳定程度，它可以用于评价各种破坏模式下边坡稳定性，诸如平面破坏、楔形体破坏、圆弧面破坏和非圆弧面破坏，且它的条块分条是任意的，无须条块边界垂直，从而可以对各种特殊的边坡破坏模式进行稳定性分

析。但萨马法计算比较复杂，要用迭代法计算。

7.4.2.5 三维楔形体法

楔形体滑动是常见的边坡破坏类型之一，这类滑动的滑动面由两个倾向相反、交线倾向 α 与坡面倾向相同、倾角小于坡角的软弱结构面组成。由于这是一个空间问题，所以，其稳定性计算是一个比较复杂的问题。

如图 7.22 所示，可能滑动体 $ABCD$ 实际上是一个以 $\triangle ABC$ 为底面的倒置三棱锥体。假定坡顶面为一水平面，$\triangle ABD$ 和 $\triangle BCD$ 为两个可能滑面，倾向相反，倾角分别为 β_1 和 β_2，它们的交线 BD 的倾伏角为 β，坡角为 α，坡高为 H。

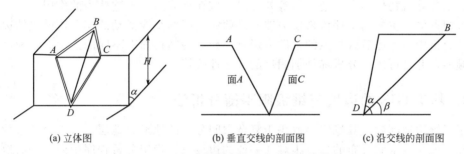

(a) 立体图　　　(b) 垂直交线的剖面图　　　(c) 沿交线的剖面图

图 7.22　楔形体滑动模型及稳定性计算图

假设可能滑动体将沿交线 BD 滑动，滑出点为 D。在仅考虑滑动岩体自重 G 的作用时，边坡稳定性系数 η 计算的基本思路是：首先将滑体自重 G 分解为垂直交线 BD 的分量 N 和平行交线的分量（即滑动力）$G\sin\beta$，然后将垂直分量 N 投影到两个滑动面的法线方向，求得作用于滑动面上的法向力 N_1 和 N_2，最后求得抗滑力及稳定性系数。

根据以上基本思路，则可能滑动体的滑动力为 $G\sin\beta$，垂直交线的分量为 $N=G\cos\beta$，如图 7.23(a) 所示。将 $G\cos\beta$ 投影到 $\triangle ABD$ 和 $\triangle BCD$ 面的法线方向上，得作用两滑面上的法向力 [图 7.23(b)]

$$\begin{cases} N_1 = \dfrac{N\sin\theta_2}{\sin(\theta_1+\theta_2)} = \dfrac{G\cos\beta\sin\theta_2}{\sin(\theta_1+\theta_2)} \\ N_2 = \dfrac{N\sin\theta_1}{\sin(\theta_1+\theta_2)} = \dfrac{G\cos\beta\sin\theta_1}{\sin(\theta_1+\theta_2)} \end{cases} \tag{7.39}$$

式中，θ_1、θ_2 分别为 N 与两滑动面法线的夹角。

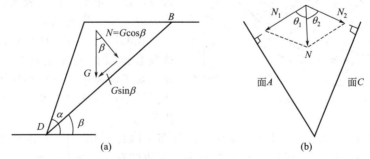

(a)　　　　　　　　　　　　(b)

图 7.23　楔形体滑动力分析图

设 c_1、c_2 及 φ_1、φ_2 分别为滑动面 $\triangle ABD$ 和 $\triangle BCD$ 的黏聚力和摩擦角，则两滑动面的抗滑力 F_s 为

$$F_s = N_1\tan\varphi_1 + N_2\tan\varphi_2 + c_1 S_{\triangle ABD} + c_2 S_{\triangle BCD} \tag{7.40}$$

边坡的稳定性系数为

$$\eta = \frac{N_1 \tan\varphi_1 + N_2 \tan\varphi_2 + c_1 S_{\triangle ABD} + c_2 S_{\triangle BCD}}{G \sin\beta} \tag{7.41}$$

式中，$S_{\triangle ABD}$ 和 $S_{\triangle BCD}$ 分别为滑面 $\triangle ABD$ 和 $\triangle BCD$ 的面积；$G = \frac{1}{3}\rho g H S_{\triangle ABC}$。

用式(7.39) 中的 N_1 和 N_2 代入式(7.41) 即可求得边坡的稳定性系数。在以上计算中，如何求得滑动面的交线倾角 β、滑动面法线与 N 的夹角 θ_1 和 θ_2 等参数是很关键的，这几个参数通常可通过赤平投影及实体比例投影等图解法或三角几何方法求得。

此外，式(7.41) 是在边坡仅承受岩体重力条件下获得的，如果所研究的边坡还承受静水压力、工程建筑物作用力及地震力等外力时，应在计算中考虑这些力的作用。

三维楔形体法主要用于评价岩质边坡及沿两结构面的交线滑动的楔形体模式的边坡稳定性。实际分析中可考虑后张裂隙的水压力影响，允许两结构面有不同的强度参数和水压，坡顶面可倾斜，并且可用于分析锚杆加固后的稳定性验算。

7.4.3　基于 GIS 的边坡三维极限平衡分析法

对于三维边坡问题，其稳定性取决于复杂空间分布的地形、地层、岩土力学参数及地下水等因素，但这些空间分布的信息很难在一般的边坡三维稳定分析程序中处理，而地理信息系统（geographic information system，GIS）恰好提供了一个公用的平台来处理这些复杂的空间信息。

7.4.3.1　理论方法

由于所有与边坡相关的数据在 GIS 中均能转换成栅格数据，因此，基于柱体单元的边坡三维稳定分析模型均可采用 GIS 栅格数据集进行分析。地层、结构面和地下水位等边坡相关的信息在 GIS 中是通过 GIS 数据层来表示的，它们可以是栅格数据或矢量数据。矢量数据的三种基本形式是点、线、面，其相应的属性数据保存在数据库中。栅格数据是用均匀分割的栅格来表示的，一个栅格代表一个属性值。对于一个边坡，可以用一组栅格数据集分别表示地面高程、各地层、不连续面、地下水及力学参数等。

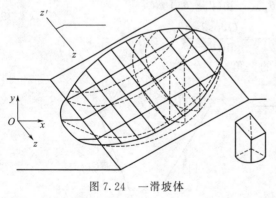

图 7.24　一滑坡体

对于一个实际边坡，首先将边坡相关的地形和地质信息抽象为 GIS 数据层。一般来说，以矢量数据形式表现的居多，如地面等高线、钻孔资料及滑面岩土力学参数分区等。在 GIS 中，利用空间分析功能可以将这些数据层转换成相应的栅格数据层。这样，对于滑体中任一微小柱体单元，其三维数据模型可以表现为图 7.24 所示的栅格柱体单元。

因为与边坡有关的数据和信息均呈现空间分布，因此采用 GIS 工具来处理这些空间数据是很方便的。在 GIS 中，可以用 GIS 数据表述与边坡有关的地层、断层（不连续面）、地下水及滑动面等信息。

基于 Mohr-Coulomb 强度准则，一个滑体的三维安全系数可以用获得的抗滑力与滑动力之比来计算

$$\text{SF}_{3D} = \frac{\text{Available\_force}}{\text{Sliding\_force}} \tag{7.42}$$

7.4.3.2　计算模型及边坡危险滑动面搜索

（1）模型一：经典柱体单元模型

这个模型基于与 Hovland 模型相同的假定。如图 7.25 所示，通过将整个研究区域划分为栅格单元，忽略柱体单元垂直面上的作用力，则滑体的三维稳定系数可以表示为

$$\text{SF}_{3D} = \frac{\sum\limits_J \sum\limits_I (c'A + W\cos\theta\tan\varphi')}{\sum\limits_J \sum\limits_I W\sin\theta} \tag{7.43}$$

式中，SF_{3D} 为滑体三维安全系数；W 为栅格柱体的重量；A 为滑面面积；c' 为滑面的有效黏聚力；φ' 为有效内摩擦角；θ 为滑面的法线方向角；J、I 为滑体范围内栅格单元的行列数。

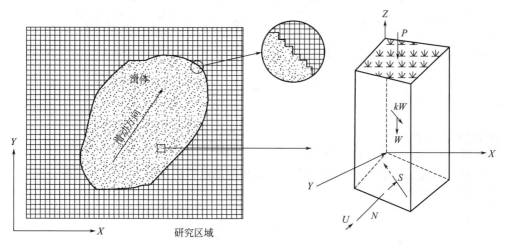

图 7.25　经典柱体单元模型

如果基于滑动方向力的平衡，可以得到修正的 Hovland 三维模型为

$$\text{SF}_{3D} = \frac{\sum\limits_J \sum\limits_I \{c'A + [(W+P)\cos\theta - U]\tan\varphi'\}\cos\theta_{\text{Avr}}}{\sum\limits_J \sum\limits_I [(W+P)\sin\theta_{\text{Avr}}\cos\theta_{\text{Avr}} + kW] - E} \tag{7.44}$$

式中，U 为滑面的孔隙水压力；θ 为滑面的倾角；θ_{Avr} 为滑面沿滑体倾斜方向的视倾角；W 是各柱体单元的重量；P 为垂直载荷；E 为水平载荷；k 为侧压系数。

（2）模型二：扩展的毕肖普三维模型

这个模型的算法是 Hungr 于 1987 年提出的，如图 7.26 所示，H 和 T 分别代表柱体单元间的垂直分力和水平分力。该模型基于以下两点假定：忽略柱体单元的垂直面上的垂直向剪切力；各柱体单元的垂直方向力的平衡式和整个滑体的力矩平衡足以求解未知力。

参照图 7.26，考虑各柱体单元的垂直方向力的平衡可以得到（其推导过程与经典柱体单元模型相同）

$$N = \frac{P + W + \text{SF}_{3D}^{-1}U\tan\varphi'\sin\theta_{\text{Avr}} - \text{SF}_{3D}^{-1}c'A\sin\theta_{\text{Avr}}}{\cos\theta + \text{SF}_{3D}^{-1}\tan\varphi'\sin\theta_{\text{Avr}}} \tag{7.45}$$

基于整个滑体对一个垂直于滑动方向的转动轴的力矩平衡，其方程式为

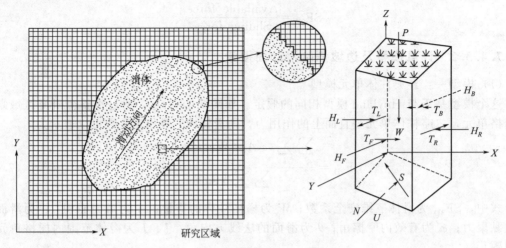

图 7.26 扩展的毕肖普三维模型

$$\sum_J \sum_I [(N-U)\tan\varphi' \mathrm{SF}_{3D}^{-1} + c'A\mathrm{SF}_{3D}^{-1}] = \sum_J \sum_I (W+P)\sin\theta_{\mathrm{Avr}} \tag{7.46}$$

则其三维安全系数可以用下式求解

$$\mathrm{SF}_{3D} = \Big(\sum_J \sum_I (W+P)\sin\theta_{\mathrm{Avr}}\Big)^{-1} = \sum_J \sum_I \frac{(W+P-U\cos\theta)\tan\varphi' + c'A\cos\theta}{\cos\theta + \mathrm{SF}_{3D}^{-1}\tan\varphi'\sin\theta_{\mathrm{Avr}}} \tag{7.47}$$

由于 SF_{3D} 隐含在式(7.47)中，可以用（7.45）和（7.47）迭代计算。

（3）模型三：扩展的简布三维模型

从扩展的毕肖普三维模型的推导可知，如果考虑滑体的水平方向力的平衡，其三维安全系数可以用下式求解

$$N = \frac{P+W+\mathrm{SF}_{3D}^{-1}U\tan\varphi'\sin\theta_{\mathrm{Avr}} - \mathrm{SF}_{3D}^{-1}c'A\sin\theta_{\mathrm{Avr}}}{\cos\theta + \mathrm{SF}_{3D}^{-1}\tan\varphi'\sin\theta_{\mathrm{Avr}}} \tag{7.48}$$

$$\mathrm{SF}_{3D} = \frac{\sum_J \sum_I [c'A + (N-U)\tan\varphi']\cos\theta_{\mathrm{Avr}}}{\sum_J \sum_I [N\sin\theta\cos(\mathrm{Asp}-\mathrm{AvrAsp}) + kW] - E} \tag{7.49}$$

式中，Asp 为滑面倾斜角度；AvrAsp 为滑体滑动角度。

同样，由于 SF_{3D} 隐含在式(7.49)中，可以用式(7.48)、式(7.49)迭代计算。

（4）模型四：基于滑动面上正应力分布假定的三维力学模型

上面介绍的三个模型均采用了柱体单元的方法，这种传统的方法通过假定柱体间的相互作用力来直接计算滑动面上的正应力分布。基于滑动面的正应力分布的方法也可应用于三维边坡稳定性分析。

为了推导三维安全系数的计算式（图 7.27），首先将 X 轴转换到主滑动方向 X'，并将原点移到滑体多边形的中心 $X'O'Y'$，对整个滑体沿滑动方向的总水平力的平衡式为

$$X' = \sum_J \sum_I \Big[\frac{cA + A(\sigma-u)\tan\varphi}{\mathrm{SF}_{3D}}\cos\theta_{\mathrm{Avr}} - A\sigma\sin\theta\cos(\mathrm{Asp}-\mathrm{AvrAsp}) - kW\Big] + E = 0 \tag{7.50}$$

同时垂直于滑动方向的水平力平衡式为

$$Y' = \sum_J \sum_I A\sigma\sin\theta\sin(\mathrm{Asp}-\mathrm{AvrAsp}) = 0 \tag{7.51}$$

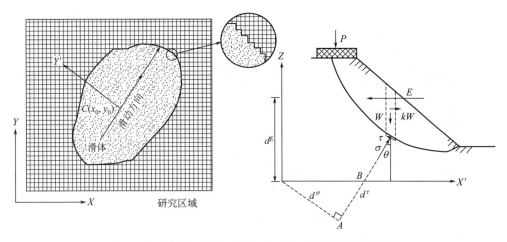

图 7.27　基于滑动面上正应力分布假定的三维力学模型

垂直方向的力平衡式为

$$Z = \sum_J \sum_I \left[\frac{cA + A(\sigma - u)\tan\varphi}{\text{SF}_{3D}} \sin\theta_{\text{Avr}} + A\sigma\cos\theta - W - P \right] = 0 \tag{7.52}$$

整个滑体相对 $O'Y'$ 轴的力矩平衡式为

$$M = \sum_J \sum_I W d^W + \sum_J \sum_I kW d^{kW} + \sum_J \sum_I P d^P$$
$$- \sum_J \sum_I \sigma A d^\sigma - \sum_J \sum_I \frac{cA + A(\sigma - u)\tan\varphi}{\text{SF}_{3D}} d^\tau - E d^E = 0 \tag{7.53}$$

式中，d^E 是水平总荷载 E 的力臂；d^P、d^W、d^{kW}、d^σ、d^τ 分别是 P、W、kW、σ、τ 的力臂；σ 为滑动面的法向应力；τ 为滑动面的剪切应力。

正如在二维计算中所用的一样，这里从假定正应力的分布入手。对沿着滑动方向的断面图，正应力分布假定为三阶拉格朗日多项式

$$\sigma = \lambda_1 \xi_1(x') + \lambda_2 \xi_2(x') + \xi_3(x') \tag{7.54}$$

$$\xi_1(x') = \frac{(x'-a)(x'-b)(x'-a_2)}{(a_1-a)(a_1-b)(a_1-a_2)} \tag{7.55}$$

$$\xi_2(x') = \frac{(x'-a)(x'-b)(x'-a_1)}{(a_2-a)(a_2-b)(a_2-a_1)} \tag{7.56}$$

$$\xi_3(x') = \sigma_a \frac{(x'-b)(x'-a_1)(x'-a_2)}{(a-b)(a-a_1)(a-a_2)} + \sigma_b \frac{(x'-b)(x'-a_1)(x'-a_2)}{(b-a)(b-a_1)(b-a_2)} \tag{7.57}$$

沿滑动方向中间的任意两个点选定在 1/3 和 2/3 处

$$a_1 = a + \frac{1}{3(b-a)} \tag{7.58}$$

$$a_2 = a + \frac{2}{3(b-a)} \tag{7.59}$$

参见图 7.28，"C" 是可能滑体的中心点，两个参数 "AA" 和 "BB" 表示滑体的宽度和长度。在滑动面边界处的上半部，其正应力假定为 0，而其下部假定为 $\sigma(x')$。必须指出的是，当滑动面很陡时，在滑动面的上部可能出现负的正应力（拉应力），拉应力很容易使之在顶部产生张裂缝，因此正应力的部位不一定正好在滑动面的顶部，可能在顶部附近或者低于顶部的位置。比较来说，顶部的拉应力非常小，可以忽略不计。$\sigma(x')$ 假定为线性分布，沿着垂直于滑动方向的剖面，其正应力的分布假定为抛物线分布

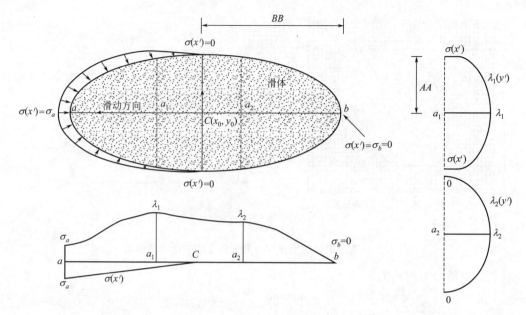

图 7.28 滑动面上的正应力假定

$$\lambda_1(x') = g_1 x'^2 + g_2 x' + g_3 \tag{7.60}$$

$$\lambda_2(x') = k_1 x'^2 + k_2 x' + k_3 \tag{7.61}$$

考虑到边界条件，上式可以表示为

$$g_1 = (AA^2)^{-1}[\sigma(x') - \lambda_1] \tag{7.62}$$

$$g_2 = 0 \tag{7.63}$$

$$g_3 = \lambda_1 \tag{7.64}$$

$$k_1 = -(AA^2)^{-1}\lambda_2 \tag{7.65}$$

$$k_2 = 0 \tag{7.66}$$

$$k_3 = \lambda_2 \tag{7.67}$$

至此，四个方程组式（7.50）～式（7.53）联合式（7.54）可以用来求解 SF_{3D}、λ_1、λ_2 和 σ_a 四个未知数。

（5）边坡三维危险滑动面搜索

最危险滑动面是通过试搜索和安全系数的计算来实现。在这里，控制最危险滑动面的形态和大小的五个参数作为 Monte Carlo 模拟的随机变量：三个轴变量"a、b、c"；椭球中心 C；椭球倾角 θ。如果基于椭球底面产生的随机滑动面的位置低于弱面或坚硬岩石的内部边界面，则认为弱面或坚硬岩石的边界面就是滑动面。图 7.29 所示滑动面由椭球下半部底面的一部分和不连续弱面组成。

椭球的三个轴几何参数在如下的范围内随机选择

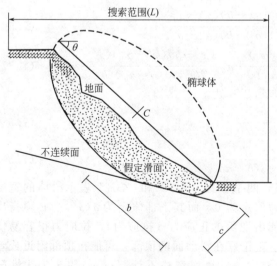

图 7.29 边坡三维危险滑动面

$$\begin{cases} a \in (a_{min}, a_{max}) \\ b \in (b_{min}, b_{max}) \\ c \in (c_{min}, c_{max}) \end{cases} \tag{7.68}$$

参数 a、b、c 假定属于均匀分布。从图 7.29 看出，滑坡的长度等于 $2b$，因此 b_{max} 设定为搜索长度 L 的一半，$2a$ 是滑坡的宽度。如果给定 a/b 的值，那么 a 也就被限制在一定的范围内。c 值为滑坡的可能深度，它的范围可参考地质信息确定。对随机选择的所有可能的滑动面，a、b 的范围可根据公式(7.69) 确定

$$\begin{cases} b_{max} = L/2 \\ b_{min} = b_{max}/1.5 \\ a_{max} = 0.8 b_{max} \\ a_{min} = a_{max}/1.5 \end{cases} \tag{7.69}$$

以上范围仅是椭球参数取值范围的一个参照，实际应用时可根据具体的边坡特征进行改变。研究范围的中心点或研究者选择的点作为椭球的中心点，在每次搜索中随机步长将会改变这个中心点。椭球的倾斜方向就是边坡的倾斜方向，椭球的倾角 θ 基本上等于边坡的倾角。如果一个边坡有复杂的地形特征，椭球的倾角 θ 等于边坡的主倾斜方向。由于椭球的倾角不可能超过边坡的倾角，椭球倾角 θ 的最大值设定为边坡主倾角 AvrSlope，最小值为最大值的一半 0.5AvrSlope。

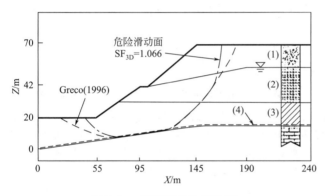

图 7.30　断面和危险滑动面

【例 7.2】　某带有不连续弱面的边坡，剖面如图 7.30 所示，涉及了在一坚硬的地层上有一软弱不连续面。1～4 层的特性分别是：内摩擦角分别为 $35°$、$25°$、$30°$、$16°$，黏聚力分别为 9.8kPa、58.8kPa、19.8kPa 和 9.8kPa，单位容重分别为 19.6kN/m^3、18.62kN/m^3、21.07kN/m^3 和 21.07kN/m^3。陈祖煜和邵长明首先用非线性程序方法，如 DFP 法、单纯形法和最陡斜面法研究了此实例。Greco 利用 Monte Carlo 方法也研究了此实例。Malkawi 等用 Monte Carlo 随机步长型法和 Zhu 用最危险滑动场方法也对此实例进行了研究。

这里把此二维例题扩展到三维边坡。这样可利用基于 GIS 栅格三维模型和 Monte Carlo 模拟法确定三维最危险滑动面。扩展到三维的范围是长为 240m，宽为 192m。此三维边坡在 GIS 数据中栅格的大小是 2m。5 个 GIS 栅格层分别是地表层、3 个地层上表面和 1 个地下水位。图 7.31 显示了三维最危险滑动面的三维视图。不同研究者得到的二维结果和本研究得到的三维结果列于表 7.5 中，很明显，三维安全系数要高于二维情况下的安全系数。

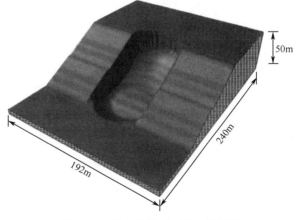

图 7.31　最危险滑动面的三维视图

表 7.5 安全系数列表

方　　法		安全系数的范围
陈祖煜与邵长明(1988)	原始 DFP 法	1.011~1.035
	改进 DFP 法	1.009~1.025
	最陡斜面法	1.025
	单纯形	1.025
Greco(1996)	模式搜索法	0.973~1.033
	Monte Carlo 法	0.973~0.974
Malkawi et al.(2001)	Monte Carlo 法(随机步长)	0.993
朱大勇(2001)	最危险滑动场法	1.016
本研究(3D)	Monte Carlo 法(3D)	1.066

7.5　边坡岩体滑动速度计算及涌浪估计

研究边坡岩体发生滑动破坏的动力学特征，对于评价水库库岸边坡稳定性、预测由于滑坡造成的涌浪高度及滑坡整治等都具有重要意义。下面主要介绍边坡岩体滑动速度计算及涌浪高度的预测方法。

7.5.1　边坡岩体滑动速度计算

边坡岩体的滑动破坏，就是不稳定岩体沿一定的滑动面发生剪切破坏的一种现象。较大岩体的滑动破坏，都是在经过一定时间的局部缓慢的变形后发生的，这个局部变形阶段可称为岩体滑动的初期阶段。滑动破坏的规律和类型不同，其初期阶段持续时间的长短以及局部变形的严重程度也不同。一般来说，滑动破坏的规模愈小，初期阶段持续的时间愈短，总变形量亦愈小。沿层面、软弱夹层及断层等延展性良好的结构面的滑动破坏，与沿具有一定厚度的软弱带（如风化岩体与新鲜岩体接触带等）滑动相比较，前者初期阶段的持续时间较短，总变形量亦较小。总之，初期变形阶段持续时间的长短、局部变形的严重程度，均与岩体完全剪切破坏之前剪切变形涉及的范围大小有关。

岩体剪切破坏后的位移过程，称为滑动阶段。据牛顿第二定律，滑动岩体在滑动过程中的加速度 a 为

$$a=\frac{F}{m}=\frac{g}{G}F \tag{7.70}$$

式中，G、m 分别为滑动体的自重和质量；g 为重力加速度；F 为推动滑体下滑运动的力，其值等于滑动体滑动力 F_r 和抗滑力 F_s 之差，即 $F=F_r-F_s$。

因此，式(7.70)可写为

$$a=\frac{g}{G}(F_r-F_s) \tag{7.71}$$

或

$$a=\frac{g}{G}F_r(1-\eta) \tag{7.72}$$

设滑动体的滑动距离为 S，则其滑动速度为

$$v=\sqrt{2aS} \tag{7.73}$$

将式(7.72)代入式(7.73)中，则得

$$v=\sqrt{\frac{2g}{G}SF_r(1-\eta)} \tag{7.74}$$

由式(7.72) 和式(7.74) 可以看出, 当滑动体的稳定性系数 η 略小于 1.0 时, 滑动体即开始位移。同时, 研究表明：滑动体一旦位移一个很小的距离后, 滑动面上的黏聚力 c_j 将骤然降低乃至几乎完全丧失, 而摩擦角 φ_j 也会有所降低, 又会导致 η 减小。此时, 由于 η 的骤然减小, 滑动体必然要发生显著的加速运动, 其瞬时滑动速度的大小, 可按式(7.74) 计算, 但须注意, 式中的 η 应取 $c_j=0$ 时的稳定性系数。

对于仅在重力作用下的单平面滑动而言, 由于岩体在完全剪切破坏后 $c_j=0$, 则根据式(7.7) 得

$$\eta=\frac{\tan\varphi_j}{\tan\beta} \tag{7.75}$$

此外, 已知滑动力 F_r 为

$$F_r=G\sin\beta \tag{7.76}$$

将式(7.75) 和式(7.76) 代入式(7.74), 则得单平面滑动的速度 v 为

$$v=\sqrt{2gS\cos\beta(\tan\beta-\tan\varphi_j)} \tag{7.77}$$

对楔形体滑动, 当两个滑动面强度性质相同, 即 $\varphi_1=\varphi_2=\varphi_j$、$c_1=c_2=0$ 时, 将式(7.41) 和式(7.72) 代入式(7.73), 可得其滑动速度 v 为

$$v=\sqrt{2gS\cos\beta\left[\tan\beta-\tan\varphi_j\frac{\sin\theta_1+\sin\theta_2}{\sin(\theta_1+\theta_2)}\right]} \tag{7.78}$$

由式(7.77) 和式(7.78) 可以看出, 当滑动面性质相同, 平面滑动面倾角与楔形体滑动面的交线倾角相等, 且其他条件也相同时, 则平面滑动的瞬时滑动速度, 将大于楔形体滑动的瞬时滑动速度。

此外, 单平面滑动的瞬时滑动速度, 与其滑移距离 S、滑动面倾角 β 以及滑动面摩擦角 φ_j 有关。一般来说, 滑动体的滑动速度随着 S 和 β 的增大而增大, 随着 φ_j 的增大而减小。当滑动距离 S 一定时, 滑动体的滑动速度主要取决于 $(\beta-\varphi_j)$ 的大小。$(\beta-\varphi_j)$ 愈大, 其滑动速度将愈大, 反之亦然。在 $(\beta-\varphi_j)$ 较大时, 滑动体将会发生每秒数米以上的高速滑移, 并伴随响声和强大的冲击气浪, 造成巨大的危害；反之, 在 $(\beta-\varphi_j)$ 很小的情况下, 其滑动速度必然缓慢。同时, 由于降水等周期性因素的影响, 使 φ_j 值发生周期性变化, 因此在这种条件下, 滑动体的滑动特征, 必然是长期缓慢且断断续续的。

7.5.2 库岸岩体滑动的涌浪估计

位于库岸的岩体滑动激起涌浪, 直接威胁着岸边建筑物及航行船只的安全。当滑动岩体离大坝等水工建筑较近时, 还将对建筑物造成危害, 影响水库的安全正常运行。目前, 关于滑体下滑激起的涌浪高度, 理论研究较少, 主要用模拟试验和经验公式进行估算。下面简要介绍美国土木学会提出的估算方法。

该方法假定：滑动体滑落于半无限水体中, 且下滑高程大于水深, 根据重力表面波的线性理论, 推导出一个引起波浪的计算公式。应用该公式直接计算其过程十分复杂, 但根据该公式计算确定的一些曲线图表, 却能较简单地求出距滑体落水点不同距离处的最大波高, 计算步骤如下：

① 利用上述方法计算滑动体的下滑速度 v。由 v 值算出相对滑速 $\bar{v}$, 其中 H_w 为水深, m。

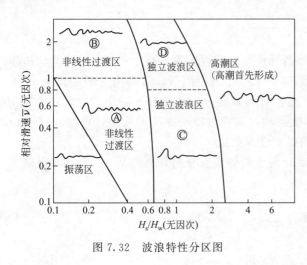

图 7.32   波浪特性分区图

$$\overline{v}=\frac{v}{\sqrt{gH_w}} \qquad (7.79)$$

② 设滑动体的平均厚度为 H_s，计算 $\dfrac{H_s}{H_w}$ 值。

③ 根据 $\overline{v}$ 和 $\dfrac{H_s}{H_w}$ 查图 7.32 确定波浪特性。

④ 根据 $\overline{v}$ 值查图 7.33，求出滑体落水点（$x=0$）处的最大波高 h_{max} 与滑体平均厚度 H_s 的比值，从而求得 h_{max}。

⑤ 预测距滑体落水点距离 x 处某点的最大波高 h'_{max}，方法是先求出相对距离 $\overline{x}$

$$\overline{x}=\frac{x}{H_w} \qquad (7.80)$$

然后利用 $\overline{x}$ 和图 7.34，求出 $\dfrac{h'_{max}}{H_s}$，进而求得距滑体落水点 x 处的最大波高。

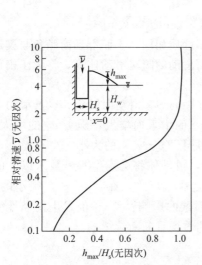

图 7.33   滑体落水点（$x=0$）处最大波高计算图

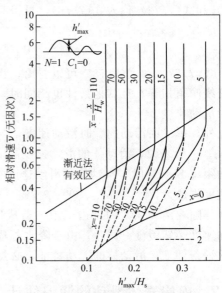

图 7.34   垂直滑坡最大波高计算图
1—渐进解法；2—直接解法

    根据这一方法得出一重要推论，即当 $\overline{v}=2$ 时，在 $x=0$ 处的最大波高达到极限，其值等于滑动体平均厚度，$\overline{v}$ 值增大，波高不变。我国曾应用上述方法对柘溪水库塌岸涌浪事故进行过计算，其计算结果与实际观测值比较接近。

7.6   滑坡的监测与加固措施

    随着我国现代化建设事业的迅速发展，高层建筑、水利水电设施、矿山、港口、高速公路、铁路和能源工程等大量工程项目开工建设。在这些工程的建设过程中或建成后的运营期内，不可避免地形成了大量的边坡工程。而且，随着工程规模的加大、加深及场地的限制，经常需在复杂地质环境条件下，人为开挖各种高陡边坡，这些边坡工程的稳定状态，事关工程建设的成败与安全，对整个工程的可行性、安全性及经济性等起着重要的制约作用，并在很大程度上影响着工程建设的投资及效益。

由于边坡地质灾害多表现为突发性，而这种突发性会对人民生活和工程建设带来极大的威胁。因此，加强对边坡地质灾害的监测和预报，尽早捕获边坡变形的前兆信号，掌握边坡的变形规律，了解变形体的形态、范围及规模，对边坡的未来稳定状况和变形破坏的发展趋势做出预测和预报，对预防灾害的发生、减少灾害的损失有重要的意义。

7.6.1　监测

边坡平衡状态的丧失，一般总是先出现裂缝，然后裂缝逐渐扩大，处于极限平衡状态，这时稍受外营力或震动的影响，就会发生滑坡等不良地质现象。为了发现隐患、消除危害，有效且经济地采取整治滑坡的措施，保证各种边坡工程的正常使用，就必须对各种边坡滑坡建立观测网，经常地进行位移、地下水动态等检查观测和养护维修工作。滑坡监测一般有三个目的：一是从滑坡的位移和变形、滑带水的变化、坡体在破坏中产生的声音变化、不同部位滑坡的推力变化等观测数据中，找出在不同时间内各类相应观测数据的变化，以查明滑坡的性质、滑动的主因和滑坡诸要素；二是判断坡体不稳定部分的范围，预测滑坡可能滑动的空间形态及其发展；三是对坡体滑动可能发生大动破坏的时间及范围，事先提出预报和预警。重视滑坡裂缝的扩大变形，其观测结果将对研究滑坡的类型、移动的规律、整治措施的效果等提供宝贵的资料。并且根据观测资料，判断滑坡对铁路、公路、水利工程等的危害程度，以便采取有效措施，防止滑坡的发展。同时，还必须密切注意滑坡体附近地下水的变化情况，如地表水、地下水的流向、流量、浑浊度等，以及山坡表面外鼓、小型滑坍等资料，综合分析。

7.6.1.1　监测目的

观测与监测是滑坡防治工作中重要的一环，一般贯穿于滑坡防治的全过程，对于长期不稳定或呈间歇性活动的滑坡或滑坡群，必须进行动态测试，其主要目的有：

① 在滑坡整治前，配合地面调查和勘探工作，收集各种位移及变形资料。研究不同地质条件下不同类型的滑坡的产生过程、发育阶段和动态规律。如滑坡体上各种裂缝的产生、发展顺序及分布特征；滑坡各部分（尤其是滑带）的应力分布及变化；滑坡发育阶段的划分及动态规律。以分析滑坡性质，为整治设计提供资料。

② 研究滑坡的主要影响因素。例如，边坡坡脚开挖、河水冲刷或坡体上部超载对滑带应力状态的影响；地下水和地表水对滑坡的产生和发展的影响；水库或渠道蓄水和放水对滑坡稳定性的影响等。

③ 研究抗滑建筑物的受力状态。

④ 研究滑坡的预报方法。

⑤ 在整治过程中，监视滑坡的发展变化情况，预测发展动向，做出危险预报，以防止事故发生。

⑥ 整治工程完成后，通过一定时期的延续观测，了解滑坡发展趋势，判断其是否逐渐稳定及其趋势，并检验完成工程的整治效果。必要时，可采取追加工程，以补先期工程之不足。

7.6.1.2　监测方法

（1）滑坡地面位移观测

滑坡的演变过程一般较为复杂，其最明显的特征是地层的变形。为掌握滑坡的变形规律，研究防治措施，对不同类型的滑坡应设置滑坡位移观测网进行仪器观测。

建立观测网虽然有耗时长和工作量大的缺点，但由于它能够比较全面地了解滑坡的动态，是其他观测方法的基础，因此，目前仍是一种主要的观测方法。随着科学技术的发展，滑坡位移的监测已由传统的建网用经纬仪、水平仪和直接测量距离的仪器过渡到用光电测距仪、自动摆平水准仪、激光经纬仪、全站型电子测速仪、伸缩仪和地表倾斜盘以及自动记录装置等多种手段，这些新型仪器的广泛应用，大大提高了观测的速度和测量的精度。

滑坡观测网是指由设置在滑坡体内及周界附近稳定区地表的各个点（桩）位移观测，以及设置在滑坡体外稳定区地面的置镜桩、照准标、护桩等辅助桩组成的观测系统，定时测量各观测点的水平位移和高程的升降。其布置方法有：十字交叉网法、方格网法、任意交叉网法、横排观测网法、射线网法和基线交点网法等六种。

（2）地表裂缝简易观测法

精密的仪器建网观测，只能应用在大中型滑坡灾害点中，在一定时间范围内进行一次观测，而且所得的位移数据只是滑坡变形的平均值，有的局部性位移难以测得。滑坡变形过程中，滑体的不同部位产生的裂缝有随滑坡变形发展而明显规律变化的特点。人们对反映在地表及建筑物上的裂缝进行动态观测，就可以弥补这些缺点，扩大观测范围、准确地了解滑动体变形的全过程。滑坡裂缝动态观测，既方便易行，又能直观反映滑坡变形的一系列性质。因此，裂缝观测不仅对未建立观测网的滑坡监测具有重要意义，即使对已经建立了观测网的滑坡，也能补充和局部校正位移观测资料，尤其是对于因地形等条件限制难以设桩的重要部位，裂缝变化资料更是十分重要。

观测滑坡地表裂缝时应全面进行，既要观测滑动体的主裂缝，也要观测次生的裂缝。弄清裂缝的来源、分清裂缝的种类，摸索出滑坡受力情况、滑动的性质，推断滑动的原因。地表裂缝的观测方法主要有直角观测尺观测法、滑板观测尺观测法、臂板式观测尺观测法、观测桩观测裂缝法、滑杆式简测器观测法、双向滑杆式简测器观测法、垂线观测法、专门仪器观测法等。

（3）建筑物裂缝简易观测法

对滑坡体及其周围附近所有建筑物的开裂、沉陷、位移和倾斜等变形均应进行观测。因为这些建筑物对滑坡变形反应敏感，表现清楚，可为详细掌握崩滑的原因、山体稳定程度和发展趋势，并采取防护措施提供确切的参考数据。圬工建筑物的变形观测方法有灰块测标、标钉测标、金属板测标等。

（4）地面倾斜变化观测

滑坡在其变形过程中，地面倾斜度也将随之产生变化。观测地面倾斜度的变化至少可以达到两个目的：对于尚未确定边界的滑坡，通过倾斜观测可以确定滑坡边界；对于已经确定了边界，但滑坡动态尚不明确时，通过倾斜观测可以判断滑坡是否已处于稳定或是尚在活动。地面倾斜变化观测主要利用地面倾斜仪进行。

（5）滑坡深部位移观测

尽管滑坡是一种整体移动现象，但是在滑坡过程中，地表与深部位移常常表现出局部的差异。在多层滑坡情况下，这种差异在滑面上下表现有明显的突变性。因此，在对地表位移进行观测的同时，必须进行滑坡体内部深层位移的观测。滑坡深部位移观测的目的是了解滑体内不同深度各点的位移方向、数量和速度，结合地面位移观测和地下应力的测定，研究滑坡发生的机理和动态过程，为滑坡整治提供可靠的依据。主要有简易观测法和专门观测法两种。

（6）滑动面位置的测定

确定滑动面的位置是治理滑坡的关键。在多层滑面存在的情况下，哪些滑面正在活动或已经稳定，仍是尚待解决的问题。因此，国内外均重视滑动面测定方法和观测设备的研究。目前主要有钻孔中埋入管节测定；钻孔中埋设塑料管测定；简易滑面电测器测定；摆锤式滑面测定器测定；电阻应变管监测滑坡的滑动面。

（7）滑坡滑动力（推力）观测

滑坡滑动力可以通过已知的工程地质条件和给定的设计参数用计算方法求得，为整治滑坡提供依据。当工程完成以后，滑动力就是作用于建筑物的推力。因此，可利用设于建筑物上的压力盒来实测此值，从而获得推力分布及建筑物受力状态，并检查、校核设计滑坡推力的准确性。

7.6.1.3　资料分析

滑坡经过一定时间的多次动态观测记录后，应对各观测项目的资料进行系统的整理与分析。这无论对分析滑坡基本性质（定性），还是对进行滑坡稳定性计算（定量）都是十分重要的。通过资料整理一般可以达到以下几个目的：

① 绘制滑坡位移图，确定主轴方向；

② 确定滑坡周界；

③ 确定滑坡各部分变形的速度；

④ 确定滑坡受力的性质；

⑤ 判断滑动面的形状；

⑥ 确定滑坡移动与时间的关系；

⑦ 观测移动的平面图和纵断面图；

⑧ 确定地表的下沉或上升；

⑨ 估算滑体厚度；

⑩ 滑坡平衡计算。

7.6.2　预测与预报

对滑坡可能发生的地点、滑坡的类型与规模、滑坡滑动发生时间以及可能造成的危害进行预测、预报，以及对新老滑坡的判识，是滑坡整治与研究中一项极为重要的工作。

滑坡预测主要是指对于可能发生滑坡的空间、位置的判定。它包括滑坡可能发生的地点、类型、规模（范围和厚度），及对工程、农田活动、市政工程和居民生命财产可能产生危害程度的预先判定。滑坡发生地点的预测，其问题的实质就是掌握产生滑坡形成的内在条件和诱发因素，尤其是掌握滑坡分布的空间规律。而滑坡预报主要是指对于可能发生滑坡的时间的判定。

7.6.2.1　预测

滑坡预测的基本内容主要是：可能发生滑坡的区域、地段和地点；区内可能发生滑坡的基本类型、规模、基本特点，特别是运动方式、滑动速度和可能造成的危害。依据研究区域的范围和目的的不同，可以把预测大致划分为区域性预测和场地预测两大类。区域性预测是为大规模建设在布局及具体工程建设选点方面提供滑坡危害空间分布的信息。这种趋势预测是以地区、地带和某一特定小区为研究对象，对其做出可能发生滑坡危险性及危害等级的划分。

场地预测是在已有生产设施和经济建设之处或拟建工程的场地，判断目前是否存在滑坡，在人为活动条件下今后是否会出现滑坡，以及是否有必要进行防治等。它是在生产上需预先知道的事情，要预测滑坡目前在坡体上占据的空间部位、规模和今后可能的发展范围，滑坡的类型、性质和条块层级的划分，滑坡生成的条件、促使滑坡的因素及其变化，滑坡目前的稳定程度、今后发展的趋势和在大动破坏下危害范围与对后果的估计，以及长期微动对滑坡的危害等。

滑坡预测应当遵循三个基本原则：实用性、科学性和易行性。滑坡预测方法应使人们比较容易理解、掌握和应用。滑坡预测的方法大致分为两类：因子叠加法、综合指标法。

因子叠加法（形成条件叠加法）是把每一影响因子形成条件按其在滑坡发生中的作用大小划分为不同的等级，在每一因子内部又划分若干等级，然后把这些因子的等级全部以不同的颜色、线条、符号等表示在一张图上。凡因子叠加最多的地段（色深、线密、符号多的地段）即是发生滑坡可能性最大的地段。可以把这种重叠情况与已经进行详细研究的地段进行比较，从而做出危险性预测。

综合指标法是把所有因子在滑坡形成中的作用，以一种数值来表示，然后对这些量值按一定的公式进行计算、综合，把计算所得的综合指标值与滑坡发生临界值相对比，区分出滑坡发生危险区及危险程度。

滑坡预测的逻辑表达式可以用下列函数式表示

$$M = F(a, b, c, d, \cdots) \tag{7.81}$$

当各项因子的指标值确定以后，式(7.81)转化为

$$M = (d + e + f + \cdots)ABC \tag{7.82}$$

式中，M 为综合指标值；A 为地层岩性因子指标值；B 为结构构造因子指标值；C 为地貌因子指标值；a、b、c、d 分别为某一单因子指标值；d、e、f 分别表示一个外因因子的指标值。

设 N 为发生滑坡的临界值，当 $M > N$ 时为危险区；当 $M = N$ 时为准危险区；当 $M < N$ 时为稳定区。N 值的确定十分重要，也颇为不易。目前只有依赖典型地区滑坡资料的统计分析而初步确定。式(7.82)基本上反映了滑坡发生中主导因子的决定性作用和从属因子间的等代关系。因此，遵循式(7.82)开展滑坡资料的统计分析，建立因子间的平衡，确定各因子内部的指标值，可以比较接近客观实际。

不同类型的滑坡，必然产生在不同的地质地理环境中，在特定的区域、特定的地质地理环境下发生的滑坡，一般都有特定的类型。分析不同类型滑坡的产生条件，对于预测不同地质条件下产生的滑坡类型有一定的作用，见表7.6。

表 7.6 诱发滑坡产生的各种因素

地质地理条件		滑坡类型	备注
岩层	层面倾向与山坡倾向一致	构造型顺层岩石滑坡	一般发生在沉积岩地区
	有顺向缓倾斜断层或其他构造面	构造型岩石滑坡、构造型破碎岩石滑坡	一般发生在断层构造发育区
	在近乎水平的硬岩层中有可塑性岩泥夹层	挤出型岩石滑坡	分布在水平沉积岩地区
土层	岩性、结构面不均匀,有明显的成层性	接触型(黄土、堆积土、黏性土、堆填土)滑坡	分布广
	有丰富的地下水补给来源、边坡土体含水量丰富	塑流型滑坡	我国南方地区有断层补给地下水的地区多见
	巨厚的黄土层内夹有含水细砂粉砂或细粒石层	潜蚀型黄土	黄土地区主要的滑坡类型
	陡倾破裂面的黄土山坡	构造型黄土滑坡	滑动急剧
	由风化深、结构均一的黏性土组成的山坡、岸坡或由此类土堆填而成的堆填地形	剪切型(黏性土、堆填土)滑坡	均质土地区主要的一种滑坡类型
	坡体内存在有在振动作用下易产生结构破坏而导致液化的土层	液化型(黄土、黏性土、堆填土)滑坡	

滑坡范围和滑体厚度及地质基础条件密切相关。变质岩和沉积岩的岩层滑动一般具有第一等规模，其数量可达数十万、数百万乃至数千万立方米，甚至更大；巨厚的黄土层中产生的滑坡规模也较大，其数量等级有时可与岩层滑动相当；同类土层中的滑动规模一般较小，以数千至数万立方米居多，极少有超过十几万立方米的；而堆积土滑坡的规模有较大的变化幅度，小则仅数千、数万立方米，大则可达数十万、数百万立方米。

滑坡范围的预测应包括两方面含义：其一为滑动涉及的范围，即滑坡主动部分的体积的预测；其二为被滑坡堆积物覆盖的范围的预测。当滑坡出口高、临空空间宽大时，不仅应预测滑坡主动部分可能涉及的范围，还应预测当滑坡发生时，滑动物质可能覆盖的范围。

7.6.2.2　预报

预报滑坡发生大动破坏的时限是在预测到具有滑坡、潜在滑坡的地段及场地的基础上，开始对其进行某一区域内预报同一类型滑坡发生大动破坏的时间。

滑坡预报大致可以分为区域性趋势预报和场地性预报。

区域性趋势预报是一种长期预报，是对于某一特定区域的滑坡活跃期和宁静期的趋势性研究，指出哪些地点可能会大量发生滑坡，从而造成危害。长期预报是根据诱发滑坡产生的各种因素（降雨量、地下水动态、河流、水库水位及冲刷强度、地震、人类活动等）的影响，来估计山坡稳定性随时间而变化的细节。在各种诱发因素中，除了人类活动因素完全具有人为性以外，其他因素都有一定的周期性规律。掌握这种规律，对于做出滑坡活动的长期预报是极为重要的。

场地性预报是一种短期预报（又称即时预报），它是对某一建设场地或某个具体边坡能否发生滑坡以及滑动特征、滑速、出现时刻的预先判定。

7.6.3　加固措施

岩质边坡之所以失稳，是由于岩体下滑力增加或岩体抗滑力降低。因而，岩质边坡的加固措施要针对这两方面来进行，以提高边坡的稳定系数。这里介绍岩质边坡工程常用的一些加固措施。

7.6.3.1　排水措施

水在边坡工程中是不利因素，它降低了岩土的物理力学性质，并导致抗滑力的减小和下滑力的增大，因此排水对提高边坡的稳定性具有重要作用。边坡工程应根据实际情况设置地表及内部排水系统。

为减少地表水渗入边坡内，应在边坡潜在塌滑区后缘设置截水沟，如图7.35所示。边坡表面应设地表排水系统，其设计应考虑汇水面积、排水路径、沟渠排水能力等因素。不宜在边坡上或边坡顶部设置沉淀池等可能造成渗水的设施，必须设置时应做好防渗处理。

地下排水措施宜根据边坡水文地质和工程地质条件选择，可选用大口径管井、水平排水管、各种形式的渗沟或盲沟系统，以截排来自坡体外的地下水流，如图7.35、7.36所示。

边坡工程应设泄水孔。对岩质边坡，泄水孔宜优先设置于裂隙发育、渗水严重的部位。边坡坡脚、分级台阶和支护结构前应设排水沟。当潜在破裂面渗水严重时，泄水孔宜深入至潜在滑裂面内。

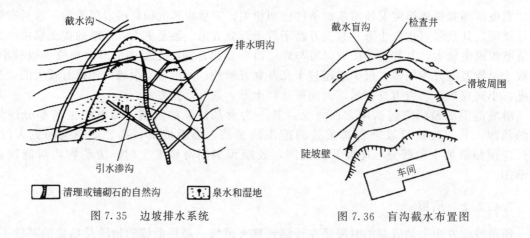

图 7.35   边坡排水系统   图 7.36   盲沟截水布置图

7.6.3.2   刷方减重

对边坡进行刷方,既可减小滑力,又可清除可能引起边坡破坏(即岩崩和滑坡)的不稳定或潜在不稳定的部分,有时可把刷方下来的岩土体压脚(回填坡脚),以增加边坡的抗滑力。

对安全等级为二、三级的建筑边坡工程,可采用坡率法进行刷方减重。在工程条件许可时,应优先采用坡率法。岩质边坡开挖的坡率允许值应根据实际经验,按工程类比的原则,并结合已有稳定边坡的坡率值分析确定。对无外倾软弱结构面的边坡,GB 50330《建筑边坡工程技术规范》根据边坡岩体类型、风化程度和边坡高度,给出了坡率允许值,其范围在 1∶0.1~1∶1 之间。

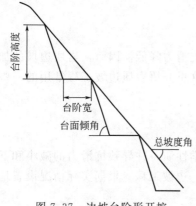

图 7.37   边坡台阶形开挖

高度较大的边坡应自上而下分级开挖放坡。通常开挖成台阶形(图 7.37),每一台阶的坡度均需满足边坡稳定的坡率允许值。边坡的整个高度可按同一坡率进行放坡,也可根据边坡岩土的变化按不同的坡率放坡。一般把台阶修筑成水平状,以避免水的纵向流动对坡面的冲蚀。

坡率法可与锚杆、锚喷支护等支挡结构联合应用形成组合边坡。例如当不具备全放坡条件时,上段可采用坡率法,下段可采用支挡结构以稳定边坡。

对永久性边坡,坡面上宜采用锚喷、浆砌片石或格构措施护面。条件许可时,宜尽量采用格构或其他有利于生态环境保护和美化的护面措施,这在当前工程建设中越来越受到重视。临时性边坡可采用水泥砂浆护面。

7.6.3.3   支挡措施

岩质边坡工程常用的支挡措施有锚杆(索)、锚喷、挡墙(重力式挡墙、桩板式挡墙、板肋式或格构式锚杆挡墙、排桩式锚杆挡墙)、抗滑桩等。

锚杆(索)是一种受拉结构体系,可显著提高边坡岩体的整体性和稳定性,目前在边坡工程中得到广泛应用。锚杆材料可根据锚固工程性质、锚固部位和工程规模等因素,选择高强度、低松弛的普通钢筋,高强精轧螺纹钢筋,预应力钢丝或钢绞线。对非预应力全黏结型锚杆,当锚杆承载力设计值低于 400kN 时,采用Ⅱ、Ⅲ级钢筋能满足设计要求。预应力锚杆能提供很大的承载力,其承载力设计值可达到 3000kN。设计上,锚杆分锚固段、自由段和外锚段。自由段长度是指外锚头到潜在滑裂面的长度。锚固段长度对岩质边坡不应小于 3m,且应位于完整坚硬岩体中。当锚固段岩体破碎、渗水量大时,宜对岩体做固结灌浆处理。图 7-38、图 7-39 为锚杆和锚索结构示意图。

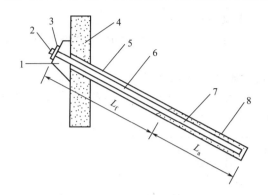

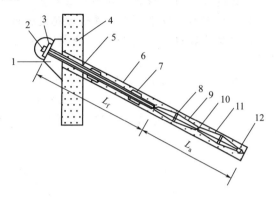

图 7-38　锚杆结构示意图
1—台座;2—锚具;3—承压板;4—支挡结构;
5—钻孔;6—自由隔离层;7—钢筋;8—注浆体;
L_f—自由段长度;L_a—锚固段长度

图 7-39　锚索结构示意图
1—台座;2—锚具;3—承压板;4—支挡结构;
5—自由隔离层;6—钻孔;7—对中支架;8—隔离架;
9—钢绞线;10—架线环;11—注浆体;12—导向帽;
L_f—自由段长度;L_a—锚固段长度

　　锚喷支护对岩质边坡具有良好效果且费用低廉,有时为改善支护结构外表,采用现浇钢筋混凝土板代替喷射混凝土。锚喷支护中锚杆起主要承载作用,分系统加固锚杆和局部加强锚杆两种类型。系统加固锚杆用以维持边坡整体稳定,而局部加固锚杆用以维持不稳定块体。

　　现浇钢筋混凝土板肋式挡墙适用于挖方地段,当不能保证施工期坡体稳定时,宜采用排桩式锚杆挡墙。

　　排桩式锚杆挡墙适用于边坡稳定性很差、坡肩有建(构)筑物等附加荷载地段的边坡。排桩可采用人工挖孔桩、钻孔桩或型钢。排桩施工完后用"逆作法"施工锚杆及钢筋混凝土挡板或拱板。

　　钢筋混凝土格构式锚杆挡墙,是利用浆砌块石、现浇钢筋混凝土或预制预应力混凝土进行边坡坡面防护,并利用锚杆或锚索加以固定的一种边坡加固技术。格构技术一般与环境美化相结合,利用框格护坡,同时在框格之内种植花草可以达到美观的效果。这种技术在山区高速公路高陡边坡加固中被广泛采用。其墙面垂直型适用于稳定性、整体性较好的岩质边坡,在坡面上现浇网格状的钢筋混凝土格架梁,在竖向肋和水平梁的结点上加设锚杆,岩面上可加钢筋网并喷射混凝土作支挡或封面处理。其墙面后仰型可用于各类岩质边坡,格架内墙面根据稳定性可作封面、支挡或绿化处理。

　　桩板式挡墙适用于开挖土石方可能危及相邻建筑物或环境安全的边坡及工程滑坡治理。桩板式挡墙按其结构形式分为悬臂式桩板挡墙和锚拉式桩板挡墙。挡板可以采用现浇板或预制板。桩板式挡墙形式的选择应根据工程特点、使用要求、地形、地质和施工条件等综合考虑。

　　抗滑桩常用于重大工程的滑坡治理中,单根桩的规模有时很大,以提供较大的抗滑能力。在天生桥二级水电站厂房边坡的抗滑桩中,增配 15 kg/m 的钢轨。小湾水电站堆积体的悬臂抗滑桩规模巨大,其悬臂高度达 30m,且桩身拉有 165 根预应力锚索。

【思考与练习题】

1. 边坡岩体中的重分布应力有哪些主要特征？与哪些因素有关？

2. 边坡岩体的变形破坏有哪些基本类型？

3. 应用刚体极限平衡法计算边坡稳定性的一般步骤是什么？

4. 岩质边坡极限平衡稳定性分析方法主要有哪些？简述这些方法的力学模型和适用范围。

5. 有一岩坡如图 7.40 所示，坡高 $H = 100\text{m}$，坡顶垂直张裂隙深 40m，坡角 $\alpha = 35°$，结构面倾角 $\beta = 20°$。岩体重度 $\gamma = 25\text{kN/m}^3$，结构面黏聚力 $c_j = 0$，内摩擦角 $\varphi_j = 25°$。试计算当裂隙内的水深 Z_w 达何值时，岩坡处于极限平衡状态？

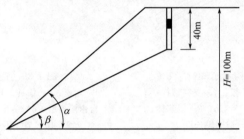

图 7.40 题 5 剖面图

6. 某一滑坡面为折线形，拟设计抗滑结构物，其主轴断面及作用力参数如图 7.41、表 7.7 所示。试计算其稳定系数 K，并确定最终作用在抗滑结构物上的推力 P_3 为多少？

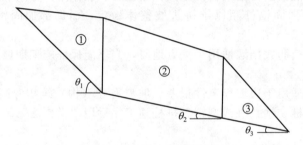

图 7.41 题 6 主轴断面图

表 7.7 题 6 作用力参数表

条块编号	下滑力 $T/(\text{kN/m})$	抗滑力 $R/(\text{kN/m})$	滑面倾角 $\theta/(°)$	传递系数 ψ
①	12000	5500	45°	0.733
②	17000	19000	17°	1.00
③	2400	2700	17°	

7. 边坡监测的目的是什么？

8. 边坡加固的方法有哪些？分析其各自的适用性。

第 8 章

岩石地基工程

 学习目标及要求

了解岩石地基、岩基承载力、坝基岩体抗滑稳定性计算以及岩石地基的加固措施；掌握岩石地基的基础形式、坝基岩体的破坏形式、岩基抗滑稳定性计算；熟悉岩石地基的应力分布特征、岩石地基基础沉降；几种岩石地基承载力确定方法。

8.1 概述

岩石地基，是指建筑物或构筑物以岩体作为持力层的地基。由于岩石相对于土体要坚硬，具有更高的抗压、抗拉和抗剪强度，所以国内外基础工程的关注点一般都在土质地基上，岩石地基的工程研究相对较少。

岩石地基相对土质地基，可承担较大荷载，强度较高。岩体强度较高的岩石地基一般能满足承载力的要求，完整的中等强度岩体的承载力便足以承受高楼或大型构筑物产生的荷载。因此，工程师们都倾向认为岩石地基上的基础一般不会存在沉降与失稳等问题。但是在实际工程中，岩石大多数不是完整的岩块，而是具有各种不良地质结构面，包括各种断层、节理、裂隙及其填充物的复合体，称为岩体，岩石地基的岩体是由被裂隙面切割的岩块组合而成的。同时岩体还可能包含有岩溶、洞穴或经历过不同程度的风化作用，甚至非常破碎。岩体中各种缺陷的存在使岩体强度远小于岩石强度，也使岩体强度的变化范围很大，从小于 5MPa 到大于 200MPa 都有。这些缺陷会削弱岩基强度，使表面上看起来有足够强度的岩石地基发生滑动破坏，并产生较大的地基沉降，进而导致灾难性的后果。

由此，可以总结出岩石地基工程的两大特征：

ⅰ.相对于土质地基，岩石地基可以承担大得多的外荷载；

ⅱ.岩石中各种缺陷的存在可能导致岩体强度远远小于完整岩块的强度。

为了保证建筑物或构筑物的正常使用，在岩石地基设计中，关键技术问题包括三个方面的内容：

ⅰ.岩石地基需要有足够的承载能力，以保证在外荷载的作用下不产生碎裂或蠕变破坏，确保上部结构的稳定和安全；

ⅱ.在外荷载作用下，由岩石的弹性应变和软弱夹层的非弹性压缩产生的岩石地基沉降值应该满足建筑物或构筑物安全与正常使用的要求；

ⅲ.确保较弱岩性岩石地基（裂隙岩石地基、含软弱夹层岩石地基）在外荷载的作用下不会发生滑动破坏，这种情况通常发生在高陡岩石边坡上的基础工程中。

由于岩石地基具有承载力高且变形小的特点，因此岩石地基上的基础形式一般较为简单。一般在土质地基上采用的基础形式应用到岩基上，能较好地满足使用要求。根据上部建筑荷载的大小和方向，以及工程地质条件，岩石地基上的基础形式如图8.1所示。

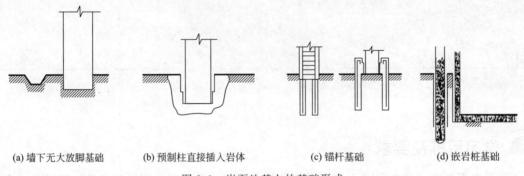

(a) 墙下无大放脚基础　　(b) 预制柱直接插入岩体　　(c) 锚杆基础　　(d) 嵌岩桩基础

图8.1　岩石地基上的基础形式

① 墙下无大放脚基础。若岩石地基的岩石单轴抗压强度较高（大于30MPa），且岩体裂隙不太发育，对于砌体结构且上部结构传递给基础的荷载较小的民用房屋，可在清除基岩表面风化层后直接砌筑，无须设基础大放脚，如图8.1(a) 所示。

② 预制柱直接插入岩体。以预制柱承重的建筑物，若承受荷载及偏心距均较小，且岩体强度较高、整体性较好时，则可在岩基中按杯壁构造尺寸要求开凿杯口，将预制钢筋混凝土柱直接插入。然后用强度等级为C20的细石混凝土将预制钢筋混凝土柱周围的空隙填充，使其与岩基形成整体，如图8.1(b) 所示。

③ 锚杆基础。对于承受上浮力的结构物，当其自身重力不足以抵抗上浮力或抗拔力时，需要在结构物与岩石之间设置抗拉灌浆锚杆提供抗浮力或抗拔力，该类基础称为锚杆基础。当上部结构传递给基础的荷载存在较大弯矩时，可采用锚杆基础，锚杆主要承受上拔力以平衡基底可能出现的拉应力，如图8.1(c) 所示。锚杆在岩石地基的基础中，主要提供抗拔力或抵抗弯矩以平衡基底可能出现的拉应力，同时对裂隙岩基还有锚固的作用，进而可减少基础的埋深。

④ 嵌岩桩基础。当浅层岩体的承载力不足以承担上部建筑物荷载，或者沉降值不满足正常使用要求时，需要通过人工挖孔、钻机钻孔等方式将大直径灌注桩穿过覆盖层嵌入到基岩中，将上部荷载直接作用到深层坚硬的岩层上。嵌岩桩可以承受竖向压力和拉力、水平荷载以及力矩等各种不同形式的荷载。嵌岩桩的承载力由桩侧摩阻力、端部支承力和嵌固力提供。对于高层建筑、重型厂房等建筑物，嵌岩桩是一种良好的基础形式。尤其是在已有建筑物附近没有空间修建扩展基础的情形时，可以考虑设置嵌岩桩。嵌岩桩可以充分利用基岩的承载性能，从而提高单桩的承载力，且由于桩端持力层压缩性很小，并可忽略群桩效应，使单桩和群桩沉降很小，承载力大，将荷载传递到邻近建筑物基底水平面下的坚硬岩石上，如图8.1(d) 所示。

8.2　岩石地基的变形和沉降

8.2.1　岩石地基中的应力分布

研究地基岩体的稳定性首先必须搞清地基岩体中的应力分布，它包括天然应力分布和建筑物载荷引起的附加应力分布。本节将重点介绍建筑物载荷在地基岩体中引起的附加应力分布特征。

目前，由于大多数的岩石表现出线弹性性质，地基岩体中的应力分析一般都基于弹性理论。研究表明，利用弹性理论计算岩石地基中的应力与现场测试得到的应力水平基本相符，但不同地质条件下，岩石地基中的应力分布特征不同。因此选取适当的边界条件进行弹性分析显得尤为重要。对于建筑物载荷分布不均一、岩体结构与性质差别较大的地基岩体，可以采用有限单元法分析岩体中的应力，有关这方面的内容可以参见相关文献，本节不作重点介绍。

确定岩石地基中应力分布的意义主要在于：

① 将岩石地基中的应力水平与岩体强度相比较，可判断地基岩体是否已经发生破坏；

② 可根据岩石地基中的应力水平计算地基的沉降值。

8.2.1.1　均质、各向同性、弹性岩石地基的应力分布

（1）竖向集中荷载作用

对于竖向集中荷载作用下，均质各向同性岩石地基的应力分布，可视为弹性半无限空间上作用垂直集中荷载，岩石地基中的应力分布与变形可由布辛奈斯克（Boussinesq）在 1885 年推导出的应力和位移理论解求得

$$
\begin{cases}
\sigma_z = \dfrac{3P}{2\pi}\dfrac{z^3}{R^5} = \dfrac{3P}{2\pi z^2}\left[1+\left(\dfrac{r}{2}\right)^2\right]^{-\frac{5}{2}} \\[2mm]
\sigma_r = \dfrac{P}{2\pi}\left[\dfrac{3zr^2}{R^5} - \dfrac{1-2\mu}{R(R+z)}\right] \\[2mm]
\sigma_\theta = \dfrac{P(1-2\mu)}{2\pi}\left[\dfrac{1}{R(R+z)} - \dfrac{z}{R^3}\right] \\[2mm]
\tau_{rz} = \dfrac{3P}{2\pi}\dfrac{z^2 r}{R^5} \\[2mm]
\tau_{\theta r} = \tau_{r\theta} = 0
\end{cases}
\tag{8.1}
$$

式中，P 为竖向集中荷载；μ 为泊松比；R 为弹性半无限空间任一点与坐标原点的距离；r、z、θ 的意义见图 8.2。

（2）竖向线均布荷载作用

竖向线均布荷载作用下，均质各向同性岩石地基的应力分布，可简化为典型的平面应变问题。如图 8.3 所示，选取极坐标系，以竖向线均布荷载的作用点 O 为原点，向径为 r，极角为 θ。根据弹性理论，岩石地基中任一点的附加应力为

$$
\begin{cases}
\sigma_r = \dfrac{2p}{\pi r}\cos\theta \\[2mm]
\sigma_\theta = 0 \\[2mm]
\tau_{r\theta} = 0
\end{cases}
\tag{8.2}
$$

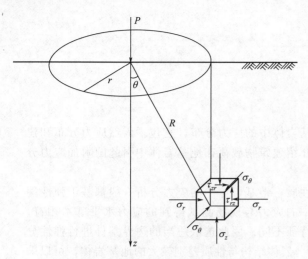

图 8.2　集中荷载作用下岩石地基的
应力计算图

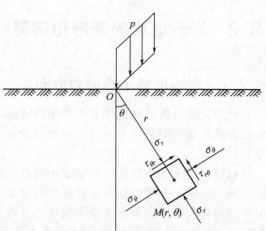

图 8.3　竖向线均布荷载作用下
岩石地基的应力计算图

式中，σ_r、σ_θ 为任一点的径向应力和环向应力；$\tau_{r\theta}$ 为任一点的切应力。

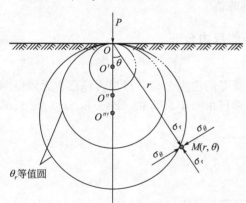

图 8.4　竖向线均布荷载作用下
岩石地基中的压力包

由于 $\tau_{r\theta}=0$，$\sigma_\theta=0$，则 σ_r 为最大主应力，σ_θ 为最小主应力。当 r 值一定时，最大主应力 σ_r 随着 θ 值的变化而变化，σ_r 等值线为相切于原点 O 的圆，圆心位于点 O' $\left(\dfrac{p}{\pi\sigma_r},\ 0\right)$，半径 $r_0=\dfrac{p}{\pi\sigma_r}$，如图 8.4 所示。如果 r 值变化，则对应不同的等值圆，将这些等值圆称为压力包，这些压力包的形态表明了荷载在岩石地基中的扩散过程。

（3）水平荷载作用

对于水平荷载作用下，均质各向同性岩石地基的应力分布，在极坐标系中，根据弹性理论，岩石地基中任一点的应力为

$$\begin{cases} \sigma_r=\dfrac{2Q}{\pi r}\sin\theta \\[2mm] \sigma_\theta=0 \\[2mm] \tau_{r\theta}=0 \end{cases} \tag{8.3}$$

式中，Q 为水平荷载。

如图 8.5 所示，水平荷载作用下，σ_r 等值线为相切于点 O 的两个半圆，圆心在 Q 的作用线上，分别为 $O_1'\left(\dfrac{Q}{\pi\sigma_r},\ 0\right)$ 和 $O_2'\left(\dfrac{Q}{\pi\sigma_r},\ \pi\right)$，半径 $r_0=\dfrac{Q}{\pi\sigma_r}$。同样，如果 r 值变化，则对应不同的等值半圆，即压力包。两个等值的半圆对应的 σ_r 值为一正一负，Q 指向的半圆为压应力，背向的半圆为拉应力。

（4）倾斜荷载作用

倾斜荷载作用可视为水平荷载与竖向荷载作用下的组合。均质各向同性岩石地基的应力分布，在极坐标系中，根据弹性理论，岩石地基中任一点的应力为

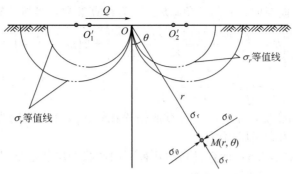

图 8.5　水平荷载作用下岩石地基的应力计算图

$$\begin{cases} \sigma_r = \dfrac{2R}{\pi r}\cos\theta \\ \sigma_\theta = 0 \\ \tau_{r\theta} = 0 \end{cases} \tag{8.4}$$

式中，R 为倾斜荷载。

如图 8.6 所示，倾斜荷载作用下 σ_r 等值线是圆心位于倾斜荷载 R 的作用线上，相切于点 O 的两段圆弧。同样，两段等值的圆弧分别对应的 σ_r 值为一正一负，下面的圆弧表示为压应力，上面的圆弧表示拉应力。

因此，在均质、各向同性、弹性岩石地基中，线载荷引起的附加应力是以圆形压力包的形式从载荷作用点向周围扩散的。

8.2.1.2　层状岩石地基的应力分布

由于层状岩体为非均质、各向异性，其应力分布要相对复杂一些，在外荷载的作用下，附加应力等值线不再为圆形分布，而是呈现出各种不规则的形状。

博雷（J. W. Bray）将在层状岩石地基上作用的倾斜荷载 R 分解到平行和垂直于结构面的两个方向，两个分量分别为 X 和 Y，如图 8.7 所示。

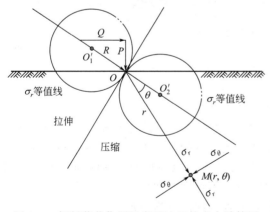

图 8.6　倾斜荷载作用下岩石地基的应力计算图

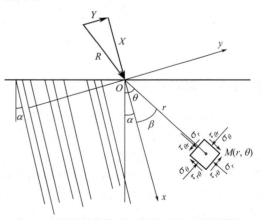

图 8.7　倾斜荷载作用下层状岩基应力计算图

岩石地基中任一点的应力为

$$\begin{cases} \sigma_r = \dfrac{h}{\pi r}\left[\dfrac{X\cos\beta + Ym\sin\beta}{(\cos^2\beta - m\sin^2\beta) + h^2\sin^2\beta\cos^2\beta}\right] \\ \sigma_\theta = 0 \\ \tau_{r\theta} = 0 \end{cases} \tag{8.5}$$

式中，β 为岩层层面与向径 r 的夹角；h、m 为计算参数，可按下式（8.6）计算。

$$\begin{cases} h=\sqrt{\dfrac{E}{1-\mu^2}\left[\dfrac{2(1+\mu)}{E}+\dfrac{1}{K_s s}\right]+2\left(m-\dfrac{\mu}{1-\mu}\right)} \\[4mm] m=\sqrt{\left(1+\dfrac{E}{(1-\mu^2)K_n s}\right)} \end{cases} \tag{8.6}$$

式中，E 为岩石的变形模量；μ 为岩石的泊松比；K_n、K_s 分别为岩层层面法向刚度、岩层层面切向刚度；s 为岩层层面厚度。

图 8.8 为博雷根据式（8.5）计算得到的几种不同产状的层状地基岩体在竖向荷载 P 的作用下，径向附加应力 σ_r 的等值线，其中

$$\frac{E}{1-\mu^2}=K_n s$$

$$\frac{E}{2(1+\mu)}=5.63K_n s$$

$$\mu=0.25,m=2,h=4.45$$

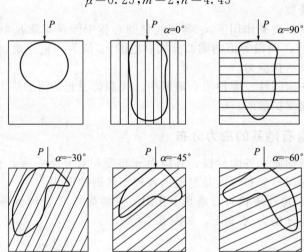

图 8.8　层状岩石地基应力等值线

8.2.2　岩石地基的沉降

岩石地基的沉降主要由以下三个方面的地基沉降引起。

① 由岩体本身的变形、结构面的闭合与变形以及少数黏土夹层的压缩三个部分组合形成的地基沉降。当岩石地基的岩体比较完整、坚硬，且含有的黏土夹层较薄时，则认为其沉降是弹性的，可采用弹性理论计算地基沉降值。当岩石地基视为均质、各向同性弹性材料时，上部建筑物荷载作用时，认为地基沉降瞬时完成，不考虑时间效应。这种方法的适用范围包括均质、各向同性岩石地基，成层岩石地基和横观各向同性岩石地基。

② 由于岩体沿结构面剪切滑动产生的地基沉降。这种情况多发生在基础位于岩石边坡顶部时，且边坡岩体中存在潜在滑动的块体。

③ 与时间有关的地基沉降。主要发生在软弱岩石地基、脆性岩石地基以及当地基岩体中包含有一定厚度的黏土夹层岩石地基。

岩石地基的沉降主要是由上部结构荷载作用引起的。对于一般的中小型工程来说，由于荷载相对较小，所引起的沉降量也较小。但对于重型和巨型建筑物而言，则可能产生较大的

沉降量，尤其是当地基较软弱或破碎时，产生的沉降量会更大。

沉降值的大小主要取决于各层岩体的变形模量和泊松比、岩层的分布情况和厚度、基础形式与基底压力等。通常情况下，由于岩石地基的变形模量很难准确测得，往往根据现场岩体变形模量的变化范围来确定地基沉降的可能变化范围。岩石地基的沉降计算较多采用弹性理论解法。在实际的岩石地基工程中，地基岩体表现出非均质与各向异性，甚至是非弹性。因此，很难利用弹性理论计算地基沉降值，可考虑使用有限元法、有限差分法等数值分析方法进行计算。

8.2.2.1　圆形基础的沉降

当半无限体表面上有垂直集中荷载 P 作用时，其应力分布与变形可由布辛涅斯克（Boussinesq）的弹性理论解求得，基础的沉降即为在半无限体表面处（$z=0$）的沉降量 s

$$s = \frac{P(1-\mu^2)}{\pi E r} \tag{8.7}$$

式中，r 为沉降量计算点与集中荷载 P 作用点之间的距离；E 为岩石的变形模量；μ 为岩石的泊松比。

当施加在岩石地基上的荷载是均布荷载 p 时，基础接触面上无摩擦力，则基底反力也是均匀分布的，在数值上等于均布荷载 p。在均布荷载 p 作用下圆形柔性基础的沉降值可基于集中荷载作用下的沉降计算结果通过积分方法求得，圆形基础沉降的计算图如图 8.9 所示。

根据式（8.7）可得微单元体作用荷载 $\mathrm{d}P$ 引起的任一点的沉降 $\mathrm{d}s$ 为

$$\mathrm{d}s = \frac{\mathrm{d}P(1-\mu^2)}{\pi E r} = \frac{1-\mu^2}{\pi E r} p\,\mathrm{d}r\,\mathrm{d}\varphi \tag{8.8}$$

岩石地基表面上任一点处的沉降量 $s(x, y)$ 为

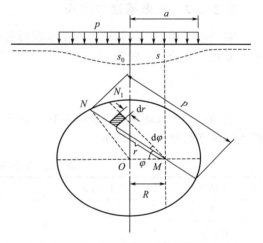

图 8.9　圆形基础沉降计算图

$$s(x,y) = \frac{1-\mu^2}{\pi E} p \int \mathrm{d}r \int \mathrm{d}\varphi = 4p\,\frac{1-\mu^2}{\pi E} \int_0^{\frac{\pi}{2}} \sqrt{a^2 - R^2 \sin\varphi}\,\mathrm{d}\varphi \tag{8.9}$$

式中，R 为沉降量计算点与圆形基础中心之间的距离；E 为岩石的变形模量；μ 为岩石的泊松比；a 为圆形基础的半径。

岩石地基表面上任一点处的沉降量 $s(x, y)$ 与圆形基础的变形模量、尺寸以及沉降量计算点的位置等因素有关。在圆形基础均布荷载 p 的作用下，基础中心的沉降量与基础边缘的沉降量不同，圆形柔性基础中心（$R=0$）的沉降量 s_0 为

$$s_0 = \frac{2(1-\mu^2)pa}{E} \tag{8.10}$$

圆形柔性基础边缘（$R=a$）的沉降量 s_r 为

$$s_r = \frac{4(1-\mu^2)pa}{\pi E} \tag{8.11}$$

对比式（8.10）和式（8.11），可得到式（8.12）。由此可知，圆形柔性基础在均布荷载 p 的作用下，圆形柔性基础中心的沉降量与基础边缘的沉降量不同，基础中心的沉降量为基础边缘的沉降量的 1.57 倍。

$$\frac{s_0}{s_r} = \frac{\pi}{2} = 1.57 \tag{8.12}$$

对于圆形基础，岩石地基表面上任一点处的沉降量 s 为

$$s = \frac{2(1-\mu^2)pa}{E}\omega \tag{8.13}$$

式中，ω 为基础沉降的影响系数，其值随着基础形状、基础类型以及沉降量计算点的位置而不同，具体取值如表 8.1 所示。

表 8.1　圆形基础沉降影响系数 ω

基础类型	中心点	边缘点	平均值
柔性基础	1.00	0.64	0.85
刚性基础	0.79	0.79	0.79

8.2.2.2　矩形基础的沉降

对于矩形或方形的基础，当基础底面长度为 l，宽度为 b 时，无论刚性基础还是柔性基础，基础的沉降量一般为

$$s = \frac{(1-\mu^2)pb}{E}\omega \tag{8.14}$$

式中，ω 为基础沉降的影响系数，方形基础沉降的影响系数如表 8.2 所示，矩形基础沉降的影响系数如表 8.3 所示。

表 8.2　方形基础沉降影响系数 ω

基础类型	中心点	角点	边长中点	平均值
柔性基础	1.12	0.56	0.76	0.95
刚性基础	0.99	0.99	0.99	0.99

表 8.3　矩形基础沉降影响系数 ω

长度 l/宽度 b	中心点	角点	短边中点	长边中点	平均值
1.5	1.36	0.67	0.89	0.97	1.15
2	1.52	0.76	0.98	1.12	1.30
3	1.78	0.88	1.11	1.35	1.52
5	2.10	1.05	1.27	1.68	1.83
10	2.53	1.26	1.49	2.12	2.25
100	4.00	2.00	2.20	3.60	3.70
1000	5.47	2.75	2.94	5.03	5.15
10000	6.90	3.50	3.70	6.50	6.60

8.2.2.3　嵌岩桩基础的沉降

如图 8.10 所示，嵌岩桩基础的沉降量 W 由三部分组成

$$W = W_b + W_p - \Delta W \tag{8.15}$$

式中，W_b 为在桩端压力作用下，桩端的沉降量；W_p 为桩顶压力作用下，桩本身的缩短量；ΔW 为考虑沿桩侧由侧壁黏聚力传递载荷而对沉降量的修正值。

（1）桩端的沉降量 W_b 的确定

如图 8.11 所示，桩体通过覆盖土层深入到岩体中，假定桩嵌入岩体深度为 l，桩直径为 $2a$，均布载荷 p_t 作用在桩顶，桩下端载荷为 p_e，基岩的变形模量为 E_m，泊松比为 μ，则桩端的沉降量 W_b 为

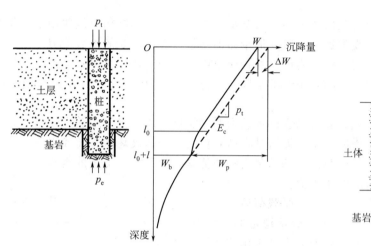 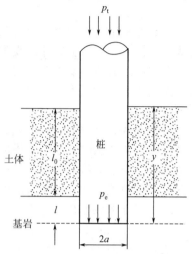

图 8.10 嵌岩桩基础的沉降量计算图　　图 8.11 桩端的沉降量计算图

$$W_b = \frac{\pi p_e (1-\mu) a}{2 n E_m} \tag{8.16}$$

式中，n 为埋深系数，其大小取决于桩嵌入岩体的深度 l 和基岩泊松比 μ，具体取值如表 8.4 所示。

表 8.4 埋深系数 n

μ	l/a					
	0	2	4	6	8	14
0	1	1.4	2.1	2.2	2.3	2.4
0.3	1	1.6	1.8	1.8	1.9	2.0
0.5	1	1.6	1.6	1.6	1.7	1.8

（2）桩本身的缩短量 W_p 的确定

桩本身的缩短量 W_p 为

$$W_p = \frac{p_t (l_0 + l)}{E_c} \tag{8.17}$$

式中，l_0 为桩深入土体的长度，$l + l_0$ 为桩的总长；E_c 为桩的变形模量。

（3）沉降量修正值 ΔW 的确定

沉降量修正值 ΔW 为

$$\Delta W = \frac{1}{E_c} \int_{l_0}^{l_0+l} (p_t - \sigma_y) \mathrm{d}y \tag{8.18}$$

$$\sigma_y = p_t \mathrm{e}^{-\frac{2\mu_c f y}{[1-\mu_c + \frac{(1+\mu)E_c}{E_m}]a}} \tag{8.19}$$

式中，σ_y 为地表以下深度 y 处桩身承受的压力，由式(8.19)计算，当 $y=0$ 时，$\sigma_y=p_t$；当 $y=l+l_0$ 时，$\sigma_y=p_e$；μ_c、μ 分别为桩和基岩的泊松比；E_c、E_m 分别为桩和基岩的变形模量；f 为桩和基岩之间的摩擦系数。

8.3　岩石地基的承载力

岩石地基单位面积上承受荷载的能力称为岩基承载力，即在上部结构荷载作用下，作为地基的岩体不会因产生破坏而丧失稳定，其变形量亦不会超过容许值时的承载能力。

影响承载力的因素很多，它不仅受岩体自身物质组成、结构构造、风化破碎程度、物理力学性质的影响，而且还会受到建筑物基础类型与尺寸、载荷大小与作用方式等因素的影响。

岩基承载力有岩基极限承载力和岩基容许承载力两种类型。岩基极限承载力是指当岩基处于极限平衡状态时，所能承受的荷载，即岩基在荷载作用下到达破坏状态前或出现不适于继续承载的变形前所对应的最大荷载。岩基承载力特征值是指静载试验测定的岩基变形曲线线性变形段内规定的变形所对应的压力值。

岩基容许承载力是指作为地基的岩体受载荷后不会因产生破坏而丧失稳定，其变形量亦不会超过容许值时的承载能力。在保证地基稳定的条件下，建筑物的沉降量不超过允许值时，地基单位面积上所能承受的荷载即为设计采用的允许承载力。

在实际工程设计中，人们最为关心的就是地基的容许承载力，它又有基本值、标准值和设计值。承载力基本值是指按有关规范规定的特定基础宽度和埋置深度时的地基承载力，它可以根据某些试验指标按有关规范查表确定；承载力标准值是指按有关规范规定的标准测试方法确定的基本值经统计处理后的承载力值；承载力设计值是在标准值的基础上，按基础埋置深度和宽度修正后的地基承载力值，或按理论公式计算得到的承载力值。

为保证建筑物的使用安全，地基应同时满足两个基本的条件：

ⅰ.地基应具有足够的强度，在荷载作用后，不产生地基失效而破坏；

ⅱ.地基不能产生过大的变形而影响建筑物的安全与正常使用。

因此，地基承载力应包含强度和变形两个概念。混凝土高坝、重力坝、山区高层建筑都是直接建造在岩石地基上的，建（构）筑物的自重及各种外部荷载最终会传递到岩基上，岩基承载后，岩体内部如果产生过大的应力，则将危及地基的安全与稳定。因此，在设计时需要预先估计地基岩体的承载力及可能产生的变形。

地基岩体的基本特点是强度高、抗变形能力强，其承载力值一般远高于土体，因而，在通常情况下，采用天然地基岩体即能满足地基的承载力要求。但是，地基岩石的承载力通常与场地地质构造紧密相关，由于岩体中存在着各种结构面，结构的不均匀，导致某些部位的承载力不能满足要求而引起一系列不良的岩体力学问题，如岩石地基不均匀沉降、应力集中引起的局部破坏、沿某些软弱结构面或夹层的剪切滑移等。因此，研究各种地质条件下的岩石地基承载力非常必要。

8.3.1　根据规范确定岩石地基承载力

按 GB 50007—2011《建筑地基基础设计规范》，对于岩石可根据现场鉴别结果，按表8.5确定岩石地基承载力特征值。

表 8.5　岩石地基承载力特征值　　　　　　　　　　　　kPa

岩石类别	风化程度		
	强风化	中等风化	微风化
硬质岩石	500～1000	1500～2500	≥4000
软质岩石	200～500	700～1200	1500～2000

注：1. 对于微风化的硬质岩，其承载力如取用大于 4000kPa 时，应由试验确定；

2. 对强风化岩石，当与残积土难以区分时按土考虑。

　　JTG 3363—2019《公路桥涵地基与基础设计规范》和 TB 10012—2019《铁路工程地质勘察规范》所推荐的岩石地基容许承载力按表 8.6 确定。

表 8.6　岩石容许承载力　　　　　　　　　　　　kPa

岩石类别	破碎程度		
	碎石状	碎块状	大块状
硬质岩（$\sigma_r>30$MPa）	1500～2000	2000～3000	≥4000
软质岩（$\sigma_r=5\sim30$MPa）	800～1200	1000～1500	1500～3000
极软岩（$\sigma_r<5$MPa）	400～800	600～1000	800～1200

8.3.2　采用岩基载荷试验确定承载力

　　根据 GB/T 50007 规定，岩石地基承载力特征值可根据岩基载荷试验确定。岩基载荷试验适用于确定完整、较完整、较破碎岩基作为天然地基或桩基础持力层时的承载力。

　　当岩基埋藏深度较小时，岩体现场载荷试验多采用直径为 30 cm 的圆形刚性承压板；当岩基埋藏深度较大时，可采用钢筋混凝土桩，但桩周需要采取措施以消除桩身与岩石之间的摩擦力。

　　在试验过程中，载荷分级施加，同时量测沉降量 s，载荷应增加到不少于设计要求的 2 倍，荷载逐级递增直到破坏，然后分级卸载。荷载分级为第一级加载值为预估设计荷载的 1/5，以后每级为 1/10。加载后，立即读出沉降量，以后每 10min 读数一次。当连续三次读数之差均不大于 0.01mm 时，达到稳定标准，可加下一级荷载。

　　当出现下述现象之一时，即可终止加载：

　　① 沉降量读数不断变化，在 24h 内，沉降速率有增大的趋势；

　　② 荷载加不上或勉强加上而不能保持稳定。

　　卸载时，每级卸载为加载时的两倍，如为奇数，第一级可为三倍。每级卸载后，隔 10min 测读一次，测读三次后可卸下一级荷载。全部卸载后，当测读到半小时回弹量小于 0.01mm 时，即认为稳定。

　　岩石地基承载力 f_a 按以下步骤确定：

　　① 根据试验结果绘制的载荷与沉降关系曲线（p-s）确定比例极限和极限载荷。p-s 曲线上起始直线的终点为比例极限，符合终止加载条件的前一级载荷为极限载荷。

　　承载力的取值为两种情况：对于微风化和强风化岩体，承载力取极限载荷除以安全系数，安全系数一般取 3.0；对于中等风化岩体，需要根据岩体裂隙发育情况确定，并与比例极限载荷比较，取二者中的小值。

　　② 岩体现场载荷试验的试验点不应少于 3 个，取它们各自承载力的最小值作为岩石地基承载力标准值。

③ 由于岩石地基的破坏机理与土质地基不同，故除强风化岩体外，岩石地基承载力不需要进行基础深度和宽度的修正，标准值即可作为设计值。

破碎、极破碎的岩石地基承载力特征值，可根据地区经验取值，无地区经验时，可根据平板载荷实验确定。

8.3.3　按室内饱和单轴抗压强度计算承载力

根据 GB/T 50007 规定，岩基承载力特征值 f_a 也可根据室内饱和单轴抗压强度计算

$$f_a = \varphi_r f_{rk} \tag{8.20}$$

式中，f_{rk} 为岩石饱和单轴抗压强度标准值；φ_r 为折减系数，根据岩体完整程度以及结构面的间距、宽度、产状和组合，由地区经验确定。无经验时，对完整岩体可取 0.5，对较完整岩体可取 $0.2\sim0.5$，对较破碎岩体可取 $0.1\sim0.2$。

折减系数 φ_r 未考虑施工因素及建筑物使用后风化作用的影响。对于黏土质岩，在确保施工期及使用期不致遭水浸泡时，也可采用天然湿度的试样，不进行饱和处理。

岩石饱和单轴抗压强度标准值计算中，作为岩石单轴抗压强度的试样，其尺寸一般为 $\phi 50\text{mm} \times 100\text{mm}$，岩样数量不少于 6 个，并应进行饱和处理。试验时，按 $500\sim800\text{kPa/s}$ 的速度加载，直到试样破坏为止。确定岩石饱和单轴抗压强度的标准值 f_{rk} 为

$$f_{rk} = \varphi f_{rm} \tag{8.21}$$

$$\varphi = 1 - \left(\frac{1.704}{\sqrt{n}} + \frac{4.678}{n^2}\right)\delta \tag{8.22}$$

式中，f_{rm} 为岩石饱和单轴抗压强度平均值；φ 为统计修正系数；n 为试样个数；δ 为变异个数。

考虑岩石中裂隙对岩石地基承载力的影响，裂隙发育时，承载力较低，因此应乘以岩石裂隙影响系数 φ_r。另外岩石表面坡度对岩石地基承载力也有影响，故需再乘以岩坡影响系数 φ_p。因此，岩石地基极限承载力标准值 f_k 为

$$f_k = f_{rk}\varphi_r\varphi_p \tag{8.23}$$

当裂隙不发育时，岩体裂隙影响系数 φ_r 取 1.0；较发育时取 0.67；发育时取 0.33。岩坡影响系数 φ_p 随着岩石地基表面坡度取值不同。当岩石地基表面坡度小于 10° 时，φ_p 取 1.0；当岩石地基表面坡度等于 45° 时，φ_p 取 0.67；当岩石地基表面坡度大于 80° 时，φ_p 取 0.33，中间按照插值法内插取值。

8.3.4　由岩体强度确定岩石地基的极限承载力

假设在地基岩体上有一条形基础，在上部荷载 q_f 作用下，条形基础下产生岩体压碎并向两侧膨胀而诱发裂隙。因此，可以将条形基础下的岩体中划分压碎区 A 和原岩区 B 进行极限平衡分析，如图 8.12(a) 所示。

此时两个区的受力条件类似于三轴试验条件下的岩石试件。由于 A 区压碎而膨胀变形，受到 B 区的约束力 p_h 的作用。p_h 可取 B 区岩体的单轴抗压强度，因此 p_h 决定了与压碎岩体强度包络线相切的莫尔圆的最小主应力值，而莫尔圆的最大主应力 q_f 由 A 区岩体三轴强度给出。由此可以得到如图 8.12(b) 所示的岩体强度包络线。

则岩石地基极限承载力 q_f 为

$$q_f = p_h\tan^2\left(45° + \frac{\varphi_A}{2}\right) + 2c_A\tan\left(45° + \frac{\varphi_A}{2}\right) \tag{8.24}$$

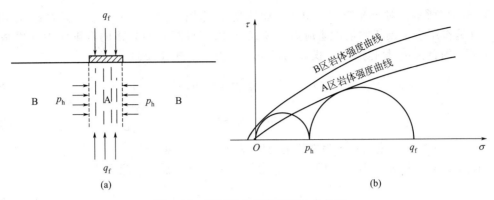

图 8.12　岩石地基极限承载力分析图

$$p_{\mathrm{h}}=2c_{\mathrm{B}}\tan\left(45°+\frac{\varphi_{\mathrm{B}}}{2}\right) \qquad (8.25)$$

式中，c_{A}、c_{B} 分别为 A 区和 B 区岩体的黏聚力；φ_{A}、φ_{B} 分别为 A 区和 B 区岩体的内摩擦角。

若把 A 区、B 区看作是同一种岩体，取相同力学参数，令 $c_{\mathrm{A}}=c_{\mathrm{B}}=c$，$\varphi_{\mathrm{A}}=\varphi_{\mathrm{B}}=\varphi$，则岩石地基极限承载力 q_{f} 可简化为

$$
\begin{aligned}
q_{\mathrm{f}} &= 2c\tan\left(45°+\frac{\varphi}{2}\right)\tan^{2}\left(45°+\frac{\varphi}{2}\right)+2c\tan\left(45°+\frac{\varphi}{2}\right) \\
&= 2c\tan\left(45°+\frac{\varphi}{2}\right)\left[1+\tan^{2}\left(45°+\frac{\varphi}{2}\right)\right]
\end{aligned} \qquad (8.26)
$$

8.3.5　由极限平衡理论确定岩石地基的极限承载力

对于均质、弹性、各向同性的岩体，可由极限平衡理论来确定其极限承载力。计算方法与土力学中的计算方法类似，可将岩基划分为主动和被动楔形体，然后进行极限平衡分析，确定地基承载力。需要注意的是，如果不存在由结构面形成的优势滑动面，计算过程中采用的抗剪强度参数即为破碎岩体的强度参数；如果存在由结构面形成的优势滑动面，计算中就应该采用该结构面的强度参数。

如图 8.13(a) 所示，设在半无限体上作用着宽度为 b 的条形均布荷载 q_{f}，q 为作用在荷载 q_{f} 附近岩基表面的均布荷载。为便于计算，作以下假设：

ⅰ．破坏面由两个互相正交的平面组成；

ⅱ．荷载 q_{f} 的作用范围很长，以致 q_{f} 两端面的阻力可以忽略；

ⅲ．荷载 q_{f} 作用面上不存在剪力；

ⅳ．对于每个破坏楔体可以采用平均的体积力。

将图 8.13(a) 的岩基分为两个楔体，即 x 楔体和 y 楔体，如图 8-13(b)、(c) 所示。

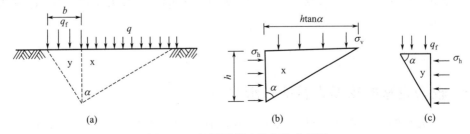

图 8.13　极限承载力的楔体分析图

如图 8-13(b) 所示，对于 x 楔体，由于 y 楔体受 q_f 作用，会产生一水平正应力 σ_h 作用于 x 楔体，这是作用于 x 楔体的最大主应力，按式（8.27）计算；而岩体的自重应力和岩基表面均布荷载 q 的合力 σ_v 是作用于 x 楔体的最小主应力，按式（8.28）计算。

$$\sigma_h = \sigma_v \tan^2\left(45° + \frac{\varphi}{2}\right) + 2c\tan\left(45° + \frac{\varphi}{2}\right) \tag{8.27}$$

$$\sigma_v = \frac{1}{2}\gamma h + q \tag{8.28}$$

式中，γ 为岩体的重度；φ 为岩体的内摩擦角；c 为黏聚力。

如图 8.13(c) 所示，对于 y 楔体，σ_h 为最小主应力，最大主应力为

$$q_f + \frac{1}{2}\gamma h = \sigma_h \tan^2\left(45° + \frac{\varphi}{2}\right) + 2c\tan\left(45° + \frac{\varphi}{2}\right) \tag{8.29}$$

式中

$$h = b\tan\left(45° + \frac{\varphi}{2}\right)。$$

联合式（8.27）、（8.28）、（8.29），得

$$q_f = \frac{1}{2}\gamma b\tan^5\left(45° + \frac{\varphi}{2}\right) + 2c\tan\left(45° + \frac{\varphi}{2}\right)\left[1 + \tan^2\left(45° + \frac{\varphi}{2}\right)\right] + q\tan^4\left(45° + \frac{\varphi}{2}\right) - \frac{1}{2}\gamma b\tan\left(45° + \frac{\varphi}{2}\right) \tag{8.30}$$

式（8.30）中，最后一项的数值远小于其他各项，可将其略去，令

$$N_r = \tan^5\left(45° + \frac{\varphi}{2}\right) \tag{8.31}$$

$$N_c = 2\tan\left(45° + \frac{\varphi}{2}\right)\left[1 + \tan^2\left(45° + \frac{\varphi}{2}\right)\right] \tag{8.32}$$

$$N_q = \tan^4\left(45° + \frac{\varphi}{2}\right) \tag{8.33}$$

则式（8.30）可写为

$$q_f = \frac{1}{2}\gamma b N_r + c N_c + q N_q \tag{8.34}$$

式中，N_r、N_c、N_q 为承载力系数。

如果破坏面为一曲面，则承载力系数可按下式确定

$$N_r = \tan^6\left(45° + \frac{\varphi}{2}\right) - 1 \tag{8.35}$$

$$N_c = 5\tan^4\left(45° + \frac{\varphi}{2}\right) \tag{8.36}$$

$$N_q = \tan^6\left(45° + \frac{\varphi}{2}\right) \tag{8.37}$$

以上为条形基础的承载力系数。对于方形或圆形基础，承载力系数中仅 N_c 显著改变，可由下式确定

$$N_c = 7\tan^4\left(45° + \frac{\varphi}{2}\right) \tag{8.38}$$

8.3.6 较为完整的软弱岩石地基承载力

对于较为完整的软弱岩体，可以利用 Bell 法计算地基的容许承载力。Bell 法的计算原理与上述计算方法相同，计算公式为

$$q_{a}=\frac{1}{K}\left(C_{f1}cN_{c}+C_{f2}\frac{B\gamma}{2}N_{r}+\gamma DN_{q}\right) \tag{8.39}$$

式中，q_{a} 为岩石地基的容许承载力；B、D 为基础的宽度和埋深；γ 为岩石地基的重度；c 为岩石地基黏聚力；C_{f1}、C_{f2} 为考虑基础形状因素的修正系数；N_{r}、N_{c}、N_{q} 为承载力系数，按式（8.40）取值

$$\begin{cases} N_{c}=2\sqrt{N_{\varphi}}(N_{\varphi}+1) \\ N_{r}=\sqrt{N_{\varphi}}(N_{\varphi}^{2}-1) \\ N_{q}=N_{\varphi}^{2} \\ N_{\varphi}=\tan^{2}\left(\frac{\pi}{4}+\frac{\varphi}{2}\right) \end{cases} \tag{8.40}$$

式中，φ 为岩体的内摩擦角；N_{φ} 为主动土压力系数。

当基础位于地表（$q=0$）且忽略滑动楔形体自重时，式（8.39）可简化为

$$q_{a}=\frac{C_{f1}cN_{c}}{K} \tag{8.41}$$

8.3.7　由理论公式确定岩石地基承载力

岩石地基极限承载力的理论研究目前还在发展阶段，岩体内存在着节理裂隙，并不是一种连续均匀的完全弹性体，而岩体的破坏受制于节理裂隙的发育程度。但是可以考虑将岩体假定为一个等效的连续介质体，可用弹塑性本构关系来描述其力学性质，如果可获得综合反映其强度特性的黏聚力 c 和内摩擦角 φ，则可在理论上对地基的承载力进行分析，除可直接引用塑性理论进行求解外，国际上应用比较多的计算公式有：

太沙基公式 $\qquad p_{u}=0.5\gamma b(k^{6}-1)+5ck^{4}+qk^{5} \tag{8.42}$

$$k=\tan\left(45°+\frac{\varphi}{2}\right) \tag{8.43}$$

科茨公式 $\qquad p_{u}=0.5\gamma bk^{6}+c(k^{4}-1)\cot\varphi+qk^{4} \tag{8.44}$

式中，γ 为岩体的重度；b 为基础的底面宽度；q 为基础的旁侧荷载 $q=\gamma d$；d 为埋深。

由于理论计算进行了大量的假定，其计算结果误差较大，仅作为岩石地基承载力的初设值。

8.3.8　嵌固桩的岩石地基承载力

嵌岩桩是指桩端嵌入基岩一定深度的桩，是在端承桩的基础上发展起来的一种新桩型，它将桩体嵌在基岩中，使桩与基岩连接成一个整体的受力结构，从而极大地提高了桩的承载力。

对于一级建筑物，嵌岩桩的单桩承载力，必须通过现场原型桩的静载荷试验确定；对于二级建筑物的单桩承载力，可通过现场原型桩的静载荷试验确定，也可参照地质条件相同的试桩资料，进行类比分析后确定；对于三级建筑物的单桩承载力可直接通过理论计算确定。

（1）采用静载荷试验确定嵌岩桩极限承载力

嵌岩桩静载荷试验的试桩数不得少于 3 根，当试桩的极限载荷实测值的极差不超过平均值的 30% 时，可取其平均值作为单桩极限承载力标准值。建筑物为一级建筑物，或为柱下单桩基础，且试桩数为 3 根时，应取最小值为单桩极限承载力。当极差超过平均值的 30% 时，应查明误差过大的原因，并应增加试桩数量。

（2）理论计算确定嵌岩桩极限承载力

进行初步设计时，嵌岩桩单桩竖向极限承载力标准值为

$$R_k = R_{sk} + R_{rk} + R_{pk} \tag{8.45}$$

式中，R_k 为嵌岩桩单桩竖向极限承载力标准值；R_{sk} 为桩侧土总摩擦力标准值；R_{rk} 为总嵌固力标准值；R_{pk} 为嵌岩桩的桩端阻力标准值。

① 嵌岩桩的桩侧土总摩擦力特征值 R_{sk} 的确定

$$R_{sk} = \sum_{i=1}^{n} \varphi_{s,i} q_{sk,i} U_i L_i \tag{8.46}$$

式中，$\varphi_{s,i}$ 为第 i 层土的桩侧土摩阻力折减系数，对黏性土取 0.6，对无黏性土取 0.5；$q_{sk,i}$ 为第 i 层土的桩侧极限摩擦阻力标准值，kPa，由试验确定；U_i 为第 i 层土中的桩身周长，m；L_i 为第 i 层土层中的桩长，m。

当桩穿越土层厚度小于 10m 时，一般不计算桩侧土摩阻力。当穿越的土层较厚时，对于淤泥及淤泥质土、欠固结的黏性土、松散的无黏性土、回填土、膨胀土、震动可液化的土层，以及某些稳定性较差的土层，如边坡地区、断层破碎带、岩溶发育区、矿床采空区、冲刷地带等地区，均不宜计算嵌岩桩的桩侧土摩阻力。

② 嵌岩桩嵌入基岩的总嵌固力标准值 R_{rk} 的确定

$$R_{rk} = \zeta_r f_{rk} U_r h_r \tag{8.47}$$

式中，f_{rk} 为岩石饱和单轴抗压强度标准值；U_r 为嵌岩部分桩的周长；h_r 为桩的嵌岩深度，当嵌岩深度超过 5 倍桩径 d 时，取 $h_r = 5d$；ζ_r 为嵌固力分布修正系数，按表 8.7 取值。

表 8.7　嵌固力分布修正系数 ζ_r

$N = h_r/d$	0	1	2	3	4	$\geqslant 5$
ζ_r	0.000	0.055	0.070	0.065	0.062	0.053

③ 嵌岩桩的桩端阻力标准值 R_{pk} 的确定

$$R_{pk} = \zeta_p f_{rk} A_p \tag{8.48}$$

式中，f_{rk} 为岩石饱和单轴抗压强度标准值；A_p 为桩端的截面面积；ζ_p 为端阻力分布修正系数，按表 8.8 取值。

表 8.8　端阻力分布修正系数 ζ_p

$N = h_r/d$	0	1	2	3	4	$\geqslant 5$
ζ_p	0.50	0.40	0.30	0.20	0.10	0.00

8.3.9　岩溶地基承载力

岩溶又称喀斯特（Karst），是指水对可溶性岩层进行以化学溶蚀作用为主，机械作用为辅的地质作用，以及这些作用所产生的现象的总称。

在化学溶蚀作用的早期，通常是在地下流水较为集中的节理和层理表面附近形成洞穴，而且此时形成的洞穴形状比较统一。但是随着溶蚀作用的发展，洞穴的尺寸、形状和位置将变得难以预测，由于岩溶地区工程地质条件的复杂性，因此其基础工程设计极具挑战性。在岩溶地区发生过不少地基失效的工程事故，这些事故发生的原因主要有两个方面：

ⅰ.在工程选址阶段没有探查到地基范围内的洞穴，地基设计没有考虑洞穴的影响；

ⅱ.没有充分考虑到洞穴对地基承载力和沉降的影响。

因此，岩溶地区成功的基础工程设计应该充分考虑到上述两个方面的原因。必须查清洞穴所在的位置，工程能避开的话尽量避开；确实不能避开时，应该确定存在洞穴时岩溶地基的承载力,当承载力不足时,应采取一些有效的工程措施进行治理。

在岩溶地区进行基础工程设计之前,必须有该地区详细的工程地质勘查资料。岩溶地基稳定性评价,是指通过勘察查明建筑场地的岩溶发育和分布特征,在此基础上合理地进行建筑场地选择。

对于古岩溶,即现在不再发展和发育的岩溶,主要查明它的分布和规模,特别是上覆土层的结构特征;对于现在还继续作用和发育的岩溶,除应查明其分布和规模外,还应注意岩溶发育速度和趋势,以估计其对建筑物的影响;对于承载力不足的岩溶地基,可以采取梁板跨越和换填两大类方式处理,提高其地基承载力。

当洞穴较小且周围岩体质量较好时,通常可以采用增大基础底面积和增强基础强度等措施跨越洞穴,此时计算中一般采用较为保守的地基承载力值。若采用独立基础,存在较大偏心,并产生较大的不均匀沉降时,则可将若干个基础连接形成条形或筏形基础。对洞口较小的竖向洞穴,宜优先采用镶补加固、嵌塞等方法处理。对顶板不稳的浅埋溶洞,可清除覆土,爆开顶板,挖去洞内松软充填物,分层回填上细下粗的碎石滤水层。还可以利用强夯法提高岩溶地基的承载力,这种方法主要适用于洞穴垂直高度有限的岩溶地基。

对于规模较大的洞穴,还可以利用桩基础进行处理。需注意的是,地下水的作用会对岩溶地基的稳定性产生非常不利的影响:

ⅰ.渗流梯度的增大会加剧洞穴的扩大速率,这必然导致洞穴周围的岩体承受更大的外力,从而影响地基的稳定性;

ⅱ.地下水位的降低会增加岩体中的有效应力,形成已有洞穴上的附加荷载;

ⅲ.地下水的流动可能带走洞穴中的填充物或使之松动,降低岩溶地基的承载力。

8.4　坝基岩体的稳定性

坝体是水工构筑物的主要承载和传载构件,由于坝体承受较大的荷载,对下部地基有较高的要求,因此,一般大型水工坝址都选在岩石地基上。水工岩石地基的特点是承受的荷载较大,且荷载涉及较大的岩体区域。

重力坝、支墩坝等挡水建筑物的岩基除承受竖向载荷外,还承受着库水、泥沙等形成的水平推力,具有倾倒和滑动两种失稳机制。倾倒问题基本上可以在坝的尺寸和形态设计中加以解决。而滑动问题则主要受坝基岩土体特性的制约,应在充分进行地质研究的基础上,进行抗滑稳定分析。抗滑稳定性问题是大坝安全的关键所在,在大坝设计中必须要保证抗滑稳定性有足够的安全储备,若发现安全储备不足,则应采取坝基处理或利用其他结构措施加以解决。因此,水工构筑物岩石地基的主要岩石力学问题是对坝基岩体进行承载稳定性评价。

8.4.1　不同类型坝对工程地质的要求

水坝起拦挡水流、抬高上游水位的作用,是水工建筑物中的主要建筑。水坝类型较多,不同类型的水坝的工作特点和对工程地质条件的要求不同。按筑坝的材料不同,主要可分为散体堆填坝和混凝土(或浆砌石)坝两类。散体堆填坝是具有较大变形的柔性结构,又可分为土坝、堆石坝、干砌石坝等;而混凝土(或浆砌石)坝则是变形敏感的刚性结构,按结构又可分为重力坝、拱坝和支墩坝等。

(1)土坝

土坝是利用当地土料堆筑而成的历史最悠久、采用最广泛的坝型。土坝对工程地质条件的要求如下:

① 坝基有一定强度。由于土坝允许产生较大的变形，故可以在土基上修建。但它是以自身的重力抵挡库水的推力而维持稳定的结构物，体积很大，荷载被分布在较大面积上，所以要求坝基材料具有一定承载能力和抗剪强度。选择坝址时，应避免淤泥软土层、膨胀、崩解性较强的土层，湿陷性较强的黄土层以及易溶盐含量较高的岩层作为坝基。考虑到高坝地基产生的沉陷量较大，坝体应采取超高建筑的形式设计，使超高等于所计算的最终沉降量。

② 坝基透水性要小。坝基若是深厚的砂卵石层或岩溶化强烈的碳酸盐岩类，不仅会产生严重的渗漏，影响水库蓄水效益，而且可能会出现渗透稳定问题。在河谷地段地下水位较低、岩石透水性较强的碳酸盐岩地区建坝，常会出现"干库"。因此，土坝要进行防渗设计。

③ 附近应有数量足够、质量符合要求的土料，包括一般的堆填料和防渗土料，它直接影响坝的经济条件和坝体质量。

④ 要有修建洪道的合适地形、地质条件。需要修建泄洪道是土坝的特点，在选坝时必须考虑有无修建泄洪道的有利地形、地质条件，否则会增加实际工程的复杂性和工程造价。

(2) 堆石坝

堆石坝的坝体用石料堆筑（干砌）而成，现今由于机械化施工和定向爆破技术的不断发展，堆石坝已成为经济坝型的一种。

堆石坝对工程地质条件要求与土坝大致相同，但地基要求要高些。一般岩基均能满足此种坝的要求；而松软的淤泥土、易被冲刷的粉细砂、地下水位较低的强烈岩溶化地层，则不适于修建此种坝型。

此外，采用刚性斜墙防渗结构的堆石坝，应修建在岩基上，坝址区要有足够的石料，其质量的要求是有足够的强度和刚度，及有较高的抗风化和抗水能力。

(3) 重力坝

重力坝也是一种常见的坝型，有混凝土重力坝和浆砌石重力坝。由于它结构简单、工作可靠、安全，对地形适应性好，施工导流方便，易于机械化施工、速度快、使用年限长、养护费用低、安全性好，所以在各种坝型中的比例仅次于土坝。重力坝对工程地质条件的要求如下：

① 坝基岩石的强度要高。要求坝基岩石坚硬完整，有较高的坝基，坝肩应具抗压强度，以支持坝体的重量。同时，也应具有较大的抗剪强度，以利于抗滑稳定性。因此，一般要求重力坝修建在坚硬的岩石地基上，软基是不适宜的。当坝基中有缓倾角的软弱夹层、泥化夹层和断层破碎带等软弱结构面时，对重力坝的抗滑极为不利，尤其是那些倾向与工程作用力方向一致的缓倾角结构面。坝基中若有河流覆盖层和强风化基岩时，需清除或加固。

② 坝基岩石的渗透性要弱。坝基岩石中的缝隙，会产生渗漏及扬压力，对水库蓄水效益和坝基抗滑稳定均不利。特别是强烈岩溶化地层及顺河向的大断裂破碎带，在坝址勘察时应十分注意，对其处理常常是复杂和困难的。

③ 就近应有足够的、符合质量要求的砂砾石和碎石等混凝土骨料。

(4) 拱坝

拱坝在平面上呈圆弧形，凸向上游，拱脚支撑于两岸。作用于坝体上的库水压力等，借助于拱的推力作用传递给拱端两岸的山体，并依靠它的支承力来维持稳定。拱坝是一个整体的空间壳体结构，具有较强的抗震性能和超载能力。位于阿尔卑斯山区的瓦伊昂（Vaiont）的双曲拱坝，高 261.6m。1963 年 10 月 9 日水库左岸的高速巨大滑坡体进入库内时，激起 250m 高的涌浪，高 150m 的洪波溢过坝顶泄向下游，而坝体却安全无恙。拱坝它对工程地质条件的要求如下：

① 坝址应为左右对称的峡谷地形。河谷高宽比（L/H）应小于 2，愈狭窄的"V"字形峡谷，愈有利于发挥拱坝的推力结构作用。若地形不对称，就需开挖或采取结构措施使之对称。

② 拱坝要求变形量小，特别应注意地基的不均匀沉降和潜蚀等现象。

③ 对坝基中存在的断层破碎带等软弱岩体必须进行慎重的处理，以提高岩体的均一性，防止变形过大造成拱坝拉裂。

④ 坝肩要有足够的稳定性，拱端要有比较雄厚的稳定岩体。与两岸发育的小河流大致平行的中、高倾角断层、节理、层面、卸荷裂隙等要特别重视，仔细研究其特征，及有是否不缓倾角软弱结构面组合，从而构成滑动块体。

8.4.2 坝基岩体承受的荷载分析

坝基岩体承受的载荷大部分是由坝体直接传递来的，包括坝体及其上永久设备的自重、库水的静水压力、泥沙压力、波浪压力、扬压力等。此外，在地震区还有地震作用，在严寒地区还有冻融压力等。

由于坝基多呈长条形，其稳定性可按平面问题来考虑。因此，坝基受力分析通常是沿坝轴线方向取 1m 宽坝基（单宽坝基）为单位进行计算。

（1）坝体及其上永久设备重力 W

坝体的重力可以根据筑坝材料的密度及坝体横剖面的几何形态计算。坝上永久设备，如闸门等的自重在稳定性分析中应进行考虑。

（2）静水压力

由于坝体上、下游坝面一般为非竖直面，因此静水压力可以分解为水平静水压力和竖直静水压力，如图 8.14 所示。

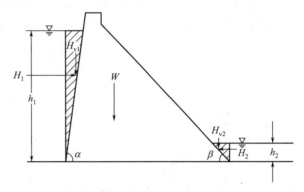

图 8.14 坝体静水压力分布示意图

水平静水压力为坝上、下游水体对坝体水平压力的合力，其方向一般由上游指向下游，计算公式为

$$H_h = H_1 - H_2 = \frac{1}{2}\rho_w g(h_1^2 - h_2^2) \tag{8.49}$$

式中，H_h 为单宽坝体所受水平静水压力；H_1、H_2 为单宽坝体上、下游所受水平静水压力；h_1、h_2 为从坝底计算的上、下游库水水深；ρ_w 为水的密度。

竖直静水压力则为坝体上、下游坝面以上水体重力之和，即图 8.14 中阴影部分的体积，计算公式为

$$H_v = H_{v_1} + H_{v_2} = \frac{1}{2}\rho_w g(h_1^2 \cot\alpha + h_2^2 \cot\beta) \tag{8.50}$$

式中，H_v 为单宽坝体所受竖直静水压力；α、β 分别为单宽坝体上、下游坡面的倾角。

（3）泥沙压力 F

水库蓄水后，水流所挟带的泥沙逐渐淤积在坝前，对坝上游面产生泥沙压力。当坝体上游坡面接近竖直面时，作用于单宽坝体的泥沙压力的方向近于水平，并从上游指向坝体，其大小可按朗肯土压力理论来计算

$$F = \frac{1}{2}\gamma_s h_s^2 \tan^2\left(45° - \frac{\varphi}{2}\right) \tag{8.51}$$

式中，γ_s 为泥沙重度；h_s 为坝前淤积泥沙厚度，可根据设计年限、年均泥沙淤积量及库容曲线求得；φ 为泥沙的内摩擦角。

（4）波浪压力 p

水库水面在风吹下产生波浪，并对坝面产生波浪压力。波浪压力的确定比较困难，当坝

体迎水面坡度大于 1 : 1，而水深 H_w 介于波浪破碎的临界水深 h_f 和波浪长度 L_w 的二分之一之间时，即 $h_f < H_w < L_w/2$，水深 H_w 处波浪压力的剩余强度 p' 为

$$p' = \frac{h_w}{\cosh\left(\dfrac{\pi H_w}{L_w}\right)} \tag{8.52}$$

式中，h_w 为波浪高度，即波峰至波谷的高度。

当水深大于波浪长度 L_w 的二分之一时，即 $H_w > L_w/2$，在 $L_w/2$ 深度以下可不考虑波浪压力的影响，因此，作用于单宽坝体上的波浪压力 p 为

$$p = \frac{1}{2}\rho_w g\left[(H_w + h_w + h_0)(H_w + p') - H_w^2\right] \tag{8.53}$$

式中，ρ_w 为水的密度；$h_0 = \dfrac{\pi h_w^2}{L_w}$。

波浪的强度与一定方向的风速 v、风的作用时间 t 和风在水面的吹程 D 有关。波浪高度 h_w 和波浪长度 L_w 可以根据风的吹程 D 和风速 v 来确定

$$h_w = 0.0208 v^{\frac{5}{4}} D^{\frac{1}{3}} \tag{8.54}$$

$$L_w = 0.304 v D^{\frac{1}{2}} \tag{8.55}$$

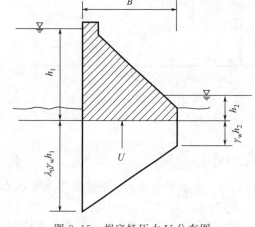

图 8.15　坝底扬压力 U 分布图

(5) 扬压力 U

库水经坝基向下游渗流时，便会产生扬压力。扬压力对坝基抗滑稳定的影响很大，很多大坝的毁坏事件是由扬压力的剧增引起的。扬压力由浮托力 U_1 和渗透压力 U_2（或称空隙水压力）组成，都是向上的作用力，会抵消一部分法向应力，因而不利于坝基稳定。浮托力的确定方法比较简单，渗透压力的确定则比较困难，至今仍没有找到一种准确有效地确定渗透压力的方法。

如图 8.15 所示，在没有灌浆和排水设施的情况下，坝底扬压力 U 可根据莱维（Levy）法则确定

$$U = U_1 + U_2 = \gamma_w B h_2 + \frac{1}{2}\gamma_w B h = \frac{1}{2}\gamma_w B(h_1 + h_2) \tag{8.56}$$

式中，U 为单宽坝底所受扬压力；U_1 为浮托力；U_2 为渗透压力；γ_w 为水的重度；B 为坝底宽度；h_1、h_2 为坝上游、下游水的深度；h 为坝上下游的水头差。

由于扬压力仅作用在坝底和坝基接触面与坝基岩土体内的连通空隙中，因而实际作用于坝底的扬压力应小于按莱维法则确定的数值，因此，可以按式(8.57)来校正扬压力

$$U = \frac{1}{2}\gamma_w B(\lambda_0 h_1 + h_2) \tag{8.57}$$

式中，λ_0 为修正系数，不大于 1.0，为安全起见，大多数设计取 1.0。

8.4.3　坝基岩体的破坏形式

当坝基受到水平方向荷载作用后，由于岩体中存在节理及软弱夹层，因而其滑动破坏模式不同于松软地基，增加了坝基岩体滑动的可能。由于坝基中天然岩体的强度，主要取决于

岩体中各软弱结构面的分布情况及其组合形式，而不决定于个别岩石块体的极限强度。为了正确判断坝基岩体中这些块体的稳定性，对岩基中各种结构面及软弱夹层位置、方向、性质等必须给予充分认识。

根据坝基失稳时滑动面的位置可以把坝基滑动破坏分为三种类型：接触面滑动、岩体内滑动和混合滑动。这三种滑动类型发生与否在很大程度上取决于坝基岩土体的工程地质条件和性质。

8.4.3.1　接触面滑动

接触面滑动是指坝体沿着坝基混凝土与岩基接触面发生的滑动，如图 8.16 所示。由于接触面剪切强度的大小除与岩体的力学性质有关外，还与接触面的起伏差和粗糙度、清基干净与否、混凝土强度以及浇注混凝土的施工质量等因素有关。因此，对于一个具体的挡水建筑物来说，是否发生接触面滑动，不仅取决于岩基质量的好坏，而且还受设计和施工方面的因素影响。正是由于这种原因，当坝基中岩体的剪切强度远大于坝体混凝土强度，且岩体坚硬完整、无显著的软弱结构面时，大坝最可能发生的失稳是接触面滑动。

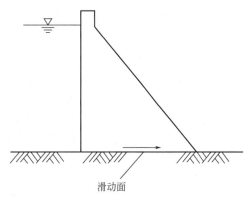

滑动面

图 8.16　接触面滑动示意图

8.4.3.2　岩体内滑动

岩体内滑动是指坝体连同一部分岩体在倾斜荷载作用下，沿着坝基岩体内的软弱夹层、断层或其他结构面发生滑动，可以发生在坝基下较深部位。

在大坝工程中不易预见和分析，却容易出现重大问题的往往是岩体内滑动问题，所以在工程地质勘测、研究中应予以重视。岩体内滑动的必要条件是由软弱结构面或其组合构成坝基的可能（或称潜在）滑动面。而在大坝各种载荷组合的条件下，沿该可能滑动面的滑动力大于考虑安全储备的抗滑力，或是安全系数不能达到标准，则是发生可能滑动的充分条件。在这种情况下，要采取修改断面设计、加固坝基结构面、加强防渗排水等措施，以确保坝基的抗滑安全。

该类型滑动破坏主要受坝基岩体中发育的结构面网络所控制，而且只在具备滑动几何边界条件的情况下才有可能发生。根据结构面的组合特征，特别是可能滑动面的数目及其组合特征，按可能发生滑动的几何边界条件，可大致将岩体内滑动划分为 5 种类型。

（1）沿水平软弱面滑动

当坝基产状为水平或近水平的岩层而大坝基础砌置深度又不大，坝体趾部被动压力很小，岩体中发育走向与坝轴线垂直或近于垂直的高倾角破裂构造面时，往往会发生沿层面或软弱夹层的滑动，如图 8.17(a) 所示。例如西班牙梅奎尼扎坝（Mequinenza），坐落于埃布罗河近水平的沉积岩层上。该坝为重力坝，坝高 77.4m，坝长 451m，坝基为渐新统灰岩夹褐煤夹层，经抗滑稳定性分析，有些坝段的坝基稳定性系数不够，为保证大坝安全，不得不进行加固。我国的葛洲坝以及朱庄水库等坝基岩体内也存在缓倾角泥化夹层问题，为了防止大坝沿坝基内近水平的泥化夹层滑动，在工程的勘测、设计以及施工中，均围绕着这一问题展开了大量的研究工作，并都因地制宜地采取了有效的加固措施。

（2）沿倾向上游软弱结构面滑动

可能发生这种滑动的几何边界条件必须是坝基中存在着向上游缓倾的软弱结构面，同时

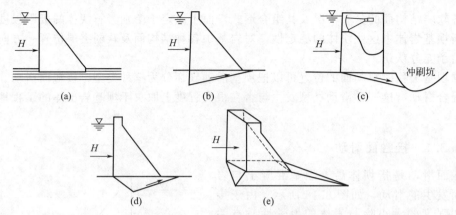

图 8.17 岩体内滑动类型示意图

还存在着走向垂直或近于垂直坝轴线方向的高角度破裂面，如图 8.17(b) 所示。在工程实践中，可能发生这种滑动的边界条件常常遇到，特别是在岩层倾向上游的情况下更容易遇到。例如上犹江水电站坝基便具备这种类型滑动的边界条件（图 8.18）。

（3）沿倾向下游软弱结构面滑动

可能发生这种滑动的几何边界条件是坝基岩体中存在着倾向下游的缓倾角软弱结构面和走向垂直或近于垂直坝轴线方向的高角度破裂面，并在下游存在着切穿可能滑动面的自由面，如图 8.17(c) 所示。一般来说，当这种几何边界条件完全具备时，坝基岩体发生滑动的可能性最大。

（4）沿倾向上、下游两个软弱结构面滑动

当坝基岩体中分别发育有沿倾向上游和下游的两个软弱结构面以及走向垂直或近于垂直坝轴线的高角度切割面时，坝基存在着这种滑动的可能性，如图 8.17(d) 所示。乌江渡水电站坝基就具备这种几何边界条件，如图 8.19 所示。一般来说，当软弱结构面的性质及其他条件相同时，这种滑动较沿倾向上游软弱结构面滑动要容易，但较沿倾向下游软弱结构面滑动要难一些。

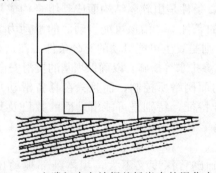

图 8.18 上犹江水电站坝基板岩中的泥化夹层

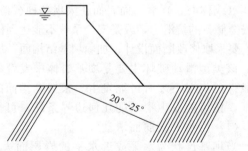

图 8.19 乌江渡水电站坝基地质情况示意图

（5）沿交线垂直坝轴线的两个软弱结构面滑动

可能发生这种滑动的几何边界条件是坝基岩体中发育有交线垂直或近于垂直坝轴线的两个软弱结构面，且坝趾附近倾向下游的岩基自由面有一定的倾斜度，能切穿可能滑动面的交线，如图 8.17(e) 所示。

由于坝基岩体中所受的推力或滑出的剪应力接近水平方向，所以在坝基岩体中产状平缓、倾角小于 20° 的软弱结构面是最需要注意的。当它们在坝趾下游露出河底时，大都应作为可能滑动面来对待。在多条或多层软弱结构面条件下，坝基可能出现多组滑动面，具有不同深度，应分别进行分析，以确定坝基的最小抗滑安全系数。这时，坝基处理要保证所有可能滑动的情况皆有足够的安全储备。

由于大坝坝基分块受到若干边界的约束，坝基下有时不能形成全面贯通的滑动面，因此不具备整体滑动条件，但仍有可能出现某些坝块的局部失稳。这种局部不稳定性进一步发展有可能导致坝基变形、应力调整、裂缝扩展等，危及大坝的安全。对于局部不稳定性，应注意防止失稳性变形，必须进行坝基应力变形的分析。

8.4.3.3　混合滑动

混合滑动的破坏形式即大坝失稳时一部分沿着混凝土与岩基接触面滑动，另一部分则沿岩体中某一软弱结构面产生滑动。因此，混合滑动的破坏形式，实际上是接触面滑动和岩体内滑动的组合破坏类型，兼有上述两种破坏形式的特点。

8.4.4　坝基岩体抗滑稳定性

坝基岩体抗滑稳定性计算需在充分研究岩基工程地质条件并获得必要计算参数的基础上进行，其结果正确与否取决于滑动几何边界条件的确定是否正确、受力条件分析是否准确全面、各种计算参数的安全系数选取是否合理、是否考虑可能滑动面上的强度和应力分布的不均匀性及长期荷载的卸荷作用以及其他未来可能发生变化的因素的影响等。一般来说，在这一系列影响因素中，正确确定剪切强度参数和安全系数对正确评价坝基岩体的稳定性具有决定意义。

8.4.4.1　坝基岩土体抗剪强度参数

在坝基抗滑稳定分析中，坝基岩土体抗剪强度是关键参数。一般来说，抗剪强度参数要通过设计、地质、试验三方共同研讨确定。

（1）坝基混凝土和基岩接触面的抗剪强度

坝基混凝土和基岩接触面的抗剪断强度及抗剪强度一般是在设计建基面岩面上浇砌混凝土块，并施加水平和竖直荷载进行试验，根据法向及剪切载荷值确定的。在第一次剪断后可将试件复原，再次试验，求得该剪断面的抗剪强度。

坝基混凝土和基岩接触面的抗剪强度的影响因素主要是混凝土质量、岩石质量以及混凝土和岩石的胶结质量。虽然大量试验结果并未给出它与岩石强度之间的明显关系，但是岩石越坚硬，接触面强度也越高。

（2）坝基岩石抗剪强度

坝基岩体经过风化作用，其构成为破碎、软弱岩石，其强度接近或低于混凝土强度时（＜30～40MPa），或坝基岩体的强度较高（＜60MPa）但节理发育时，均需考虑岩石强度在抗滑稳定性中的作用。试验方法和上述混凝土与岩石接触面抗剪试验相同。在试验中应能发现其破坏面大部分在岩石中产生，其抗剪强度参数也明显偏低。

（3）坝基软弱结构面的抗剪强度

影响结构面的力学特性的主要因素有：结构面的填充情况；填充物的组成、结构及状态；结构面的光滑度和平整度；结构面两侧的岩石力学性质。根据上述不同特征，其变形机制和强度特性有所区别，对结构面可以分为以下 4 类：

① 破裂结构面，包括片理、劈理及坚硬岩体的层面等，属于硬性结构面；

② 破碎结构面，包括断层、风化破碎带、层间错动带、剪切带等，具角砾、碎屑物填充，在变形过程中可进一步破碎和滚动；

③ 层状结构面，包括原生岩层的层面、软弱夹层及软弱岩层与硬层的接触界面，如泥岩、黏土岩、泥灰岩等，有一定的胶结；

④ 泥化结构面，包括上述各类结构面中有塑性夹泥者，如断层泥、次生夹泥层、泥化夹层等，抗剪强度很低。表 8.9 列出了不同结构面抗剪断强度（抗剪强度）参数的经验取值。

表 8.9　不同结构面抗剪断强度（抗剪强度）参数的经验取值

类型		经验取值		
		f'	c'/MPa	f
胶结结构面		0.70～0.90	0.20～0.30	0.55～0.70
无填充结构面		0.55～0.70	0.10～0.20	0.45～0.55
软弱结构面	岩块岩屑型	0.45～0.55	0.08～0.10	0.35～0.45
	岩屑夹泥型	0.35～0.45	0.05～0.08	0.28～0.35
	泥夹岩屑型	0.25～0.35	0.02～0.05	0.22～0.28
	泥	0.18～0.25	0.005～0.01	0.18～0.22

注：1. 表中胶结结构面、无填充结构面的抗剪强度参数限于硬质岩，半硬质岩与软质岩中的结构面应进行折减。

2. 胶结结构面、无填充结构面的抗剪断强度（抗剪强度），应根据结构面的胶结程度、粗糙度程度选取大值或小值。

3. f' 为结构面抗剪断摩擦系数，c' 为结构面抗剪断黏聚力，f 为结构面抗剪摩擦系数。

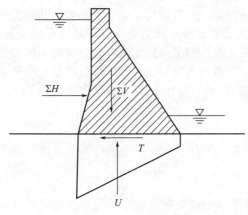

图 8.20　接触面抗滑稳定性计算

8.4.4.2　接触面抗滑稳定性计算

对于可能发生接触面滑动的坝体来说，重力坝坝体与坝基岩体的接触面是一个薄弱环节，因此必须沿该接触面验算坝身的抗滑稳定性，如图 8.20 所示。接触面抗滑稳定系数 K 为

$$K = \frac{f(\sum V - U)}{\sum H} \qquad (8.58)$$

式中，K 为抗滑稳定系数；f 为坝体混凝土与坝基接触面上的抗剪摩擦系数；$\sum V$、$\sum H$ 为作用于坝体上的总竖向作用力和水平推力；U 为作用在坝底的扬压力。

根据抗滑稳定安全系数的规定：按抗滑稳定系数公式计算的抗滑稳定安全系数 K 值应不小于表 8.10 规定的数值。

表 8.10　抗滑稳定安全系数 K

荷载组合		坝的级别		
		1	2	3
基本荷载组合		1.10	1.05	1.05
特殊组合	校核洪水工况	1.05	1.00	1.00
	地震工况	1.00	1.00	1.00

式（8.58）没有考虑混凝土与坝基接触面上的抗剪断黏聚力 c'，可以认为式（8.58）计算的是接触面上抗剪断强度消失后，只依靠剪断后的摩擦维持稳定时的安全系数，因此它计算的是滑移安全系数的下限值。

当考虑接触面的抗剪断黏聚力 c' 时，抗滑稳定安全系数 K' 为

$$K' = \frac{f'(\sum V - U) + c'l}{\sum H} \qquad (8.59)$$

式中，f' 为坝体混凝土与坝基接触面的抗剪断摩擦系数；l 为单宽坝基接触面长度。

式（8.59）计算的是混凝土和基岩在胶结的状态下破坏的安全系数，对于大、中型工程，在设计阶段，f' 和 c' 应由野外及室内试验成果决定。在规划和可行性研究阶段，可以参考规范给定的数值。不同分类的岩体，坝基岩体的各项参数取值见表 8.11，其抗滑稳定安全

系数 K' 值应不小于表 8.12 规定的数值。

表 8.11　坝基岩体的各项参数

| 岩体分类 | 混凝土与坝基接触面 | | | 岩体变形模量 |
| | 抗剪断强度 | | 抗剪强度 | |
	f'	c'/MPa	f	E/GPa
I	1.30～1.50	1.30～1.50	0.75～0.85	>20
II	1.10～1.30	1.10～1.30	0.65～0.75	10～20
III	0.90～1.10	0.70～1.10	0.55～0.65	5～10
IV	0.70～0.90	0.30～0.70	0.40～0.55	2～5
V	0.40～0.70	0.05～0.30	0.30～0.40	0.2～2

表 8.12　抗滑稳定安全系数 K'

荷载组合		K'
基本荷载组合		3.0
特殊组合	校核洪水工况	2.5
	地震工况	2.3

有时为增大坝基抗滑稳定性系数，将坝体和岩体接触面设计成向上游倾斜的平面，如图 8.21 所示。岩基中倾向上游的接触面与水平面的倾角为 α，坝体在水平推力的作用下，有可能沿软弱面产生滑动。作用于坝体的水平方向合力以 $\sum H$ 表示，其中包括波浪冲击力、坝前淤积的泥沙水平推力以及上游渗透压力和上游水压；作用于坝体的总垂直荷载以 $\sum V$ 表示；滑动面上的扬压力以 U 表示。

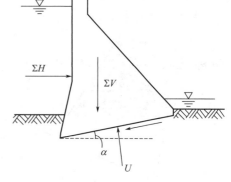

图 8.21　坝底面倾斜接触面抗滑稳定性计算

这时，作用在接触面上的正压力 N 为

$$N = \sum H \sin\alpha + \sum V \cos\alpha - U \qquad (8.60)$$

抗滑力 R 为

$$R = f'(\sum H \sin\alpha + \sum V \cos\alpha - U) + c'l \qquad (8.61)$$

而作用在接触面上的剪切力，即滑动力 F 为

$$F = \sum H \cos\alpha - \sum V \sin\alpha \qquad (8.62)$$

则接触面的抗滑稳定性系数为

$$
\begin{cases}
K' = \dfrac{f(\sum H \sin\alpha + \sum V \cos\alpha - U) + c'l}{\sum H \cos\alpha - \sum V \sin\alpha} \\[3mm]
K = \dfrac{f(\sum H \sin\alpha + \sum V \cos\alpha - U)}{\sum H \cos\alpha - \sum V \sin\alpha}
\end{cases}
\qquad (8.63)
$$

8.4.4.3　坝基岩体内滑动的稳定性计算

基岩中的可能滑动面，是根据工程地质勘察所提供的资料，按照岩基中的节理裂隙、断层以及各种地质结构面的分布和组合情况来确定的。坝基岩体内滑动的稳定性分析，首先应根据岩体软弱结构面的形状及位置，确定岩基中可能产生滑动的块体，充分研究可能发生滑动的几何边界条件，对每一种可能的滑动都确定出稳定性系数，然后根据最小的稳定性系数与所规定的安全系数相比，从而进行评价。下面就分别论述四种类型的岩体内滑动的抗滑稳定性计算问题。

（1）沿水平软弱结构面滑动的稳定性计算

大坝可能沿水平软弱结构面发生滑动的情况多发生在水平或近水平产状的坝基中，由于岩层单层厚度多小于 2m，因此，可能发生滑动的软弱结构面距坝底较近，在抗滑力中不应再计入岩体抗力。如果滑动面埋深较大，则应考虑岩体抗力的影响。一般可按式（8.58）或式（8.59）确定抗滑稳定性系数 K 或 K'，此时 f、f'、c' 为潜在滑动面上的强度参数，l 为潜在滑动面的长度。

（2）沿倾向上游软弱结构面滑动的稳定性计算

如图 8.22 所示，当坝基具备这种滑动的几何边界条件时，块体 ABC 沿着 BA 面滑动，沿倾向上游软弱结构面抗滑稳定性系数可由式（8.63）计算。

（3）沿倾向下游软弱结构面滑动的稳定性计算

如图 8.23 所示，当坝基具备这种滑动的几何边界条件时，AB 为临空面，块体 ABC 沿着 BA 面滑动，对大坝的抗滑稳定最为不利。此时，沿倾向下游软弱结构面抗滑稳定性系数为

$$\begin{cases} K' = \dfrac{f'(\sum V\cos\alpha - \sum H\sin\alpha - U) + c'l}{\sum H\cos\alpha + \sum V\sin\alpha} \\[4mm] K = \dfrac{f(\sum V\cos\alpha - \sum H\sin\alpha - U)}{\sum H\cos\alpha + \sum V\sin\alpha} \end{cases} \tag{8.64}$$

比较式（8.63）和式（8.64），当其他条件相同时，沿倾向上游软弱结构面滑动的稳定性系数将显著大于沿倾向下游软弱结构面滑动的稳定性系数。

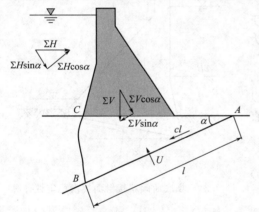
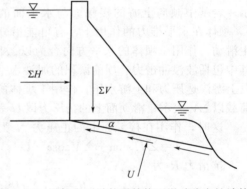

图 8.22　沿倾向上游软弱结构面滑动稳定性计算　　图 8.23　沿倾向下游软弱结构面滑动稳定性计算

（4）沿两个相交软弱结构面滑动的稳定性计算

沿两个相交软弱结构面滑动可分为两种情况：一种是沿着分别倾向上、下游的两个软弱结构面的滑动，如图 8.17(d) 所示。抗滑稳定性系数一般可用非等 K 法和等 K 法计算。另一种是沿交线垂直坝轴线方向的两个软弱结构面的滑动，如图 8.17(e) 所示。抗滑稳定性是两个软弱结构面抗滑稳定的叠加。

如图 8.24 所示，分析时将滑动体分成 ABD 和 BCD 两部分。由于 BCD 所起的作用是阻止 ABD 向前滑动，故把 BCD 称为抗力体。抗力体作用在 ABD 的力 P 称为抗力，P 的作用方向有三种假设：P 与 AB 面平行；P 垂直 BD 面；P 与 BD 面的法线方向成 α 角。一般常假定 P 与 AB 面平行，以下分析采用该假定。

① 非等 K 法。滑体 ABD 和抗力体 BCD 的稳定系数 K_{ABD}，K_{BCD} 分别为

$$\begin{cases} K'_{ABD} = \dfrac{f'_1(\sum V_1\cos\alpha - \sum H\sin\alpha - U_1) + c'_1 l_1 + P}{\sum H\cos\alpha + \sum V_1\sin\alpha} \\[4mm] K_{ABD} = \dfrac{f_1(\sum V_1\cos\alpha - \sum H\sin\alpha - U_1) + P}{\sum H\cos\alpha + \sum V_1\sin\alpha} \end{cases} \tag{8.65}$$

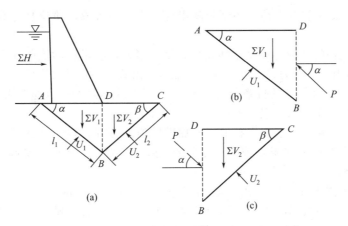

图 8.24 沿两个相交软弱结构面滑动稳定性计算

$$
\begin{cases}
K'_{BCD} = \dfrac{f'_2\left[\sum V_2 \cos\beta + P\sin(\alpha+\beta) - U_2\right] + c'_2 l_2}{P\cos(\alpha+\beta) - \sum V_2 \sin\beta} \\[3mm]
K_{BCD} = \dfrac{f_2\left[\sum V_2 \cos\beta + P\sin(\alpha+\beta) - U_2\right]}{P\cos(\alpha+\beta) - \sum V_2 \sin\beta}
\end{cases}
\tag{8.66}
$$

式中，f_1、f_2 分别为 AB 面和 BC 面的抗剪摩擦系数；f'_1、f'_2 分别为 AB 面和 BC 面的抗剪断摩擦系数；$\sum V_1$、$\sum V_2$ 分别为作用于滑体 ABD 和抗力体 BCD 总竖向作用力；$\sum H$ 为作用于坝体上的总水平推力；U_1、U_2 分别为作用在 AB、BC 面上的扬压力；c'_1、c'_2 分别为作用在 AB、BC 面岩体的抗剪断黏聚力；l_1、l_2 分别为 AB、BC 面的长度；α、β 分别为 AB、BC 面与水平面的夹角；P 为抗力。

令 $K'_{ABD}=1$，由式（8.65）求得抗力 P，然后代入式（8.66），可得 K'_{BCD}。K'_{BCD} 表示为坝基抗滑稳定性系数。有时根据地质条件，也可先假设 $K'_{BCD}=1$，求得 K'_{ABD}，将 K'_{ABD} 作为坝基结构面抗滑稳定性系数。K_{ABD} 与 K_{BCD} 的求解方法相同。

② 等 K 法。等 K 法分为非极限平衡等 K 法和极限平衡等 K 法两种。非极限平衡等 K 法为：令式（8.65）、式（8.66）中的 $K'_{ABD} = K'_{BCD} = K'$，求解获得 K'。

极限平衡等 K 法为：将 AB、BC 面上的抗剪指标 c'_1、f'_1、c'_2、f'_2 同时降低 K' 倍，使滑体 ABD 和抗力体 BCD 都处于极限平衡状态，即 $K'_{ABD} = K'_{BCD} = 1$。联立式（8.67）和（8.68），求解获得 K'，即为极限平衡等 K 法。K 的求解方法相同。

$$
\sum H\cos\alpha + \sum V_1\sin\alpha = \frac{f'_1\left(\sum V_1\cos\alpha - \sum H\sin\alpha - U_1\right) + c'_1 l_1}{K'} + P
\tag{8.67}
$$

$$
P\cos(\alpha+\beta) - \sum V_2\sin\beta = \frac{f'_2\left[\sum V_2\cos\beta + P\sin(\alpha+\beta) - U_2\right] + c'_2 l_2}{K'}
\tag{8.68}
$$

8.4.5 岩石地基的加固措施

建（构）筑物的岩石地基，长期埋藏于地下，在整个地质历史中，它遭受了地壳变动的影响，使得岩基中存在各种类型和大小的结构面，直接影响到建（构）筑物地基的选用。

对于设计等级要求高的建（构）筑物来说，首先在选址时就应该尽量避开构造破碎带、断层、软弱夹层、节理裂隙密集带、溶洞发育等地段，将建（构）筑物选在最良好的岩基上。但实际上，任何地区多少都存在着这样或那样的缺陷。因此，要对不满足要求的岩基进行地基处理，确保建（构）筑物的安全。处理过的岩基应该达到如下的要求：

① 地基的岩体应具有均一的弹性模量和足够的抗压强度。尽量减少建（构）筑物修建

后的绝对沉降量。要注意减少地基各部位间出现应力集中现象，使建筑物不致遭受倾覆、滑动和断裂等威胁。

② 建（构）筑物的基础与地基之间要保证结合紧密，有足够的抗剪强度，使建（构）筑物不致因承受水压力、土压力、地震力或其他推力，沿着某些抗剪强度低的软弱结构面滑动。

③ 对于坝基，要有足够的抗渗能力，使库区蓄水后不致产生大量渗漏，避免增高坝基扬压力和恶化地质条件，导致坝基不稳。

为了达到上述的要求，采用岩石地基的加固措施处理方法有：

① 当岩基内有断层或软弱带或局部破碎带时，则需将破碎或软弱部分，采用挖、掏、回填混凝土的处理。

② 改善岩基的强度和变形，进行固结灌浆以加强岩体的整体性，提高岩基的承载能力，达到防止或减少不均匀沉降的目的。固结灌浆是处理岩基表层裂隙的最好方法，它可使基岩的整体弹性模量提高1～2倍，对加固岩基有显著的作用。

③ 增加基础开挖深度或采用锚杆与插筋等方法提高岩体的力学强度。

④ 开挖和回填是处理岩基的最常用方法，对断层破碎带、软弱夹层、带状风化等较为有效。若其位于表层，一般采用明挖，局部的用槽挖或洞挖等，使基础位于比较完整的坚硬岩体上。如遇破碎带不宽的小断层，可采用"搭桥"的方法，以跨过破碎带。对一般张开裂隙的处理，可沿裂隙凿成宽缝，再回填混凝土。

⑤ 如为坝基，由于蓄水后会造成坝底扬压力和坝基渗漏，为此，需在坝基上游灌浆，做一道密实的防渗帷幕，并在帷幕上加设排水孔或排水廊道，使坝基的渗漏量减少，扬压力降低，排除管涌等现象。帷幕灌浆一般用水泥浆或黏土浆灌注，有时也用热沥青灌注。

【思考与练习题】

1. 什么是岩石地基？岩石地基设计应满足哪些原则？

2. 岩基上常用的基础形式有哪几种？

3. 嵌岩桩基沉降量包括哪几部分？分别如何确定？

4. 圆形柔性基础中心的沉降量与基础边缘的沉降量的表达式分别是什么？

5. 岩石地基的沉降主要由哪三个方面引起？

6. 岩石地基承载力的确定主要有哪几种方法？

7. 岩石地基加固常用的方法有哪些？

8. 某岩基上圆形刚性基础，直径为 0.5m，基础上作用有 1000kPa 的荷载，基础埋深为 1m。已知岩基变形模量 $E=400\text{MPa}$，泊松比 $\mu=0.2$，求该圆形刚性基础的沉降量。

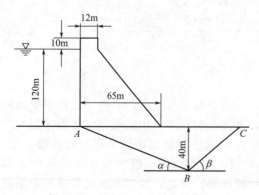

图 8.25 混凝土重力坝的横断面

9. 某混凝土重力坝的横断面如图 8.25 所示，坝基内存在两组结构面 AB 和 BC，根据工程地质勘查表明，ABC 为最危险的滑动体。已知坝基岩体的重度为 22.5kN/m³，坝体混凝土重度为 21.5kN/m³。结构面 AB 的抗剪强度指标：$c_1=0.34\text{MPa}$，$f_1=0.39$；结构面 BC 的抗剪强度指标：$c_2=0.32\text{MPa}$，$f_2=0.34$。结构面 AB 的倾角 $\alpha=28.5°$，结构面 BC 的倾角 $\beta=41°$。不考虑地下水的静水压力、动水压力及地震力的作用，其他几何尺寸如图 8.25 所示。试分别用非等 K 法和等 K 法计算坝基的稳定性系数。

第 9 章

岩体力学研究新进展

 学习目标及要求

了解岩体力学研究的新进展。

9.1 概述

岩体力学是一门既有理论内涵、又有工程实践性的学科。它面对的是"数据有限"问题，不仅输入模型的基本参数很难准确地给出，对过程（特别是非线性过程）演化，能够提供反馈信息或者校正模型的测量手段也不多。此外，岩体的破坏机理尚不清晰。自然界中的岩体被各种构造形迹（如断层、节理、层理、破碎带等）切割成不连续的地质体。因切割程度的不同，形成松散体-弱面体-连续体的一个序列。这一岩体序列很复杂，它几乎到处都在变化着，所涉及的力学问题是多场（应力场、渗流场、温度场、化学场）、多相（气、液、固）影响下的地质构造与工程结构相互作用的耦合问题。因此，工程岩体的变形破坏特性是极其复杂的，且多半是高度非线性的。

近些年，我国各类基础设施建设和资源开发利用处于快速发展阶段。水利水电开发、矿山与能源开采、油气储存与废弃物地下处置、地面与地下交通建设及其他岩土工程的建设促进了我国岩体力学的快速发展，但同时也面临着诸多新挑战，包括特殊的区域性构造地质条件（如膨胀岩、地下暗河和岩溶、松散破碎复杂岩基、高地应力作用下的软硬岩等）、硐室围岩的大变形控制、水工隧洞群之间的相互作用、复杂坝基稳定、深部岩爆、岩体内的裂隙网络渗流、"三下"（重要道路下、水下及建筑物下）采矿、自然或人工开挖高陡岩质边坡的长期稳定、尾矿坝溃坝、地下空间利用、防护工程、海底隧道以及其他工程岩体力学问题。这些交通、能源、水利水电及采矿工程等各个领域的需求，将持续推进我国岩体力学原理及应用的快速发展。

9.2 岩体力学中的分形理论

9.2.1 分形几何理论

分形几何理论由 Mandelbrot 于 20 世纪 70 年代创建，它研究数学领域和自然界中经典欧氏几何无法表述的、极其复杂和不规则的几何形体与现象，并用分形维数定量刻画其复杂程度。

在分形几何中，最主要的概念是分数维。它可以是分数，也可以是整数。确定分数维比较实用的方法有 5 种：改变粗视化程度（尺寸）求分数维；根据测度关系求分数维；根据相关函数求分数维；根据分布函数求分数维；根据光谱求分数维。分形几何主要是研究一些具有自相似性的不规则曲线、具有自反演性的不规则曲线、具有自平方性的分形变换和具有自仿射的分形集。在数学上，有许多著名的奇异图形都是分形，如 Cantor 曲线、Koch 曲线、Sierpinski 填料和 Menger 海绵（图 9.1）。

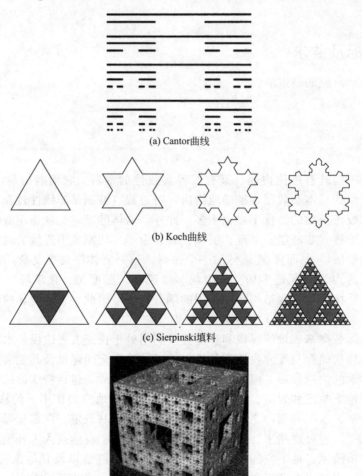

(a) Cantor曲线

(b) Koch曲线

(c) Sierpinski填料

(d) Menger海绵

图 9.1 常见的几种自相似分形

9.2.2　分形理论在岩体力学中的应用

9.2.2.1　岩石破裂的分形

谢和平提出岩石微破裂的分形模型如图 9.2 所示。在图 9.2(a) 中，$N=2$，$r=1/1.732$，分数维 $D=\ln2/\ln1.732=1.26$；图(b) 中 $D=\ln4/\ln3=1.26$；图(c) 中 $D=\ln3/\ln2.236=1.37$；图(d) 中 $D=\ln5/\ln3.605=1.26$。

Hirata 等通过 Oshima 花岗岩三轴试验（围压 40MPa）中的声发射特征，研究了微破裂的分形过程，并推广到地震事件，认为在主大震发生前，破裂的分维数减小。对于声发射 $(P_1, P_2, \cdots, P_N)$，相关积分为

$$C(r)=\frac{2}{N(N-1)}N_r \quad (R<r) \tag{9.1}$$

式中，N_r 为 $r>R$ 的声发射对 (P_i, P_j) 的数目，R 为时间或距离。相应有

$$C_{(r)} \propto r^{-D} \tag{9.2}$$

D 即为与声发射对应的微破裂的分数维。谢和平利用上述相关积分，研究了美国 Galena 矿中岩爆的分形特征，发现微地震事件具有集聚分形结构。当接近一个主岩爆时，微地震事件的集聚程度明显增加，并相应地出现分数维减小的现象。最小的分形维数出现在主岩爆时。可见微破裂是一个分形过程。

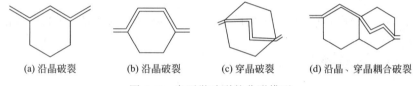

(a) 沿晶破裂　　(b) 沿晶破裂　　(c) 穿晶破裂　　(d) 沿晶、穿晶耦合破裂

图 9.2　岩石微破裂的分形模型

9.2.2.2　岩石碎屑的分形

研究表明，岩石破碎、风化、爆炸产生的碎屑分布具有指数关系 $[N(r) \propto r^{-D}]$，并且岩石碎屑具有尺度无关性。具有这种性质的碎屑还有火山灰、陨石、小行星、星际粒子以及各种土粒，见表 9.1。

表 9.1　各种碎屑的分形维数

碎屑类型	分形维数	碎屑类型	分形维数
灰尘和浮石	3.54	核爆碎屑	2.5
小行星	3.05	小行星（理论上）	2.48
石陨石（雨）	3	岩石化学风化碎屑	2.42
冰碛	2.88	花岗岩碎屑	2.22
砂和砾石	2.82	片麻岩碎屑	2.13
砂质黏土	2.61	石英的人工压碎碎屑	1.89
玄武岩碎屑	2.56	陨石	1.86
小行星（理论分析）	2.51	含钢辉长岩碎屑	1.71
星际粒子	2.50	含铅辉长岩碎屑	1.44
煤爆碎屑	2.50		

黄暹等构造了有限自相似尺度分布集合，从而导出了真实颗粒体系的分形粒度分布模型，得到用粒数密度表示的严格定量关系，即

$$N(>L) \propto L^{-D} \quad (0 < L < +\infty) \tag{9.3}$$

式中，L 为颗粒粒径；N 为颗粒累积数。并从动力学的角度给出了颗粒分形过程的判据。

粒子变化速率为

$$L^{b-1} dL/dt = g(t) \tag{9.4}$$

当 $b=0$ 时，式（9.4）变为

$$d(\ln L)/dt = g(t) \tag{9.5}$$

因此，只有当 $b=0$ 时，颗粒体系才具有分形分布，$\ln N$-$\ln L$ 才能保持直线。

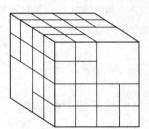

图 9.3   断层泥中碎屑分布的分形模型

Samiss 在分析断层泥屑分布时，发现断层泥中的碎屑具有分形分布特征，其分维数 D 介于 2.0～3.0 之间，并建立断层泥中碎屑分布的分形模型（图 9.3），根据这个分形模型，碎屑分布的分数维 $D = \ln 6/\ln 2 = 2.58$。

Brow 等根据碎屑的泊松分布给出碎屑质量分布的公式为

$$N(m) = Cm^{-b} \tag{9.6}$$

式中，C 为常数；b 为待定参数，注意到 $m \propto r^3$，则得到碎屑质量分布的分数维为

$$D = 3b \tag{9.7}$$

由碎屑粒径分布有

$$M(r)/M_T = 1 - \exp\left[-\left(\frac{r}{\sigma}\right)\right]^{\alpha} \tag{9.8}$$

式中，$M(r)$ 为碎屑直径小于 r 的质量；M_T 为碎屑的总质量；σ 为碎屑的平均粒径，α 为待定参数。

若 $r \ll \sigma$，则式（9.8）变为

$$M(r)/M_T = \left(\frac{r}{\sigma}\right)^{\alpha} \tag{9.9}$$

注意到：$dM \propto r^{\alpha-1} dr$，$N \propto r^{-D}$，即 $dN \propto r^{-(D+1)} dr$，$dN \propto r^{-3} dM$，则得到

$$D = 3 - \alpha \tag{9.10}$$

若

$$f(m) = Am^{-S} \tag{9.11}$$

这里 $f(m)$ 是质量介于 $m \sim (m+dm)$ 之间的碎屑质量，得到碎屑分布的分数维为

$$D = 3(S-1) \tag{9.12}$$

式中，S 为待定参数。

总的来说，分形几何作为一门新学科，无论在理论还是应用上，均有待完善和补充。当前在所有的应用中，几乎仅考虑了自然界中一个简单的规律——自相似性和维数概念，然而要真正深入地去揭示自然界更复杂的现象，还应发展模糊分形、多重分形等非线性分形。有关分形几何在岩石力学中的应用研究才刚刚起步，在许多领域还有待开发、创新。

9.3   岩体力学中的数值分析

岩体的天然状态所具有的复杂性决定了只有少数的岩体力学问题可以得到解析解。如本书前述的应力重分布及围岩压力问题，只有在一系列的简化和假设条件下建立了一定的计算模型，才得到偏微分方程的一些解析解。但是，在实际工程中，由于岩体的性状非均质性，岩体的本构关系非线性，岩体结构面造成的非连续性，边界条件的复杂性等原因，难以得到解析解，只能采用数值分析的方法求得近似解。应用计算机来求解大量繁复的计算是完成数

值分析方法的必要前提。数值分析具有较广泛的适用性，它不仅能模拟岩体的复杂力学特性，也可方便地分析各种边值问题和施工过程，并对工程进行预测和预报，因此，数值分析方法是解决岩土工程问题的有效工具。

在岩体力学领域的数值分析方法中，主要使用的方法为不连续变形分析法、有限元法、边界元法、有限差分法、离散元法等。

9.3.1　不连续变形分析法

9.3.1.1　不连续变形分析法及其特点

不连续变形分析（discontinous deformation analysis，DDA）法是以研究非连续块体系统不连续位移和变形为目的的一种数值方法。该法将块体理论（20 世纪 70 年代由石根华提出）与岩体的应力、应变分析有机地结合起来，以位移作为未知量，并按有限元法中结构矩阵分析的方式求解平衡方程。

DDA 是在假定位移模式下，由弹性理论位移变分法建立总体平衡方程式，通过施加或去掉块体界面刚硬弹簧，使块体单元界面之间不存在嵌入和张拉现象，由此来满足位移边界条件。DDA 法允许每个块体有位移、变形和应变，还允许整个块体系统在块体交界面上有滑动、张开与闭合，它已克服了单纯几何分析方法的不足，能够考虑结构体的变形和位移，特别适合于模拟岩体移动的不连续大位移行为。

石根华博士总结出 DDA 法具有 5 大特性，即完备的块体运动学理论及其数值实现；完善的一阶位移近似；严格的平衡假设；正确的能量耗散；高效的计算效率。这 5 种特性使 DDA 成为一种严密而精确的数值分析方法。

虽然 DDA 的正分析法看起来像离散元法，但 DDA 的分析过程更接近有限元法。DDA 与有限元法的不同之处：单元界面之间的变形可以是不连续的；单元形状可以是任意的凸形、凹形或组合多边形；单元之间的接触不一定要求角点与角点的接触；未知数是所有块体自由度的总和。

尽管离散元法和不连续变形分析都能模拟相互作用离散块体的复杂本构性质，但两者在理论上是不相同的。前者是一种力平衡法，而后者是一种位移方法。

9.3.1.2　不连续变形分析法理论

当前，基于不连续变形分析的研究大多局限在二维情形。随着 DDA 研究的深入，三维 DDA 方法的理论框架已基本形成，其思路大体如下：

① 以天然存在的不连续面（如节理、断层等）切割岩体，形成单个块体单元。单元的形状可以是任意多面体，块体之间的接触可以是面、边、角三者任意组合而成的六种形式之一。

② 以 12 个块体位移变量来表示块体内任意一点的位移和变形特征，具有普遍的物理意义和直观简洁性。

③ 与有限元法相似的位移模式，采用全一阶多项式近似或高阶多项式近似，视问题的复杂性而定。

④ 块体满足平衡方程，块体接触面上采取合适的摩擦方式来消耗能量。块体间严格遵守不侵入和不承受拉伸力的要求。

⑤ 通过块体间的接触和位移约束，将单个块体有机地联系起来，形成一个块体系统。在势能最小原理的条件下，建立单个块体的单元刚度矩阵以及块体系统的总体刚度矩阵。

⑥ 按不同的要求，反复形成和求解总体刚度矩阵，最后求得每个块体和整个块体系统的位移变形。

9.3.2　其他数值分析方法

9.3.2.1　有限元法

有限元法自 20 世纪 50 年代发展至今，已成为求解复杂工程问题的有力工具，并在岩土工程领域被广泛采用。

数值分析法是以离散化原则为基础的，即把一个复杂的整体问题离散化为若干个较小的等价单体，有限元法也是如此。有限元法是通过变分原理（或加权余量法）和分区插值的离散化处理，把基本控制方程转化为线性代数方程，把求解域内的连续函数转化为求解有限个离散点处的场函数值。有限元法的最基本元素是单元和节点，基本计算步骤的第一步为离散化，问题域的连续体被离散为单元与节点的组合，连续体内各部分的应力及位移通过节点传递，每个单元可以具有不同的物理特征，这样，便可以得到在物理意义上与原来的连续体相近似的模型。有限元法的第二步为单元分析，一般以位移法为基本方法，即根据所采用的单元类型，建立单元的位移-应变关系、应力-应变关系、力-位移关系，建立单元的刚度矩阵。第三步由单元刚度矩阵集合成总体刚度矩阵，并由此建立系统的整体方程组。第四步引入计算模型的边界条件，求解方程组，求得节点位移。第五步求出各单元的应变、应力及主应力。

为了更好地解决实际岩体工程问题，在应用有限元法时还要处理好一些关键问题：

（1）正确划定计算范围与边界条件

大多数的岩土工程问题都涉及无限域或半无限域。有限单元法是在有限的区域进行离散化，为使这种离散化不会产生较大的误差，必须取足够大的计算范围，但计算范围太大，单元不能划分得较小，否则计算工作量很大，经济上的负担太大；计算范围太小，边界条件又会影响到计算误差，所以必须划定合适的计算范围。一般来说，计算范围应不小于岩体工程轮廓尺寸的 3～4 倍。有两类边界条件，位移边界与应力边界，应根据工程所处的具体条件确定边界类型及范围。

（2）正确输入岩体参数及初始地应力场

岩体各单元的物理力学参数直接涉及计算的正确性。由于尺寸效应及岩体自然状态的离散性，一般室内试验所得的试验值不能直接输入计算，一般是试验值与经验值相配合而选定参数，还要参考围岩分类及对比同类工程，还可以参考反分析的成果。初始地应力场的输入也直接影响计算结果，所以，正确决定岩体的初始应力状态是有限单元法分析中的一个重要问题，一般土木工程无特殊情况按自重应力考虑。

（3）采用特殊单元来处理岩体的非连续性和边界效应

对于岩体中明确的结构面（断层、大节理），为了考虑岩体的非连续性，可以采用特殊的"节理单元"来模拟。平面问题的无厚度节理单元是由 Goodman 最先提出的，可以较好地解决节理单元两旁的非连续性和切向变形问题，但节理单元的缺点是无厚度，计算中可能会发生节理上、下面相互"嵌入"的现象，必须对这种嵌入量作人为的限制，以免导致较大的误差。

9.3.2.2　边界元法

边界元法是和有限元法同步发展的一种数值计算方法。与有限元相比有以下特点：

① 边界元法把一个均质区域看作一个大单元，只把它的边界离散化，区域内不划分单元，场变量处处连续。

② 对于无限区域，场变量自动满足无穷边界条件及自然表面状态。对于半无限区域，场变量也自动满足无穷远边界条件及自然表面状态。有限元法是全区域离散化，而边界元是把基本方程转化为边界积分方程，只对边界离散化建立相应的方程组进行求解。这样边界元

使三维问题降为二维问题求解,使二维问题转化为一维问题求解。

③ 当物体的表面积和体积之比较小时,边界元的划分单元数要比有限元少数倍甚至十几倍,这样也使待解的方程数目、处理和存储的数据量降低同样的倍数,大大节省了机时和算题费用。

④ 当仅需求解物体内部几个点的应力时,有限元仍不得不划分整个区域,才能确定这几个点的应力值。而边界元当知道边界的应力解时,就可以根据需要去求物体内部个别点的解。

⑤ 在应力梯度较高处,有限元法的剖分密度常常受到限制,而边界元可以方便地确定应力梯度的分布。

边界元法矩阵方程中系数阵的元素结构比有限元法刚度阵中的元素复杂。有限元刚度阵属带状稀疏阵,而边界元法的系数阵为满阵,因此对于面积和体积之比较大的薄壁结构而言,边界元的优越性就不明显。

边界元法比较适合求解无限区域和半无限区域问题,如深埋硐室是一个典型的例子。但边界元在计算非均匀介质问题、非线性问题以及模拟工程开挖过程等方面不如有限元方便有效。有限元法与边界元法划分单元的比较如图 9.4 所示。

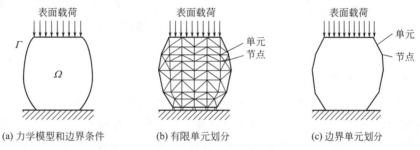

(a) 力学模型和边界条件　　(b) 有限单元划分　　(c) 边界单元划分

图 9.4　有限元法与边界元法的比较

9.3.2.3　有限差分法

有限差分方法是从一般的物理现象出发建立相应的微分方程,经离散后得到差分方程,再进行求解的方法。随着计算机的不断发展和其他计算方法的兴起,有限差分法曾一度受到冷遇,但 20 世纪 80 年代末,由美国 ITASCA 公司开发的 FLAC(fast lagrangian analysis of continuum)软件采用差分方法进行求解,在岩土工程数值计算中得到了广泛的应用。FLAC 是为岩土工程应用而开发的连续介质显式有限差分计算机软件,主要适用于模拟计算岩土类工程地质材料的力学行为,特别是岩土材料达到屈服极限后产生的塑性流动。材料通过单元和区域表示,根据研究对象的形状构成相应的网络结构。每个单元在外载和边界约束条件作用下,按照约定的线性和非线性应力-应变关系产生力学响应。FLAC 软件建立在拉格朗日算法基础上,特别适用于模拟材料的大变形和扭曲转动。该软件设有多种本构模型,可模拟地质材料的高度非线性(包括应变软化和硬化)、不可逆剪切破坏和压密、黏弹性(蠕变)、孔隙介质的流固耦合、热力耦合以及动力学行为等。另外,软件还设有边界单元,可以模拟断层、节理和摩擦边界的滑动、张开和闭合等行为。

9.3.2.4　离散元法

离散元法是 20 世纪 70 年代初开始兴起的一种数值计算方法。有限元法、边界元法和有限差分法都是基于连续介质力学的数值计算方法,将问题域的内部或边界进行了离散化,但在计算过程中,仍要求保持整体完整性,单元之间决不允许拉开,应力仍保持连续。离散元法则完全强调岩体的非连续性,问题域由众多的岩体单元所组成,但这些单元之间并不要求完全紧密接触，单元之间既可以是面接触或面与点的接触，也允许块体之间滑移或受到拉力以后分开，甚至脱离母体而自由下坠。

离散元法的理论基础是牛顿第二运动定律。离散元法认为，岩体中的各离散单元，在初始应力作用下各块体保持平衡。岩体被表面或内部开挖以后，一部分岩体就存在不平衡力，离散单元法对计算域内的每个块体所受的四周作用力及自重进行不平衡力计算，并采用牛顿运动定律确定该岩块内不平衡力引起的速度和位移。反复进行类似的计算，最终确定岩体在已知荷载作用下是否将破坏，或计算出最终稳定体系的累积位移，所采用的算法称为动态松弛法。为达到快速收敛、避免产生振荡，还要在运动方程式加上一定的阻尼系数。

目前广泛采用的离散元数值分析程序为 UDEC。图 9.5 是离散元法的一个算例，它研究地下煤层开挖引起冒落和岩层移动，揭示冒落带深度与节理间距的关系。

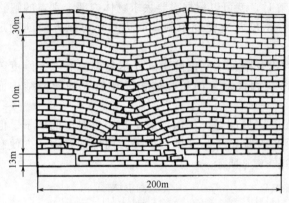

图 9.5 　岩层移动和冒落形态

9.3.2.5　反分析法

在力学范畴内，一般是根据表征某一系统力学属性的各项初始参数来确定系统的力学行为；而当利用反映系统力学行为的某些物理量推算该系统的各项或一些初始参数时，这种问题通常被称为反问题或逆问题。在岩土工程领域内，则被称为反分析法。反分析以工程现场的量测值（如位移、孔压）作为基础信息，反求实际岩土的力学参数、初始地应力、结构荷载等，为理论分析，特别是数值分析提供符合实际情况的基本参数。

反分析法理论是从人们对岩质隧道的量测和分析研究中形成，并逐步发展和完善的。20世纪70年代以前，研究人员就已经开始了对岩体中初始地应力和地层参数的试验测定的研究，并得到许多可用于工程实践的方法。然而在当时水平下，初始地应力的测定主要依靠钻孔，地层参数的获得则主要依靠室内试验与野外试验，这些方法虽然都能取得预期的结果，但都有费钱费时等缺点，使绝大多数工程在设计时都不能按实际需要开展工作。20世纪70年代起，用于隧道施工的新奥法技术已经形成。新奥法技术进行隧道设计和施工的主要依据是洞周收敛的位移量测信息，包括拱顶下沉量、洞周最大收敛位移值及其收敛速率等。新奥法技术问世后，有关研究人员在开展收敛限制法设计理论研究的同时，也对隧道施工采集的位移量测信息进行反演研究。到20世纪80年代已经取得了一系列成果，初步形成了可供岩体工程实践采用的反演理论和方法体系。

根据反分析时所利用的基础信息不同，反分析法可分为应力反分析法、位移反分析法和混合反分析法。由于位移量测比应力量测更经济、方便，且较易获取，故位移反分析法应用更广泛。位移反分析法按照其采用的计算方法又可分为解析法和数值法（有限元法、边界元法等）。由于解析法只适于简单几何形状和边界条件的问题反演，难以解决复杂的岩土工程，而数值方法具有普遍的适应性。一般是把数值分析方法与数学优化方法结合起来，通过不断修正岩土的未知参数，使现场实测值与相应的数值计算值的差异达到最小。

应该指出，反分析得出的岩体与岩性的参数只是供正算参考，它不能取代试验和实测，也不能推广到诸如围岩应力分析等普遍用途。

9.4　岩石损伤力学研究

在外荷载和环境的作用下，由于细观结构的缺陷（如微裂纹、微孔洞等）引起的材料或结构的劣化过程，称为损伤。损伤力学研究含损伤介质的材料性质，以及在变形过程中损伤演化发展直至破坏的力学过程。

为描述方便，引入抽象的"损伤变量"概念，它可以是各阶张量，如标量、矢量、二阶张量等，用来概括描述损伤。损伤变量的定义是研究岩石损伤的重要内容之一。目前，损伤变量的定义在宏观上以弹性常数、超声波速等为代表，细观上以有效面积、裂纹密度、孔隙率等为代表。通过引入损伤变量就可采用唯象学法和细观损伤力学方法对岩石强度曲线进行描述。例如，在假设岩石为各向同性的基础上，建立了以声波变化表征岩石损伤程度的损伤变量；考虑到受损伤单元力学效应可用无损单元力学效应当量表示，定义了单位体积破坏单元数目与单位体积总单元数目之比为损伤变量，建立了岩石应力、应变与裂纹密度的关系；考虑到岩石损伤特性是由岩石损伤部分与未损伤部分性质的综合体现，定义了以岩石受损伤面积与总面积之比为损伤变量，从而建立了特定围压下的岩石损伤统计本构模型。可以看出，损伤变量为表征岩石因损伤强度恶化的某一个量，通过该量可以定量地了解岩石内部的损伤程度。

损伤力学研究包括以下几步：选择合适的损伤变量；建立损伤演化方程；建立考虑材料损伤的本构模型；根据初始条件和边界条件求解材料各点的应力、应变和损伤值，用计算得到的损伤值判断各点的损伤状态，若损伤达到临界值，可认为该点破坏，再根据新的损伤分布状态和新的边界条件做类似的反复计算，直至达到构件的破坏准则。

在损伤力学中，一直存在争论问题，即什么是损伤的表征？什么样的变量可作为损伤变量？由此而来的便是如何用直接或间接的、力学或物理学的方法来测量它们。而损伤力学的发展自然也包括研究进入损伤的起始损伤准则以及表征损伤引起破坏的损伤准则。这一关键问题目前仍是众说纷纭，需要继续探讨。然而强度理论与破坏理论发展的历史说明，应当研究不同损伤情况下的损伤理论，而不是建立统一的损伤理论。各种损伤理论的发展最终将会推出在力学上合理而工程上便于应用的连续损伤力学理论。

9.4.1　岩石损伤力学主要内容

按损伤的分类，可分为弹性损伤、弹塑性损伤、疲劳损伤、蠕变损伤、腐蚀损伤、照射损伤、剥落损伤等。通常研究两大类典型损伤，由裂纹萌生与扩展产生的脆性损伤和由微孔洞的萌生、长大、汇合与扩展产生的韧性损伤，介乎两者之间的还有准脆性损伤。损伤力学主要研究宏观可见缺陷或裂纹出现以前的力学过程，而含宏观裂纹物体的变形以及裂纹扩展是断裂力学研究的内容。

损伤力学的主要研究内容如图 9.6 所示。根据对损伤处理方法的不同，把损伤力学分成两个分支，即连续介质损伤力学和细观损伤力学。常见的损伤模型有：Rousselicr 损伤理论、Kachanov 蠕变损伤理论、Loland 损伤模型、Mazars 损伤模型、Kmjcinobic 损伤模型、Sidorof 损伤模型。

（1）连续介质损伤力学

连续介质损伤力学把损伤力学参数当作内变量，用宏观变量来描述微观变化，利用连续介质热力学和连续介质力学的唯象学方法，研究损伤的力学过程。它着重考察损伤对材料宏观力学性质的影响以及材料和结构损伤演化的过程和规律，而不细察其损伤演化的细观物理与力学过程。只求用连续损伤力学预计的宏观力学行为与变形行为拟合实际结果和实际情况。它虽然

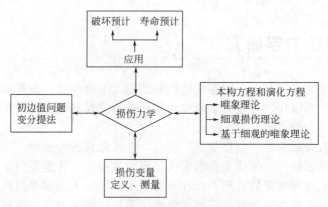

图 9.6　损伤力学的主要研究内容

需要微观模型的启发，但是并不需要以微观机制来导出理论关系式。不同的学者选用具有不同意义的损伤力学参数来定义损伤变量。通常所说的损伤力学即指连续介质损伤力学。

（2）细观损伤力学

细观损伤力学从非均质的细观材料出发，采用细观的处理方法，根据材料细观成分（如基体、颗粒、孔洞等）的单独行为与相互作用来建立宏观的本构关系。损伤的细观理论是一个采用多重尺度的连续介质理论。其研究方法是两（多）段式的，第一步从损伤材料中取出一个材料构元，它从试件或结构尺度上可视为无穷小，包含了材料损伤的基本信息，无数构元的总和便是损伤的全部。材料构元体现了各种细观损伤结构（如孔洞群、微裂纹、剪切带内孔洞富集区、相变区等）。然后，对承受宏观应力作为外力的特定的损伤结构进行力学计算（这个计算中常作各种简化假设），便可得到宏观应力与构元总体应变的关系及与损伤特征量的演化关系，这些关系即为对应于特定损伤结构的本构方程，并可用它来分析结构的损伤行为。

细观损伤力学的主要贡献在于对"损伤"赋予了真实的几何形象和具有力学意义的演化过程。作为宏观断裂先兆的四种细观损伤基元是：微孔洞损伤与汇合，微裂纹损伤与临界串接，界面损伤（含滑错、孔穴化与汇合），变形局部化与沿带损伤。表 9.2 对比了宏观、细观和微观损伤理论在损伤几何、材料描述和方法论等方面的主要特点。

表 9.2　微观、细观、宏观损伤理论表征

尺度	微观	细观	宏观
损伤几何	空位、断键、位错	孔洞、微裂隙、界面、局部化带	宏观裂纹、试件尺寸
材料	物理方程	基体本构与界面模型	本构方程与损伤演化方程
方法	固体物理	连续介质力学与材料科学	连续介质力学

从细观损伤力学出发，关于材料损伤的扩展已进行了不少工作。在用细观损伤力学对裂纹岩石稳定性进行分析时，通常把预存的裂纹也作为一种损伤来统一处理。不同的岩石材料所包含微裂纹的数量和尺寸等有差异，进而发生由微观裂纹的孕育、扩展及汇合成主裂纹的脆性破坏过程和由孔洞形核、长大及微孔洞群汇合的韧性损伤破坏过程。损伤过程相应于应变的积累和局部化，这些过程显然是不可逆的。

目前对于细观损伤力学存在两种不同的看法：一种认为细观模型为损伤变量和损伤演化赋予了真实的几何形象和物理过程，深化了对损伤过程本质的认识，它比宏观的连续损伤力学具有更基本的意义。另一种认为，这种通常称为"自治"的方法，其主要困难是从非均质的微观材料需要经过许多简化假设才能过渡到宏观均质材料。由于微观的损伤机制非常复杂（多重尺度、多种机制并存），人们对于微观组成部分的了解还不够充分，它的完备性与实用

性有待于进一步研究。然而，从长远而言，这一方法是非常具有吸引力的。

损伤力学研究的难点和重点是含损伤材料的本构理论和演化方程。目前的研究有三种途径，唯象的宏观本构理论、细观的本构理论、基于统计的考虑非局部效应的本构理论。唯象的宏观本构理论注意研究损伤的宏观后果；细观的本构理论更易于描述过程的物理与力学的本质。但因为不同的材料和不同的损伤过程细观机制交互并存，人们难以在力学模型上穷尽对其机制的力学描述。但是，抓住其主要细观损伤机制的力学模型，在一定类别的材料损伤描述上，已获得相当的成功。朱乃龙和饶云刚以椭圆盘裂纹模型模拟岩石内的缺陷，基于最弱链环节假设和统计断裂力学理论，推导出多轴应力状态下岩石类材料的损伤模型，并根据应变等价性假说研究了含损伤岩石类材料的基本本构关系。秦跃平等分析了岩石全应力-应变曲线的峰值点参数，用数学方法证明损伤变量定义的随意性和不同损伤变量的等效性，说明了同一数学模型可用不同的方式表示，并给出损伤变化速率曲线，分析了其变化特点及其与全应力-应变曲线的关系。

9.4.2　岩石损伤测量方法

岩石损伤的测量是一个较困难的问题，常见方法可分为以下几个方面：

（1）基于物理参量与等效应力概念的测量方法

这些方法包括：测量密度变化——可以解释为韧性破坏时的损伤变量；测量电阻率变化——通过恰当的模型，得到与力学参数测量类似的损伤变量；测量疲劳极限或材料力学行为的变化——可用等效应力概念来说明，这一测量方法包括在韧性断裂情况下，测量弹性模量的变化，在脆性蠕变损伤情况下，可通过恰当的模型及应变串的测量而确定出损伤；测量剩余寿命——损伤参量常通过疲劳时寿命的比值 N/N_r 来定义，其中 N、N_r 分别表示给定荷载条件下已加载的循环次数和破坏时总循环次数。

（2）超声衰减技术

超声波的灵敏度高，穿透力强，使用方便，能够有效地探测材料内部的缺陷及夹杂物。大部分的超声探伤工作均根据其声速的变化来测量各种材料缺陷，试验表明，采用超声衰减技术可以探测材料塑性损伤的程度，从而预报裂纹的扩展与演化。

声波试验法是一种综合反映岩体损伤特性的方法。岩体中的节理对超声波的反应非常敏感。根据弹性波速传播理论，弹性模量 E 和纵波波速 V_p、横波波速 V_s 及介质密度 ρ 之间有如下关系

$$E = \frac{V_s^2 \rho (3V_p^2 - 4V_s^2)}{V_p^2 - V_s^2} \tag{9.13}$$

若将室内试验的岩石试件作为岩体的无损材料，现场的工程岩体作为有损材料，则损伤变量可以通过岩石试件和岩体的声波测试来确定。

D_p 也是依据材料的宏观度量来定义的损伤变量，其基本思想是视岩体为一黑箱体，不具体量测岩体的节理裂隙分布，根据地震波理论，岩体的纵波波速不仅反映了岩体节理发育特征，还反映了岩体的力学特性，纵波波速计算公式为

$$V_{p0} = \sqrt{\frac{E_0(1-\mu_0)}{\rho_0(1+\mu_0)(1-2\mu_0)}} \tag{9.14}$$

V_p 用 E,μ,ρ 取代上式的 E_0,μ_0,ρ_0，则

$$D_p = \frac{\rho_0 V_{p0}^2 - \rho V_p^2}{\rho_0 V_{p0}^2} \tag{9.15}$$

式中，V_{p0}、ρ_0、E_0、μ_0 分别为完整岩体的波速、密度、弹性模量、泊松比；$V_p,\rho,$

E,μ 分别为损伤岩体的波速、密度、弹性模量、泊松比。

（3）声发射技术

声发射技术目前已广泛应用于地质材料的损伤测量中。由于大多数地质材料属于多晶构造，在微观上声发射来源于此类材料的位错变化；而在细观上则可能来源于颗粒边界的移动、矿物颗粒之间的开裂以及微结构单元的断裂与破坏。当上述过程发生时，弹性应变能突然释放导致应力波的传播，从而产生声发射现象。声发射的频率特性与发射源及接收距离有关。

声发射技术的主要优点是能监测地质体内部的一些不稳定区域或微孔洞的形成与扩展。根据传感器的点排列及信号到达时间的先后，就能确定发射源或微孔穴的位置。

（4）光学技术测量

光学技术是损伤与断裂测量常用方法的一种。其中全息干涉法、数字图像相关法、散斑谱频法以及焦散线法均有效地应用于材料应力集中、损伤与裂纹尖端扩展的测量。

在研究材料的损伤与断裂时，常需要测量孔边或裂纹尖端的面内位移与应变分布，云纹法和散斑法提供测量全场位移分布的手段。云纹法虽能测量出全场位移，但其灵敏度受云纹栅片的截距限制；采用散斑法测量全场位移，其灵敏度可随选择的偏置孔位置而加以调节，不同偏置孔的位置可以得出不同密度的位移分布条纹。

（5）显微光学方法

材料试件在加载过程中，用电子显微镜（扫描电镜）或光学显微镜观察其微结构变化的情况，已成为研究微观损伤的有力手段。通过电子显微镜下的连续图像可以明显地看出微观损伤的过程，如能进一步采用计算机图像处理技术，就能从定性观测向定量评价发展。

（6）CT技术

近年来，利用计算机断层扫描（computer topography，CT）技术研究岩石材料内部结构及各种荷载作用下结构变化过程的方法取得了长足的进展。CT技术能多方位地对岩石损伤特性进行识别，其最大优点是对岩石进行无扰动的损伤检测，且可以开展定量分析。杨更社等研究得到

$$D_\rho = \frac{1}{m_0^2}\left[1 - \frac{E(\rho)}{\rho_0}\right] = -\frac{1}{m_0^2}\frac{\Delta\rho}{\rho_0} \tag{9.16}$$

式中，m_0 为CT设备的分辨率；ρ_0 和 ρ 分别为无损伤和损伤岩石的密度；$E(\rho)$ 为岩石扫描截面内CT数的均值。

需要注意的是，D_ρ 是通过测量损伤前后材料密度变化得到的，它所反映的都是微孔洞与张开型微裂纹的效应，没能反映闭合微裂纹的效应，这是因为闭合微裂纹的体积趋于零。随着CT设备分辨率的提高，材料内更细小的损伤缺陷将得以识别。

9.4.3 岩石损伤力学的发展趋势

近些年来，岩石损伤力学发展迅速。与传统岩石力学相比，它具有简洁有效的特点，将损伤力学理论、岩体结构面网络模拟、数值计算和分形几何学等有机地结合为一体，有着广阔的发展前景，岩石损伤力学的研究已成为国际岩石力学的热点课题。

岩体损伤性质的研究为解决节理岩体工程问题提供了一项新的方法，可以有效地应用于滑坡、地下硐室及工程岩体稳定的计算。尽管已有不少研究工作者在这方面进行了大量的工作，但仍需进一步加强研究。岩石损伤力学今后的发展趋势如下：

ⅰ. 岩体从损伤的萌生到演变，直至宏观裂纹产生及裂纹扩展、破坏的全过程的研究；

ⅱ. 损伤变量的选取及损伤测量技术的研究；

ⅲ. 不同性质的损伤耦合作用及岩体损伤的微观机制；

iv. 岩石的时效损伤问题；

v. 岩体损伤破坏判据问题；

vi. 岩体动态损伤问题；

vii. 岩石损伤本构模型；

viii. 岩石细观、宏观破坏过程的计算机模拟；

ix. 岩石损伤理论的工程应用。

9.5　岩石断裂力学研究

岩石断裂力学是岩石力学的新分支学科，是研究岩石断裂韧性和断裂力学在岩体中应用的学科。此处，岩石不再被看成是连续的均质体，而是由裂隙构造组合而成的介质体。运用断裂力学分析岩石的断裂强度，可以比较实际地评价岩石的开裂和失稳。国际上对岩石断裂的研究已经获得一些进展，可反映工程中的裂纹出现以及预测岩石结构的破裂和扩展。

9.5.1　岩石断裂力学主要内容

岩石的断裂一般均要经历裂纹的产生、裂纹的缓慢发展、裂纹的快速扩展与瞬时断裂等几个阶段，每个阶段都会在岩石的断口上留下许多变形痕迹。岩石的破坏主要以压剪和拉剪破坏为主，纯压、纯剪、纯拉是压剪和拉剪破坏的特殊形式。纯压、纯拉作用下裂纹为Ⅰ型裂纹，而纯剪作用下裂纹为Ⅱ型裂纹。岩石断裂力学的研究一般多限于宏观裂纹，由裂纹前端的应力和位移根据断裂因子判断裂纹的扩展及其开裂方向。

断裂力学可分为线弹性断裂力学和弹塑性断裂力学。按研究裂纹的尺度可分为微观断裂力学和宏观断裂力学。根据外力作用方式，断裂力学按裂纹扩展形式将介质中存在的裂纹分为三种基本形式，即张开型 [图 9.7(a)]、滑开型 [图 9.7(b)] 和撕开型 [图 9.7(c)]。张开型上下表面位移是对称的，由于法向位移的间断造成裂纹上下表面拉开；滑开型裂纹上下表面的切向位移是反对称

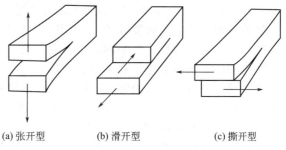

(a) 张开型　　　　(b) 滑开型　　　　(c) 撕开型

图 9.7　裂纹的三种形式

的，由于上下表面切向位移间断，从而引起上下表面滑开，而法向位移则不间断，因而只形成面内剪切；撕开型裂纹上下表面位移间断，产生扭剪。

对于平面问题，假定裂纹尖端塑性区与裂纹长度及试样宽度相比非常小，把材料当作完全弹性体，按线弹性理论，可分别得出各种类型裂纹尖端附近的应力场的解析表达式。对于Ⅰ型裂纹，在如图 9.8 所示的极坐标系中，裂纹尖端应力可表示为

$$\sigma_x = \frac{K_{\mathrm{I}}}{\sqrt{2\pi r}}\cos\frac{\theta}{2}\left(1+\sin\frac{\theta}{2}\sin\frac{3\theta}{2}\right) \tag{9.17}$$

$$\sigma_y = \frac{K_{\mathrm{I}}}{\sqrt{2\pi r}}\cos\frac{\theta}{2}\left(1-\sin\frac{\theta}{2}\sin\frac{3\theta}{2}\right) \tag{9.18}$$

$$\tau_{xy} = \frac{K_{\mathrm{I}}}{\sqrt{2\pi r}}\cos\frac{\theta}{2}\sin\frac{\theta}{2}\cos\frac{3\theta}{2} \tag{9.19}$$

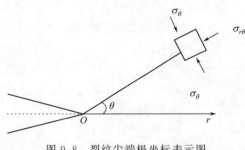

图 9.8　裂纹尖端极坐标表示图

式中，K_{I} 为 Ⅰ 型应力强度因子，其定义为

$$K_{\mathrm{I}} = \lim_{r,\theta \to 0} \sigma_y \sqrt{2\pi r} \qquad (9.20)$$

它表征了裂尖附近应力场强度，其值大小取决于荷载的形式与数值、物体的形状及裂纹长度等因素。把 τ_{xy} 和 τ_{yz} 代入式(9.20) 中即可得出 Ⅱ 型和 Ⅲ 型应力强度因子 K_{II} 和 K_{III}。如果材料的本构关系是线弹性的，可以采用叠加原理求得压剪（拉剪）复合型裂纹的应力强度因子。在平面应力（应变）状态下，应力强度因子可表示为

$$K = F\sigma_r \sqrt{\pi a} \qquad (9.21)$$

式中，σ_r 为远场应力；F 为与裂纹的几何特征、加载条件和边界效应有关的系数；a 为裂纹半长。在断裂力学中通过分析 F 值来研究不同裂纹组合相互作用时的应力特征。

断裂力学之所以定义应力强度因子来描述裂尖应力场强度，是因为在裂尖附近应力场出现了奇异性。由式(9.18) 知，裂纹尖端的应力值与 $r^{-1/2}$ 成正比，当 $r \to 0$ 时，$\sigma_y \to \infty$ 的结论，从而在数学上出现奇异性。这恰恰是断裂力学理论基础不稳固的地方，因为实际上材料受力后不可能产生无限大的应力。

在裂纹端部产生应力集中趋于无穷大是基于以下假设：材料为完全均质弹性材料；裂纹尖端趋于无穷小。而实际上，满足这种理想线弹性假设的实际材料是不存在的，对于岩石材料尤其如此。首先，岩石材料内部存在大量杂乱无章的各种微缺陷，使得岩石本质上是一种非均质体。这种非均匀性会对应力造成很大干扰，使其分布失去均匀性。另外，岩石矿物和晶粒等都是有一定尺寸的，因而岩石内部由各种因素产生的裂纹尖端也不能是趋于无穷小的。

试验表明，当应力强度因子 K 达到一个临界值时，裂纹就会失稳扩展，而后导致物体的断裂，这个临界值称为断裂韧度，用 K_C 表示。显然 K_C 值越大，裂纹越不容易扩展。因此，断裂韧度是抵抗裂纹扩展能力的参量，它与材料有关，与物体裂纹的几何尺寸和外力大小无关，同过去常用的极限强度一样是材料的机械性能。对于单一的断裂问题，可采用应力强度因子 K 判据，当 $K > K_C$ 时裂纹失稳扩展，$K < K_C$ 时裂纹不会扩展。

线弹性断裂力学对Ⅰ型裂纹的断裂判据，有比较符合实际的结果。而复合应力状态的裂纹扩展准则是比较复杂的问题，尤其是压剪应力状态，至今还难以给出比较符合实际的断裂判据。在考虑多裂纹相互作用时，其他裂纹对该裂纹的影响，通过引入应力强度因子影响系数来考虑。基于线弹性断裂力学的叠加原理，多裂纹存在时，断裂 A 应力强度因子 K_A 的表达式为

$$K_A = \sum_{j=1}^{n} (F_j - 1)K_0 + K_0 \qquad (9.22)$$

式中，K_0 为裂纹 A 单独存在（不受其他断裂影响）时的应力强度因子；K_A 为在周围有 n 条断裂存在诱导的应力场叠加后产生的应力强度因子；F_j 是其他断裂的影响系数，$F_j = K_j / K_0$，其中 K_j 是受附近第 j 条裂纹影响下裂纹 A 的应力强度因子；F 值的大小一般取决于该断裂的相对位置及所处应力状态，通常由应力强度因子手册查到。复杂的实际断裂，则需通过边界配置法、有限元法和光弹试验等确定。

9.5.2　岩石断裂力学的发展趋势

目前，岩石断裂力学着重于试验研究，获得控制岩石断裂的材料参数、断裂机理，以及岩石在不同物理环境和加载条件下所表现出的断裂力学性状。主要的试验研究内容如下：

ⅰ. 岩石断裂韧度测试；

ⅱ. 岩石断裂过程区及其微观分析；

ⅲ. 拉剪、压剪复合断裂的机理；

ⅳ. 裂纹扩展速率及其控制；

ⅴ. 动态断裂韧性；

ⅵ. 岩石流变断裂的时效历程。

岩石断裂力学的应用前景主要如下：

ⅰ. 岩石的断裂预测与控制断裂。可应用于边坡、岩基开挖和硐室稳定，地热能开发，地震预测，避免冲击地压和岩爆以及工程爆破的减震等方面。

ⅱ. 岩石裂纹的产生与扩展。可应用于油气田开发中的水压或气压致裂（扩大油量或气量），岩石切割与破碎、凿岩侵入分析，地震机制研究，多裂隙岩体断裂扩展模型等。

当前岩石力学中断裂力学的应用研究还存在局限性，由于断裂力学以连续介质力学为基础，难以处理岩体中密集型节理带以及所导致的岩体各向异性；裂纹的几何形状一般多局限于宏观的椭圆形，而实际岩石中往往存在着许多很细小的微裂纹；断裂力学一般只注重研究裂纹的产生和扩展条件，而对裂纹扩展中的相互影响研究不够。

9.6　岩体力学中的多场耦合分析

岩体工程，包括地面工程和地下工程，一方面依托于地质环境，另一方面又影响和改造着地质环境。地质环境直接影响工程活动的正常运转和工程稳定性。在地质体内，存在着多种物理、化学、力学的相互作用，这些耦合作用影响和改变着地质体的状态。在天然状态下，地质环境中岩体和地下水之间的相互作用可归纳为两个方面：一是地下水与岩体之间发生机械的、物理的或化学的相互作用，使岩体和地下水的性质或状态发生不断的变化；二是地下水与岩体产生相互的力学作用，这个过程不断地改变着作用双方的力学状态和力学特性。地下水对岩体的力学作用表现在岩体孔隙中的静水压力和动水压力作用。这两种力叠加作用的结果可能使岩体发生劈裂扩展、剪切变形和位移，增加岩体中结构面的孔隙度和连通性，从而增强了岩体的渗透性能。岩体对地下水的作用力主要是通过改变岩体内应力状态，使岩体的结构特征发生改变，而岩体内的结构面是力学性能软弱的部位，对应力状态改变特别敏感，应力的改变会引起岩体中节理裂隙开度的改变，从而影响岩体的渗透性能。在工程活动下，一方面，由于工程的开挖，工程荷载施加于岩体之上，改变岩体内部应力场的分布，从而影响岩体的结构，引起岩体中地下水性态和力学特征的改变；另一方面，由于工程的出现，改变了区域或局部地下水的补给、径流和排泄条件，形成人工干扰下的地下水渗流场。地下水渗流场的变化最终影响岩体的稳定性。

20 世纪 70 年代起步的岩体介质应力（变形）、渗流、温度等多场耦合研究（图 9.9），特别是 90 年代开始的裂隙岩体热-水-力-化学（T-H-M-C）耦合问题的研究，极大地丰富了岩体力学的理论、方法和技术。岩体多场耦合研究以岩体及其赋存环境为主要研究对象，以岩体地质特征及赋存环境研究为基础，以室内外试验和数值模拟为主要研究手段，以岩体的应力和变形、地下水和其他流体在岩体介质中的运动、地温及化学效应之间的相互作用、相互影响为主要科学问题，旨在揭示多场耦合条件下岩体变形破坏、流体运动、岩体稳定性的状态和演化规律。岩体多场耦合研究涉及工程地质、固体力学、流体力学、化学与环境、工程技术等多个学科，明显地具有多学科交叉研究的性质。经过三十多年的发展，积累了丰硕的研究成果，已逐步发展成为具有岩体力学学科特色的研究方向。

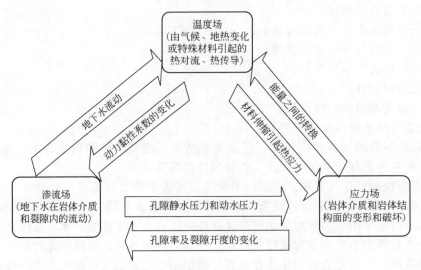

图 9.9　应力场、渗流场、温度场之间的耦合关系图

9.6.1　多场耦合过程

岩体变形、破坏及与之相关的各种效应是一个复杂的多场耦合过程，在天然条件下就存在着这样的多场耦合过程。在人类活动作用下，使天然耦合过程进行调整，形成新的耦合场，这说明耦合过程是动态的。

（1）岩体天然耦合场

处于天然地质环境中的岩体，存在着多场耦合问题。例如，地应力场（包括自重应力和构造应力）、温度场、渗流场、地球生物场、地球化学场、地球电场、地球磁场等。与岩体变形、破坏最密切相关的是应力场、渗流场、温度场和化学场之间的耦合。

（2）岩体二次耦合场

在人类工程活动作用下，天然耦合场要发生变化，即出现力场和环境的重调整，这一调整过程改变了原有的力学状况和地球化学及渗流环境，形成岩体二次耦合场。在人类工程和天然耦合场共同作用下，地质环境会发生变化，要考虑变化环境下工程的稳定性、安全性及对地质环境的友好性，才能进行工程的设计和施工。

（3）岩体多场耦合过程

耦合过程是指两个或两个以上过程的相互作用，一个过程影响另一个过程的开始和发展。

① 岩体水-力耦合过程，也称为岩体渗流与应力耦合过程。该耦合过程主要研究天然应力场和人工干扰应力场叠加作用对岩体孔隙性、渗透性的影响。应力、应变梯度会驱动流体运动，从而影响岩体的渗流场分布。渗流场对岩体施加静水压力和动水压力，从而改变岩体的应力场、应变场。

② 岩体水-热耦合过程，也称岩体渗流与温度耦合过程。该耦合过程主要研究温度变化对岩体中流体流动性质的影响，如流体动力黏滞系数和密度的影响。温度梯度驱动流体运动，从而导致渗流速度的变化。对于高寒地区，冻结过程使岩体中流体流动性减小，融化过程使岩体中流体流动性增强；对于地热区（如地球热异常区、地热梯度区、核废料储存库中放射性释放产生热场、垃圾填埋场垃圾生物化学作用产生热场等），高温使岩体中流体流动性增强。岩体中渗流的热对流和热传导作用会改变热场。

③ 岩体水-化学耦合过程。该耦合过程主要研究岩体中渗流与具有化学反应的溶质运移耦合过程，也称为水流-溶质运移化学反应耦合过程。具有化学反应的溶质运移对岩体渗流

的影响主要表现在三个方面：一是该耦合过程中流体具有多组分，多组分流体在岩体中运移期间，多组分物质会发生沉淀作用或氧化还原作用，使得流体中的溶解态物质变成沉淀态物质，岩体孔隙堵塞，从而使岩体的孔隙率减小、渗透系数降低以及水动力弥散系数增大，最终导致岩体中渗透水压力增大。二是岩体与其间的流体发生吸附作用或溶解水解作用，即水-岩相互作用，导致岩体孔隙堵塞或岩体被溶蚀，前者导致岩体孔隙率减小、渗透系数降低、水动力弥散系数增大，使得岩体渗透水压力增大；后者使岩体孔隙率和渗透系数增大，使得岩体中的渗流阻力减小，渗流速度加快。三是溶质浓度梯度会驱动岩体中水流运动。

④ 岩体热-力耦合过程。该耦合过程主要研究岩体温度与应力、应变的关系。在高寒地区，低温会使岩体裂隙扩大，在融化期间增大岩体裂隙宽度，使岩体变形加大；在深部地热开发、核废料深埋处置、垃圾填埋场等地区，高温作用会使岩体力学性质变化，即脆性减小、延性增大；在混凝土重力坝浇筑过程中，热应力会增加坝体附加应力，冷却使坝体收缩而产生裂纹等；岩体中应力应变场的变化，也会对岩体中温度场产生影响，应力的变化会以热的形式释放，一般影响幅度不大，但对于大型应力释放会有大的热场变化，如地震发生会改变该区域的热场，出现热异常。

⑤ 岩体水-热-力耦合过程。该耦合过程重点研究通过岩体的地下水流及其变化与温度场、岩体应力应变场三者间的耦合关系和耦合过程。核废料热释放、垃圾生化处理热释放和地热异常热释放等引起温度场变化。热应力、热效应和热膨胀不但改变岩体的力学性质，而且直接导致岩体应力场和应变场的变化；同时温度升高产生的流体相变导致流体密度和黏滞系数变化，驱动渗流加速并对岩体施加静水压力和动水压力，改变岩体应力场并使岩体变形。岩体应力变化一方面通过能量转换可直接产生热场；另一方面改变岩体孔隙率、裂隙宽度和渗透系数，加速渗流流动，渗流通过热对流影响温度场。

⑥ 岩体水-力-生物耦合过程。该耦合过程主要研究岩体内流体、微生物和岩体力学变形之间的耦合机理、耦合过程和耦合模型。岩体中微生物的生长会堵塞岩体孔隙，使岩体孔隙率减小、渗透系数降低及水动力弥散系数增大，从而影响岩体渗流；渗流通过静水压力和动水压力对岩体应力、应变产生影响；岩体应力、应变对岩体孔隙率、裂隙隙宽、渗透系数和水动力弥散系数产生影响，从而影响微生物的迁移和渗流作用。微生物的淤堵会使孔隙水压力增大，从而影响渗流和岩体变形。目前，在岩土工程中，利用微生物在岩体中生长的淤堵作用，来进行"生物帷幕灌浆"，生成防水帷幕。

⑦ 岩体水-力-化学耦合过程。该耦合过程主要研究岩体中渗流场、应力场和化学场之间的相互作用过程和耦合模型。岩体中多组分之间的化学反应，流体与岩土介质固体之间的化学反应以及化学势等，形成化学场。化学反应影响岩土介质的力学性质和岩体结构及强度指标，从而影响岩体变形；同时，化学溶蚀、沉淀等引起岩体渗透系数和孔隙率的变化，直接影响岩体的渗流特性，而渗流的变化引起静水压力和动水压力的变化，并导致岩体应力场的变化。

⑧ 岩体热-水-力-化学耦合过程。该耦合过程主要研究岩体渗流场、应力场、温度场和化学场之间的相互作用机理、作用过程以及耦合数学模型计算方法。热-水-力及化学过程的耦合效应是核废料地质处置中的核心问题，国际核废料深埋处置工程研究重大计划将其列为第三阶段的研究任务。热问题涉及地下深部高温和核废料放射释放的热，导致流体密度和黏滞系数变小，从而使渗流速度加快，热梯度驱动渗流流动，渗流产生的静水压力和动水压力影响岩体应力场；同时，渗流通过对流作用改变热场，热场通过热应力和改变岩体力学性质而影响岩体的变形，岩体变形和热传导作用改变热场，还改变渗流通道而影响渗流作用。它们之间的相互作用，改变着岩土体的力学性质、渗流性质、热迁移以及核素迁移。地球化学过程会改变地下流体的物质组分、溶质浓度；水-岩地球化学相互作用过程，会改变岩体的结构，从而影响岩体力学性质和渗流特性。化学作用过程对核废料深埋处置工程中核素迁移

和垃圾深埋处置工程中垃圾渗滤液的迁移等尤为重要。

9.6.2 多场耦合模型

（1）岩体渗流与应力耦合模型

在建立岩体渗流与应力耦合模型时，采用机理分析法、混合分析法及系统辨识法等三种建模方法，建立不同形式的岩体水-力耦合数学模型。

机理分析法是通过分析岩体中地下水的运动机理，岩体应力与变形机理，运用已知的定理、定律或原理（如达西定律、水均衡原理、能量守恒定律、力学平衡原理、应力-应变定律等），建立本构方程及定解条件，形成岩体水-力耦合分析的岩体应力-应变分布数学模型。这种建模方法也称为理论建模。机理分析法只能用于简单系统的数学建模，对于比较复杂的岩体水-力耦合问题，这种建模方法有很大的局限性。这是因为进行理论建模时，必须对所研究的对象提出合理的简化假定，否则会使问题过于复杂。然而，这些假定往往不一定符合实际情况，何况实际岩体的某些力学机理并非完全确知。这就促使理论建模必须和试验方法相结合。

混合分析法是以机理分析法为基础，结合试验分析法，研究岩体变形的力学机理并建立数学模型的方法。该方法的特点：对于容易弄清的机理问题，采用已有的本构关系式作为数学模型；对于复杂的机理问题，模型无法用简单的数学表达式表述时，要用试验结果得出的经验或半经验关系式加以描述。这种方法是实际应用比较多的方法。

系统辨识法是通过测量岩体系统变量（位移或应力、地下水位或流量等）在人为输入作用下的输出响应，或正常运行时的输入输出数据记录，加以必要的数据处理和数学计算，估计出系统数学模型的一种方法。这种方法建立的数学模型为集中参数模型。

（2）岩体结构面渗流与变形耦合模型

完整岩块的渗透性相当微弱，结构面及其网络是岩体主要的渗透通道。在岩体水力学研究中，通常将结构面概化为光滑平行板，根据水力学原理推导结构面的渗透参数。

假设水流服从达西定律，可得光滑平行板模型的渗透系数为

$$K = \frac{gb^2}{12v} \tag{9.23}$$

式中，b 为光滑平行板的开度；v 为流体的运动黏滞系数。

由于实际结构面为非光滑、起伏不平或有充填的介质，基于理想平行板模型的结果与实际存在差距。许多学者通过试验验证光滑平行板模型的适用性，提出了各种不同的修正式，力求反映结构面的渗透机理和渗流规律。修正式的关键在于建立结构面开度 b 和等效水力开度 b^* 之间的关系，如表 9.3 所示。

表 9.3　等效水力开度与结构面开度的经验关系式

作者	表达式	符号描述
Lomize(1951)	$b^* = b[1.0 + 6.0(e/b)^{1.5}]^{-1/3}$	b^* 为结构面的等效水力开度；b_0^* 为初始水力开度；b 为力学开度；Δb 为力学开度增量；e 为绝对凸起高度；e_m 为平均凸起高度；D_H 为水力半径；C_v 为力学开度的变异系数；f 为介于 $0.5 \sim 1.0$ 之间的常数；JRC 为结构面的粗糙度系数；JRC_0 为结构面的初始粗糙度系数；JRC_{mob} 为滑动粗糙度系数；u_s 为剪切位移；u_{sp} 为峰值剪应力对应剪切位移
Louis(1969)	$b^* = b[1.0 + 8.8(e_m/D_H)^{1.5}]^{-1/3}$	
Patir 和 Cheng(1978)	$b^* = b(1 - 0.9e^{-0.56/C_v})^{1/3}$	
Witherspoon 等(1980)	$b^* = b_0^* + f\Delta b$	
Barton 等(1985)	$b^* = b^2 JRC^{-2.5}$	
Olsson 等(2001)	$\begin{cases} b^* = b^2 JRC_0^{-2.5}, & u_s \leqslant 0.75 u_{sp} \\ b^* = b^{1/2} JRC_{mob}, & u_s \geqslant u_{sp} \end{cases}$	

根据等效水力开度 b^* 与结构面开度 b 之间的关系，就可以建立结构面等效渗透系数，即

$$K^* = \frac{gb^{*2}}{12v} \tag{9.24}$$

表 9.3 中的 Barton 模型和 Olsson 模型为纯粹的拟合公式，公式两端量纲不一致，应用时需加以注意。而 Witherspoon 模型形式简单，应用方便。在 Witherspoon 模型中，模型参数 f 的取值范围为 $0.5\sim1.0$。当 $f=1.0$ 时，该模型退化为光滑平行板模型；对于粗糙裂隙，$f<1.0$；对于直线流，f 接近于 0.8；而对于紊流，f 接近于 0.5。考虑结构面峰后剪胀效应及剪切软化特性的结构面的渗透系数（水力传导系数）可表示为

$$K = \lambda \frac{gb^2}{v} = K_0(1-\chi)^2 \tag{9.25}$$

$$K_0 = \lambda \frac{gb_0^2}{v} \tag{9.26}$$

式中，λ 为一个无量纲常数（$0<\lambda<1/12$），它反映了结构面的延展性、起伏度、粗糙度及充填状况等几何性质对结构面实际导水能力的影响；χ 为耦合参数；K_0 为结构面的初始水力传导系数；b_0 为结构面的初始开度。式(9.26)表明，结构面渗透特性的变化依赖于有效法向应力和剪切位移。

（3）岩体温度与变形耦合模型

在高温作用下，岩体内部产生热应力，从而使岩体产生损伤，促进微裂隙萌生和扩展，导致岩体的强度特性和变形性质发生变化。试验研究表明，温度对岩体力学特性具有显著影响，这种影响与岩性、岩体结构及温度高低有关。总体上，随着温度的升高，岩体的刚度和强度降低，塑性变形和蠕变特征趋于显著，破坏方式逐步由脆性向延性转化。下面是部分反映岩体温度与变形耦合规律与机理的试验研究结果。

① 通过单轴和三轴抗压强度试验，对三峡花岗岩单轴压缩应变和黏结力随温度和时间变化规律的研究表明，花岗岩在室温条件下的蠕变不明显，但随着温度的升高，蠕变速率逐渐变大。同时，随着温度的升高，花岗岩的黏结力显著降低，流动性明显增强。由于温度变化在岩石内部产生热应力，导致岩石产生大量细观裂纹，从而使弹性模量显著降低。温度对岩石力学特性的影响，可引用热损伤的概念加以描述。热损伤 $D(T)$ 定义为弹性模量的函数

$$D(T) = 1 - \frac{E_{\mathrm{T}}}{E_0} \tag{9.27}$$

式中，E_{T} 和 E_0 分别为温度 T 和 $20\,^\circ\mathrm{C}$ 时的弹性模量值。根据试验数据进行拟合，$D(T)$ 可表示为

$$D(T) = b_0 + b_1 T + b_2 T^2 \tag{9.28}$$

式中，b_0、b_1 和 b_2 为材料参数。

② 对某油田石炭系和三叠系砂岩的三轴压缩试验结果表明，砂岩加载后的变形和破坏形态与温度密切相关。随着温度的升高，砂岩全应力-应变曲线峰前区的斜率明显变缓，岩石的强度（包括峰值强度和残余强度）和刚度显著降低，且温度越高，降低的幅度越大。经回归分析，岩石的单轴抗压强度和弹性模型可分别与温度建立如下经验关系

$$\sigma_{\mathrm{c}} = \sigma_{\mathrm{c}0} - k_1 T \tag{9.29}$$

$$E = E_0 - k_2 T \tag{9.30}$$

式中，σ_{c} 和 E 分别为岩石的单轴抗压强度和弹性模量；$\sigma_{\mathrm{c}0}$ 和 E_0 分别为岩石在 $0\,^\circ\mathrm{C}$ 时的单轴抗压强度和弹性模量；k_1 和 k_2 分别为温度对岩石强度和弹性模量的影响系数；T 为温度。

③ 对某盐矿盐岩力学特性的试验研究表明，温度对盐岩的力学特性影响较大，随着温度的升高，盐岩的峰值应力和弹性模量均明显下降，相应的峰值应变明显增长，塑性变形特征趋于显著。其中，峰值应力主要受温度和围压影响，并符合如下回归方程

$$\sigma_1 = aT^{-b}\sigma_3^{-cT+d} \tag{9.31}$$

式中，σ_1 和 σ_3 分别为轴向应力和围压；T 为温度；a，b，c 和 d 为拟合系数。试验过程揭示出盐岩受温度作用同样存在热损伤现象，可采用如下热损伤函数描述盐岩受热后的损伤特性

$$D(T) = a_1 \ln(T) + a_0 \tag{9.32}$$

式中，a_0 和 a_1 为材料参数。

现有试验研究成果表明，尽管温度对岩体力学特性的影响表现出较强的规律性，但随着赋存环境温度、岩性和岩体结构特征的变化，温度对岩体力学特性的影响不尽相同。针对特定赋存环境和岩体地质特征开展不同温度条件下的岩体力学试验，是认识岩体温度与变形耦合机理的有效途径。

（4）岩体温度与渗流耦合机理及模型

在高温作用下岩体内部物理化学特性和结构特性将发生变化，导致裂隙扩展、矿物脱水及汽化，从而改变岩体的孔隙率及微裂隙特征，使岩体强度降低、渗透特性发生显著变化。研究表明，岩体渗透特性的温度效应主要与岩性、结构和温度大小密切相关。在温度变化不大的情况下，岩体内部热应力较低，微裂隙萌生扩展的可能性较小，但岩石骨架的膨胀却可能使制约岩体渗透特性的狭窄喉道进一步缩小，从而使岩体的渗透率随温度的升高而降低；另外，当温度变幅很大时，高温作用促使矿物脱水、晶格重组、矿物收缩和分解，增加了岩体微裂缝及孔隙的连通性，同时矿物颗粒间热膨胀系数差异和非均质性产生新的微裂缝，导致岩体微裂隙形成连通的网络结构，从而使岩体的渗透特性急剧增强。下面是部分反映岩体温度与渗流耦合规律与机理的试验研究结果。

① 对峨眉山紫红色细砂岩的试验研究表明，在有效应力水平一定的情况下，砂岩的孔隙度和渗透率均随温度的升高而减小，但渗透率的减小幅度显著，而孔隙度的变化则很小，因而在一般性的岩石工程中基本上可忽略温度变化对岩石孔隙度的影响。温度对砂岩渗透率的影响机理大致如下：随着温度的升高，砂岩骨架产生热膨胀，使得本就狭窄的喉道进一步缩小，从而引起渗透率的下降；另外，温度的升高促进和加剧了砂岩试样中的黏土矿物的分散，分散后的黏土微粒可能堵塞孔隙和渗透通道，从而较大程度地降低了岩石的渗透率。根据 Kozeny-Carman 渗透率方程，渗透率随温度和变形的演化方程为

$$\frac{k}{k_0} = \frac{1}{1+\varepsilon_v}\left[1 + \frac{\varepsilon_v}{n_0} - \frac{3\beta_s(T-T_0)(n-n_0)}{n_0}\right] \tag{9.33}$$

式中，k 和 k_0 分别为岩石在温度为 T 时的渗透率和温度为 T_0 时的初始渗透率；n_0 为岩石的初始孔隙度；β_s 为岩石骨架的线热膨胀系数；ε_v 为岩石的体积应变。

② 三峡坝区新鲜细粒花岗岩光滑单裂隙、正交裂隙的渗流试验结果表明，裂隙渗透率随温度升高而降低，渗透率与法向应力和温度的关系可用幂函数表示为

$$k = A\exp(-\alpha\sigma_n - \beta T) \tag{9.34}$$

式中，k 为渗透率；σ_n 为法向应力；T 为温度；A、α 和 β 为试验常数。显然，当不考虑温度对渗透率的影响，式（9.34）退化为 Louis 公式。

③ 恒定荷载条件下不同温度、温度梯度的软岩渗流试验研究表明，软岩的渗透系数随温度的升高而增大，随温度的降低而减小。恒定荷载条件下温度及温度梯度对岩石渗透特性的影响可表示为

$$K = -c \frac{\partial T}{\partial x} + K_0 [1 + a(T - T_0)] \qquad (9.35)$$

式中，K 和 K_0 分别为当前温度和初始温度状态下的岩石渗透系数；T 和 T_0 分别为当前温度和初始温度；$\partial T / \partial x$ 为温度梯度；a 和 c 为拟合系数。

9.7 深部岩体力学研究

随着经济建设与科技建设的不断发展，地下空间开发不断走向深部——逾千米乃至数千米的矿山（如金川镍矿和南非金矿等），水电工程埋深逾千米的引水隧洞，核废料的深埋处置，深层地下防护工程等。伴随着深部岩体工程产生了一系列新的岩体力学问题，这与浅部岩体工程相比具有较大的差异，而用传统的连续介质力学理论无法圆满解决，引起了全世界岩石力学领域专家学者的极大关注，成为当前研究的热点。

深部岩体由于其结构、变形、高应力与贮能等特点，其物理力学性状与浅部岩体相比有显著的不同，具体如下：

① 深部岩体具有非均匀、非连续特点。深部岩体作为地质体，由构造破碎带、裂隙和节理切割为尺寸大小不同的岩块。把深部岩体作为具有不同尺寸等级岩块构成的块系集合来研究，这个块系集合的尺度存在自相似规律。分析深部岩体的变形与破坏时，必须先掌握工程岩体宏观至细观的结构特点。

② 深部岩体变形具有非协调、非连续特点。岩体变形由岩块变形和边界面（结构面）附近区域以及岩体弱化区（裂缝处）的变形组成，而后者占岩体变形的主要部分。岩块变形可以是协调的，也可由于微裂纹的产生、扩展而变成非协调、非连续的。岩体结构面的变形往往是非协调、非连续的。岩体的破坏和失稳可以是岩体弱化区剪切带的形成、岩桥的贯穿、裂隙群的扩张，也可以是完整岩块中裂纹的产生、扩展引起的破坏，一般前者是主要的。因此需要采用非协调、非连续、非线性的弹塑性力学分析方法进行研究。

③ 深部岩体具有非常高的应力状态。一些区域处于由稳定向不稳定发展的临界应力状态，即不稳定的临界平衡状态，这种高应力状态不但存在于岩块内，也存在于结构面处。当外部施加一定扰动时，岩体可能由渐进蠕变发展到破坏，也可能由动力突变产生破坏，表现为岩爆、冲击地震、突水或瓦斯突出，或者产生自组织现象进入新的平衡状态。这方面研究的重点是搞清楚临界状态发展成不稳定的渐进或突变的条件，或者变形和自组织现象的条件。研究的数学模型和方法必须考虑材料的几何性质，变形的不可逆性、耗散性和非连续性。

④ 深部岩体具有贮能特点。由于深部岩体材料黏结力、内摩擦和剪胀性及结构面的摩擦和黏结，在地质构造运动和自重应力作用下积累了弹性变形能和位能。此时的岩体宏观能量平衡是在一定的约束条件下维持的，当扰动破坏约束条件时，变形能可以转化为动能。研究岩体平衡的约束条件以及变形能的转化条件和形式必须采用贮能材料和贮能结构数学模型，此时材料单元采用能反映内摩擦、黏性和剪胀特性的组合结构单元，平衡变形和运动方程必须能反映变形与微变形、应力与微应力、宏观能量平衡和微观能量平衡的特点。

⑤ 深部岩体具有块系结构特点。变形的非协调、非连续特点、高应力状态特点以及介质的贮能特点充分反映深部岩体在动载作用下的动力反应特性，包括岩体变异反应现象、宽频谱慢速摆动波系的产生、超常的岩体低摩擦现象、岩体的低频拟共振现象等。这就要求更准确地模拟岩体块系的相互作用，描述块系的变形和运动、岩块材料变形，建立精确反映深部岩体诸特点的变形、动力和运动方程及其数学模型，从而解释上述动力现象，并给出产生

这些动力现象的条件。

9.7.1 深部岩体力学特性

9.7.1.1 分区破裂化

随着深部工程的不断增加，一些新的岩体力学现象不断涌现，特别是分区破裂化现象成为近几年深部工程领域研究的热点（图9.10）。钱七虎和李树忱在国内率先介绍了国外学者关于分区破裂化现象研究的成果，指出了今后的研究方向及其关键问题，提出深部围岩分区破裂化现象是一个与空间、时间效应密切相关的科学现象，认为分区破裂化效应的产生一方面是由于高地应力和开挖卸载导致的围岩"劈裂"效应；另一方面是由于围岩深部高地应力和开挖面应力释放所形成的应力梯度而产生的能量流。并强调高应力条件下因卸载形成应力梯度，导致径向加速度和位移，因此高应力条件下开挖卸载的动力过程是形成分区破裂的重要原因。分区破裂化的定性规律（影响因素）中应该考虑巷道、硐室开挖的速度（卸载速度），分区破裂化与应变型岩爆是一个问题的两个侧面，都取决于岩体开挖后积聚的变形势能转变为动能和破坏能的分配比例。

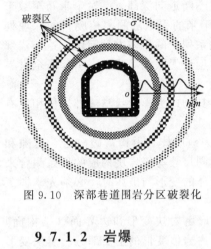

图9.10   深部巷道围岩分区破裂化

9.7.1.2 岩爆

岩爆是一种世界性的地质灾害，极大地威胁着矿山和岩土工程施工人员和设备的安全。目前，冯夏庭等在岩爆方面做了大量的研究工作。但是，由于岩爆问题极为复杂，还没有成熟的理论和方法。研究岩爆发生的原因、条件以及各种因素的相互作用，是预测、预报和控制岩爆发生的理论基础，得到了国内外学术界和工程界的广泛重视。

在实验室研究和现场监测与调查的基础上，各国学者从不同的角度先后提出强度理论、刚度理论、能量理论、岩爆倾向理论、三准则理论、失稳理论、三因素理论、孕育规律等一系列重要成果，其中强度理论、能量理论和冲击倾向理论占主导地位。岩爆倾向性研究中采用统计学方法、模糊数学、神经网络、支持向量机、随机森林等多种方法。岩爆的室内试验一直是岩爆机制研究的难点，何满潮等研发了应变岩爆机制试验系统和冲击型岩爆试验系统，在室内完成了近300次岩爆试验，代表了目前岩爆试验的先进水平。宫凤强等利用多功能岩石动静组合试验系统，确认了"一维及三维静应力＋冲击扰动"组合加载下岩爆的释能现象，为发展大尺寸岩石真三轴电液伺服诱变（扰动）试验系统提供了重要参考。预测及评价岩爆危险性最为有效的手段是微震监测，广大学者在该领域开展了大量的研究，并在水电、矿山和隧道工程中得到广泛应用，其监测原理如图9.11所示。

此外，潘一山等提出了压缩、拉伸、剪切三种岩爆模型，及对应的煤岩体压缩型、顶板

图9.11   岩爆微震监测原理示意图

断裂型、断层错动型三种工程失稳模型。针对隧道、金属矿山岩爆，霍克等提出了应变型、断裂型与岩爆-结构滑移型三种岩爆类型，对应于张拉破坏、剪切破坏与张剪复合破坏。细致分析上述两种岩爆划分类型，尽管工程行业不同，其科学上是完全相同的。总的来说，以坚硬、脆性岩体为主的水电、公路铁路、金属矿山的岩爆主要是应变型岩爆，它表现为岩爆范围小而剧烈；以强度、脆性均低的矿岩体、沉积岩体为主的矿山，三种形式的岩爆均发生，表现为岩爆范围大、灾害大，但剧烈程度稍低。表 9.4 为不同孕育机制岩爆的特征。

表 9.4　不同孕育机制岩爆的特征

岩爆类型	发生条件	特征
应变型	完整，坚硬，无结构面的岩体中	浅窝型、长条深窝型、"V"字形等形态的爆坑,爆坑岩面新鲜
应变-结构面滑移型	坚硬、含有零星结构面或层理面的岩体中	结构面控制爆坑边界，一般情况下破坏性较应变型大
断裂滑移型	有大型断裂构造存在	影响区域更大,破坏力更强，甚至可能诱发连续性强烈岩爆

由上述深部岩体力学特性可见，深部岩体工程与浅部岩体工程相比具有显著不同，也与基于连续介质弹塑性力学的分析有所不同。按照传统的连续介质弹塑性力学的概念，由于巷道的开挖、应力集中及应力重分布，在巷道围岩中形成了不同的区域，在这些区域内岩石处于不同的应力、变形状态，由巷道周边从表到里分别为破裂区、塑性区和弹性区。而在深部岩体工程围岩中，则出现破裂区和非破裂区多次交替的现象。因此，分区破裂现象是深部岩体工程响应的特征和标志，在分析深部岩体工程围岩的变形、破裂和稳定性时，必须考虑分区破裂现象及破裂区的残余强度，它是深部岩体工程的开挖、支护设计和施工的关键。

9.7.2　深部岩体工程施工设计特点

深部岩体力学关于岩爆、大变形以及分区破裂化的机理和发生发展规律尚是一个正在研究的课题，因此，关于岩爆、大变形以及分区破裂化条件下的设计计算理论尚未形成。

① 对浅部地下工程，地应力水平低，按照传统的岩石力学弹塑性理论，硐室周围依次出现塑性区（松动圈）、弹性应力区和未扰动区。地下工程设计理论就是及时支护，与围岩共同作用，使围岩应力小于岩石强度，允许围岩变形，防止围岩破坏，所以在岩石应力-应变曲线的峰值强度前加荷段上工作。

对深部地下工程，地应力水平高，一旦开挖卸荷，围岩即破坏。围岩工作在岩石应力-应变全过程曲线的峰值强度后下降段，部分围岩中形成剪切滑移线，裂隙开裂，产生所谓的局部化变形，该部分工作在残余强度。所以，深部地下工程的设计计算是建立在非连续、非协调、非线性的岩石力学基础上，是研究计算围岩中的局部化变形及其应力状态。

② 浅部地下工程开挖后，围岩一般不会破坏，因此采用一次支护即可实现工程的稳定性，而深部开挖后，围岩即破坏，因此一次支护就不能满足工程稳定性要求，必须采用二次支护或多次支护才能实现工程的稳定性。

③ 深部地下工程设计施工特点：

ⅰ.采用二次支护稳定性控制设计理论；

ⅱ.大变形支护的主要特点是柔性屈服支护；

ⅲ.调动深部围岩强度，控制深部大变形隧道地压；

ⅳ.缩小开挖断面；

ⅴ.按照分区破裂化设置不同深度锚杆,调动不同深度未破裂区围岩强度。

9.7.3　深部岩体力学的发展趋势

由于处于"三高一扰动"的复杂力学环境,使得深部岩体力学行为以及深部灾害特征与浅部明显不同,基于浅部开采建立起来的传统理论已不再适合于深部开采,因此尚有诸多问题亟待解决,概括如下:

(1) 强度确定理论

在浅部开采条件下,由于所处的地应力水平比较低,其工程岩体强度一般采用岩块的强度即可,即在实验室对岩块进行加载直至破坏所确定的强度。而在深部开采条件下,由于地应力水平比较高,工程开挖后,工程岩体在高围压作用下,一个或两个方向上应力状态的改变所表现出的强度变化,并不是简单地表现在受拉或受压,而是复杂的拉压复合状态,即径向产生卸载,而切向产生加载。因此,其工程岩体强度就不能简单地用岩块强度来确定,必须建立符合深部开采特点的工程岩体拉压复合强度确定理论。

(2) 稳定性控制理论

在浅部开采条件下,由于所处的地应力水平比较低,工程开挖后,围岩一般不会产生破坏,因此,采用一次支护即可实现工程的稳定性。而深部开采条件下,工程开挖后,在高于工程围岩强度的围压作用下,工程围岩就会产生破坏,此时采用简单的一次支护就不能满足工程稳定性要求,必须采用二次支护或多次支护才能实现工程的稳定性。因此,由浅部建立起来的稳定性控制理论已不再适合,必须建立适合深部开采工程的二次(支护)稳定性控制理论。

(3) 设计理论

在浅部开采条件下,由于工程围岩所处的力学环境比较简单,因此,在进行稳定性控制设计时,采用传统的线性设计理论即可奏效。而深部开采环境下,由于工程围岩所表现出的非线性力学特性,使得在进行稳定性控制设计时,就不能简单地采用一次线性设计,而必须考虑采用二次甚至更复杂的多次非线性大变形力学稳定性控制设计理论。

9.8　智能岩石力学研究

对于许多岩石力学问题,可用数据十分有限,问题的特征和内在规律不一定都清楚。这两个方面的问题已成为岩石力学数值模拟的瓶颈问题。此外,由于地质数据和岩体性能中存在不确定性,模型(本构关系、判据)和力学参数的选取、模型结果的解释等本身需要人的判断和模型使用者的经验,因此很难给建模者提供设计所需的一个完善数据集。所以,即使做了大量的计算之后,许多工程的决策仍然依赖于工程师的经验。因此,发展新的、更有效的、快速的岩体力学理论是当务之急。

为了突破"数据有限"和"变形破坏机理不清"的瓶颈,研究者在智能科学和系统科学理论的基础上,提出了智能岩石力学。

9.8.1　智能岩石力学特征

9.8.1.1　智能岩石力学及其研究方法

智能岩石力学是应用人工智能的思想,研究智能化的力学分析与计算模型,研制具有感知、推理学习、联想、决策等思维活动的计算机综合集成智能系统,解决人类专家才能处理的岩体力学问题。它是将人工智能、专家系统、神经网络、模糊数学、非线性科学和系统科学的思想与岩体力学进行交叉和综合而发展起来的一种新的学科分支。

智能岩石力学的研究方法采用自学习、非线性动态处理、演化识别、分布式表达等非一对一的映射研究方法以及多方法的综合集成研究模式，是建立节理岩体真实特征的新型分析理论和方法，是涉及人工智能、非线性科学、系统科学、力学、地学与工程科学的交叉综合研究方法。这种方法可从积累的实例中学习、挖掘出有用的知识，非线性动态处理可通过不断的实践来使认识接近实际，演化识别可以在事先无法假定问题精确关系的情况下找到合理的模型，分布式表达使得寻找和表达多对多的非线性映射关系成为可能。

9.8.1.2　智能岩石力学与传统岩石力学的区别与联系

智能岩石力学作为一个新的学科分支，它不仅需要继承以往的岩石力学学科的各种先进成果，而且要在吸收新兴学科知识和思维方式基础上，发展岩石力学学科。智能岩石力学与传统岩石力学之间既有广泛的联系，又有较深刻的区别（表 9.5）。

表 9.5　智能岩石力学与传统岩石力学的比较

比较项目	传统岩石力学	智能岩石力学
学科建立基础	弹黏塑性力学为主	人工智能、神经网络、遗传算法、进化计算、非确定性数学、非线性力学、系统科学、系统工程地质学、岩石力学的交叉、融合，以解决复杂的岩石工程中的力学问题
知识的表达方式	数学、力学模型	规则、语义网络、框架、神经网络、数学和力学模型等的嵌入式综合表达。它可以对多样的数据、信息和知识（定性的和定量的，确定性的和不确定性的，显式的和隐式的，线性的和非线性的）进行多方位的描述与充分的表达
对力学过程和特征的认识	借用弹黏塑模型、在特定条件下进行简化与假设	对试验和现场实测获得的数据进行自学习，确定岩体的本构关系和各种参数之间的非线性关系。这种自学习过程是自适应的，可以根据地质、环境和工程条件的变化而变化，而不必做出任何假设。新的实例和数据的积累可以改善模型的精度
问题的求解方法	基于力学和数学模型的计算，以确定性求解方法为主，"破坏机理的理解不清"已成为理论分析和数值模拟的瓶颈问题	确定性推理、不确定性推理、数值计算与理论分析的综合集成。求解策略是多方位的、多路径的，一种难以求解的方法转化为另一种方法去求解，以进一步提高结论的确定性
模拟不同载荷和环境的自适应性	使用的输入参数和模型随载荷（开挖过程、爆破、采矿等）和环境的变化能力差	具有自学习功能，使用的输入参数和模型自适应载荷和环境的变化能力强
有限数据的推广能力	"有限数据"已成为瓶颈问题	较强（从容易获得的数据入手，研究从中提取含有本质的信息，从有限的数据进行推广的新方法，以解决数据有限的问题）
综合考虑地质、工程和环境因素的能力	较差	可以综合考虑地质、工程和环境因素，定性定量的描述都可以作为输入，而且变量个数没有限制
思维方式	以正向思维为主	正向思维、逆向思维、全方位思维、系统思维、不确定思维、反馈思维等的综合

9.8.2　智能岩石力学主要内容

智能岩石力学研究内容主要包括三个方面：基本理论研究；基础技术、算法和工具研究；与岩石工程相结合的研究。三者之间的关系如图 9.12 所示。

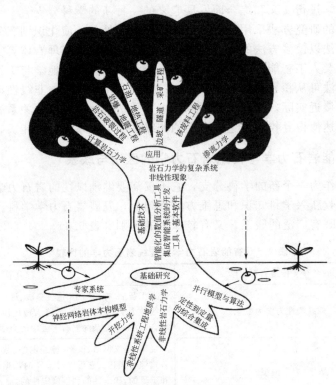

图 9.12   智能岩石力学的研究

（1）基本理论研究

主要探讨面向岩石力学与工程问题的专家系统模型、神经网络模型、非线性科学方法、非线性系统力学方法、系统工程地质方法、开挖动态力学方法、岩体本构模型识别的自适应方法、有限数据的推广方法、定性到定量的综合集成方法等。

（2）基础技术、算法和工具研究

根据理论研究的成果构造出的算法，开发出相应的集成智能软件与工具，如神经网络材料模型、有限元软件、智能位移反分析工具、集成的智能化的数值分析工具等。

（3）与岩石工程相结合的研究

探讨如何将理论研究成果和开发的工具与具体的岩石工程结合的问题，例如，如何进行岩石工程的稳定性分析、开挖过程的优化、岩爆与地质灾害的预测与智能识别和自适应控制等。

9.8.3   智能岩石力学的应用

智能岩石力学的提出最早受人工智能专家系统解决经验问题的优越性的影响，岩石分类专家系统的建立极大地推动了基于经验知识推理方法的应用，一些岩石力学问题的神经网络模型的出现又展示了自学习、非线性动态处理与分布式表达方法的强大生命力。这些研究启发冯夏庭等进行了深入的思考，并开展了卓有成效的研究工作。一些大型研究计划，如我国国家自然科学基金等，都将其列为重点课题予以支持，从而使智能岩石力学的学术思想不断深化，新的模型和方法不断涌现，研究队伍不断壮大，一些确定性分析方法无法解决的问题也得到了很好的解决。现在，该学术思想已渗透到岩石力学与工程的许多方面，有了一系列实际工程应用。

9.8.3.1　模糊数学及其工程应用

（1）模糊数学方法

利用模糊数学求解岩石力学问题，需要两个重要的步骤：一是合理地确定影响因素及其隶属度函数；二是选择合理的模糊关系运算。

设 X 为论域，称映射

$$\mu_{\widetilde{A}}: X \to [0,1] \tag{9.36}$$

$$x \mapsto \mu_{\widetilde{A}}(x) \tag{9.37}$$

$\widetilde{A}$ 为 X 的一个模糊子集，简称模糊集；$\mu_{\widetilde{A}}$ 为模糊集 $\widetilde{A}$ 的隶属度函数；$\mu_{\widetilde{A}}(x)$ 为元素 x 隶属于 $\widetilde{A}$ 的程度，称为隶属度。显然，

$$\mu_{\widetilde{A} \cup \widetilde{B}}(x) = \max\{\mu_{\widetilde{A}}(x), \mu_{\widetilde{B}}(x)\} \tag{9.38}$$

$$\mu_{\widetilde{A} \cap \widetilde{B}}(x) = \min\{\mu_{\widetilde{A}}(x), \mu_{\widetilde{B}}(x)\} \tag{9.39}$$

$$\mu_{\widetilde{A}^c} = 1 - \mu_{\widetilde{A}}(x) \tag{9.40}$$

式中，$\mu_{\widetilde{A} \cup \widetilde{B}}(x)$、$\mu_{\widetilde{A} \cap \widetilde{B}}(x)$ 和 $\mu_{\widetilde{A}^c}(x)$ 为元素 x 隶属于模糊并集 $\widetilde{A} \cup \widetilde{B}$、模糊交集 $\widetilde{A} \cap \widetilde{B}$ 和模糊补集 $\widetilde{A}^c$ 的隶属度。

图 9.13 给出了几个因素的隶属度函数。其中，σ_θ/σ_c 为硐室围岩切向应力与围岩岩块单轴抗压强度比；β 为主节理组与最大主应力夹角；$K_\mu = \dfrac{U}{U_1}$ 为岩爆岩石的脆性指数，岩石峰值强度前的总变形与永久变形之比；$K_\sigma = \dfrac{\sigma_c - \sigma_s}{\sigma_{drc}}$ 为应力下降指数，岩石峰值强度与残余强度之差，再与岩爆临界应力峰之比；$K_\omega = \dfrac{W_E}{W_{Ec}}$ 为岩石的弹性能量指数，岩石峰值强度前

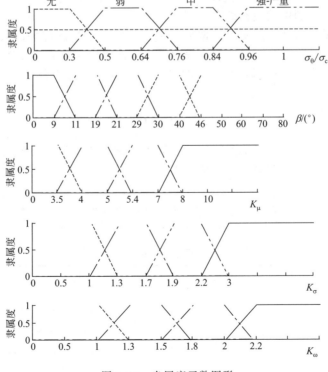

图 9.13　隶属度函数图形

弹性应变能的积累值与岩石岩爆临界弹性能之比。

在岩石力学中一种典型的模糊数学分析方法就是模糊综合评判方法。它是用实际工程资料，即评判对象所决定的论域 X 中各因素具体数据，输入所获得的隶属度函数，并分别作 Fuzzy 映射，得到模糊向量

$$R_1(x_x)=(r_{11},r_{12},\cdots,r_{1m})\in Y \tag{9.41}$$

同理，得到 $R_2(x_2)$，$R_3(x_3)$，$R_4(x_4)$，$\cdots$，$R_n(x_n)$，而后组成模糊关系矩阵，记作

$$R=\begin{bmatrix} R_1(x_1) \\ R_2(x_2) \\ R_3(x_3) \\ \vdots \\ R_n(x_n) \end{bmatrix}=\begin{bmatrix} r_{11} & r_{12} & \cdots & r_{1m} \\ r_{21} & r_{22} & \cdots & r_{2m} \\ r_{31} & r_{32} & \cdots & r_{3m} \\ \vdots & \vdots & & \vdots \\ r_{n1} & r_{n2} & \cdots & r_{nm} \end{bmatrix} \tag{9.42}$$

采用专家系统方法确定各主控因素的权重分配，记作

$$A=(a_1,a_2,a_3,\cdots,a_n),\ \sum_{i=1}^{n}a_i=1 \tag{9.43}$$

在此基础上进行模糊变换，也称合成运算，得到评判结果 B

$$B=A\cdot R=(a_1,a_2,a_3,\cdots,a_n)\begin{bmatrix} r_{11} & r_{12} & \cdots & r_{1m} \\ r_{21} & r_{22} & \cdots & r_{2m} \\ r_{31} & r_{32} & \cdots & r_{3m} \\ \vdots & \vdots & & \vdots \\ r_{n1} & r_{n2} & \cdots & r_{nm} \end{bmatrix}=(b_1,b_2,\cdots,b_m) \tag{9.44}$$

利用 $M(\cdot,\oplus)$ 进行合成运算得

$$b_i=(a_1\cdot r_{1i})\oplus(a_2\cdot r_{2i})\oplus(a_3\cdot r_{3i})\oplus(a_4\cdot r_{4i})\oplus(a_5\cdot r_{5i}) \tag{9.45}$$

b_i 对应评价等级，采用模糊贴近度方法，可以判别所属的等级。

（2）地下硐室岩爆烈度的模糊综合评判

岩爆是高应力区硬岩地下硐室一种常见的工程灾害。它受到许多因素的影响，如应力、岩体强度、节理裂隙产状及分布等。模糊综合评判方法可以获得岩爆可能发生的等级。

根据岩爆的力学机理，控制岩爆发生的主要因素所组成的集合 X，或称岩爆主控因素集可确定为

$$X=\left\{\frac{\sigma_\theta}{\sigma_c},\beta,K_\mu,K_\sigma,K_\omega\right\} \tag{9.46}$$

另据岩爆的声学特征、几何形态特征、一般力学和动力学特征、破坏方式及破坏过程、破坏程度，将岩爆烈度分为四级，构成评价集 Y

$$Y=\{无,弱,中等,强烈\text{-}严重\} \tag{9.47}$$

【例 9.1】 某引水隧洞通过灰岩、白云岩地层，洞身近于平行背斜，由背斜南翼通过，上覆岩层厚度平均 400m，最大 800m，表 9.6 列出了该引水隧洞的三个断面的基本数据。

表 9.6　待预报岩石的基本数据

工程断面编号	σ_θ/σ_c	$\beta/(°)$	K_μ	K_σ	K_ω
1	1.10	10	6.67	2.0	2.4
2	0.90	10	5.57	1.7	2.0
3	0.78	20	5.00	1.6	1.6

利用上述模糊数学综合评判中的 5 个工程数据进行评判。对于工程断面 1，用图 9.13

中的隶属度函数图形对各单因素数值分别完成 X 到 Y 的 Fuzzy 映射，得到模糊矩阵

$$R_{\#1}=\begin{bmatrix} 0 & 0 & 0 & 1 \\ 0 & 0 & 0.5 & 0.5 \\ 0 & 0 & 1 & 0 \\ 0 & 0 & 1 & 0 \\ 0 & 0 & 0 & 1 \end{bmatrix} \tag{9.48}$$

权重 A 可取为　　　　　$A=(0.25,0.25,0.15,0.15,0.2)$ \tag{9.49}

$$B_{\#1}=A \cdot R_{\#1}=(0.25,0.25,0.15,0.15,0.2)\cdot\begin{bmatrix} 0 & 0 & 0 & 1 \\ 0 & 0 & 0.5 & 0.5 \\ 0 & 0 & 1 & 0 \\ 0 & 0 & 1 & 0 \\ 0 & 0 & 0 & 1 \end{bmatrix}=(0,0,0.42,0.58)$$

$$\tag{9.50}$$

采取模糊数学中的贴近度方法

$$b^*=\max\{b_1,b_2,b_3,b_4\} \tag{9.51}$$

b^* 所对应的岩爆烈度等级即为所要判别的等级。据此，$b^*=b_4=0.58$，可评判出工程断面 1 可能发生强烈岩爆。同理得

$$R_{\#2}=\begin{bmatrix} 0 & 0 & 0.5 & 0.5 \\ 0 & 0 & 0.5 & 0.5 \\ 0 & 0 & 1 & 0 \\ 0 & 0.83 & 0.17 & 0 \\ 0 & 0 & 1 & 0 \end{bmatrix} \tag{9.52}$$

$$B_{\#2}=A \cdot R_{\#2}=(0,0.125,0.625,0.25) \tag{9.53}$$

根据贴近度方法，工程断面 2 可能发生中等程度的岩爆。

$$R_{\#3}=\begin{bmatrix} 0 & 0 & 1 & 0 \\ 0 & 0.5 & 0.5 & 0 \\ 0 & 0.5 & 0.5 & 0 \\ 0 & 1 & 0 & 0 \\ 0 & 0.6 & 0.4 & 0 \end{bmatrix} \tag{9.54}$$

$$B_{\#3}=A \cdot R_{\#3}=(0,0.47,0.53,0) \tag{9.55}$$

类似地，可知工程断面 3 可能发生中等程度的岩爆。

9.8.3.2　神经网络及其工程应用

神经网络具有极强的自学习、非线性动态和并行分布式处理能力，为岩石力学问题的求解提供了一种强有力的理论工具。

(1) 岩石力学参数非线性关系的神经网络建模

用一个并行分布式神经网络 $NN(n,h_1,\cdots,h_k,m)$，将某种岩石力学参数关系 G 表达为

$$G:R^n \to R^m \quad NN(n,h_1,\cdots,h_k,m):R^n \to R^m \tag{9.56}$$

$$y=G(x) \to y=NN(n,h_1,\cdots,h_k,m)(x) \tag{9.57}$$

$$x=(x_1,x_2,\cdots,x_n),y=(y_1,y_2,\cdots,y_m) \tag{9.58}$$

式中，x_i 为第 i 个自变量，$i=1,2,\cdots,n$；y_j 为第 j 个因变量，$j=1,2,\cdots,m$；n，$h_1,\cdots,h_k$、m 分别为输入层 F_x、隐含层 F_1、$\cdots$、隐含层 F_q 和输出层 F_y 的节点数。

这种新的描述，是将 $y=(y_1,y_2,\cdots,y_m)$ 用神经网络的输出节点来表达，$x=(x_1,$

$x_2, \cdots, x_n$）用神经网络的输入节点来表达，从而建立多层神经网络，如图 9.14 所示。

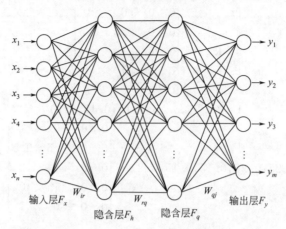

图 9.14 用于表达关系 G 的神经网络模型

神经网络模型 $NN(n, h_1, \cdots, h_p, m)$ 可以通过实例的训练获得。学习算法有用于神经网络连接识别的 BP 算法、改进的 BP 算法、推广预测算法以及神经网络结构进化的学习算法、神经网络结构和连接权值同时进化的学习算法等。

（2）历史信息-未来信息之间非线性关系的神经网络建模

对于某一岩石力学非线性动力演化过程，通过测量获得其力学行为随时间变化的一个序列 $\{x_t\} = \{x_1, x_2, \cdots, x_N\}$。利用已获得的历史信息进行建模，找出在 $i+p$ 时刻的值 x_{i+p} 与其前 p 个历史时刻的值 x_i，x_{i+1}，$\cdots$，$x_{i+(p-1)}$ 的关系

$$x_{i+p} = f(x_i, x_{i+1}, \cdots, x_{i+(p-1)}) \tag{9.59}$$

式中，f 为蕴含于实测数据中的非线性关系，可用神经网络 $NN(p, h_1, \cdots, h_k, 1)$ 进行描述与表达（图 9.15）。

$$x_{i+p} = NN(p, h_1, \cdots, h_k, 1)(x_i, x_{i+1}, \cdots, x_{i+(p-1)}) \tag{9.60}$$

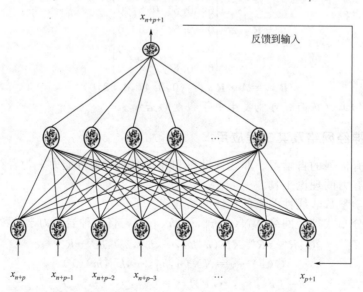

图 9.15 用于确定岩石力学历史信息-未来信息关系的神经网络模型

（3）小尺度-大尺度之间非线性关系的神经网络建模

室内岩块试件的试验、室内物理模拟试验以及现场原位试验所获得的岩石破裂机制、规

律、特性等具有信息分形自相似性。通过建立小尺度-大尺度之间非线性关系，可以实现由较小尺度的信息预测较大尺度的信息。试验发现，节理的开度随剪切位移的增加具有明显的尺度效应，即在同样试验手段测得的同等剪切位移下，大尺度试件的节理开度要大于等长度分割获得的小尺度试件的节理开度。这表明，岩石节理面具有与颗粒相关联的粗糙性和具有分形表面的粗糙性。用较小尺度的剪切测试获得的剪切位移和开度数据作为学习样本，建立神经网络模型，用此模型合理地预测了稍大一些尺度的节理开度变化情况。

　　分形研究表明，岩石破裂的千米级（地震）、米级（岩爆）、厘米级（微破裂）事件在空间、时间与尺寸上的分布具有分形特征。利用此特征，可以通过分形神经网络的重构来实现建模。具体方法是：用一个子网络对一些关键样本进行学习后得到的权，经过网络的放大，可以得到适合于更大样本识别的网络。如果这些大的样本与样本之间的关系是一种相似关系，则其结果就是在大网络上得到了小网络的相似和重构输出，因而从一个基本网络出发可以在信息存贮上得到一些自相似的、重构的大网络，网络还可以继续生长成更大的网络。这些模块的生长，如细胞的生长一样，具有生物的自相似性，而生长的结果使功能越来越完善，如尺寸、位移、重复的输出不变性。

9.8.4　智能岩石力学的发展趋势

　　鉴于强地震、高温、高压、强渗透压、化学腐蚀及其耦合对岩石力学问题的影响越来越复杂，智能岩石力学的发展，是要提出能高效分析与识别这些复杂环境下岩石力学行为的、全耦合的智能模型和智能数值方法（如智能温度、水力、力学、化学耦合模型和分析方法），以及具有极强智能特征的非一对一映射的分析方法、多种方法的综合集成系统和模型，研究岩石损伤局部化过程的大规模精细仿真方法、多尺度岩石破坏过程的信息分形自相似性以及由小尺度信息预测大尺度信息的分形重构方法。

　　基于 Internet 的方法可能是未来将要发展的一种方法。这里要研究的是全球范围内 Internet 的分布式信息获取、动态及时处理方法，基于 Internet 的分布式计算模型等。建立全球科学家能进行有效合作研究的 Internet 模型和遥控试验系统，开发虚拟试验设备，使异地科研人员能像本实验室人员一样，可以实时地观察整个实验过程并得到结果。

参考文献

[1] 刘向君，熊健，梁利喜.岩石物理学基础 [M].北京：石油工业出版社，2019.

[2] 陶振宇，潘别桐.岩石力学原理与方法 [M].武汉：中国地质大学出版社，1990.

[3] 荣传新，王晓健.岩石力学 [M].武汉：武汉理工大学出版社，2020.

[4] 吴顺川，李利平，张晓平.岩石力学 [M].北京：高等教育出版社，2021.

[5] 陶振宇，朱焕春，高延法，等.岩石力学的地质与物理基础 [M].武汉：中国地质大学出版社，1996.

[6] 张向东，马芹永.岩体力学 [M].北京：人民交通教育出版社，2017.

[7] 刘佑荣，唐辉明.岩体力学 [M].北京：化学工业出版社，2008.

[8] 沈明荣，陈建峰.岩体力学 [M].2 版.上海：同济大学出版社，2015.

[9] 晏长根，许江波，包含.岩体力学 [M].北京：人民交通出版社，2017.

[10] 阳生权，阳军生.岩体力学 [M].北京：机械工业出版社，2008.

[11] 蔡美峰，何满潮，刘东燕.岩石力学与工程 [M].2 版.北京：科学出版社，2013.

[12] 刘传孝，马德鹏.高等岩石力学 [M].郑州：黄河水利出版社，2017.

[13] 侯公羽.岩石力学高级教程 [M].北京：科学出版社，2018.

[14] 许明，张永兴.岩石力学 [M].4 版.北京：中国建筑工业出版社，2020.

[15] 张倬元，王士天，王兰生，等.工程地质分析原理 [M].4 版.北京：地质出版社，2016.

[16] 付志亮.岩石力学试验教程 [M].北京：化学工业出版社，2011.

[17] 刘佑荣，吴立，贾洪彪.岩体力学实验指导书 [M].武汉：中国地质大学出版社，2008.

[18] 李世愚，和泰名，尹祥础.岩石断裂力学 [M].北京：科学出版社，2016.

[19] 杜时贵.岩体结构面的工程性质 [M].北京：地震出版社，1999.

[20] 宋建波，张倬元，于远忠，等.岩体经验强度准则及其在地质工程中的应用 [M].北京：地质出版社，2002.

[21] 郑雨天.岩石力学的弹粘塑性理论基础 [M].北京：煤炭工业出版社，1988.

[22] 陆家佑.岩体力学及其工程应用 [M].北京：中国水利水电出版社，2011.

[23] 何满潮，景海河，孙晓明.软岩工程力学 [M].北京：科学出版社，2002.

[24] 周思孟.复杂岩体若干岩石力学问题 [M].北京：中国水利水电出版社，1998.

[25] 李夕兵，冯涛.岩石地下建筑工程 [M].长沙：中南大学出版社，1999.

[26] 徐干成，白洪才，郑颖人，等.地下工程支护结构 [M].北京：中国水利水电出版社，2002.

[27] 熊传治.岩石边坡工程 [M].长沙：中南大学出版社，2010.

[28] 佘诗刚，董陇军.从文献统计分析看中国岩石力学进展 [J].岩石力学与工程学报，2013，32（3）：442-464.

[29] 李夕兵，古德生.岩石冲击动力学 [M].长沙：中南大学出版社，1994.

[30] BRADY B H G，BROWN E T. Rock mechanics for underground mining [M]. 3rd. New York：Kluwer Academic Publishers，2004.

[31] BARTON N，BAR N. Introducing the Q-slope method and its intended use within civil and mining engineering projects [C]//Proceedings of ISRM regional symposium，EUROCK 2015. Salzburg：International Society for Rock Mechanics，2015.

[32] BARTON N. Some new Q-value correlations to assist in site characterisation and tun-nel design [J]. International Journal of Rock Mechanics and Mining Sciences，2002，39（2）：185-216.

[33] BROWN E T，HOEK E. Trends in relationships between measured in-situ stressesand depth [J]. International Journal of Rock Mechanics & Mining Sciences & Geome-chanics Abstracts，1978，15（4）：211-215.

[34] CAI M，KAISER P K. Rockburst support reference book (Volume 1) rockburst phenomenon and support characteristics [M]. Laurentian：Laurentian University，2018.

[35] DAS B M. Principles of foundation engineering [M]. Stanford：Cengage learning，2017.

[36] GONG F Q，YAN J Y，LI X B，et al. A peak-strength strain energy storage index for bursting proneness of rock materials [J]. International Journal of Rock Mechanics and Mining Science，2019，117：76-89.

[37] GONG F Q，SI X F，LI X B，et al. Experimental investigation of strain rockburst in circular caverns under deep three-dimensional high-stress conditions [J]. Rock Mechanics and Rock Engineering，2019，52（5）：1459-1474.

[38] HOEK E，BROWN E T. The Hoek-Brown failure criterion and GSI-2018 edition [J]. Journal of Rock Mechanics and Geotechnical Engineering，2019，11（3）：445-463.

[39] HOEK E，CARTER T G，DIEDERICHS M S. Quantification of the geological strength Index Chart [C]/The 47th US Rock Mechanics/Geomechanics Symposium. San Francisco：American Rock Mechanics Association，2013.

[40] HOEK E. Practical rock engineering [M]. North Vancouver：Evert Hoek Consulting Engineer Inc，2006.

[41] HUDSON J A，HARRISION J P. Engineering rock mechanics [M]. Netherlands：Elsevier Science Ltd Second Impression，2000.

[42] JAEGER C. Rock mechanics and engineering [M]. London：Cambridge University Press，1979.

[43] JAEGER J C，COOK N G W，ZIMMERMAN R W. Fundamentals of rock mechanics [M]. 4th ed. Malden：Blackwell Publishing，2007.

[44] LUNARDI P. Design and construction of tunnels：Analysis of controlled deformations in rock and soils （ADECO-RS）[M]. Italy：Springer Science & Business Media，2008.

[45] POPOV Y，BEARDSMORE G，CLAUSER C，et al. ISRM suggested methods fordetermining thermal properties of rocks from laboratory tests at atmospheric pressure [J]. Rock Mechanics and Rock Engineering，2016，49（10）：4179-4207.

[46] RUSSO A，HORMAZABAL E. Correlations between various rock mass classificationsystems，including Laubscher（MRMR），Bieniawski（RMR），Barton（Q）and Hoek and Marinos（GSI）systems [J]. Geotechnical Engineering in the XXI Century：Lessons Learned and Future Challenges，2019：2806-2815.

[47] SINGH B，GOEL R K. Engineering rock mass classification [M]. Waltham，MA：Butterworth-Heinemann，2011.

[48] WYLLIE D C，MAH C W. Rock slope engineering [M]. London and New York：Taylorand Francis Group，2005.

[49] WU S C，ZHANG S H，GUO C，et al，A generalized nonlinear failure criterion forfrictional materials [J]. Acta Geotechnica，2017，12（6）：1353-1371.

[50] WU S C，ZHANG S H，ZHANG G. Three-dimensional strength estimation of intact rocks using a modified Hoek-Brown criterion based on a new deviatoric function [J]. International Journal of Rock Mechanics and Mining Sciences，2018，107：181-190.

[51] ZHANG X P，WONG L N Y. Cracking processes in rock-like material containing a single flaw under uniaxial compression：a numerical study based on parallel bonded-particle model approach [J]. Rock Mechanies and Rock Enginering，2012，45（5）：711-737.

[52] 钱七虎. 岩石爆炸动力学的若干进展 [J]. 岩石力学与工程学报，2009，28（10）：1945-1968.

[53] 孙钧. 岩石流变力学及其工程应用研究的若干进展 [J]. 岩石力学与工程学报，2007，26（6）：1081-1106.

[54] 黄理兴. 岩石动力学研究成就与趋势 [J]. 岩土力学，2011，32（10）：2889-2900.

[55] 冯夏庭，肖亚勋，丰光亮，等. 岩爆孕育过程研究 [J]. 岩石力学与工程学报，2019，38（4）：649-673.

[56] 谢和平，高峰，鞠杨. 深部岩体力学研究与探索 [J]. 岩石力学与工程学报，2015，34（11）：2161-2178.

[57] 何满潮.深部软岩工程的研究进展与挑战 [J].煤炭学报，2014，39（8）：1409-1417.

[58] 何满潮，景海河，孙晓明.软岩工程地质力学研究进展 [J].工程地质学报，2000，8（1）：46-62.

[59] 高红，郑颖人，冯夏庭.岩土材料最大主剪应变破坏准则的推导 [J].岩石力学与工程学报，2007，26（3）：518-524.

[60] 哈秋舲.三峡工程永久船闸陡高边坡各向异性卸荷岩体力学研究 [J].岩石力学与工程学报，2001，20（5）：603-618.

[61] 黄润秋.20世纪以来中国的大型滑坡及其发生机制 [J].岩石力学与工程学报，2007，26（3）：433-454.

[62] 曹文贵，赵明华，刘成学.基于统计损伤理论的莫尔-库仑岩石强度判据修正方法之研究 [J].岩石力学与工程学报，2005，24（14）：2043-2049.

[63] 尤明庆，苏承东.岩石的非均质性与杨氏模量的确定方法 [J].岩石力学与工程学报，2003，22（5）：757-761.

[64] 杨春和，陈锋，曾义金.盐岩蠕变损伤关系研究 [J].岩石力学与工程学报，2002，21（11）：1602-1604.

[65] 杨春和，梁卫国，魏东吼，等.中国盐岩能源地下储存可行性研究 [J].岩石力学与工程学报，2005，24（24）：4409-4417.

[66] 徐卫亚，韦立德.岩石损伤统计本构模型的研究 [J].岩石力学与工程学报，2002，21（6）：787-791.

[67] 周家文，杨兴国，符文熹，等.脆性岩石单轴循环加卸载试验及断裂损伤力学特性研究 [J].岩石力学与工程学报，2010，29（6）：1172-1183.

[68] 汤连生，张鹏程，王思敬.水-岩化学作用之岩石断裂力学效应的试验研究 [J].岩石力学与工程学报，2002，21（6）：822-827.

[69] 朱珍德，徐卫亚，张爱军.脆性岩石损伤断裂机理分析与试验研究 [J].岩石力学与工程学报，2003，22（9）：1411-1416.

[70] 李术才，朱维申.加锚节理岩体断裂损伤模型及其应用 [J].水利学报，1998，（8）：52-56.

[71] 夏祥，李俊如，李海波，等.广东岭澳核电站爆破开挖岩体损伤特征研究 [J].岩石力学与工程学报，2007，26（12）：2510-2516.

[72] 王明洋，戚承志，钱七虎.岩体中爆炸与冲击下的破坏研究 [J].辽宁工程技术大学学报（自然科学版），2001，20（4）：385-389.

[73] 王明洋，范鹏贤，李文培.岩石的劈裂和卸载破坏机制 [J].岩石力学与工程学报，2010，29（2）：234-239.

[74] 周小平，钱七虎.深埋巷道分区破裂化机制 [J].岩石力学与工程学报，2007，26（5）：877-885.

[75] 贺永年，张后全.深部围岩分区破裂化理论和实践的讨论 [J].岩石力学与工程学报，2008，27（11）：2369-2376.

[76] 赵阳升.岩体力学发展的一些回顾与若干未解之百年问题 [J].岩石力学与工程学报，2021，40（7）：1297-1336.